高等院校质量工程与工业工程专业系列规划教材

人因工程

主　编　马如宏

副主编　韩雅丽　周　峰

参　编　李春琳　詹月林　王建林

主　审　周德群

北京大学出版社
PEKING UNIVERSITY PRESS

内 容 简 介

本书系统地介绍了人因工程的基本原理和影响作业效率的人、环境与机器系统的交互作用,内容共分15章。其中,第1~4章为人的因素,着重介绍了人因工程的基本概念、作业时人的动态生理以及人的感知和特征;第5~10章为环境因素,着重介绍了微气候、光环境、声环境、色彩环境、气体环境和振动环境及其对工作效率的影响和改善方法;第11~13章为人机界面设计,着重介绍了人体测量的基本概念、工作台和座椅的设计、显示装置和操纵装置的设计;第14~15章为人机系统设计,着重介绍了人机系统的安全设计和总体设计。每章后面均有小结和习题,便于学生自学。

本书可作为高等学校工业工程及相关专业的教材,也可作为工业工程培训及相关人员自学的参考用书。

图书在版编目(CIP)数据

人因工程/马如宏主编. —北京:北京大学出版社,2011.8
(高等院校质量工程与工业工程专业系列规划教材)
ISBN 978 - 7 - 301 - 19291 - 7

Ⅰ.①人… Ⅱ.①马… Ⅲ.①人因工程—高等学校—教材 Ⅳ.①TB18

中国版本图书馆 CIP 数据核字(2011)第 148157 号

书 名:人因工程	
著作责任者:马如宏 主编	
责 任 编 辑:周 瑞	
标 准 书 号:ISBN 978 - 7 - 301 - 19291 - 7/TH · 0247	
出 版 者:北京大学出版社	
地 址:北京市海淀区成府路 205 号 100871	
网 址:http://www.pup.cn http://www.pup6.com	
电 话:邮购部 62752015 发行部 62750672 编辑部 62750667 出版部 62754962	
电 子 邮 箱:pup_6@163.com	
印 刷 者:北京虎彩文化传播有限公司	
发 行 者:北京大学出版社	
经 销 者:新华书店	

787 毫米×1092 毫米 16 开本 21.5 印张 504 千字
2011 年 8 月第 1 版 2022 年 7 月第 6 次印刷

定 价:54.00 元

前　　言

随着科技的进步、社会的发展和人类文明的不断提高，人们对工作和生活质量的要求也越来越高。通过创建优良的工作条件和舒适的生活环境以满足人生理和心理需要，将成为人类不断追求的目标。而人因工程学正是一门研究人、机、环境如何达到最佳匹配，使人—机—环境系统能够适合人的生理和心理特点，以保证人们能安全、健康、高效、舒适地进行工作和生活的学科。

本书是根据工业工程专业"人因工程"课程教学大纲，并在广泛收集国内外资料和编者多年教学经验的基础上编写而成的。为了便于学生对知识的理解、增加教材的生动性，本书提供了丰富的阅读材料、图片和案例分析。在编写过程中，编者力求资料新、数据全、方法先进、适应面广，增强理论和方法的可操作性。

本书阐述了人因工程学的思想、概念、原则、原理和方法，并从工程的角度介绍人的生理和心理行为方式、工作能力、作业限制等特点，讨论了通过对工具、机器、系统、任务和环境的合理设计来提高生产率、安全性、舒适性和有效性等问题。本书内容分为15章：第1~4章为人的因素，着重介绍人因工程的基本概念、作业时人的动态生理以及人的感知和特征；第5~10章为环境因素，着重介绍微气候、光环境、声环境、色彩环境、气体环境和振动环境及其对工作效率的影响和改善方法；第11~13章为人机界面设计，着重介绍人体测量的基本概念、工作台和座椅的设计、显示装置的设计和操纵装置的设计；第14章和第15章为人机系统设计，着重介绍人机系统的安全设计和总体设计。每章后面都有小结和习题，便于读者自学。

本书的第1章、第2章、第4章由盐城工学院马如宏编写；第3章、第5章、第8章由韩雅丽编写；第10章、第11章、第12章由周峰编写；第6章、第7章由李春琳编写；第9章、第14章由詹月林编写；第13章、第15章由王建林编写。全书由马如宏教授统编，南京航空航天大学的周德群教授审定。

在编写过程中，由于编者水平所限，书中难免有不当之处，请广大读者批评指正。

编　者
2011 年 6 月

目　　录

第1章 人因工程概论

有关人因工程的现象早在远古人类祖先使用简单工具之初就出现了，可是直至近百年才被人类所关注，而系统地研究人因工程则是最近五十年来的事，即1960年以后，人因工程才逐渐快速发展起来，并广受发达国家的重视。

在人类及人类生产的发展过程中，从最原始的完全依靠自然生存到逐渐学会制作简单工具，再发展到掌握各种复杂技术，直到人类能设计制造和运用各种现代工具设备乃至机器体系，生产各种产品以满足人类日益增长的物质和文化的需要，科学技术作为第一生产力发挥着至关重要的作用。其中，科学技术发展及其运用又与人的因素是不可分割的，而研究工具设备及生产体系中的人的因素正是人因工程研究与发展的起因。随着生产技术的发展和人类对自身研究的深入，人因工程学不仅更深入地和技术融合在一起，同时也更深入地融入产品和人们的现实生活之中。本章将介绍人因工程学科的形成和发展，人因工程学的重要性，人因工程的研究内容、研究方法和应用。

 教学目标

1. 了解人因工程的基本概念和发展史。
2. 掌握人因工程的研究内容和研究方法。
3. 熟悉人因工程的应用领域。

 教学要求

知识要点	能力要求	相关知识
人因工程的命名和定义	（1）了解人因工程的命名； （2）掌握人因工程的定义	人类工程学（human engineering）； 工程心理学（engineering psychology）； 工效学（ergonomics）； 人机工程学

续表

知识要点	能力要求	相关知识
人因工程学的产生与发展	(1) 了解人因工程学产生的历史； (2) 熟悉人因工程学发展的特点； (3) 理解人因工程学与其他学科之间的关系	机器适应人（machine to human）； 人适应机器（human to machine）； 环境适应人（environment to human）
人因工程的研究与应用	(1) 熟悉人因工程的研究内容； (2) 掌握人因工程的研究方法； (3) 了解人因工程学研究应注意的问题	人的工作的三种类型； 人因工程的一般研究程序； 描述性研究、实验性研究和评价性研究； 各产业部的人因工程学的应用课题

导入案例

冲压车间里的人因工程学

一项综合的冲压车间人因工程学方案的目标应当包括以下方面的内容：

(1) 降低人因工程意义上的危险。

(2) 减少工伤和疾病。

(3) 使人们更舒适地工作。

(4) 确保灵活性并鼓励创新。

制定并执行人因工程方案具有以下方面的益处：①更低的工人赔付成本；②损坏零件更少；③提高劳动生产率；④提高员工士气。由此可减少员工工伤事故、降低人员流动率以及缩减缺勤现象。

在制定人因工程方案中，同管理层一样，员工应当被考虑进去。因为只有工人才最容易经常感受具体岗位的危险和风险，并且能够提出降低那些危险和风险的方法。在开始制订方案时，如果一开始就把工人纳入进来，就会使他们更容易接受因方案而产生的改变。员工的加入意味着将安全委员会非正式谈话、调查问卷以及问题迹象观察也包含进来。最好的人因工程方案要包括管理层、生产部门、工装与模具的制造和设计部门、维护保养部门、技术部门、销售部门、竞标部门以及采购部门相关人员。

1.1 人因工程的发展

1.1.1 人因工程的定义

人因工程在美国多称为"人类工程学"（human engineering）或"人类因素"（human factors），也称"生物工艺学"（biotechnology）、"工程心理学"（engineering psychology）或"应用实验心理学"（applied experimental psychology）等，在西欧国家多称为"工效学"（ergonomics），日本和前苏联都沿用西欧的名称，日语译为"人间工学"，俄语译为"Эргономика"。

"ergonomics"一词源自希腊文，在希腊词源中，"ergos"意指工作劳动，"nomos"指规律、规则，合成后意指人的劳动规律，是 1957 年由波兰雅斯特莱鲍夫斯基教授首先提出来的，他认为该词便于各国语言翻译上的统一，而且保持中立性，不显露对各组成学科的亲密和间疏。因此目前较多的国家采用"ergonomics"，同时该名称也被国际性的工效学会会刊所采用。

人因工程（human factors or human factor engineering）是研究人、机器及环境之间相互联系、相互作用的学科。该学科在自身的发展过程中，逐步打破了各学科的界限，并有机地融合了各相关学科的理论，不断地完善自身的概念体系、理论体系、研究方法以及标准规范，从而形成了一门研究内容和应用极为广泛的综合性边缘学科。和其他边缘学科一样，在其发展历程中，也有着学科命名多样化、学科定义不统一、学科边界模糊、学科内容综合性强、学科应用范围广泛等一些共有特征。正因如此，它所涉及的各学科、各领域的专家学者都试图以自身的角度依据不同侧重点来定义和命名该学科，造成了学科命名多样化。世界各国对本学科的命名都不尽相同，即使同一个国家对本学科的名称也往往很不统一，甚至还有很大差别。到目前为止，对人因工程学尚无统一的定义和命名。

人因工程学专家 W·E·伍德森（W. E. Woodson）认为：人因工程研究的是人与机器相互关系的合理方案，亦即对人的知觉显示、操纵控制、人机系统的设计及其布置和作业系统的组合等进行有效的研究，其目的在于获得最高的效率和在作业时感到安全和舒适。

前苏联学者将人因工程定义为：人因工程学研究人在生产过程中的可能性、劳动活动的方式、劳动的组织安排，从而提高人的工作效率，同时创造舒适和安全的劳动环境，以保障劳动人民的健康，使人从生理和心理上都得到全面发展。

国际人机工程学会（International Ergonomics Association）定义人因工程学为研究人在某种工作环境中的解剖学、生理学和心理学等方面的因素，研究人和机器及环境的相互作用，研究在工作、生活和休假时怎样统一考虑以促进工作效率，并保障人的健康、安全和舒适等。

《中国企业管理百科全书》中对人因工程的定义为：人因工程学研究人和机器、环境的相互作用及其合理结合，使设计的机器和环境系统适合人的生理、心理特点，以达到在生产中提高效率、安全、健康和舒适的目的。

综合以上看法，可以从下几点来探讨人因工程的定义：

（1）人因工程的焦点——聚焦于人类与其在生活与工作中所涉及的产品、设备、程序和环境的交互作用上。

（2）人因工程的目标——第一个目标是提高人们活动与工作的效果及效率，第二个目标是改善和提高人类的生活水平与生命价值。

（3）人因工程的研讨途径——有系统地将人员的能力、限度、特征、行为与动机等有关信息应用在人们所使用的物品及使用时的环境之设计上。

还可以从相反的角度来进一步说明人因工程的含义：

（1）人因工程不是检核表和索引之运用。

（2）人因工程不以设计者本身作为设计物品时的模特儿。

（3）人因工程不仅是普通常识。

人因工程研究在我国起步较晚，早期称"人机工程学"、"人类工程学"者居多，稍晚改称"工效学"者居多，现称"人因工程学"者较多，此外自始至终称"人体工程学"、"人－机－环境系统工程"、"人类工效学"等的也不在少数。任何边缘学科特别是新兴边缘学科随着不断发展、研究内容的扩展，其名称和定义也多发生变化。

综上所述，尽管对人因工程的命名多样、定义歧异，但有两点是共同的：①人因工程的研究对象是人、机与广义环境的相互关系（包括生理和心理的）；②人因工程的研究目的是如何达到在作业时的安全、健康、舒适和促进工作效率的优化。应该说其研究方法、理论体系并不存在根本的区别。

1.1.2 人因工程学的历史

人因工程学索有"起源于欧洲，形成于美国"之说，这是因为西方人多认为英国是世界上开展人因工程研究最早的国家，但本学科的奠基性工作实际上是在美国完成的。人因工程思想的萌芽可追溯到人类的早期活动，其学科形成与发展经历了漫长的阶段。在我国两千年前的"冬官考工记"中，就有按人体尺寸设计工具和车辆的论述，这便对应着当今人因工程中的"机器适应人"（machine to human）的思想。

泰勒（F. W. Taylor，1856—1915）被认为是最早对人与工具匹配问题进行研究的学者。19 世纪末，他在美国的伯利恒钢铁公司进行了一系列提高工作效率的试验，找到了一种能帮助工人最有效地铲运煤、铁矿石的铁铲型式。公司采用这种铁铲后，工人的劳动效率提高了几倍。不过，这一时期该领域更多关注的是人员选拔与培训问题，真正属于人因工程范畴的研究还很少。

以第二次世界大战为界，人因工程学的研究可被划分为两个历史阶段。战前为第一阶段，该阶段主要解决人对机器的适应问题（human to machine）。心理学家如闵斯特伯格（H. Münsterberg，1863—1916）等运用心理学的方法和原理，为已经生产出来的机器选拔和训练操作人员，使操作者适应已成型机器的性能。特别是第一次世界大战期间，交战各国都征召心理学家为军队选拔飞行员、潜水员等特种兵员。

随着科学技术的进步，机器不断更新换代，其结构与性能日益复杂，而人的素质提高却总是有限度的。所以，完全通过人员选拔和训练去适应不断发展的高性能机器终究是行不通的。第二次世界大战中，各交战国竞相发展新的高性能武器装备，如飞机的飞行速度和高度有很大提高，武器火力系统加强，在复杂气象条件下执行任务的机会增多，信息显示器和控制器的数量急剧增加。面对如此迅速发展的技术水准，即使经过最严格训练的飞行员也难以胜任，不仅难以充分发挥先进武器装备的性能，而且更频繁地发生着诸如机毁人亡的严重事故。研究人员逐渐意识到，工具与机器的设计不是一个孤立事件，它必须考虑到使用者的能力限度，必须考虑到与人的特点完成最好的匹配，才能充分发挥其性能。因此，欧美参战国开始把人因工程学运用在武器设计发展中，研究如何使武器的使用更为有效、安全，保养更为简便。如此看来，真正有系统地对人因工程进行研究，开始于第二次世界大战。

第二次世界大战结束后，工业发展的最大目标就是提高生产力。而这也是人因工程学的一个重大目标，因为工业生产力和员工的表现有直接关系，如装配零件的速度、搬运物品的速度等都会影响工作绩效。渐渐地，机械力开始取代人力，机器操作成为工人的主要工作方式，而且机器的力量越来越巨大、运转速度越来越高，这同时意味着错误操作所带来的伤害和后果更为严重。所以，战后美、苏、德等国的一些大公司都陆续建立了人因工程学研究机构。20 世纪 60 年代，工业的发展和人因工程的目标也由发展生产力逐渐转移到提升机器安全性上，工厂的生产方式也由小组生产演变为以一个流程的方式生产，工人的角色开始由直接动手工作转变为监测或检查流程。在这种情况下，发生意外的频率降低，因为工人离机器执行动作的地方较以前远多了，但是，意外一旦发生，后果却更为严重。对此人因工程师在生产线的设计中解决一个又一个实际问题，使其越来越适合于人的特征与身心限度。

此外，人因工程还在产品设计中发挥着作用，使产品设计越来越适应或符合使用者的需求与特点。就汽车工业来说，人因工程的重要性不只是在生产线上，还包括了对驾驶、乘客、维修人员所做的考虑。现在的标准程序里都包括了不断对产品做人因工程的测定，如在汽车工业中就包含了对行车、座椅舒适度、操控性、噪声、振动程度、操作的简易性、视野大小等各项因素的考虑。

20 世纪 70 年代，国外人因工程学处于快速发展阶段，诸如居住和工作环境、消费品的设计、医疗、保健、娱乐以及生产过程、品质监管都列入研究范围，逐渐呈现繁荣态势。而且，这一时期的研究比以往更加关注人类自身的因素，努力综合提升人类生活品质、工作舒适度和安全度。以此作为前提来提高生产力，正是人因工程学应有的方向。

我国的人因工程研究起步较晚，但近期发展较快。新中国成立前仅有少数人从事工程心理学的研究，到 20 世纪 60 年代初也只有中科院、中国军事科学院等少数单位从事本学科中个别问题的研究，而且范围仅局限于国防和军事领域。十年动乱期间，本学科研究一度停滞，直到 70 年代末才进入较快的发展时期。1980 年建立了全国人类工效学标准化技术委员会，至 1988 年已制定有关国家标准 22 个。1980 年成立中国人类工效学学会，中科院心理所及一些高校分别建立了人因工程学研究机构，它的研究和应用已广泛涉及铁路、冶金、汽车运输、工程机械、机床设计、航空航天、医药、航海、电子、能源等诸多领域并取得了不少成绩。它的不断发展和日趋完善，将在科学技术的整体发展中发挥积极作用。

1.1.3 人因工程学体系及与其他学科的关系

人因工程是一门新兴的综合性边缘学科，具有现代交叉学科的特征，并从其他学科中吸取了丰富的理论知识和研究手段，形成了自身的理论体系。

该学科的根本目的是通过揭示人、机、环境三要素之间的相关关系规律，使人－机－环境系统整体优化，充分体现了人体科学、技术科学、环境科学之间的有机融合，换句话说，它是人体科学、技术科学、环境科学在工程领域中相互渗透、相互交叉的产物，如图 1-1 所示。

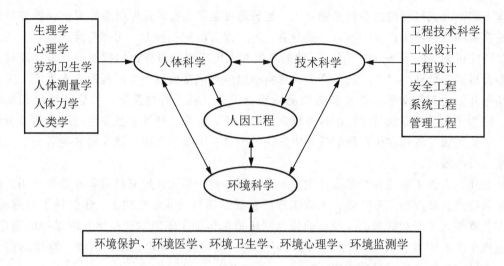

图 1.1　人因工程学体系及与其他学科的关系

【阅读材料 1-1】　产品设计中的人因工程

狭义地说，生活中的人因工程就是研究人体与各种家具、器具或设备之间的关系。人因工程最重要的理念就是"用户友好"。任何一件人造产品，如家具、车辆、计算机、生产工具、生活器皿……都要让人们在使用时达到最安全、最有效、最舒适、最容易学会、最有人情味等的效果。

要实现上述要求，在产品设计时应从如下方面考虑：

1. 产品尺度与人体尺度一致

产品的尺度特别是与人体关系密切的各种产品的尺度、如座椅的座面高度、写字台的高度等，都应与人体相对应部分的测量平均值相符合。因此家具设计时，要求严格执行有关家具的尺寸标准。

2. 产品尺度与人的动作尺度相适应

人因工程中的所谓"人-机"界面或"人-物"界面，其实质就是人与产品之间包括尺度关系在内的完整状态。这不但要求产品尺度与人体相应部位的尺度一致，而且要求与人的动作尺度也相适应。如衣柜中的挂衣棒的高度，就要求以人站立时上肢能方便到达的高度为准；写字台和电脑台的高度，则要求以人手能方便写字或操作键盘的高度为准。只有这样，才能做到方便高效而且不易产生疲劳。如果产品在设计生产中考虑并达到了这样的要求，我们就称之为具有良好的人机界面。

3. 舒适的原则

任何产品设计都有"舒适"的要求，如沙发设计要讲究坐垫与靠背的舒适性，床垫设计要讲究其柔软性和一定的弹性。太软的沙发和床垫，容易使人体低陷，产生疲劳；太硬的沙发或床垫，则容易使人体接触部分的骨骼产生压力集中，时间长了就要改变坐姿与睡姿，影响休息效率，影响人的身体健康。

4. 多功能的原则

现代产品的设计都要努力体现多功能组合。如办公家具要集中阅读、写字、运用计算机、电话、打印、传真、照明等功能，厨房家具要综合冷藏、烘烤、洗涤、配餐、烹调、排气以及供水、供电、供热等功能。一个先进的坐便器，不仅是排便的器具，还希望它可以在便后自动冲洗肛门并烘干，而且自来水可以自动调节温度，真正达到关爱人、体贴人的目的。

5. 为残疾人设计

产品设计的人因工程还要关爱残疾人，提倡为残疾人设计。如设计舒适高效的残疾人专用车或轮椅、多用的可折叠的拐杖、盲人专用计算机、聋人专用助听器等，以体现对弱势人群的关怀。

1.2　人因工程研究与应用

1.2.1　人因工程研究的任务和内容

人的工作主要有三种类型：肌肉工作、感知工作和智能工作。现代的机器装备及机器体系，不仅可以代替肌肉工作及延长人的体力，而且还可以承担一定的感知工作和智能工作。虽然大部分体力劳动可以由机器体系代替，但至今还不能完全代替，更不能完全代替脑力劳动。在生产系统这个由人、机器和环境条件构成的有机综合体中，人始终是主体。人因工程的主要任务是把人、机、环境作为一个整体来研究，使机器的设计和环境条件的控制适合人的生理、心理特征，从而达到高效、安全、健康和舒适的目的。

人因工程研究的内容包括理论和应用两个方面。随着工业化程度的提高，学科研究的内容从人体测量、环境因素、作业强度和疲劳等方面的研究转到操纵显示设计、人机系统控制以及人因工程原理在各种工业与工程设计中的应用等方面，进而深入到人因工程前沿领域，如人机关系、人与环境的关系、人与生态的关系、人的特性模型、人机系统的定量描述、人际关系乃至团体行为、组织行为等方面的研究。

通过对人因工程任务的探讨，人因工程研究内容可概括为以下方面。

1. 人体因素的研究

人的生理、心理特性和能力限度是人—机—环境系统设计的基础。从工程设计的角度出发，人因工程研究与人体有关的主要内容是探索人体形态特征参数、人的感知特征、人的行为特征与可靠性，以及人在劳动过程中的生理、心理特征等，从而为与人体相关的设施、机电设备、工具、用品、用具、作业以及人—机—环境系统设计提供有关人的准确数据资料和要求。

2. 工作场所和信息传递装置设计研究

工作场所包括工作空间、座位、工作台或操纵台等。工作场所的设计是否合理，将对人的工作效率产生直接的影响。只有使作业场所适合于人的特点，才能保证人以无害于健康的姿势从事劳动，既能高效地完成工作，又感到舒适和不致过早地产生疲劳。

人、机、环境之间的信息交流是通过人机界面上的显示器和控制器完成的。为了使人机之间的信息交换迅速、准确且不易使人疲劳，所以要研究显示器，使其和人的感觉器官的特性相匹配，研究控制器，使其和人的效应器官相匹配，以及它们相互之间兼容配合。

3. 劳动生理与作业分析的研究

人因工程研究人从事不同作业时的生理、心理变化，并据此确定作业的合理负荷及能量消耗，制定合理的休息制度，采取正确的操作方法，以减轻疲劳、保障健康，提高作业效率。

人因工程还研究作业分析和动作经济原则，寻求经济、省力、有效的标准工作方法和标准作业时间，以消除无效劳动，合理利用人力和设备，提高工作效率。

4. 人机系统的设计研究

人机系统总体效能的发挥首先取决于总体设计，所以要在整体上使机器与人相适应。应根据人、机各自的特点，合理分配人、机功能，使其在人机系统中发挥各自的特长，并互相取长补短、有机配合，保证系统的功能最优化。

5. 环境控制与安全保护

人因工程通过研究温度、湿度、照明、噪声、振动、色彩、空气污染等一般工作与生活环境条件对人的作业活动和健康的影响，以及采取控制和改善不良环境的措施，来保护操作者免遭因作业而引起的疾患、伤害。

随着科学技术的进步，工作成效的测量与评定、人在异常工作环境条件下的生理效应以及机器人设计的智能模拟等也是人因工程研究的重要内容。

1.2.2 人因工程的应用

人因工程的应用十分广泛。在不同的产业部门，人因工程的应用课题见表 1-1。

表 1-1 各产业部门人因工程学的应用课题

应用课题 产业部门	作业空间、姿势、椅子、脚踏作业面、移动	信息显示操作器	作业方法与作业负担、身心负担、安全	作业环境	作业安排及组织、劳动时间、休息、交接班制
农业	各种作业姿势，农机设计的人体测量，倾斜，地面栽培茶树的作业姿势	农机的司机视界	各种作业的RMR，农业作业灾害与安全，农业作业程序开发，选果场的最舒适作业方法	农机的噪声、振动，塑料薄膜温室，作业的环境负担，农业作业换气帽的开发研究	农业机械化与生活时间
林业	斜面伐木作业姿势	—	各种林业劳动作业方法	链锯的热运动危害	—

续表

应用课题 产业部门	作业空间、姿势、椅子、脚踏作业面、移动	信息显示操作器	作业方法与作业负担、身心负担、安全	作业环境	作业安排及组织、劳动时间、休息、交接班制
制造业	铸造作业姿势与腰痛病的分析，办公桌高度与疲劳，传送带作业的作业面高度，工厂内道路宽度情况及改善对策，造型用换位器研究与肌电图对姿势的评价	生产机械的操作器配置，仪表的认读性能，室外天车行走的视野，中央控制室的仪表盘的设计	自动化系统的作业负担，单调劳动与附属动作，检索速度与作业负担，作业方式与产业疲劳，作业中人的差错与系统的安全，压力机械的安全设计，各种作业的 RMR，各种劳动负担的评价	纺织厂的噪声，铸造工厂的恶劣环境及其改善，按 SD 方法对环境作出评价，地下作业环境，使用方便的防护器具的研究，铸造工具的振动与噪声，铸造车间的粉尘浓度，工厂照明与作业程序	交接班制度与疲劳及健康危害，连续作业的评定，残疾人残存机能与适当的工作，制鞋工的训练效果，对单调劳动应采取的休息方法
建筑业	斜面劳动（堆石坝）的作业姿势与负担，脚手架与安全	建筑机械的视野	建筑机械的安全设计，高空作业与负担	建筑机械的噪声，打夯机的振动危害	—
交通、服务业	叉车的驾驶姿势与空间设计，司机座椅的设计与疲劳	叉车的视野，大型拖拉机的司机视野与视线分析，船用模拟器的开发	夜间高速公路，拖拉机的劳动负担，银行业务机械化与劳动负担	高速公路收费部门作业员的环境负担	拖拉机连续的操作时间，2人和1人驾驶交接班制度的比较

注：① RMR 指相对能量代谢率；
　　② SD 方法指标准差。

1.2.3　人因工程的研究方法

人因工程是以人及有关的机器设备和所处的环境为研究对象，研究方法通常针对不同的研究特征将其分为三类：描述性研究、实验性研究和评价性研究。现实中的具体研究课题往往涉及多个类别，虽然每一类别都有不同的目标、使用不同的方法，但其过程和研究程序与分析解决问题的方式方法都相类似，都有确定目标、收集资料、制订方案、综合评价、供决策者参考这样一个基本过程。

1. 人因工程一般研究程序及内容

1）确定目标

人机系统有许多问题需要解决，因此必须逐个分析界定，选择系统中的主要问题作为研究目标，如长期效率比较低的作业环节、标准化欠佳的操作、事故频发的作业等。

2）收集资料

没有一定的资料既不能作出定性分析，也不能作出定量分析，因此，必须占有必要的资料。收集资料时，首先应针对研究目标，广泛收集与目标有关的资料；其次对于数据资料应具有收集的连续性和准确性；还要对所收集的资料进行科学整理，反映出事物的相关性和规律性。

3）制订方案

在收集资料的基础上考虑互排斥性和可比性等要求。

4）综合评价

拟制多种备选方案。各方案应满足整体详尽性、相互排斥性和可比性的方案，供决策者决策参考。

2. 人因工程一般研究方法分类

1）描述性研究

描述性研究用于描绘人的某些特性、力量损失、能够抬多重的箱子等。

虽然描述性研究比较枯燥，但它对于人因科学的意义非常重要，许多设计决策都是基于它所得出的基本数据。另外，在方案给出之前，描述性研究还常用于确定问题的范围。如对操作者进行调查，了解他们对设计效率和操作问题的一些看法等。

2）实验性研究

实验性研究的目的是为了检测一些变量对人的行为的影响。通常根据实际问题、预测理论来决定需要调查的变量和检测的行为，如评价手臂活动的时候肩部的负荷大小、人们的视野等。通常，实验性研究更关心变量是否对行为有影响以及将如何影响的问题，描述性研究则更关心所描述对象的统计结果，如平均值、标准偏差和百分比等。

3）评价性研究

评价性研究类似于实验性研究，但其目的多是为了评价一个系统或产品，并希望事先了解人们在使用系统或产品时的行为表现。

评价性研究比实验性研究更为全面和复杂，它通过比较目标的差异来评价一个系统或产品的各个方面。人因工程学专家通过对设计优劣的系统性评价，提出改进的建议。评价性研究的常用方法是成本收益分析。

3. 目前常用的研究方法

1）实测法

实测法是借助工具、仪器设备等进行测量的方法，如完成人体尺寸的测量，人体生理参数（能量代谢、呼吸、脉搏、血压、尿、汗、肌电、心电等）的测量，作业环境参数（温度、湿度、照明、噪声、特殊环境下的失重、辐射等）的测量。

2）实验法

实验法是在人为设计的环境中测试实验对象的行为或反应的一种研究方法，一般在实验室进行，但也可以在作业现场进行。如人对各种仪表示值的认读速度、误读率，仪表显示的亮度、对比度，仪表指针和表盘的形状，观察距离，观察者的疲劳程度和心情等关系的研究。

3）询问法

询问法指调查人通过与被调查人的谈话，评价被调查人对某一特定环境、条件的反应。询问法需要具备高超的技巧和丰富的经验，调查人要对询问的问题、先后顺序和具体的提法作好充分准备，对所调查的问题采取绝对中立的态度；对被调查人要热情关心，建立友好的关系。这种方法能帮助被调查人整理思路，对了解被调查人过去没有认真考虑过的问题特别有效。

4）测试法

即根据研究内容，对典型生产环境中的人进行测试调查，收集其在特定环境下的反应和表现，从中分析产生问题的原因、差异等。

5）观察法

即通过直接或间接观察，记录自然环境中被调查对象的行为表现、活动规律，然后进行分析研究的方法。其技巧在于能客观地观察并记录被调查者的行为而不受任何干扰。根据调查目的，可事先让被调查者知道调查内容，也可不让其知道而秘密进行。有时也可借助摄影或录像等手段。

6）模拟和模型试验法

由于机器系统一般比较复杂，因而在人机系统研究时常采用模拟法。它是运用各种技术和装置的模拟，对某些操作系统进行逼真的试验，以得到所需要的更符合实际的数据的一种方法。如采用训练模拟器、各种人体模型、机械模型、计算机模拟等。因为模拟器或模型通常比所模拟的真实系统价格便宜得多，而又可以进行符合实际的研究，所以获得较多的应用。

7）分析法

分析法是在上述各种方法中获得一定的资料和数据后采用的方法。目前，人因工程学常采用如下几种分析法：

（1）瞬间操作分析法。生产过程一般是连续的，人机之间的信息传递也是连续的。但要分析这种连续传递的信息比较困难，因而只能用间歇性的分析测定法，对操作者和机械之间在每一间隔时间的信息进行测定后，再用统计推理的方法加以整理，从而获得人机系统的有益资料。

（2）知觉与运动信息分析法。由于外界给人的信息首先由感知器官传到神经中枢，经大脑处理后产生反应信号，再传递给肢体对机器进行操作，被操作的机器状态又将信息反馈给操作者，因而形成了一种反馈系统。知觉与运动信息分析法就是对此反馈系统进行测定分析，然后用信息传递理论来阐明人机之间信息传递的数量关系。

（3）动作负荷分析法。在规定操作所必需的最小间隔时间的条件下，采用计算机技术来分析操作者连续操作的情况，从而推算操作者工作的负荷程度。另外，对操作者在单位时间内工作负荷进行分析，也可获得用单位时间的作业负荷率来表示的操作者的全工作负荷。

（4）频率分析法。对人机系统中的机械系统使用频率和操作者的操作动作频率进行测定分析，可以获得调整操作人员负荷参数的依据。

（5）危象分析法。对事故或近似事故的危象进行分析，特别有助于识别容易诱发错误的情况，同时也能方便地查找出系统中存在的而又需用复杂的研究方法才能发现的问题。

（6）相关分析法。在分析方法中，常常要研究两种变量，即自变量和因变量。用相关分析法能够确定两个以上的变量之间是否存在统计关系。利用变量之间的统计关系可以对变量进行描述和预测，或者从中找出合乎规律的东西。由于统计学的发展和计算机的应用，使相关分析法成为人因工程学研究的一种常用方法。

1.2.4 研究人因工程学应注意的问题

1. 测试方法的可靠性与有效性

在人-机-环境系统中，人的行为受多种因素影响，很不容易测试。要准确地揭示人体系统的规律性，就必须使采用的测试方法具有可靠性和有效性。

测试方法的可靠性是指同样的测试内容在同一个被试者身上重复时，其结果应该一致，即具有可验证性。一般地说，测试人体的生理指标，可靠性比较容易满足，但测试人的心理指标就比较难以实现。

有效性是指测试的结果能真实地反映所评价的内容。一般为了保证测试内容的有效性，常常安排对照组的测试，以排除偶然因素对测试结果的影响。

测试结果可能是既可靠又有效的，也可能是可靠而无效的，还可能是不可靠而有效的，或者是既不可靠又无效的。例如，考查汽车司机职业选择指标时，若测试被评价人的体力指标，虽然该指标可靠，但是并不一定有效；而敏感的决断力可以有效，却不一定可靠。显然单凭一个或几个指标判断职业适应性是不可能的，必须有一系列的指标。为了保证指标体系的可靠性和有效性，需要选择优秀职业者和不良职业者作为对照组，事先对这些指标进行测试，以检验其可靠性和有效性。

2. 统计学的差异与实际意义的差异

由于人机系统的复杂性，研究结果会受到大量的各种各样的因素的影响，以致虽然在统计学上具有差异，却可能不具有实际意义上的差异。例如，在设计汽车驾驶室时，需要了解不同国家汽车驾驶员的身高是否有差别。通过对两个国家的汽车驾驶员的身高进行抽样测量，并对测量结果进行统计分析，驾驶员平均身高确实存在着统计学意义上的差异。但若这种差异只有 10～20 mm，则对汽车驾驶室的设计没有什么实际意义。

由于个体差异的存在，人因工程学的结论，只表征正常情况下多数人的特性，而且结论也不是绝对的。

【阅读材料1-2】 人体工程学和人因工程学

在室内设计中，我们往往会涉及两个专业的理论：人体工程学和人因工程学。在装修过程中知道这两个学问中的一些知识是很重要的。在一些论文中，有人认为人体工程学和人因工程学属于同一概念。本文意在简单阐述和介绍，并不构成对理论的争议。

人体工程学（ergonomics）又称人体工学或人类工程学，是探讨人与环境尺度之间关系的一门学科。人体工程学通过对人类自身生理和心理的认识，将有关的知识应用在相关的设计中，从而使环境适合人类的行为和需求。对于室内设计来说，人体工程学的最大课题就是尺寸的问题。通过人体工程学，我们知道一个人的肩膀宽在600mm左右，所以当要设计一条可容纳两个人的过道，就得是1200mm宽；而这条过道若仅仅确保一人行进、一人侧避，就得是900mm宽。在装修家具时，我们知道橱柜需要多高，写字台需要多高，床需要多长，这些数据都不是随意定夺的，而是通过大量的科学数据分析出来的，具有一定的普遍通用性。人体工程学并不仅仅是一个提供普遍性数据的学科，它还是一门优化人类环境的学问，通过它，人们可以设计越来越舒服的沙发和床垫，也能设计出更方便的工作制服。

人体工程学在室内设计中最主要的内容包括：

（1）人体尺寸；

（2）人体作业域；

（3）家具设备常见尺寸；

（4）建筑尺度规范；

（5）视觉心理和空间。

人因工程学（human factor），又称人机工程学，是探讨日常生活和工程中的人与工具、环境、设备、用户、机器之间的交互作用的关系，以及如何去设计这些会影响人的事物和环境，以及人在使用这些关系时的心理和行为习惯的学科。在人因工程中，人是其中的一个子系统，在设计过程中，就要尽可能使整个系统的各个子系统有很好的配合。通俗点说，就是设计的东西要在人的能力和本能极限之内，并得到合理使用。

我们用计算机时，有时候想删掉一个文件，操作后Windows系统会弹出一个警告框询问你："确实要把xxx放入回收站吗？是/否"。早年的录音机要录音时，要同时按下两个键才能录音，也是采用这个原理。它用预先防范的手法来避免人容易犯下的错误。在室内设计中也是同样的道理。我们设计一种床头靠背，会去预测主人将怎么使用它，可能遇上什么麻烦，从而在设计中尽量解决和避免。

人因工程学在室内设计中最主要的内容包括：

（1）人体生理特征；

（2）累积损伤疾病；

（3）作业环境影响（温度、照明、噪声、运动、振动）；

（4）特殊人群差异；

（5）意外和安全。

人体工程学是室内设计中必不可少的一个专业课程，相对之下，人体工程学的知识要比人因工程学的理论更实际和重要一些。掌握更多知识，对于我们总是无害的，无论设计师还是业主，采用更丰富的科学知识可以避免造成不必要的损失和伤害，能使我们的生活更趋美好。

小　结

本章介绍了人因工程学的基本概念和发展史，人因工程的研究内容和方法，人因工程的应用领域等方面的内容。研究工具设备及生产体系中的人的因素，是人因工程研究与发展的起因。随着生产技术的发展和人类自身研究的深入，人因工程学的研究不仅越来越深入地和技术融合在一起，而且也越来越深入地融入产品和人们的现实生活之中。

习　题

1. 填空题

（1）工效学的结论只表征_____。

（2）人因工程学是从最合理地使用劳动力的理论高度与_____相联系的科学。

（3）系统分析评价法认为，考察一个系统的可靠性，不仅要考虑一定环境条件下机械设备的可靠性，还应考虑作业者的_____。

2. 单项选择题

（1）人因工程学的研究对象是（　　　）。

　　A. 人和机器设备　　　　　　　　B. 人、机器和环境

　　C. 人、机器和环境的相互作用关系　D. 人与广义环境的相互作用关系

（2）人因工程学的研究目的是（　　　）。

　　A. 使作业者获得良好的作业条件

　　B. 使人和机器及环境达到合理的结合

　　C. 使设计的机器和环境系统适合人的生理、心理等特点

　　D. 使作业者达到安全、健康、舒适和工作效率的最优化。

（3）不属于人因工程学主要研究方法的是（　　　）。

　　A. 观测法　　　　B. 实验法　　　　C. 心理测验法　　　　D. 工作分析

3. 判断题

（1）个体或小组测试法是一种借助器械进行实际测量的方法。　　　　　　　（　　）

（2）询问法是一种根据研究内容，对典型生产环境中的作业者进行调查，收集作业者在特定环境中的反应和表现，进行差异及其产生原因分析或隶属划分的方法。　（　　）

（3）系统评价法是指在人为设计的环境中，测试实验对象的行为或反应，以此作为标准，设计出可靠、高效的操作系统的一种方法。　　　　　　　　　　　　　　（　　）

（4）人因工程学的一般研究程序可归纳为以下四步：确定目标、界定性质、收集资料和制订方案。　　　　　　　　　　　　　　　　　　　　　　　　　　　　　　（　　）

（5）在人因工程学研究时，必须占有必要的资料。因此，收集资料应针对研究目标，广泛收集与目标直接有关的资料。　　　　　　　　　　　　　　　　　　　　（　　）

4. 简答题

（1）各国人因工程学学者对人因工程学所做定义不尽相同，但是否有一致的地方？

（2）人因工程学的主要研究方法有哪几种？

（3）人因工程学的一般研究程序可以划分为几步？

（4）说明人因工程学与人体科学的关系。

第2章 人体劳动的生理特征及作业疲劳

在作业过程中，作业者的作业能力或健康会受到多种因素的影响，如作业者个体差异、作业种类和组织制度以及外界环境条件等。虽然人体可以通过"神经-体液"的调节作用来适应所从事的作业活动，但若作业负荷过大、作业时间过长或环境条件太差，都会使人体的正常生理机能遭受破坏，并对人的心理产生影响，从而影响作业能力的正常发挥，甚至损害人的生理和心理健康。因此有必要研究作业过程中人体的调节适应规律及人的生理和心理的变化特征，为提高作业能力和预防过早出现疲劳提供措施，达到保护和促进人员健康、提高劳动生产率的目的。

 教学目标

1. 了解氧需、氧上限、氧债、产能等基本概念。
2. 理解动力定型、劳动强度等基本概念，学会运用生理系统的调节与适应规律说明劳动强度的变化和疲劳的程度。
3. 能表述基础代谢量、安静代谢量、能量代谢量、能量代谢率、相对代谢率的概念及相互关系。
4. 熟悉并掌握作业能力与作业疲劳的相关知识。

 教学要求

知识要点	能力要求	相关知识
体力劳动时的能量消耗	(1) 掌握人体能量的产生机理； (2) 掌握作业时人体氧消耗动态	补充 ATP 的三种途径； 静态作业特征
体力劳动时人体的调节与适应	(1) 熟悉神经系统调节和适应； (2) 掌握心血管系统的调节与适应	体位改变时的心血管活动调节； 肌肉运动时的心血管活动调节

续表

知识要点	能力要求	相关知识
能量代谢及劳动强度等级的划分	(1) 熟悉体力劳动强度的生理评价指标； (2) 掌握能量代谢的基本原理及其计算； (3) 掌握劳动强度等级划分的内容	三种能量代谢及其相互关系； 相对能量代谢率及其计算方法； 劳动强度及分级标准、能量消耗指标
作业能力与作业疲劳	(1) 理解作业能力的动态分析； (2) 熟悉作业疲劳的测定方法； (3) 掌握提高作业能力和降低疲劳的措施	作业能力； 作业疲劳

 导入案例

违章和过度疲劳导致事故

某探矿企业长期需要在野外作业。由于该企业所在地的雨季来得比较晚，野外探矿作业在雨季来临之前，钻塔基本上不搭帐篷。

2006 年 5 月 6 日早上 6 点左右，作业现场刚刚下过雨，探矿队钻探结束，需要从钻井取出钻杆。作业人员赵某像往常一样熟练地沿梯子攀上钻塔的 6m 高的木板操作台进行取杆作业。控制钻机的作业人员见赵某到达作业位置，便开启钻杆提升装置提取钻杆，钻杆提到 6m 位置后，赵某将钻杆从提升装置中取出并沿木板移送到指定位置。在取出第四个钻杆并放到指定位置往回走时，赵某从塔架 6m 作业平台上后仰摔下，在落到距地 4m 时腰部撞到横在塔架上的一根管子上，原来垂直下落的赵某斜摔到距钻机机组 1.5m 远的软土层上，导致赵某腰椎折断，住院休息了 100 多天。

事故发生后，企业对此事故进行调查，对相关责任人进行了处理，并制定了相关的预防措施。总结的事故原因如下：

1. 直接原因

(1) 赵某在从事高空作业时没有系安全带，是导致此次事故发生的主要原因。

(2) 由于刚下过雨，钻探队没有采取防雨措施，作业平台淋雨后变得比较湿滑，作业人员在作业平台上行走难于保持平衡。

2. 间接原因

(1) 缺乏互保意识。赵某未系安全带便上钻塔作业，其他机组作业人员未加以制止，任其违章作业。

(2) 安全教育不到位。赵某所在部门由于人员分散，部门内很少组织安全培训，安全培训任务一般由所在机组自己进行，由于工作任务重，机组为完成工作任务很少抽出时间进行安全培训。赵某安全意识淡薄，屡次违章作业，无人加以批评教育，最终形成习惯性违章。

(3) 缺少安全保护装置。在 6m 高的操作平台上没有围栏，在作业时人员滑倒就会直接摔落到地。

(4) 长期野外作业尤其夜班作业导致作业人员过度疲劳，也是导致此次事故的原因之一。

2.1　体力劳动时的能量消耗

2.1.1　人体能量的产生机理

1. ATP-CP 系列

在要求能量释放速度很快的情况下，肌细胞中的 ATP 能量由磷酸肌酸（CP）与二磷酸腺苷合成予以补充，即

$$CP+AD \Longleftrightarrow Cr（肌酸）+ATP$$

上述过程简称为 ATP-CP 系列。ATP-CP 系列提供能量的速度极快，但由于 CP 在人体内的储量有限，其产能过程只能维持肌肉进行大强度活动几秒钟。

2. 需氧系列

在中等劳动强度下，ATP 以中等速度分解，又通过糖和脂肪的氧化磷酸化合成而得到补充，即

$$葡萄糖或脂肪+氧 \xrightarrow{氧化磷酸化} ATP$$

由于这一过程需要氧参与合成 ATP，故称为需氧系列。在合成的开始阶段，以糖的氧化磷酸化为主；随着持续活动时间的延长，脂肪的氧化磷酸化转变为主要过程。

3. 乳酸系列

在大强度劳动时，能量需求速度较快，相应 ATP 的分解也必须加快，但其受到供氧能力的限制。此时便靠无氧糖酵解产生乳酸的方式来提供能量，故称其为乳酸系列，即

$$葡萄糖（糖原）\xrightarrow{糖酵解} ATP+乳酸$$

乳酸逐渐扩散到血液，一部分排出体外，一部分在肝、肾内部又合成为糖原。营养充足合理的条件下，经过休息，乳酸可以较快的合成为糖原。

虽然糖酵解时 1g 分子葡萄糖只能合成 2g 分子 ATP，但糖酵解的速度比氧化磷酸化的速度快 32 倍，所以是高速提供能量的重要途径。乳酸系列需耗用大量葡萄糖才能合成少量的 ATP，在体内糖原含量有限的条件下，这种产能方式不经济。此外，目前认为乳酸还是一种致疲劳性物质，所以乳酸系列提供能量的过程不可能持续较长时间。

三种产能过程可概括于图 2.1 中，其一般特性见表 2-1。

肌肉活动的时间越长、强度越大，恢复原有储备所需的时间也越长。在食物营养充足合理的条件下，一般在 24h 内便可得到完全恢复。肌肉转换化学能做功的效率约为 40%，若包括恢复期所需的能量，其总效率大约为 10%～30%，其余 70%～90% 的能量以热的形式释放。

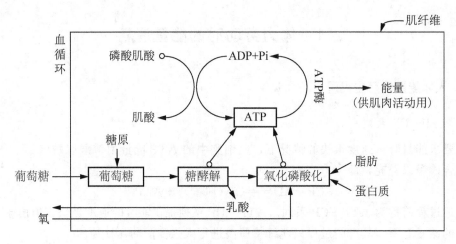

图 2.1　肌肉活动时能量的来源示意图

表 2-1　三种产能过程的一般特性

产能过程	ATP-CP 系列	乳酸系列	需氧系列
氧	无氧	无氧	需氧
速度	非常迅速	迅速	较慢
能源	CP，储量有限	糖原，产生的乳酸有致疲劳性	糖原、脂肪及蛋白质，不产生致疲劳性副产物
产生 ATP 量	很少	有限	几乎不受限制
劳动类型	任何劳动，包括短暂的极重劳动	短期较重及很重的劳动	长期较轻及中等劳动

【阅读材料 2-1】　能量代谢——产能途径

　　肌肉体积的增大是肌肉生理横断面积加大的体现。肌肉横断面的增加，主要是肌纤维增粗的结果（一说通过训练肌纤维数目也可增加）。肌纤维增粗，则主要反映肌球蛋白含量的增加。此外，肌肉结缔组织增厚、肌肉毛细血管网增生以及其他内含物如肌红蛋白、CP（磷酸肌酸）、ATP（三磷酸腺苷）和ADP（二磷酸腺苷）、肌糖原等的增加，也是肌肉体积增大的原因。肌肉的锻炼过程实际上是一种破坏与消耗的过程，其后，所破坏、消耗的一切将有"超量恢复"的效应。肌肉活动的直接能源是 ATP，但肌肉中 ATP 的储备很少，必须边分解供能边重新合成才能保证肌肉的重复活动。ATP 的重新合成有赖于CP 分解释放的能量，但肌肉中 CP 的含量也很有限，也必须边分解边合成才行。CP 再合成所需的能量来自糖的酵解与氧化，以及脂肪与蛋白质的氧化。随着运动时间的延长及负荷强度和性质的变化，肌肉在 ATP、CP 供能后，ADP（ATP 的前身）的再合成将逐渐由糖酵解（无氧代谢）过渡到糖和脂肪的有氧代谢。然而，由于肌肉内储氧物质肌红蛋白的数量较少，其储氧量难以满足有氧代谢的需求，因而供氧的途径就非血液莫属了。此为"充血"的理由之一。理由之二是，在训练间歇时，ATP 和 CP 的恢复效率对防止乳酸积累、延缓疲劳发生、提高训练效果有相当重要的作用，而 ATP、CP 以及快速供氧的氧合肌红蛋白的恢复，均有赖于血液运送到的氧及其他能源物质。此外，"充血"能力的提高也有助于改善主练肌的供血状况，增生毛细血管。"充血"还表明训练者对肌肉的控制能力以及神经支配肌肉和"意念"活动的能力。

2.1.2　作业时人体的耗氧动态

作业时人体所需氧量的大小，主要取决于劳动强度和作业时间。劳动强度越大，持续时间越长，需氧量也越多。人体在作业过程中，每分钟所需要的氧量即氧需能否得到满足，主要取决于循环系统的机能，其次取决于呼吸器官的功能。血液每分钟能供应的最大氧量称为最大摄氧量，正常成年人一般不超过 3L/min，常锻炼者可达 4L/min 以上，老年人只有 1~2L/min。

从事体力作业的过程中，需氧量随着劳动强度的加大而增加，但人的摄氧能力却有一定的限度。因此，当需氧量超过最大摄氧量时，人体能量的供应依赖于能源物质的无氧糖酵解，造成体内的氧亏负，这种状态称为氧债。氧债与劳动负荷的关系如图 2.2 所示。

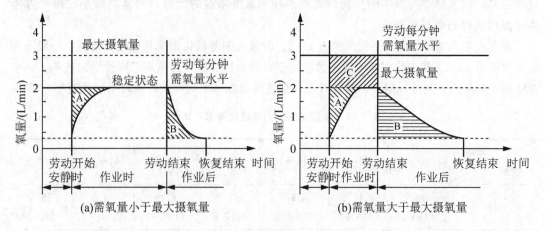

(a)需氧量小于最大摄氧量　　　　　(b)需氧量大于最大摄氧量

图 2.2　氧债及其补偿

当作业中需氧量小于最大摄氧量时，在作业开始的 2~3min 内，由于心肺功能的生理惰性，不能与肌肉的收缩活动同步进入工作状态，因此肌肉暂时在缺氧状态下工作，略有氧债产生，如图 2.2（a）中的 A 区所示。此后，随着心肺功能惰性的逐渐克服，呼吸、循环系统的活动逐渐加强，氧的供应得到满足，机体处于摄氧量与需氧量保持动态平衡的稳定状态，在这种状态下，作业可以持续较长时间。稳定状态工作结束后，恢复期所需偿还的氧债，如图 2.2（a）中的 B 区所示。在理论上，A 区应等于 B 区。

当作业中劳动强度过大，心肺功能的生理惰性通过调节机能逐渐克服后，需氧量仍超过最大摄氧量时，稳定状态即被破坏。此时，机体在缺氧状态下工作，可持续时间仅仅局限在人的氧债能力范围之内。一般人的氧债能力约为 10 L。如果劳动强度使劳动者每分钟的供氧量平均为 4L，而劳动者的最大摄氧量仅为 3L/min，这样体内每分钟将以产生 7g 乳酸作为代价来透支 1L 氧，即劳动每坚持 1min，必然增加 1L 氧债，如图 2.2（b）中的 A 区所示，直到氧债能力衰竭为止。在这种情况下，即使劳动初期心肺功能处于惰性状态时的氧债（图（b）中的 A 区）忽略不计，劳动者的作业时间最多也只能持续 10 min 即达到氧债的衰竭状态。恢复期需要偿还的氧债，应为 A 区加 C 区之和。

体力作业若使劳动者氧债衰竭，可导致血液中的乳酸含量急剧上升，pH 值下降。这对肌肉、心脏、肾脏以及神经系统都将产生不良影响。因此，合理安排作业间的休息，对于重体力劳动是至关重要的。

人体能量产生和消耗称为能量代谢。人体代谢所产生的能量，等于消耗于体外做功的能量和在体内直接、间接转化为热的能量的总和。在不对外做功的条件下，体内所产生的能量等于由身体散发出的热量，从而使体温维持在相对恒定的水平上。

能量代谢分为三种，即基础代谢、安静代谢和活动代谢。

1. 基础代谢

人体代谢的速率，随人所处的条件不同而异。生理学将人清醒、静卧、空腹（食后 10 h 以上）、室温在 20℃ 左右这一条件定为基础条件。人体在基础条件下的能量代谢称为基础代谢（basal metabolism）。单位时间内的基础代谢量称为基础代谢率，用 B 表示，它反映单位时间内人体维持基本的生命活动所消耗的最低限度的能量，通常以每小时每平方米体表面积消耗的热量来表示。

我国正常人基础代谢率平均值见表 2-2。健康人的基础代谢率是比较稳定的，一般不超过平均值的 15%。基础代谢率一般是男性高于同龄女性，少年儿童高于同性别的成年人，中青年高于老年人。此外，温度、精神状态、训练等也在一定程度上影响着基础代谢率。

表 2-2　我国正常人的基础代谢率平均值　　　　　单位：kcal/（m²·h）

性别＼年龄	11～15	16～17	18～19	20～30	31～40	41～50	51 以上
男	46.7 (195.5)	46.2 (193.4)	39.7 (166.2)	37.7 (157.8)	37.9 (158.7)	36.8 (154.1)	35.6 (149.1)
女	41.2 (172.5)	43.4 (181.7)	36.8 (154.1)	25.0 (146.5)	35.1 (146.9)	34.0 (142.4)	33.1 (138.6)

注：括号内的数值单位为 kJ/（m²·h）。

2. 安静代谢

安静代谢（repose fully expend energy）是作业或劳动开始之前，仅为了保持身体各部位的平衡及某种姿势对应的能量代谢。安静代谢量包括基础代谢量。测定安静代谢量一般是在作业前或作业后，被测者坐在椅子上并保持安静状态，通过呼气取样采用呼气分析法进行的。安静状态可通过呼吸次数或脉搏数判断。通常也可以将常温下基础代谢量的120% 作为安静代谢量。安静代谢率用 R 表示。

3. 能量代谢

人体进行作业或运动时所消耗的总能量，称为能量代谢（energy metabolism）量。能量代谢率记为 M。对于确定的作业个体，能量代谢量的大小与劳动强度直接相关。能量代谢量是计算作业者一天的能量消耗和需要补给热量的依据，也是评价作业负荷的重要指标。

4. 相对能量代谢率

体力劳动强度不同，所消耗的能量也不同。由于劳动者性别、年龄、体力与体质存在差异，即使从事同等强度的体力劳动，消耗的能量亦不同。为了消除劳动者个体之间差异因素，常用活动代谢率与基础代谢率之比即相对能量代谢率（relative metabolic rate）来衡量劳动强度的大小。即相对能量代谢率 RMR 为

$$RMR = \frac{能量代率 - 安代率}{基代率} = \frac{M - 1.2B}{B} \tag{2-1}$$

或

$$M = (RMR + 1.2)B \tag{2-2}$$

表 2-3 和表 2-4 为不同活动类型的 RMR 的实测值和推算值。

除利用实测方法之外，还可用简易方法近似计算人在体力劳动中的能量消耗，公式为：总能耗 MZ ＝（1.2＋RMR）基础代谢率平均值（B）×体表面积（S）×活动时间（t）。

5. 影响能量代谢的因素

影响人体作业时能量代谢的因素很多，如作业类型、作业方法等。

由表 2-3 和表 2-4 可看出不同类型的作业对能量代谢的影响。表 2-3 给出了不同作业的能量消耗值，其范围从 1.6～16.3kcal/min。

表 2-3　不同活动类型的 RMR 实测值

活动类型	RMR	活动类型	RMR	活动类型	RMR
小型钻床作业	1.5	铸造型芯清理作业	5.2	上楼	6.5
齿轮切削机床作业	2.2	煤矿的鹤嘴镐作业	6.4	下楼	2.6
空气锤作业	2.5	拉钢锭作业	8.4	骑自行车	2.9
焊接作业	3.0	慢走（45m/min）、散步	1.5	做广播体操	3.0
造船的铆接作业	3.6	快走（95m/min）	3.5	擦地板	3.5
汽车轮胎的安装作业	4.5	跑步（150m/min）	8.0	缝纫	0.5

表 2-4　不同活动类型的 RMR 推算值

动作部位	动作方法	被测人主诉	RMR
手指	机械运动	手腕微酸	0～0.5
	指尖动作	指尖长时间酸痛	0.5～1.0
由指尖到上臂	指尖动作引起前臂动作	工作轻，不累	1.0～2.0
	指尖动作引起上臂动作	有时想休息一下	2.0～3.0
上肢	一般动作	不习惯，难受	3.0～4.0
	较用力动作	上肢肌肉局部酸累	4.0～5.5

续表

动作部位	动作方法	被测人主诉	RMR
全身	一般用力	每20～30 min想休息一下	5.5～6.5
	均匀地加力	连续工作20min就感到难受	6.5～8.0
	瞬时用全身力	5～6min就感到很累	8.0～9.5
全身	剧烈劳动，用力尚有余地	用大力干，不能超过5 min	10.0～12.0
	拼尽全力，只能坚持1min	拼命用力，自己也不知是怎么干的	12.0

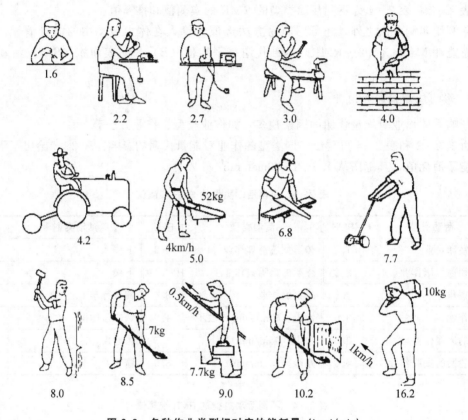

图2.3　各种作业类型相对应的能耗量（kcal/min）

作业方法不同，能量消耗也不同。S. R. 德塔（S. R. Data）等人对搬运重物的七种方式进行了研究，测得相应的氧耗量如图2.4所示。图中将单肩双包式（将重物平分为两包，一前一后搭在肩上）搬运所需的氧耗量定为100%，其余六种方式按相对于单肩双包式氧耗量递增的顺序依次排列。由图可知，搬运重物用单肩双包式氧耗量最小，而用手提式氧耗量最大。

各种不同姿势的相对氧耗量，如图2.5所示。以仰卧式所需的氧耗量为100%，其余四种姿势相对于仰卧姿势的氧耗量标注于图中。由图可知，仰卧式氧耗量最小，而弯腰姿势氧耗量最大。

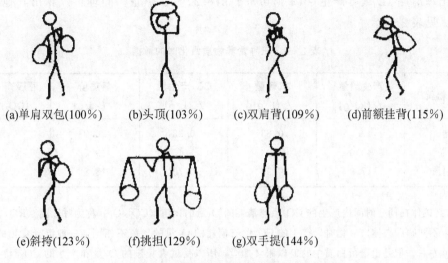

(a)单肩双包(100%)　　(b)头顶(103%)　　(c)双肩背(109%)　　(d)前额挂背(115%)

(e)斜挎(123%)　　(f)挑担(129%)　　(g)双手提(144%)

图 2.4　用不同方式搬运重物时的氧耗量比较

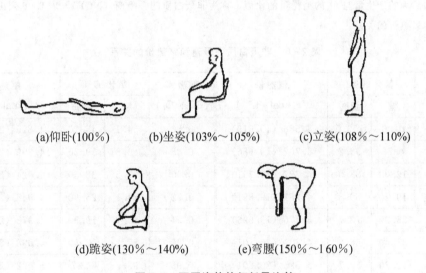

(a)仰卧(100%)　　(b)坐姿(103%～105%)　　(c)立姿(108%～110%)

(d)跪姿(130%～140%)　　(e)弯腰(150%～160%)

图 2.5　不同姿势的氧耗量比较

　　能量代谢的测定方法有两种，即直接法和间接法。直接法是通过热量计测定在绝热室内流过人体周围的冷却水的升温情况，换算成能量代谢率；间接法是通过测定人体消耗的氧量，再乘以氧热价求出能量代谢率。

　　人体消耗的能量来自于人体摄取的食物，糖、脂肪和蛋白质是食物中的三大供能物质。通常把 1g 供能物质氧化时所释放出的热量，称为物质的卡价。糖和脂肪在体外燃烧与体内氧化所产生的热量相等，即 1g 糖平均产生热量 17.4kJ，1g 脂肪平均产生热量 40 kJ；1g 蛋白质在体外燃烧产生热量 23.4kJ，而在体内不能完全氧化，只产生热量 17.9kJ，其余 5.5kJ 的热量是以尿素形式排泄到体外继续燃烧时产生的。

　　物质氧化时，每消耗 1L 氧所产生的热量称为物质的氧热价。由于物质的分子结构不同，氧化时消耗的氧也不相同。例如 1g 糖完全氧化约消耗氧 0.83L，根据 1g 糖的卡价，可以算出每消耗 1L 氧可产生（17.4/0.83）kJ＝20.9kJ 热量。同理可以算出其他物质的氧热价，见表 2-5。

表 2-5 三种营养物质氧化时的数据

营养物质	产生热量 / (kJ/g)	氧耗量 / (L/g)	CO_2产生量 / (L/g)	氧热价 / (kJ/L)	呼吸商 (RQ) (CO_2/O_2)
糖	17.4	0.83	0.83	20.9	1.000
脂肪	40.0	2.03	1.45	19.7	0.706
蛋白质	17.9	0.95	0.76	18.8	0.802

通常把机体在同一时间内产生的 CO_2 量与消耗的 O_2 量的比值（CO_2/O_2）称为呼吸商（RQ）。由表 2-5 可见，不同物质在体内氧化时，产生的 CO_2 量与消耗的 O_2 量的比值不相同，一般混合食物的呼吸商常在 0.80 左右。但是由于蛋白质中的氮以尿素排泄，所以受试者吸进的 O_2 量和产生的 CO_2 量应减去验尿测出的尿氮分解所需的 O_2 量和 CO_2 的产生量，才能求得机体的非蛋白质氧化的耗 O_2 量和 CO_2 的产生量，此时的 CO_2 的产生量与 O_2 的消耗量的比值，称为非蛋白质的呼吸商（NQR）。表 2-6 列出了非蛋白质呼吸商和氧热价的关系。

表 2-6 非蛋白质呼吸商和氧热价的关系

呼吸商 (CO_2/O_2)	氧化的 % 糖	氧化的 % 脂肪	氧热价 / (kcal·L^{-1})	呼吸商 (CO_2/O_2)	氧化的 % 糖	氧化的 % 脂肪	氧热价 / (kcal·L^{-1})
0.707	0.00	100.0	4.586 (19.619)	0.86	54.1	45.90	4.875 (20.411)
0.72	4.76	95.2	4.702 (19.686)	0.88	60.8	39.20	4.899 (20.511)
0.74	12.00	88.0	4.727 (19.791)	0.90	67.5	32.50	4.924 (20.616)
0.76	19.20	80.8	4.751 (19.891)	0.92	74.1	25.90	4.948 (20.716)
0.78	26.30	73.7	4.776 (19.996)	0.94	80.7	19.30	4.973 (20.821)
0.80	33.40	66.6	4.801 (20.101)	0.96	87.2	12.80	4.998 (20.926)
0.82	40.30	59.7	4.825 (20.201)	0.98	93.6	6.37	5.022 (21.026)
0.84	47.20	52.8	4.850 (20.306)	1.00	100.0	0.00	5.047 (21.131)

注：括号内的数值单位为 kJ/L。

实际应用中，经常采用省略尿氮测定的简便方法，即根据受试者在同一时间内吸入的 O_2 量和 CO_2 产生量求出呼吸商（混合呼吸商），而不考虑蛋白质代谢部分。实践证明，采用简便方法得到的结果不会有显著误差。

既然通过作业时消耗的 O_2 量和产生的 CO_2 量可以换算能量消耗，相对代谢率也可以通过测定作业者在作业和安静时消耗的 O_2 量和产生的 CO_2 的比值，计算作业者在作业和安静时各自的 O_2 消耗量，然后乘以每消耗 1L O_2 所产生的热量（氧热价），分别折算成作业和安静时的能量消耗。同理，若将作业者的基础代谢置换成 O_2 消耗量或直接测定出基础代谢时的 O_2 消耗量，则相对代谢率计算式又可写成

$$RMR = \frac{作业时的 O_2 消耗量 - 安静时的 O_2 消耗量}{基础代谢的 O_2 消耗量} \qquad (2-3)$$

2.2　作业时人体的调节与适应

2.2.1　神经系统的调节与适应

作业时的每一个有目的的动作，既取决于中枢神经系统的调节作用（主观能动性），又取决于从机体内外感受器所传入的各种神经冲动（包括第一和第二信号系统），在大脑皮层内进行综合分析，形成一时性共济联系（transient association）来调节各器官适应作业活动的需要，维持机体与环境的平衡。若长期在同一环境中从事同一项作业活动，通过复合条件反射逐渐形成该项作业操作的自觉习惯的逻辑平衡潜意识，称为动力定型（dynamic stereotype），又称习惯定型。从开始某项作业时起，机体各器官去适应该作业的需要，这种现象称为始动调节作用。

始动调节作用能使各器官在该项作业过程中相互配合与协调，使反应更迅速，能量消耗更经济。动力定型在建立时虽较困难，但一经建立，对提高作业能力极为有利，故应积极利用神经系统的这一特性，设法建立起良好的动力定型。建立动力定型应循序渐进，注意节律性和重复性。若改变动力定型，就必须破坏已建立的动力定型，用新的动力定型代替，这对大脑皮层细胞是一种很大的负担，若转变过急，可能导致高级神经活动的紊乱。因此，当作业性质或操作复杂程度需要做较大的变动时，不可操之过急，必须进行重新训练，这对保障身体健康和避免发生事故具有重要意义。由此可见，中枢神经系统的机能状态，对作业时肌体的调节和适应过程起着决定性作用。

体力劳动还会影响感觉器官的功能，适当的轻度作业能使眼睛的暗适应敏感性提高，而大强度作业会使眼睛的暗适应敏感性下降；重作业和大强度作业能引起视觉及皮肤感觉的时滞延长，作业后数十分钟才能恢复；而适度的轻作业后，视觉及皮肤感觉的时滞反而会缩短。

2.2.2　心血管系统的调节与适应

1. 心率

心率是单位时间内心脏搏动的次数。正常人安静时的心率为 75 次/min。心率增加的限度即最大心率随年龄的增长而逐渐减小，可用年龄来推算（最大心率＝220－年龄）。最大心率与安静心率之差称为心博频率储备，可用来表示体力劳动时心率可能增加的潜在能力。

从事体力作业时，心率在作业开始后的 30～40 s 内迅速增加，大约经 4～5min，即可达到与劳动强度相适应的水平。强度较小的体力劳动，心率增加不多，在很快达到与劳动强度相适应的水平后，即随作业的延续而保持在该恒定水平上。而强度很大的劳动，心率将随作业的延续而不断加快，直到个体的最大心率值，通常可达 150～195 次/min。上述两种劳动强度下的心率变化如图 2.6 所示。

作业停止后，由于氧债的存在，心率需经过一段时间才能恢复到安静状态时的心率。一般作业停止后在几秒到 15s 后心率开始迅速减小，然后在 15min 内缓慢恢复到安静心率。恢复期的长短与劳动强度、工间休息、环境条件以及个体的健康状况有关。

心率通常可作为衡量劳动强度的一项重要指标。若以该项指标为标准，对于健康男性，作业心率为 110～115 次/min（女性应略低于此值）；作业停止后 15min 内恢复到安静心率时，则认为体力劳动负荷处于最佳范围，可以连续工作 8h。若在作业停止后 0.5～1min 测得心率不超过 110 次/min，在 2.5～3min 测得心率不超过 90 次/min，满足该两项条件时，也可连续工作 8h。

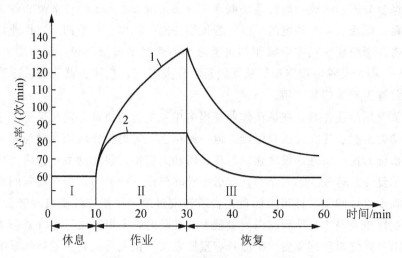

图 2.6　不同劳动强度的心率变化曲线

1—作业负荷 150N·m/s；2—作业负荷 50N·m/s

Ⅰ—安静心率；Ⅱ—作业心率；Ⅲ—恢复心率

2. 心输出量

心脏每搏动一次，由左心室射入主动脉的血量称为每搏输出量。每分钟由左心室射出的血量称为心输出量。心输出量为每搏输出量与心率的乘积。正常男性成年人安静时，每搏输出量约为 50～70mL，心输出量约为 3.75～5.25L/min。女性心输出量比同体重的男性约低 10%。一般人心输出量最多可增加到 25L/min。

体力作业开始后，在心率加快的同时，每搏输出量迅速而渐进性地增加到个体的最大值。随后心输出量的增加，依赖于心率的加快。中等劳动强度作业时，心输出量可比安静时增加 50%，而极大强度的作业，心输出量可高达安静时的 5～7 倍，作业停止后又逐渐恢复到安静状态时的水平。恢复的快慢，不仅取决于劳动负荷的大小，而且也与个体的健康状况、训练程度等因素有关。

3. 血压

血压是血管内的血液对于单位面积血管壁的侧压力，通常多指血液在体循环中的动脉血压，一般以毫米汞柱（mmHg）为单位（1mmHg＝133.32Pa）。正常人安静时的动脉血压较为稳定，变化范围不大。心室收缩时动脉血压的最高值即收缩压为 100～120 mmHg，心室舒张时动脉血压的最低值即舒张压为 60～80 mmHg。血压还受性别、年龄以及其他生理情况的影响，一般男性略高于女性，老年人高于中青年人，特别是收缩压随年龄增长而升高较舒张压更为明显。此外，体力劳动、运动以及情绪波动时，血压也会出现暂时性升高。

动态作业开始后，主要由于心输出量的增多，收缩压立即升高，并随劳动强度的增加而继续升高，直到最高值；而舒张压却几乎保持不变或略有升高，因此形成收缩压与舒张压之差即脉压的增大，如图 2.7 所示。脉压逐渐增大或维持不变，是体力劳动可以继续有效进行的标志。

静态作业时动脉血压的变化不同于动态作业。静态作业时即使只有很少的肌肉静态施力，由于肌肉的持续性收缩压迫外周血管，导致血液流动阻力显著增加，从而使收缩压、舒张压、平均动脉压也立即升高，而此时心率和心输出量相对增加较少。

作业停止后，血压迅速下降，一般在 5min 内即可恢复到安静状态时的水平。但在极大劳动强度作业后，恢复期较长，约需 30～60 min 才能恢复到作业前的水平。恢复期的长短同时还受环境条件舒适程度的影响。

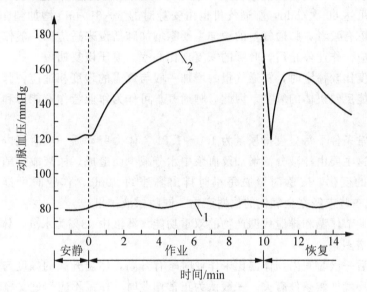

图 2.7　动态作业至力竭时收缩压与舒张压的变化

1—舒张压；2—收缩压

4．血液的重新分配

人处于安静状态时，血液流向肾、肝及其他内脏器官较多，而体力作业开始后，心脏射出的血液大部分流向骨骼肌，以满足其代谢增强的需要。表 2-7 列出了安静状态和重体力劳动时血液流量的分配状况。由表可知，进行重体力作业时，流向骨骼肌的血液量较安静时多 20 倍以上，心肌血流量增加 5 倍。

表 2-7   安静时和重体力劳动时的血液分配

器官	安静休息		重体力劳动	
	%	L/min	%	L/min
内脏	20～25	1.0～1.25	3～5	0.75～1.25
肝	20	1.00	2～4	0.50～1.00
肌肉	15～20	0.75～1.00	80～85	20.00～21.25
脑	15	0.75	3～4	0.75～1.00
心肌	4～5	0.20～0.25	4～5	1.00～1.25
皮肤	5	0.25	0.5～1	0.125～0.25
肾	3～5	0.15～0.25	0.5～1	0.125～0.25

2.2.3   其他系统的调节与适应

作业时呼吸的频率随作业强度的增强而增加，重强度作业时可达 30～40 次/min，极大强度作业时可达 60 次/min，肺通气量也由安静时的 6～8L/min 增加到 40～120 L/min 以上。对于锻炼有素者，肺通气量的增加主要靠增加肺活量来适应；一般作业者则靠加快呼吸频率来适应。作业停止后，呼吸的恢复期比心率、血压恢复期短。

当作业强度比较稳定时，肺通气量的增加一般与氧需的程度相适应，肺通气量的变化在一定程度上能反映机体的氧需。因此，肺通气量可作为作业者作业能力和劳动强度的鉴定指标。

人体在正常条件下每昼夜排尿量为 1.0～1.8L。体力劳动后一段时间内，排尿量减少 50%～70%，这主要由汗液分泌增加及血浆中水分减少而造成。尿液成分随着劳动强度的变化也有较大的变化，安静时肾脏每小时排出乳酸约 20mg，作业时可排出乳酸 100～1300mg，并且一些未经完全氧化的代谢产物一同随尿液排出。

汗腺具有调节体温和排泄代谢产物的双重功能。汗液中 98% 为水分，体力劳动时汗液中的乳酸含量增多。

体力劳动后一段时间内，体温比未作业时略有升高，体温升高的幅度与作业强度、作业持续时间及环境气候条件有关。一般认为正常作业时，体温不应超过安静时的体温 1℃，超过这一限度，人体便不能适应，作业也不能持久。

2.2.4   脑力劳动和持续警觉作业的特点

随着科学技术的发展和社会的进步，采用计算机控制的生产过程日益增加和完善，大量繁重体力劳动和职业危害较严重的工种将逐步被机器人所取代，体力劳动的比重和强度将不断减小，而需要智力和神经紧张型的作业则越来越多。例如，通过观察仪表、显示装置操纵复杂机器的工人，飞机和舰艇驾驶员等，除需要具备较高的科学文化水平外，作业时还需要高度集中精力，及时分析处理数据和调节操纵手柄或旋钮等控制器。这类作业者的神经系统相当紧张。

1. 脑力作业的生理变化特征

脑的氧代谢较其他器官高，安静时约为等量肌肉耗氧量的 15～20 倍，占成年人体总耗氧量的 10%。

由于脑的重量仅为体重的 2.5% 左右，大脑即使处于高度紧张状态，能量消耗量的增高也不致超过全身基础代谢的 10%。例如，紧张地演算数学题时仅比基础代谢增高 3%～4%，剧烈的情绪兴奋时仅比基础代谢增高 5%～10%。葡萄糖是脑细胞活动的最主要能源，平时 90% 的能量都靠它的分解来提供，但脑细胞中储存的糖原甚微，其能量要靠血液输送来的葡萄糖通过氧化磷酸化过程来提供。因此，脑组织对缺氧、缺血非常敏感。但总摄取量明显增高时，并不意味着脑力劳动效率的提高。表 2-8 列出了不同脑力作业和技能作业的 RMR。

表 2-8　不同类型的脑力作业和技能作业的 RMB 实测值

作业类型	RMR	作业类型	RMR
操作人员监视面板	0.4～0.8	记账、打算盘	0.5
仪器室作记录、伏案办公	0.3～0.5	一般记录	0.4
电子计算机操作	1.3	站立（微弯腰）谈话	0.5
用计算器计算	0.6	坐着读、看、听	0.2
讲课	1.1	接、打电话（站立）	0.4

脑力劳动时心率减慢。但特别紧张时，可引起舒张期缩短而使心跳加快、血压上升、呼吸频率提高、脑部充血而四肢及腹腔血液减少。脑力劳动时，脑电图的频率加快。

脑力劳动时，血糖一般变化不大或稍有增加，对尿量无任何影响，其成分也无明显变化。仅在极度紧张的脑力劳动时，尿中磷酸盐的含量才有所增加，但对排汗的量与质以及体温均无明显影响。

2. 持续警觉作业

持续警觉通常是在刺激环境单调和脑力活动以注意为主条件下，长时间保持的警觉状态。在化工、发电厂、雷达站和自动化生产系统中的仪表监控工作以及舰艇、飞机的驾驶中，都要求作业者长时间地保持警觉状态。

在持续警觉作业中，信号漏报是衡量作业效能下降的指标。信号漏报是指信号已出现，但观察者却报告没有发现信号。随着作业时间的增长，信号漏报比例增高，即发现信号的能力下降。

若以接近感觉阈限的信号即临界信号的出现频率为横坐标，以发现信号频率为纵坐标，即可画出如图 2.8 所示曲线。该曲线表明，当信号频率增加时，发现信号的百分比也随之增加，但信号频率增加到一定程度后，再继续增加，发现信号的百分比反而下降。由此可见，信号频率存在一个最佳值。作业中，信号频率低于其最佳值时，观察者处于警觉降低状态；而信号频率高于其最佳值时，观察者又处于信息超负荷状态，即超过了人的信息加工能力。因此，两者都将导致作业效能的降低。图2.8中信号频率的最佳值为100～300信号数/30min。

若以觉醒状态为横坐标，以作业效能为纵坐标，可得觉醒—效能曲线，如图2.9所示，它与图2.8所示曲线形状极为相似。觉醒—效能曲线是人机工程学的一条极为重要的理论曲线，通过该曲线可以获得与人的最高作业效能相对应的觉醒状态，即最佳觉醒状态。通常作业性质和作业内容不同，所要求的适合于作业的觉醒水平也不同，如连续进行的内容单调、简单的作业，要求觉醒水平高；而难度大、需要进行复杂判断的作业，则要求觉醒水平低。

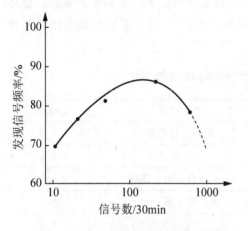

图2.8　信号频率与作业效能的关系　　　　图2.9　觉醒—效能曲线

影响持续警觉作业效能下降的主要因素有：信号出现时间极不规则，这是造成信号漏报的重要原因；不良的作业环境，如噪声大、温度高、无关刺激的干扰多等；信号强度弱，信号频率不适宜；个体主观状态，如过分激动的情绪、失眠、疲劳等。

持续警觉作业效能，可通过如下措施获得一定程度的改善：适当增加信号的频率和强度，提高信号的可分辨性；根据持续警觉作业效能一般是在监控作业开始30min后逐渐下降的规律，以及有意注意可维持的最长时间，科学安排作业时间；改善不良作业环境，减少无关刺激的干扰；培养和提高作业者良好的注意品质。

2.2.5　劳动强度等级的划分

劳动强度是指作业者在生产过程中体力消耗及紧张的程度。劳动强度不同，单位时间内人体所消耗的能量也不同。

用能量消耗划分劳动强度，只适用于以体力劳动为主的作业。能量消耗指标主要有两种：一种是相对指标（相对代谢率RMR）；一种是绝对指标（劳动强度指数）。

据研究表明，以能量消耗为指标划分劳动强度时，耗氧量、心率、直肠温度、出汗率、乳酸浓度和相对代谢率等具有相同意义。典型代表是国际劳工局1983年的划分标准，它将工农业生产的劳动强度划分为六个等级，见表2-9。

表2-9　用于评价劳动强度的指标和分级标准

劳动强度等级	很轻	轻	中等	重	很重	极重
氧需上限的百分数	<25	25～37.5	37.5～50	50～75	>75	～100
耗氧量/（L/min）	<0.5	0.5～1.0	1.0～1.5	1.5～2.0	2.0～2.5	>2.5
能耗量/（kJ/min）	<10.5	10.5～21.0	21.0～31.5	31.5～42.0	42.0～52.5	>52.5
心率/（beats/min）	<75	75～100	100～125	125～150	150～175	>175
直肠温度/℃	—	<37.5	37.5～38	38～38.5	38.5～39.0	39.0
排汗率/（ml/h）	—	—	200～400	400～600	600～800	>800

注：① 资料来源于国际劳工局，1983年。

② 轻、中、重、很重、极重劳动的氧消耗，相对于氧上限分别为<25%、25%～50%、50%～75%、>75%和接近氧上限，或按<25%、25%～37.5%、37.5%～50%、50%～62.5%及>62.5%划分。

③ 消耗1L氧约等于产生20.93kJ能量。

④ 排汗率系8h工作日的平均数。

依作业时的相对代谢率（RMR）指标评价劳动强度标准的典型代表，是日本能率协会的划分标准，它将劳动强度划分为五个等级，见表2-10。

表2-10　日本能率协会劳动强度分级标准

劳动强度等级	RMR	工作特点	职业举例
极轻劳动	0～1	手指动作、脑力劳动、坐姿或重心不动的立姿，其疲劳呈现为精神疲劳	制图员、电话交换员
轻劳动	1～2	主要为手指及手动作，以一定速度工作长时间后呈现局部疲劳	机械工具的修理工
中劳动	2～4	立位，但身体移动以重心的水平移动为主，身体移动速度为普通步行速度，加以中间适当休息可持续劳动数小时	车工、铣工
重劳动	4～7	全身劳动为主，并需全力进行	土建工、炼钢工
极重劳动	>7	短时间内要求全身全力高速动作	采煤工、伐木工

我国根据262个工种工人劳动时能量代谢和疲劳感等指标的调查分析，1983年提出了按劳动强度指数划分体力劳动强度等级的国家标准GB 3869—1983，1997年在GB 3869—1983的基础上形成了GB 3869—1997的新标准。我国体力劳动强度分级标准见表2-11。新标准与旧标准相比有如下几方面的优点：

（1）把作业时间和单项动作能量消耗比较客观合理地统一协调起来，能比较如实地反映工时较长、单项作业动作耗能较少的行业工种的全日体力劳动强度，同时亦兼顾到工时较短、单项作业动作耗能较多的行业工种的劳动强度，因而基本上克服了以往长期存在的"轻工业不轻，重工业不重"的行业工种之间分级定额不合理现象的问题。

（2）体现了体力劳动的体态、姿势和方式，提出了体力作业方式系数，这比笼统地提所谓体力劳动进了一大步。

（3）充分考虑到性别差异是本标准的重要特色之一。

表 2-11　国内体力劳动强度分级

劳动强度级别	劳动强度指数
Ⅰ	≤15
Ⅱ	15～20
Ⅲ	20～25
Ⅳ	>25

体力劳动强度指数计算方法如下。

体力劳动强度指数计算公式为

$$I = T \cdot M \cdot S \cdot W \cdot 10 \qquad (2-4)$$

式中：I——体力劳动强度指数；

　　　T——劳动时间率，%；

　　　M——8h 工作日平均能量代谢率，kJ/（min·m²）；

　　　S——性别系数，男性取 1，女性取 1.3；

　　　W——体力劳动方式系数，搬取 1，扛取 0.40，推、拉取 0.05；

　　　10——计算常数。

劳动时间率（T）为工作日内净工作时间与工作日总工作时间之比，以百分率表示，即

$$T = \frac{\text{工作日内净工作时间（min）}}{\text{工作日总工作时间（min）}} \qquad (2-5)$$

净工作时间是指一个工作日内的制度作业时间，扣除休息和工作中持续一分钟以上的暂停时间后的全部时间。净工作时间通常采用采样方法测得的平均值。

能量代谢率 M 的计算方法是根据采样，分别计算各项作业活动与休息时的能量代谢率 M。

每分钟肺通气量 3.0～7.3L 时，采用如下公式计算 M：

$$\lg M = 0.0945x - 0.53794 \qquad (2-6)$$

式中：M——能量代谢率，kJ/（min·m²）；

　　　x——单位体表面积气体体积，L/（min·m²）。

每分钟肺通气量 8.0～30.9L 时，采用如下公式计算 M：

$$\lg(13.26 - M) = 1.1648 - 0.0125x \qquad (2-7)$$

式中：M——能量代谢率，kJ/（min·m²）；

　　　x——单位体表面积气体体积，L/（min·m²）。

每分钟肺通气量 7.3～8.0L 时，M 值可采用上面两式的平均值。

将各项作业活动与休息时的能量代谢率分别乘以相应的累计时间，得出工作日内能量消耗总值，再除以工作日制度工作时间，即得出工作日平均能量代谢率 M。

另外还必须注意到，在作业过程中除劳动强度之外，生产环境因素（如温度、噪声等

条件）和心理因素等也会影响能量消耗的变化。因此在采用能量消耗指标评定或划分劳动强度时，应注意是否受其他因素的影响。因此有人主张除根据能量消耗划分劳动强度等级外，还应结合作业环境条件，采用更切合实际的劳动强度"双重分级法"（dual classification of work intensity）。

　　人因工程这门学科对体力劳动强度进行了深入的研究，并提出以动态心率为指标的体力劳动强度分级方法，见表 2－12。

表 2－12　以心率为指标的体力劳动强度分级方法

体力劳动强度分级	男　子		女　子	
	平均心率/(beats/min)	相对心率	平均心率/(beats/min)	相对心率
轻	＜92	＜1.22	＜96	＜1.27
中	92～106	1.22～1.42	96～110	1.27～1.45
较重	106～121	1.42～1.62	110～122	1.45～1.62
重	121～135	1.62～1.82	122～134	1.62～1.77
过重	135～150	1.82～2.02	134～146	1.77～1.94
极重	＞150	＞2.02	＞146	＞1.94 以上

注：相对心率为作业瞬时心率与安静心率的比值。

【阅读材料 2－2】　岗位评价指标体系

　　进行岗位评价，首先要有一套适用于本企业生产经营特点的岗位功能测评指标体系。岗位评价指标，一般根据四要素原则，即工作责任、劳动技能、劳动强度和劳动条件，每个要素中划分为若干项目。这些要素的具体内容大体上包括了劳动岗位对劳动者的专业技术和业务知识的要求，所消耗体力的要求，应承担的责任和接触有毒有害物质对身体健康的影响程度等。

http：//cnlyjd. com/guanliwenku/renliziyuanguanli/fenxiceping/200410/5564619. html

2.3　作业能力的动态分析

2.3.1　作业能力的动态变化规律

　　作业能力是指作业者完成某种作业所具备的生理、心理特征，综合体现的个体所蕴藏的内部潜力。

　　这些生理、心理特征，可以从作业者单位作业时间内生产的产品产量和质量间接地体现出来。但在实际生产过程中，生产的成果（产量和质量）除受作业能力的影响外，还受作业动机等因素的影响，所以有如下函数关系：

$$生产成果＝f（作业能力×作业动机）\qquad(2-8)$$

　　当作业动机一定时，生产成果的波动，主要反映了作业能力的变化。一般情况下，作业者一天内的作业动机相对不变。因此，作业者单位时间所生产的产品产量的变动，反映了作业能力的动态，典型的变化规律一般呈现三个阶段，如图 2.10 所示。以白班轻或中等强度的作业为例，工作日开始时，工作效率一般较低，这是由于神经调节系统在作业中"一时性协调功能"尚未完全恢复和建立，造成呼吸循环器官及四肢的调节迟缓所致，其后，作业者动作逐渐加快并趋于准确，效率增加，表明"一时性协调功能"加强，所做工作的动力定型得到巩固。这一阶段称为入门期（induction period），一般持续 1～2h。在入门期，劳动生产率逐渐提高，不良品率降低。当作业能力达到最高水平时，即进入稳定期（steady period），一般可维持 1h 左右。此阶段劳动生产率以及其他指标变动不大。稳定期之后，作业者开始感到劳累，作业速度和准确性开始降低，不良品开始增加，即转入疲劳期（fatigue period）。午休后，又重复午前的三个阶段，但第一、二阶段的持续时间比午前短，疲劳期提前出现。有时在工作日快结束时，也可能出现工作效率提高的现象，这与赶任务和争取完成或超额完成任务的情绪激发有关，这种现象称为终末激发（terminal to-tivation）（见图 2.10 中虚线所示），终末激发所能维持的时间很短。

以脑力劳动和神经紧张型作业为主的作业，其作业能力动态特性的差异极大。作业能力动态变化情况，取决于神经紧张的类型和紧张程度。这种作业的作业能力，在开始阶段提高很快，但持续时间很短，作业能力便开始下降。为了提高作业能力，对以脑力劳动和神经紧张型为主的作业，应在每一周期之间安排一段短暂的休息时间。

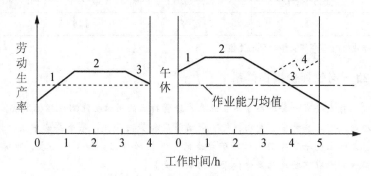

图 2.10　劳动生产率的典型曲线

1—入门期；2—稳定期；3—疲劳期；4—终末激发期

2.3.2　影响作业能力的主要因素

影响作业能力的因素多而复杂，除了作业者个体差异之外，还受环境条件、劳动强度等因素的影响，其大致可归纳为四种：生理因素、环境因素、工作条件和性质、锻炼与熟练效应。

1. 生理因素

体力劳动的作业能力，随作业者的身材、年龄、性别、健康和营养状况的不同而有异。对体力劳动者，在 25～35 岁以后，心血管功能和肺活量下降，氧上限逐渐降低，作业能力也相应减弱。但在同一年龄阶段内，身材大小与作业能力的关系远比实际年龄更为重要。对脑力劳动者，智力发育似乎要到 20 岁左右才能达到完善程度，而 20～30（或40）岁可能是脑力劳动效率最高的阶段，其后则逐渐减退，且与身材无关。

性别对体力劳动作业能力影响较大，由于生理差异极大，一般男性的心脏每博最大输出量、肺的最大通气量等均较女性为大，故男性的作业能力也较同年龄阶段的女性强。但对脑力劳动，智力的高低和效率却与性别关系不大。

2. 环境因素

环境因素通常是指工作场所范围内的空气状况、噪声状况和微气候（温度、湿度、风速等）。它们对体力劳动和脑力劳动的作业能力均有较大影响，这种影响或是直接的，或是间接的，影响的程度视环境因素呈现的状况以及该状况维持时间的长短而异。如空气被长期污染，可导致呼吸系统障碍或病变。肺通气量下降会直接影响体力劳动的作业能力，而使机体健康水平下降，间接影响作业能力。

3. 工作条件和性质

生产设备与工具的好坏对作业能力的影响较大，主要看它们在提高工效的同时，是否能减轻劳动强度，减少静态作业成分，减少作业的紧张程度等。

劳动强度大的作业不能持久。许多研究结果指出，对 8h 工作制的体力劳动，能量消耗量的最高水平以不超过作业最大能量消耗量的 1/3 为宜，在此水平以下即使连续工作 480min 也不致引起过度疲劳。对轻和中等强度的作业（见图 2.10），作业时间过短，不能发挥作业者作业能力的最高水平，而作业时间过长，又会导致疲劳，不仅作业能力下降，还会影响作业者的健康水平。因此，必须针对不同性质和不同劳动强度的作业制定出既能发挥作业者最高作业能力又不致损害其健康的合理作业时间。

现代工业企业生产过程具有专业化水平高、加工过程连续性强、各生产环节均衡和一定的适应性等特点。因此，劳动组织和劳动制度的科学与合理性，对作业能力的发挥有很大影响。例如，作业轮班不仅会对作业者的正常生物节律、身体健康、社会和家庭生活等产生较大的影响，而且也会对作业者的作业能力产生明显影响。

4. 锻炼与熟练效应

锻炼能使机体形成巩固的动力定型，可使参加运动的肌肉数量减少，动作更加协调、敏捷和准确，大脑皮层的负担减轻，故不易发生疲劳。体力锻炼还能使肌体的肌纤维变粗，糖原含量增多，生化代谢也发生适应性改变。此外，经常参加锻炼者，心脏每博输出量增大，心跳次数却增加不多；呼吸加深，肺活量增大，呼吸次数也增加不多。这就使得机体在参与作业活动时有很好的适应性和持久性。

锻炼对脑力劳动所起的作用更大、更重要。这是因为人类的智力发展并不像体力那样受生理条件的高度限制。

熟练效应是指经常反复执行某一作业而产生的全身适应性变化，使机体器官各个系统之间更为协调，不易产生疲劳，使作业能力得到提高的现象。典型的熟练效应曲线如图 2.11 所示，平均单件工时 t 与累计产量 m 呈负指数关系（k 是待定系数）。曲线表明随着产品产量的增加，作业者作业熟练程度提高，平均单件工时消耗就减少。反复进行同一作业是一种锻炼过程，是形成熟练效应的原因。

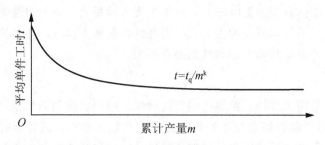

图 2.11　典型熟练效应曲线

【阅读材料 2-3】　两性的作业能力

1. 作业能力

劳动者在从事某项劳动时，完成该工作的能力称为作业能力。它是指在不降低作业质量指标的前提下，尽可能长时间维持一定作业强度的能力。

体力劳动作业能力的动态不仅可以通过测定单位时间内生产的产品数量和质量来直接观察，还可以通过测量劳动者的某些生理指标如握力、耐力、心率、视运动反应时的变化来衡量。

2. 作业能力的性别差异

男性的体力劳动能力强于女性。当从事同等强度的体力作业时，女性的紧张程度和生理负担大于男性，容易出现疲劳。

实验观察发现，在一个工作日内完成同样符合要求的劳动时，女性较早出现疲劳，表现为心率加快、作业时的记忆力容量下降、肌耐力减少、视运动反应时延长等变化均超过男性。

3. 作业能力性别差异的生理基础

肌力、体力劳动时机体的供氧能力（肺通气量、心输出量、总血量、红细胞数、血红蛋白含量等）有较大差异，是作业能力性别差异的生理基础。

2.4　作业疲劳及其测定

2.4.1　作业疲劳的概念及其分类

在劳动过程中，当作业能力出现明显下降时，称为作业疲劳（fatigue），它是机体的正常生理反应，起预防机体过劳（overstrain）的警告作用。疲劳出现时，会有从轻微的疲倦感到精疲力竭的感觉，但这种感觉和疲劳并不一定同时发生。有时虽已出现疲倦感，但实际上机体还未进入疲劳状态。这在对工作缺乏认识、动力或兴趣，积极性不高的人中常见。另外，也能见到虽无疲倦感而机体早已疲劳的情况。这在对工作具有高度责任感或有特殊爱好的人中以及遇到紧急情况时常可见到。

疲劳可大致分为四种类型：①个别器官疲劳，常发生在仅需个别器官或肢体参与的紧张作业中，如手、视觉、听觉等的局部疲劳，一般不影响其他部位的功能；例如手疲劳时，对视力、听力等并无明显影响。②全身性疲劳，主要是全身参与较为繁重的体力劳动所致，表现为全身肌肉、关节酸痛，疲乏，不愿活动和作业能力明显下降，错误增加等。③智力疲劳，是长时间从事紧张脑力劳动所致，表现为头昏脑胀、全身乏力、嗜睡或失眠、易激怒等。④技术性疲劳，常见于需要脑力、体力并重且神经、精神相当紧张的作业，如驾驶汽车、飞机、收发电报、计算机操作等；其表现要视劳动时体力和脑力参与的多少而异，如卡车司机疲劳时除全身乏力外，腰酸腿痛颇为常见，而无线电发报员、半自动化作业操作人员等，则以头昏脑胀、嗜睡或失眠等多见。

疲劳的发生可分为三个阶段：①第一阶段，疲倦感轻微，作业能力不受影响或稍下降。此时，浓厚兴趣、特殊刺激、意志等可使自我感觉精力充沛，能战胜疲劳，维持劳动效率，但有导致过劳的危险。②第二阶段，作业能力下降趋势明显，并影响生产的质量，但对产量的影响不大。③第三阶段，疲倦感强烈，作业能力急剧下降或有起伏，后者表示劳动者试图努力完成工作要求；最终感到精疲力竭、操作发生紊乱而无法继续工作。

2.4.2　体力劳动时的疲劳发生机理

疲劳可能起源于心理因素，常与缺乏动力、兴趣或过度心理紧张等因素有关；也可能源于生理因素，常与过度体力活动（含劳动与运动）、职业性有害因素的作用等有关。在此仅讨论以体力活动为主所导致的疲劳即体力疲劳（physical fatigue）或肌肉疲劳（muscular fatigue）发生的机理。

1. 四种不同而又有联系的学说

1）能源物质耗竭学说

这种理论认为劳动者在劳动过程中需要消耗能量。随着劳动的进程，能源物质（如糖原、ATP、CP 等）不断地消耗，但人的能源物质储存量是有一定限度的，一旦耗竭，便呈现疲劳。

2）疲劳物质累积学说

这种理论认为疲劳是人体肌肉或血液中某些代谢物质如乳酸、丙酮酸等酸性物质大量堆积而引起的。

3）中枢神经系统变化学说

这种理论认为人在劳动中，中枢神经的功能发生着变化，当兴奋到某种程度后，必然会产生抑制。疲劳是中枢神经工作能力下降的表现，是大脑皮质的保护性作用。

4）机体内环境稳定性失调学说

这种理论认为劳动中体内产生的酸性代谢物，使体液的 pH 值下降。当 pH 值下降到一定程度时，细胞内外的水分中离子的浓度就会发生变化，人体就会呈现疲劳。

2. 体力劳动时骨骼肌疲劳的原因

1）ATP 耗竭

肌肉收缩时，肌纤维中的肌球蛋白丝与肌动蛋白丝发生相对滑动，所需能量是由 ATP 分解供给的。但肌肉中 ATP 分子的储备与供应能力有限，只要 ATP 浓度稍微下降，就会使肌球蛋白横桥上的 ATP 酶活性下降，使肌肉收缩周期受到影响，也会使 Ca^{2+} 循环减慢，致使肌肉发生疲劳。

2）pH 值降低

剧烈体力活动时，肌肉内有乳酸蓄积，pH 值从 7.0 降到 6.3～6.6。此时，由于 H^+

浓度增高而干扰许多酶的催化活性，全部或部分地影响到下列代谢过程：抑制磷酸果糖激酶活性，使通过糖酵解所产生的 ATP 供应减少；通过抑制磷酸化酶激酶和苷环化酶活性和促使 HPO_4^{2-} 转变为 $H_2PO_4^-$ 而使糖原分解减少，使糖酵解受到影响，ATP 的供应亦减少；由于 $H_2PO_4^-$ 的形成，即 Pi（磷酸根）与 H^+ 都增多了，导致平衡的偏移，均会导致肌力减小，终使人疲劳而停止工作。

3）糖原耗竭

人的碳水化合物储备有限，大体上少于 4184kJ，剧烈体力活动 1～2h 即会发生疲劳，伴有低血糖、肌糖原与肝糖原耗竭。肌糖原的储备与平时的膳食成分有关，亦即与疲劳发生的时间早迟有关。

4）最大氧流量受限

最大氧流量（$V_{O_2 max}$）即最大摄氧量，它与最大心输出量、骨骼肌毛细血管密度、肌红蛋白浓度和线粒体密度有关，有氧锻炼均可使它们增加。限制 $V_{O_2 max}$ 进一步提高的是最大心输出量。可见，心血循环系统递氧功能差的人，容易疲劳。

5）骨骼肌量不足

缺乏体力锻炼者，不仅肌肉中糖原储备少，而且骨骼肌量不足，单位横断面上承受的负荷较大，更容易发生疲劳。

综上可见，引起肌肉疲劳的原因是多方面的，既有中枢神经系统（大脑皮层和脑干）的作用，又有内环境平衡的紊乱，还有局部能源的耗竭和乳酸的蓄积等因素。但体力疲劳的某些机理，尤其是上述原因彼此之间的关系，还有待进一步探讨。

2.4.3　测定疲劳的方法

为了测定疲劳，必须有一系列能够表征疲劳的指标。疲劳测定方法应满足如下要求：①测定结果应当是客观的表达，而不依赖于研究者的主观解释；②测定结果应当能定量化表示疲劳的程度；③测定方法不能导致附加的疲劳，或使被测者分神；④测定疲劳时，不能导致被测者不愉快、造成心理负担或病态感觉。

许多研究者认为，疲劳可以从三种特征上表露出来：①身体的生理状态发生特殊变化，如心率（脉率）、血压（压差）、呼吸及血液的乳酸含量等发生变化；②进行特定作业时的作业能力下降，如对特定信号的反应速度、正确率、感受性等能力下降；③疲倦的自我体验。检测疲劳的方法基本分为三类：生化法、生理心理测试法和他觉观察及主诉症状法。

1. 生化法

生化法通过检查作业者的血、尿、汗及唾液等液体成分的变化判断疲劳，这种方法的不足之处是：测定时需要中止作业者的作业活动，并容易给被测者带来不适和反感。

2. 生理心理测试法

生理心理测试法包括：膝腱反射机能检查法，两点刺激敏感阈限检查法，频闪融合阈限检查法，连续色名呼叫检查法，反应时间测定法，脑电肌电测定法，心率（脉率）血压测定法。

(1) 膝腱反射机能检查法，是用医用小橡胶锤按照规定的冲击力敲击被试者的膝部，根据小腿弹起角度的大小评价疲劳程度。被试者的疲劳程度不同，引起的反射运动钝化程度也不相同。一般认为：作业前后反射角变化 5°～10°时为轻度疲劳；反射角变化 10°～15°时为中度疲劳；反射角变化 15°～30°时为重度疲劳。此值亦称膝腱反射阈值。

(2) 两点刺激敏感阈限检查法，是采用两个距离很近的针状物同时刺激皮肤表面，当两个刺激点间的距离小到刚刚使被试者感到是一个点时的距离，称为两点刺激敏感阈限。作业机体疲劳时感觉机能迟钝，两点刺激敏感阈限增大，因此，可以根据这种阈值的变化判别疲劳程度。

(3) 频闪融合阈限检查法，是利用视觉对光源闪变频率的辨别程度判断机体疲劳的方法。受试者观看一个频率可调的闪烁光源，记录工作前、后受试者可分辨出闪烁的频率数。具体做法是先从低频闪烁做起，这时视觉可见仪器内光点不断闪光。当增大频率，视觉刚刚出现闪光消失时的频率值称为闪光融合阈；光点从融合阈值以上降低闪光频率，当视觉刚刚开始感到光点闪烁的频率值称为闪光阈，它和融合阈的平均值称为临界闪光融合值（简称融合值）。人体疲劳后闪光融合值降低，说明视觉神经出现钝化。这一方法对在视觉显示终端（VDT）前面的工作人员的疲劳测定最为适用。一般测定日间或周间变化率，也可分时间段测定，采用的公式如下：

日间变化率＝（休息日第二天的作业后融合值/休息日第二天的作业前融合值）
$$×100\%-100\%$$

周间变化率＝（周末日的作业前融合值/休息日第二天的作业前融合值）
$$×100\%-100\%$$

根据日本早稻田大学大岛的研究结果，正常作业应满足表 2-13 列出的标准。

表 2-13　频闪融合阈限限值

劳动类型	日间变化率/%		周间变化率/%	
	理想界限	允许界限	理想界限	允许界限
体力劳动	7～10	13～20	＜3	＜13
体力、脑力结合的劳动	6～7	10～13	＜3	＜13
脑力劳动	＜6	＜10	＜3	＜13

(4) 连续色名呼叫检查法，是通过检查作业者识别各种颜色，并能正确叫出各种颜色色名的能力，判别作业者的疲劳的方法。测试者准备五种颜色板若干块，相当快地抽取色板，同时让作业者回答，作业者若在疲劳状态下，回答速度较慢，且错误率相对增高。根据作业者的回答速度和错误率，可以判断作业者的疲劳程度。

(5) 反应时间测定法。反应时间的变化也同样能表征中枢神经系统机能的迟钝化程度。

(6) 脑电肌电测定法。测定作业者的反应时间，根据其反应时间快慢能判断作业者中枢神经系统机能迟钝化程度与大脑兴奋水平，因此，也可利用脑电图反映作业者的疲劳程度。而对于局部肌肉疲劳，采用肌电图测量肌肉的放电反应，可判断肌肉的疲劳程度。当肌肉疲劳时，肌肉的放电反应振幅增大、节奏变慢。

（7）心率（脉率）血压测定法。心率和劳动强度是密切相关的。在作业开始前 1 min，由于心理作用，心率常稍有增加。作业开始后，头 30～40s 内心率迅速增加，以适应供氧的要求，以后缓慢上升，一般经 4～5min 达到与劳动强度适应的稳定水平。轻作业时，心率增加不多；重作业时，心率能上升到 150～200 次/min，这时，心脏每搏输出血液量由安静时的 40～70mL 可增大到 150mL，每分钟输出血液量可达 15～25L，常锻炼的人可达 35L。

作业停止后，心率可在几秒至十几秒内迅速减少，然后缓慢地降到原来水平。但是，心率的恢复要滞后于氧耗的恢复，疲劳越重，氧债越多，心率恢复得越慢。其恢复时间的长短可作为疲劳程度的标志和人体素质（心血管方面）鉴定的依据。

3. 疲劳的他觉观察和主诉症状调查法

周身和局部疲劳可由个人自觉症状的主诉得以确认。日本产业卫生学会疲劳研究会提供了一个自觉症状调查表。按日本的分类方法，疲劳是由身体因子（Ⅰ）、精神因子（Ⅱ）和感觉因子（Ⅲ）构成的。对三个因子的每一个列出 10 项调查内容，把症状主诉率按时间、作业条件等加以分类比较，就可以评价作业内容、作业条件对工人的影响。调查表内容见表 2-14。

表 2-14　疲劳自觉症状调查表

编号：　　　　　　　　　　　　　　　　　　工作内容：

姓名：　　　　　　　　　　　　　　　　　　工作地点：

　　　　　　　　　　　　　　　　　　　　　年　月　日　时　分

无自觉症状在栏内划 X　　　　有自觉症状在栏内划○

	I. 身体因子			II. 精神因子			III. 感觉因子	
1	头重		11	思考不集中		21	头痛	
2	周身酸痛		12	说话嫌烦		22	肩头酸	
3	腿脚发软		13	心情焦躁		23	腰痛	
4	打哈欠		14	精神涣散		24	呼吸困难	
5	头脑不清晰		15	对事务反应平淡		25	口干舌燥	
6	困倦		16	小事想不起来		26	声音模糊	
7	双眼难睁		17	做事差错增多		27	目眩	
8	动作笨拙		18	对事物放不下		28	眼皮跳，筋肉跳	
9	脚下无主		19	动作不准确		29	手或脚抖	
10	想躺下休息		20	没有耐性		30	精神不好	

应当指出，表中多数疲劳自觉症状都是在较繁重劳动中才会出现。

【阅读材料2-4】　运动性疲劳的判断

科学的判断运动性疲劳的出现及其程度，对合理安排体育教学和训练有很大实际意义。然而，疲劳的表现形式多种多样，引起疲劳的原因和部位也不尽相同，目前还没有一个准确判断疲劳的方法。这里仅介绍几种可供判断疲劳参考的生理指标测定方法。

1. 肌力测定

(1) 背肌力与握力：可早晚各测一次，求出其数值差。如次日晨已恢复，可判断为正常肌肉疲劳。

(2) 呼吸肌耐力：可连续测 5 次肺活量，每次测定间隔 30s，疲劳时肺活量逐次下降。

2. 神经系统功能测定

(1) 膝跳反射阈值：疲劳时该指标增高。

(2) 反应时：疲劳时反应时延长。

(3) 血压体位反射：受试者坐姿，休息 5min 后，测安静时血压，随即仰卧在床上 3min，然后把受试者扶起成坐姿（推受试者背部，使其被动坐起），立即测血压，每 30s 测一次，共测 2min。若 2min 以内完全恢复，说明没有疲劳；恢复一半以上为轻度疲劳；完全不能恢复为重度疲劳。

3. 感觉器官功能测定

(1) 皮肤空间阈：受试者仰卧、横伸单臂、闭眼，测试人员持触觉计或两脚规，拉开一定距离，将其两端以同样的力轻触受试者前臂皮肤，先从感觉不到两点的距离开始，逐渐加大两脚针距离，直到受试者感到了两点的最小距离，即为皮肤空间阈，又称两点阈。阈值较安静时增加 1.5～2 倍为轻度疲劳，增加 2 倍以上为重度疲劳。

(2) 闪光融合频率：受试者坐姿，注视频率仪的光源（如红色），直到将红光调至明显断续闪光融合频率为止，又称临界闪光融合频率。测三次，取其平均值，疲劳时闪光融合频率减少。如轻度疲劳时约减少 1.0～3.9Hz，中度疲劳时约减少 4.0～7.9Hz，重度疲劳时减少 8Hz 以上。

4. 生物电测定

(1) 心电图：疲劳时 s-t 段向下偏移，t 波可能倒置。

(2) 肌电图测定：疲劳时，肌电振幅增大，频率降低，电机械延迟（简称 emd）延长。积分肌电 (iemg) 和均方根振幅 (rms) 均是反应肌电信号振幅大小的指标。肌电测试表明，随着肌肉疲劳程度的增加，iemg 逐渐加大，rms 明显增加。emd 是指从肌肉兴奋产生动作电位开始到肌肉开始收缩的这段时间，该指标延长表明神经-肌肉功能下降。

(3) 脑电图测定：脑电图可作为判断疲劳的一项参考指标。疲劳时由于神经细胞抑制过程的发展，可表现为慢波成分的增加。

5. 主观感觉判断 (rpe)

瑞典生理学家冈奈尔·鲍格 (Borg) 在 1973 年研制了主观感觉等级表，鲍格认为："在运动时来自肌肉、呼吸、疼痛、心血管各方面的刺激，都会传到大脑，而引起大脑感觉系统的应激。"因此，运动员在运动时的自我体力感觉，也是判断疲劳的重要标志。

rpe 的具体测试方法是：在运动现场，放一块 rpe（主观体力感觉等级表）木板。锻炼者在运动过程中，指出自我感觉是第几号，以此来判断疲劳程度。如果用 rpe 的编号乘 10，相应的得数就是完成这种负荷的心率。

2.5　疲劳对人体与工作的影响

2.5.1　疲劳对人体的影响

1. 无力感

当劳动生产率未下降时，工人已经感到劳动能力下降了。此时，就有不能坚持工作之势。

2. 注意失调

注意是最易疲劳的心理机能之一。在疲劳情况下，注意力不易集中，或者相反地产生游移不定的现象。

3. 感觉失调

在疲劳影响下，感觉器官的功能会发生紊乱。如果一个人不间断地读书，至某一时刻，会觉得眼前的字行"开始变得模糊不清"；听音乐时间过长，会丧失对曲调的感知能力。手工作业时间过长，会导致触觉和运动觉敏感性减弱。

4. 动觉紊乱

疲劳可使动作节律失调，动作忙乱、不协调，自动化程度减弱。

5. 记忆和思维故障

在过度疲劳的情况下，可使工人忘记技术规程，对于与工作无关的东西，反而熟记不忘。

6. 意志衰退

人疲劳以后，决心、耐性和自我控制能力减退，缺乏坚持不懈的精神。

7. 睡意

人在疲劳过度的状态下，昏昏欲睡，以致在任何场合、任何姿势下都能进入梦境。这是人体的保护性抑制反应。

2.5.2　疲劳与安全生产的关系

人在疲劳时，其身体、生理机能会发生如下变化，致使作业中容易发生事故：

（1）在主观方面，人会出现身体不适，头晕、头痛，控制意志能力降低，注意力涣散、信心不足、工作能力下降等，从而较易发生事故。

（2）在身体与心理方面，疲劳导致感觉机能、运动代谢机能发生明显变化，脸色苍白，多虚汗，作业动作失调，语言含糊不清，无效动作增加，从而较易发生事故。

（3）在工作方面，疲劳导致继续工作能力下降，工作效率降低，工作质量下降，工作速度减慢，动作不准确，反应迟钝，从而引起事故。

（4）疲劳引起的困倦，导致作业时人为失误增加。根据事故致因理论，造成事故的原因是由于人的不安全行为和物的不安全状态两大因素时空交叉的结果。物的不安全状态具有一定的稳定性，而人的因素具有很大的随意性和偶然性，有资料统计表明，约70％以上的事故主要原因是由于人的不安全行为造成的。

由此可见，消除疲劳以减少失误、消除人的不安全行为，可有效避免事故的发生。

（5）疲劳导致一种省能心态，在省能心态的支配下，人做事嫌麻烦，图省事，总想以较少的能量消耗取得较大的成效，在生产操作中有不到位的现象，从而容易导致事故的发生。

【**阅读材料 2-5**】　**身体与每日能量——慢性疲劳的定义**

　　什么是慢性疲劳？查理斯·昆兹曼（Charles Kuntz leman，1992）在他的著作《如何使你精力充沛效率提高》（*Maximizing Your Energy and Personal Productivity*）里讲得既清楚又明白：

　　简单地说，慢性疲劳就是一种弥漫性的缺乏精力的感觉。如果你带着这种感觉还能正常生活，那是你坚强的意志在强迫你奋力而为。清早起床的时候，你感到地球引力增大了一倍，人际交往也似乎得不偿失；工作变成了沉重的负担，不知什么原因拖到今日还没有辞职；鞋跟上好像沾满了水泥，抬腿变得分外困难；日常事务得付出加倍的力气才能勉强完成，甚至根本完不成。你脑子里常常转着这样的念头："我连离开沙发爬上床的力气都没有了。"这样一种状态，就叫做慢性疲劳。

　　慢性疲劳出现在各个阶层的人群之中，包括努力攀登社会阶梯的公司管理人员、决策者、部长、教师、学生、家庭主妇、卡车司机、医生，等等，不一而足。他们感到自己的身体和心理情况都越来越坏，大脑好像日渐萎缩，身体的机能也随之走向衰退。

　　至于为什么这么多人倍感疲惫和受挫，请读读理查德·卡里森（Richard Carlson，1997）的著作《别为小事操心……生活皆小事》（*Don't Sweat the Small Stuff and It's All Small Stuff*）吧：

　　"我们眼中失却了全局，只看见事物的黑暗面，我们得罪了本来能够伸手相助的朋友。简而言之，我们把生活过得如同灾难来临！我们总是处于一团忙乱之中，到处赶场救急，实际上却是忙里忙乱，火上浇油。每件事情似乎都极为重要、非常关键，结果，我们就从一处赶到另一处，糊里糊涂地过完自己的一生。"

　　这句话真正击中了我们的要害！活动过多会引起人体缺乏能量。我们在此谈到的疲劳，原因只有一个：过度忙碌、没有时间照顾自己、不能缓解生活压力。

　　疲劳，是生活失衡导致的一种能量缺乏状态。每天，我们都似乎在进行一场又一场战斗。除了家庭提出的要求，我们还得应付学校、单位、邻里、各种差使，方方面面都在对我们提出要求。我们想说"不"，可是对方纠缠不休，逼迫我们让步。最后，我们内心也生出一种需要，拖着自己竭力前行，以赶上今日社会日益加快的变动步伐。必须指出，这种"我付出你接受"的人际关系是极其有害健康的。

2.6　提高作业能力和降低疲劳的措施

　　1. 控制劳动强度与时间

　　（1）静力作业。应尽可能避免或减少静力作业成分，运用工具来减轻其强度和持续时间，最大强度静力收缩的持续时间应小于 6s；50% 最大强度静力收缩应限在 1min 以内；维持坐、站等体位，肌张力应不超过最大张力的 15% 或 20%，否则就会产生肌肉疼痛或酸痛和作业能力迅速下降。

　　（2）动力作业。劳动强度相当于氧上限时，劳动时间应小于 4min；相当于 50% 氧上限时，应小于 1h，否则无氧糖酵解分量大增而产生大量乳酸，要求 8h 完成的工作，其平均能耗量不应超过氧上限的 33%，亦即不应超过其靶心率 [注：靶心率即劳动时的最适心率 =（最高心率－安静心率）×40% + 安静心率，最高心率 = 220－年龄（岁）]。

　　2. 改善工作内容以克服单调感

　　作业过程中出现许多短暂而又高度重复的动作或操作，称为单调作业。单调作业使作业者产生不愉快的心理状态，称为单调感或枯燥感。

单调感一般具有下列特点：①变更作业或操作的细节，改变作业的节奏；②使工作质量降低，不能把作业坚持下去；③使作业能力动态曲线产生特殊变化，如在作业能力的稳定期，似乎作业者已进入疲劳期，常发生终末激发现象；④作业时消耗能量不多，却容易疲劳。

克服单调感的主要措施有：①操作再设计。根据作业者的生理和心理特点重新设计作业内容，使作业内容丰富化，已成为提高生产效率的一种趋势。沃尔克（Walker）在"国际商用机器（IBM）公司，对电动打字机框架装配操作进行了合并。合并前，由辅助装配工完成框架装配的简单操作，然后在流水线上由正式装配工调整，再由检验工进行检验。合并后，辅助装配工变为正式装配工，他进行装配、调整、检验，并负责看管设备运行，既提高了产品质量，也减少了缺勤和工伤事故。②操作变换。即用一种单调操作代替另一种单调操作。日本企业非常注重作业变换的作用，他们把作业内容的变换巧妙地同职工成长结合起来，其做法是每个人在某一工序中的作业，要进行四步变换，即会操作，能出好产品；会进行工具调整；改变加工对象时，能调整设备；改变加工对象后能出好产品。工人在该工序完成了一轮作业变换，就可以调到班内其他工序上工作，谁先轮完班内的所有工序，谁就当工长。这种做法大大降低了职工的工作单调感，不断接触新的挑战性工作，使工作变成一种具有吸引力的刺激物，职工从中看到了自我成长的可能性，士气大振，工作效率不断提高。③突出工作的目的性。如参观全部工艺流程及其宣传画，设置中间目标等。④向工人报告作业完成情况。例如，某厂向热压工通报已制造的冲模的数量。

3. 提高作业机械化和自动化程度

提高作业的机械化、自动化程度是减轻疲劳、提高作业安全可靠性的根本措施。

大量事故统计资料表明，笨重体力劳动较多的基础工业部门如冶金、采矿、建筑、运输等行业，劳动强度大，生产事故较机械、化工、纺织等行业均高出数倍至数十倍。死亡事故数字统计说明，我国机械化程度较低的中等煤矿事故死亡人数和美国 20 世纪 50 年代机械化程度相当的煤矿的数字是相近的。而目前美国矿井下，由于机械化水平很高，只有机械化程度较低的顶板管理中事故居首位。各国发展的趋势，都倾向于由机器人去完成危险、有毒和有害的工作。这些都说明：提高作业机械化、自动化水平，是减少作业人员、提高劳动生产率、减轻人员疲劳、提高生产安全水平的有力措施。这一观点应着力宣传并争取条件加以实施。

4. 合理调节作业速率

作业速率对疲劳和单调感的产生有很大影响。人的生理上有一个最有效或最经济的作业速度，如在负荷一定的情况下，步行速度为 60m/min 时的 O_2 需要量最少，此速度就称为该步行作业的经济速率。在经济速率下工作，机体不易疲劳，持续时间最长。

作业速率过高，会加速作业者的疲劳，甚至影响身体健康。

工作速率过慢同样对工人不利，但程度不像速度过快那样。速度过慢会使工人的情绪冷淡，感到工作内容贫乏，不能激发作业能力的发挥，而且还会出现废品。

确定适当的工作速率十分复杂，很难制定一个适合所有人的速率。为了避免这种困难，一是由速率相同的人组成班组；二是根据不同工人的作业速率设计操作组合，并根据不同的操作挑选操作人员。

实行自主速率还是规定速率，这对作业者会产生不同的心理影响。研究表明，自主速率优于规定速率。因为作业能力在一天当中是变化的，因此作业速率应依作业能力的变化而变化。别尔姆电话机厂的 TAH－60 型电话机装配传送带，通过调节传送带的速度改变作业速率，不仅减少了工人的疲劳，而且劳动生产率大幅度上升，在三周内产量增加 30%～50%。

5. 正确选择作业姿势和体位

人体做功是在肌肉等长收缩和等张收缩条件下实现的。等长收缩有肌动反馈功能，作业者可以从静态活动中得到较多信息，不断反馈调节，使动作趋于准确。等长收缩广泛用于维持身体平衡。等长收缩的持续时间与张力水平有关。当张力水平相当于最大收缩力的 50% 时，持续时间大约为 1min；当张力水平为最大收缩力的 15% 时，能持续大约 10min以上。因此，必须尽量避免和减少静力作业，采用随意姿势。

直立姿势时，身体各部分的重心恰好垂直于其支承物，因而肌肉负荷最小，这是人类特有的最佳抗重力机制。直立姿势作业时，四肢或躯干任何部分的重心从平衡位置移开，都会增加肌肉负荷，使肌肉收缩而使血液阻断，引起肌肉局部疲劳。因此，作业时应尽可能采取平衡姿势。当采用不同于平衡的作业姿势时，作业范围和操纵力均会受到限制。

操纵力是指作业者进行作业时，为实现操作目的而付出的人体肌张力。

在改进操作方法，改进工作地布置时，应当尽量避免下列不良体位：①静止不动；②长期或反复弯腰；③身体左右扭曲；④负荷不平衡，单侧肢体承重；⑤长时间双手或单手前伸等。

在确定作业姿势时，主要考虑：①作业空间的大小和照明条件；②作业负荷的大小和用力方向；③作业场所各种仪器、机具和加工件的摆放位置；④工作台高度及有没有容膝空间；⑤操作时的起坐频率等因素。

下列作业应采用立姿操作为佳：①需要经常改变体位的作业；②工作地的控制装置布置分散，需要手、脚活动幅度较大的作业；③在没有容膝空间的机台旁进行的作业；④用力较大的作业；⑤单调的作业。由于立姿作业需要下肢做功支承体重，长期站立容易引起下肢静脉曲张，作业者应采取随意姿势、自由改变体位等方式，均有助于克服立姿疲劳。

下列作业应采用坐姿为佳：①持续时间较长的作业；②精确而又细致的作业；③需要手、足并用的作业。为了体现坐姿作业的优越性，必须为作业者提供合适的座椅、工作台、容膝空间、搁脚板、搁肘板等装置。

6. 合理设计作业中的用力方法

第一，合理安排负荷，使单位劳动成果所消耗的能量最少。以负重步行为例，当负荷重量小于作业者体重的 40% 时，单位作业量的耗氧量基本不变；当负荷重量超过作业者体重的 40% 时，单位作业量的耗氧量急剧增加。因此，最佳负荷重量限额为作业者体重的 40%。

第二，要按生物力学原理，把力用到完成某一操作动作的做功上去。

如举起重物时，应该用体重平衡负荷，随重物向上移动，人体重心向下移动，可以减少内耗。向下用力时，站立姿势较坐立姿势更有效，因为能够利用头和躯干的重量与伸直了的上肢协调起来提供较大的力。

第三，利用人体活动特点获得力量和准确性。大肌肉关节的突然弯曲、伸直产生很大的爆发力，并伴有运动肢体的冲力，这是获得较大力量的方法。当进行较精确的作业时，需要运用围绕关节的两组肌群（引起运动的主动肌群和对抗这一运动的对抗肌群），在这两组肌群的作用下，肢体处于运动范围的中间部位时，便可获得准确的动作。从表面上看要浪费能量，但却是获得动作准确性的最好方式。因此，坐姿作业动作比立姿作业时准确得多。

第四，利用人体的动作经济原则，保持动作自然、对称、有节奏。动作自然是为了让最适合运动的肌群及符合自然位置的关节参与动作；动作对称是为了保证用力后不破坏身体的平衡和稳定；动作有节奏是为了使能量不致因为肢体的过度减速而被浪费。对于一位熟练的操作者，还应学会改变自己的动作，运用肌群轮流完成同一作业，避免过早发生疲劳。

第五，降低动作能级。能用手指完成的动作，不用手臂动作去实现；能用手臂完成的作业，不用全身运动去实现。

第六，充分考虑不同体位时的用力特点。屈肘群产生力量的大小取决于手的取向（手掌朝向肩时可获得最大的力）和前臂与上臂的角度（90°时可获得最大的力）。人坐在有固定靠背和把手的椅子上而脚蹬踩时，所产生的力量最大，坐姿不易发生向下的力。立姿时最大的力量是向身性拉力。坐姿时两手不同方向，用力大小的顺序是推压力、水平拉力、向上活动、向下活动、由侧面向中轴、离体侧向运动。推压时，两腿前伸呈钝角的用力效果优于呈直角时的用力效果。

7. 科学制定轮班工作制度

1）疲劳与轮班制的关系。

轮班工作制的突出问题是疲劳，改变睡眠时间本身就足以引起疲劳。原因是白天睡眠极易受周围环境的干扰，不能熟睡和睡眠时间不足，醒后仍然感到疲乏无力；另一个原因是，改变睡眠习惯，一时很难适应；再者，与家人共同生活时间少，容易产生心理上的抑郁感。调查资料证明，大多数人都愿意白班工作。

夜班作业人员病假缺勤比例高，多数是呼吸系统和消化系统疾病。因为人的生理机能具有昼夜的节律性。长期生活习惯已养成人们"日出而作，日落而息"的习惯。安静的黑夜正适于人们休息，消除疲劳。消化系统在早、午、晚饭时间，分泌较多的消化液，这时进食既容易消化又有食欲。夜里消化系统进入抑制状态，这时吃饭往往食不甘味。矿井中工作的工人由于轮班工作，又加上白班也在缺少日光照射的井下工作，患消化道疾病的人比例较大。某些疾病常在夜间转重，而夜间又是服药后疗效好的时间段。英国学者从研究人体体温来评定昼夜生活规律改变对人造成的影响，因为体温的相对变化代表着体内新陈代谢过程和各种生理功能的微小变化。在生物节律的反映中，体温随生理状况而昼夜有所变化，一般在清晨睡眠中最低，7—9时急剧上升，下午5—7时最高。

轮班制打乱了正常的生活规律，体温周期发生颠倒。有27%的人需要1~3天才能适应，12%的人则需4~6天，23%的人需要6天以上，38%的人根本不能适应。

时间节律的紊乱也明显地影响人的情绪和精神状态，因而夜班的事故率也较高。

轮班工作制在国民经济生产中有重要意义。首先是提高设备利用率，增加了生产物质财富的时间，从而增加产品产量。这对于人口众多的发展中国家来说更为重要，也相当于扩大了就业人数。其次，某些连续生产的工业部门如冶金、化工等，其工艺流程不可能间断进行。值夜班的医生、民警、通讯作业人员等必须昼夜值班。以美国为例，约有19％的工作人员从事轮班制作业，达到1600万人之多。

2）科学制定轮班制度

每周轮班制使得工人体内生理机能刚刚开始适应或没来得及适应新的节律，又进入新的人为节律控制周期，所以，工人始终处于和外界节律不相协调的状态。长期实行的结果，将影响工人健康和工作效率，从而影响到安全生产。

我国一些企业推行四班三轮制较为合理。它又分为几种，现举出两种轮班方式作为参考，分别见表2-15和表2-16。该方式可以减少疲劳，提高效率和作业的安全性。

表 2-15　四班三轮制之一：6（2）6（2）6（2）型

日期 班次	1 2	3 4	5 6	7 8	9 10	11 12	13 14	15 16	17 18	19 20	21 22	23 24
白班	A	B	C	D	A	B	C	D	A	B	C	D
中班	D	A	B	C	D	A	B	C	D	A	B	C
夜班	C	D	A	B	C	D	A	B	C	D	A	B
空班	B	C	D	A	B	C	D	A	B	C	D	A

表 2-16　四班三轮制之二：5（2）5（1）5（2）型

日期 班次	1	2	3	4	5	6	7	8	9	10	11	12	13	14	15	16	17	18	19	20
白班	A	A	A	A	A	B	B	B	B	B	C	C	C	C	C	D	D	D	D	D
中班	C	C	D	D	D	D	D	A	A	A	A	A	B	B	B	B	B	C	C	C
夜班	B	B	B	C	C	C	C	C	D	D	D	D	D	A	A	A	A	A	B	B
空班	D	D	C	B	B	A	A	D	C	C	B	B	A	D	D	C	C	B	A	A

8. 开展技术教育和培训并选拔高素质的熟练工人

疲劳与技术熟练程度密切相关，技术熟练的员工作业中无用动作少，技巧能力强，完成同样工作所消耗的能量比不熟练工人少许多，因此开展技术教育和培训，提高员工作业的熟练程度，对于减少疲劳、保证安全起着重要作用。

在具体的教育和培训方式上，最好的办法是采用由工程技术人员、老工人、技师、安全管理人员参加的专家小组，对作业内容进行解剖分析，制订出标准作业动作，员工按照制订的标准作业动作进行操作。

9. 加强科学管理改进工作日制度

工作日的时间长短决定于很多因素。许多发达国家实行每周工作32~36 h，5个工作日的制度。某些有毒、有害的加工生产，环境条件恶劣，必须佩戴特殊防护用品进行工作的车间、班组，也可以适当缩短工作时间。

当然，最为理想的是工人自己在完成任务条件下，掌握作业时间。例如，云南锡业公司井下工人作业分散，又有放射性辐射的危害，在现有生产条件下，保证完成任务后就可下班，实际生产时间只有 3～5h（规定为 6h）。国内许多矿山，井下采矿、掘进工人实际下井时间不过 4h。这在当前计件或承包的分配制特定情况下是可行的。应当指出，过去经常采用的延长工作时间以提高产量的做法是不足取的。除特定情况外，以此作为提高产量的手段，往往得到的是废品率增高和安全性下降，而且增加成本、降低工效。

10. 合理休息

肌肉疲劳通过休息可得到完全恢复，但还应注意下列问题：

（1）合理安排工间休息。重和极重劳动，应穿插多次休息，因"总休息时间"与"总劳动时间"之比相同时，以多次短时间休息比两、三次较长时间休息的"恢复价值"更大；一般轻、中等劳动只需上下午各休息 10min 即可。

（2）积极休息。只有在一定条件下积极休息，才能明显地消除疲劳和提高作业能力。这以对称肢体中等强度的动力活动的效果最佳；其他广泛肌群的中等强度动力活动，如生产性体操（工间操）或中等强度的按摩，均有良好效果；但若强度不足或过大，其效果均不明显。

11. 加强耐力锻炼

加强耐力锻炼除能导致前述有利于提高体力劳动能力和延缓疲劳发生的适应性变化外，更重要的是收缩活动中的肌肉与安静状态相比，对葡萄糖的摄取量可增高 6～39 倍，且脂肪氧化增多，供应的能量增大（一分子脂肪氧化能形成 463 分子 ATP）、不产生乳酸，更有利于肌肉活动的持久进行。但锻炼必须循序渐进、达到一定强度，持续时间至适度疲劳为止。每周应锻炼 3～5 次，其中应有一次达到几乎使糖原耗竭的程度，才能获得锻炼的最佳效果。

12. 合理膳食

供给体力劳动者高碳水化合物、高脂肪和足够的蛋白质食物非常重要，因为它们都可作为能源加以利用。还应多吃蔬菜、水果。此外，应注意下面两点：

（1）不能空腹上班，否则易导致低血糖和提前发生疲劳。但上班前 3h 内大量吃糖反而会促使疲劳发生。因大量吃糖会导致血糖迅速升高而促使胰岛素释放，致使血糖下降。此时进行体力活动就易发生疲劳。

（2）劳动持续 2h 左右后，额外进食，有利于补充肝和肌糖原以防耗竭。此外，还必须适当补充液体，否则易致劳动能力下降。除高温作业外，一般不需补充盐分，否则反而有害。如要加糖，以不超过 2.5％为宜。由于冷开水能较快经胃进入肠道被迅速吸收，以维持体液平衡，故劳动时最好喝 15～20℃的冷饮为宜。

【阅读材料 2-6】 预防疲劳驾驶的办法

1. 预防疲劳驾驶的办法

（1）注意合理安排自己的休息方式。驾驶车辆避免长时间保持一个固定姿势，可时常调整局部疲劳部位的坐姿和深呼吸，以促进血液循环。最好在行驶一段时间后停车休息，下车活动一下腰、腿，放松全身肌肉，预防驾驶疲劳。

（2）保持良好的工作环境。行车中，保持驾驶室空气畅通、温度和湿度适宜，减少噪声干扰。

2．缓解疲劳驾驶的方法

当开始感到困倦时，切忌继续驾驶车辆，应迅速停车，采取有效措施，适时减轻和改善疲劳程度，恢复清醒。

减轻和改善疲劳，可采取以下方法：

（1）用清凉空气或冷水刺激面部；

（2）喝一杯热茶或热咖啡，或吃、喝一些酸或辣的刺激食物；

（3）停车到驾驶室外活动肢体，呼吸新鲜空气，进行刺激，促使精神兴奋；

（4）收听轻音乐或将音响适当调大，促使精神兴奋；

（5）做弯腰动作，进行深呼吸，使大脑尽快得到氧气和血液补充，促使大脑兴奋；

（6）用双手以适当的力度拍打头部，疏通头部经络和血管，加快人体气血循环，促进新陈代谢和大脑兴奋。

以上方法只能是暂时的缓解疲劳驾驶，不能从根本上解除疲劳，唯有睡眠才是缓解疲劳和恢复清醒最可靠、最有效的方法。

小　结

产能是指在人体内补充 ATP 的过程。一般产能来自三种途径：① ATP－CP 系列；②需氧系列；③乳酸系列。在大强度活动时，ATP－CP 系列产能速度极快，但磷酸肌酸 CP 在体内储量有限，维持时间极短；在中等劳动强度条件下，糖和脂肪在氧的参与下进行氧化磷酸化合成 ATP，虽然产能速度不快，但是几乎不受限制；在大强度劳动时，靠无氧糖酵解快速产能予以支持，因为产生乳酸，故称乳酸系列。目前认为乳酸是一种致疲劳性物质，所以也不可能持续较长时间。

能量的产生与消耗，可以从人体耗氧量的变化反映出来，为此必须能够认知和表述氧需、氧上限和氧债等概念。肌肉等长收缩为主的作业称为静态作业或静力作业。静态作业的特征是能量消耗水平不高却很容易疲劳。

心率、血压、血液成分中的血糖和乳酸的变化，能反映劳动强度和疲劳程度的变化，运用生理系统指标分析人体的生理状态十分必要。

作业者的作业能力可以用一天内的作业能力来反映，而一天内作业能力的变化规律，又可以用一天内劳动生产率的变化规律间接反映。一天内的典型劳动生产率变化规律一般呈现三个阶段：入门期、稳定期和疲劳期，还常有一个终末激发现象。注意，以脑力劳动和神经紧张型为主的作业不表现上述规律。

测定疲劳应满足四个条件：①测定结果应是客观的表达，而不依赖于研究者的主观解释；②测量结果应定量化表示疲劳的程度；③测定方法不能导致附加的疲劳，或使被测者分神；④不能导致被测者不愉快、造成心理负担、病态感觉。

疲劳可以从三种特征上表露出来：①身体的生理状态发生特殊变化；②进行特定作业时作业能力下降；③疲倦的自我体验。

检测疲劳的基本方法有三类：①生化法；②生理心理测试法；③他觉观察及主诉症

状法。

提高作业能力降低疲劳的基本措施有四条：①改进操作方法，合理应用体力；②合理确定休息制度；③改善工作内容克服单调感；④合理调节作业速率。

易致疲劳的不良体位包括：静止不动；长期反复弯腰，身体左右扭曲；负荷不平衡，单侧肢体承重；长时间双手或单手前伸等。

立姿作业适用于：需要经常改变体位的作业；工作地点的控制装置布置分散，需手、脚活动幅度较大的作业；在没有容膝空间的机台旁进行的作业；用力较大的作业；单调的作业。

坐姿作业适用于：持续时间较长的作业；精确而又细致的作业；需要手、脚并用的作业。

习　题

1. 填空题

(1) 产能是＿＿＿＿＿的过程。

(2) 由于体内糖原含量有限，所以＿＿＿＿＿系列产能不经济，

(3) 一般认为，短对间大强度体力劳动所引起的局部肌肉疲劳是＿＿＿＿＿所致。

(4) 肌张力保持不变的肌肉收缩称为＿＿＿＿＿；肌纤长度保持不变的收缩称为＿＿＿＿＿。

(5) 用能量消耗划分劳动强度，只适用于以＿＿＿＿＿为主的作业。

(6) 在工作日快结束时，可能出现工作效率提高的现象，这种现象称为＿＿＿＿＿。

(7) 从开始该项作业时起，机体各器官适应该作业需要的现象称为＿＿＿＿＿。

(8) 维持生命所必需的能量称为＿＿＿＿＿。

(9) 维持某一自然姿势的能量消耗称为＿＿＿＿＿。

(10) 在常温条件下，基础代谢率的＿＿＿＿＿称为安静代谢率。

2. 单项选择题

(1) 产能一般通过以下（　　）途径完成。

　　A. ADP - CP 系列　　　B. 氧债系列　　　C. 需氧系列　　　D. 乳酸系列

(2) 氧需能否得到满足，主要取决于以下（　　）状况。

　　A. 供氧条件　　　B. 氧上限　　　C. 循环系统　　　D. 呼吸深度

(3) 静态作业通常表现出以下（　　）特征。

　　A. 能量消耗水平较高　　　　　　B. 后继性功能减弱

　　C. 容易疲劳　　　　　　　　　　D. 肌肉为等张收缩

(4) 疲劳可以从以下（　　）特征上表露出来。

　　A. 身体发生突出的变化　　　　　B. 感觉疲倦

　　C. 进行特定作业的作业能力下降　D. 病态体验

(5) 频闪融合阈限检查法，一般以下述（　　）指标表征疲劳的理论。

A. 融合度　　　　　　　　　　　　　B. 闪变度

C. 频闪融合变化率　　　　　　　　　D. 日间或周间变化率

（6）单调作业采用下列（　　）姿势为佳。

A. 平衡姿势　　　　　B. 坐姿　　　　　C. 立姿　　　　　D. 坐立姿势

3. 判断改正题

（1）在大强度作业时，氧需超过氧上限，这种作业不能持久。但作业停止后，机体的耗氧量仍可迅速降到安静状态的耗氧水平。（　　）

（2）当收缩压的数值大于心率的数值时，表示作业者已不胜任该项作业。（　　）

（3）ATP－CP 系列提供能量的速度极快，也能维持比较长的时间。（　　）

（4）在中等劳动强度条件下，需氧系列以中等速度提供能量，且不受时间限制。

（　　）

（5）静态作业消耗能量水平不高，所以不容易引起疲劳。（　　）

（6）当收缩压的数值小于心率的数值时，表示作业者还能继续胜任该项作业。（　　）

（7）劳动强度不同，单位时间内人体所消耗的能量也不同。因此作业均可用能量消耗划分劳动强度。（　　）

（8）影响作业能力的因素大致可归纳为：生理因素，环境因素，产品加工的难易程度，工作条件及性质。（　　）

4. 简答题

（1）体力工作负荷的测定方法有哪几种？

（2）什么是劳动强度？劳动强度评定方法有哪些？

（3）影响作业能力的主要因素有哪些？

（4）疲劳有几种类型？其特点各是什么？

（5）怎样才能提高作业能力降低疲劳？

5. 计算题

（1）某车间男性作业者的平均身高为 1.7m，体重 70kg，基础代谢率为 98kJ/（m^2·h），相对代谢率 RMR＝4。试用 8h 的能耗评价实际劳动率。

（2）当基础代谢率为 126 kJ/（m^2·h），相对代谢率 RMR＝4 时，若作业者的身高为 1.75m，体重为 75kg，连续工作 2h，试问该项作业的实际劳动率和休息率各为多少？

（3）若基础代谢率为 105 kJ/（m^2·h），能量代谢量为 2010kJ，连续工作 2h，作业者身高为 1.75m，体重 70kg，试问此时的休息率和实际劳动率以及休息次数各为多少？

（4）当基础代谢率为 156.8kJ/（m^2·h），能量代谢率为 599kJ/（m^2·h）时，RMR为多少？若能量代谢率降到 231kJ/（m^2·h），RMR 又为多少？

（5）基础代谢率为 157.8kJ/（m^2·h），相对代谢率 RMR＝4，若作业者的身高为 1.75m，体重 75kg，连续工作 2h，问该项作业的能量代谢量为多少？

（6）若基础代谢率为 157.8kJ/（m^2·h），能量代谢量为 1500kJ，持续工作 2h，作业者身高为 1.78m，体重 75kg，问该项作业的相对代谢率为多少？

第3章 人体感知及其特征

人是人因工程中有生命的主宰者。人在接受外界信息，操纵、监控机器设备和根据要求设计机械装备等的过程中，都会受到人的生理及心理特征的影响或制约。因此，学习和了解人的生理、心理特征，对于设计和完善人机系统具有重要作用。

 教学目标

通过本章学习，了解人体的感觉与知觉特征、视觉和听觉机能及其特征，了解人体其他感觉（肤觉、本体感觉）的基本特征，考虑在实际工作中如何合理运用人体的各种感知，从而降低疲劳程度，提高工作效率。

 教学要求

知识要点	能力要求	相关知识
感觉与知觉的特征	(1) 了解人体感觉与知觉的概念； (2) 掌握人体感觉与知觉的基本特征	神经系统的组成及其功能
视觉机能及其特征	(1) 了解眼睛的构造、视觉系统； (2) 掌握视觉机能及特征	视力等级
听觉机能及其特征	(1) 了解耳的结构及听觉机能； (2) 掌握听觉的特征	视力等级
其他感觉机能及其特征	(1) 了解肤觉的几种类型； (2) 了解本体感觉的构成	嗅觉的用途

导入案例

高速公路标牌上的人因工程学

　　夜晚，高速公路上没有路灯，但是车辆却能照样行驶，这时司机主要依靠路上交通标牌的反射来辨认方向。过去路标牌是用一般的油漆作为涂料的，现在路标牌全部用反光油漆，夜间司机可以借助路标牌反射自身车灯的光线，在很远的距离就可以看见路标牌，提醒时间提前，使司机有更充足的准备时间。并且，该油漆还有一个特点，就是反射光线是有特定方向的，司机只能看到自己车灯的反射光。这样避免其他汽车光线产生的眩光伤害司机的眼睛，使之不能看清前面的路况。由此可见，视觉的合理运用对作业者正确的操作起到了极其重要的作用。

3.1　感觉与知觉的特征

　　人体按功能可划分为呼吸、消化、泌尿、运动、生殖、循环、内分泌、感觉和神经九个系统。每个系统都有许多器官。各系统的功能活动相互联系、相互制约，在中枢神经系统和体液统一支配和调节下，指挥（支配）人体全身的各个系统，构成一个统一的有机体。中枢神经系统的支配作用表现在两个方面：一是人和外界的关系；二是人的内部关系，即内脏和体表各器官的关系。

　　外界刺激作用于人的感官，经神经中枢后作出反应，会形成信息并转化成语言或行动。从人机工程设计角度考虑，人与外界（机器、环境）直接发生联系的主要有三个系统，即感觉、神经和运动三个系统，其他六个系统则认为是人体完成各种功能活动的辅助系统。人的感觉器官有眼、耳、鼻、舌和皮肤，产生视、听、嗅、味和触觉五种感觉。此外还有运动、平衡、内脏感觉。

3.1.1　感觉与知觉概述

1. 感觉

　　感觉是有机体对客观事物的个别属性的反映，是感觉器官受到外界的光波、声波、气味、温度、硬度等物理与化学刺激作用而得到的主观经验。有机体对客观世界的认识是从感觉开始的，因而感觉是知觉、思维、情感等一切复杂心理现象的基础。

　　感觉是一种最简单而又最基本的心理过程，在人的各种活动过程中起着极其重要的作用。人除了通过感觉分辨外界事物的个别属性和了解自身器官的工作状况外，一切较高级的、较复杂的心理活动如思维、情绪、意志等，都是在感觉的基础上产生的。所以说，感觉是人了解自身状态和认识客观世界的开端。

2. 知觉

　　知觉是人对事物的各个属性、各个部分及其相互关系的综合的整体的反映。知觉必须以各种感觉的存在为前提，但并不是感觉的简单相加，而是由各种感觉器官联合活动所产生的一种有机综合，是人脑的初级分析和综合的结果，是人们获得感性知识的主要形式之

一。知觉是在感觉的基础上产生的。感觉到的事物个别属性越丰富、越精确，对事物的知觉也就越完整、越正确。

感觉和知觉都是对当前直接作用于器官的客观事物的反映。但感觉所反映的只是事物的个别属性，如形状、大小、颜色等，通过感觉还不知道事物的意义。知觉所反映的是包括各种属性在内的事物的整体，因而通过知觉，就知道所反映事物的意义了。其相互联系是：感觉反映个别，知觉反映整体，感觉是知觉的基础，知觉是感觉的深入。

3.1.2 感觉的基本特性

1. 适宜刺激

人体的各种感觉器官（简称感觉器）都有各自最敏感的刺激形式，这种刺激形式称为相应感觉器的适宜刺激。人体各主要感觉器的适宜刺激及其识别特征见表 3-1。

表 3-1　适宜刺激和识别特征

感觉类型	感觉器官	适宜刺激	刺激来源	识别外界的特征
视觉	眼	一定频率范围的电磁波	外部	形状、大小、位置、远近、色彩、明暗、运动方向等
听觉	耳	一定频率范围的声波	外部	声音的强弱和高低，声源的方向和远近等
嗅觉	鼻	挥发和飞散的物质	外部	辣气、香气、臭气等
味觉	舌	被唾液溶解的物质	接触表面	甜、咸、酸、辣、苦等
皮肤感觉	皮肤及皮组织	物理和化学物质对皮肤的作用	直接和间接接触	触压觉、温度觉、痛觉等
深部感觉	肌体神经和关节	物质对肌体的作用	外部和内部	撞击、重力、姿势等
平衡感觉	半规管	运动和位置变化	内部和外部	旋转运动、直线运动、摆动等

2. 感受性和感觉阈限

人的各种感觉器都有一定的感受性和感觉阈限。感受性是指有机体对适宜刺激的感觉能力，它以感觉阈限来度量。所谓感觉阈限是指刚好能引起某种感觉的刺激值。感受性与感觉阈限成反比，感觉阈限越低，感觉越敏锐。

感觉阈限分为绝对感觉阈限和差别感觉阈限。绝对感觉阈限又分上限与下限。下限为刚刚能引起某种感觉的最小刺激值；上限为仍能产生某种感觉的最大刺激值。例如声音频率低到某一点或高过某一点时就听不到了，这两点便分别称为下限或上限。差别感觉阈限是指刚刚引起差别感觉的两个同类刺激间的最小差异量。并不是任何刺激量的变化都能引起有机体的差别感觉的，如在 100g 重的物体上再加上 1g，任何人都觉察不出重量的变化；

至少需要在100g重量中再增减3~4g，人们才能觉察出重量的变化。增减的3~4g，就是重量的差别感觉阈限。这一指标对某些机器操作者非常重要，所谓操作者的"手感"，就是人的差别感受性能在生产实际中的应用。

3. 适应

感觉器官经过连续刺激一段时间后，敏感性会降低，产生适应现象。例如嗅觉经过连续刺激后，就不再产生兴奋作用，所谓"久居兰室而不闻其香"就是这个原因。

4. 相互作用

在一定条件下，各种感觉器官对其适宜刺激的感受能力都将受到其他刺激的干扰影响而降低，由此使感受性发生变化的现象称为感觉的相互作用。感觉的相互作用有：

1）不同感觉的相互影响

某种感觉器官受到刺激而对其他感官的感受性造成一定的影响，这种现象就是不同感觉器官的相互影响。如微痛刺激、某些嗅觉刺激，可能使嗅觉感受性提高；微光刺激能提高听觉感受性，强光刺激则降低听觉感受性；嘈杂使人心烦，难以做事。

一般规律：弱的某种刺激往往能提高另一感觉的感受性，强的某种刺激则会使另一种感觉的感受性降低。

2）不同感觉的补偿作用

某种感觉消失以后，可由其他感觉来弥补，这种现象就是不同感觉的补偿作用。如聋哑人"以目代耳"，盲人"以耳代目"，用触摸来阅读。

3）联觉

一种感觉兼有或引起另一种感觉的现象就是联觉。如欣赏音乐，能产生一定的视觉效果，似乎看到了高山、流水，花草、鸟鸣。

颜色感觉的联觉，红、橙、黄为暖色，有接近感，又称进色；蓝、青、绿色为冷色，又带有远感，又称退色。色调的浓淡能引起轻重的感觉，深色调沉重，淡色调轻松。应用如房间的色调设计，绘画艺术中的"近山浓抹，远树轻描"。

5. 对比

同一感觉器官接受两种完全不同但属同一类的刺激物的作用，而使感受性发生变化的现象称为对比。感觉的对比分为同时对比和继时对比两种。

几种刺激物同时作用于同一感觉器官时产生的对比称为同时对比。如明月之夜，人们总是感觉到天空中的星星格外的少。其实，并非是星星的数量减少了，而是星光为月光所掩盖，不容易被发现罢了。再如，同样一个灰色的图形，在白色的背景上看起来显得颜色深一些，在黑色背景上则显得颜色浅一些，这是无彩色对比。而灰色图形放在红色背景上呈绿色；放在绿色背景上则呈红色，这种图形在彩色背景上而产生向背景的补色方向变化的现象称为彩色对比。

几个刺激物先后作用于同一感觉器官时，将产生继时对比现象。如吃糖之后再吃苹果，会感觉苹果酸。又如左手放在冷水里，右手放在热水里，过一会以后，再同时将两手放在温水里，则左手感到热，右手感到冷，这都是继时对比现象。

6. 余觉

刺激取消以后，感觉可以存在极短时间，这种现象称为"余觉"。例如，在暗室里急速转动一根燃烧着的火柴，可以看到一圈火花，这就是由许多火点留下的余觉组成的。

3.1.3　感觉知觉的基本特性

1. 整体性

当我们感知一个熟悉对象时，只要感觉了它的个别属性和特性，使之形成一个完整结构的整体形象，这就是知觉的整体型。如观察图3.1时，不是把它感知为四段直线，几个圆或虚线，而是一开始就把它看成正方形、三角形和圆形。

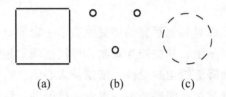

图 3.1　知觉的整体性

在感知不熟悉的对象时，则倾向于把它感知为具有一定结构的有意义的整体。在这种情况下，影响知觉整体性的因素有以下几个方面：

（1）接近。在图3.2（a）中，圆点被看成四个纵行，因为圆点的排列在垂直方向上比水平方向上明显接近。

（2）相似。在图3.2（b）中，点之间的距离是相等的，但同一横行各点颜色相同，由于相似组合作用的结果，这些点就被看成为五个水平横行。

（3）封闭。如图3.2（c）所示，由于封闭因素的作用，把两个距离较远的纵行组合在一起，对象被知觉为两个长方形。

（4）连续。如图3.2（d）所示，由于受连续因素的影响，对象被知觉为一条直线和一个半圆。

（5）美的形态。在图3.2（e）中，由于点的形态因素的影响，对象被知觉为两圆相套。

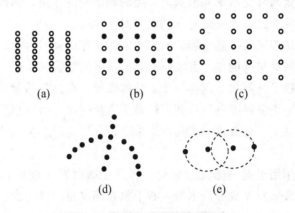

图 3.2　影响知觉整体性的因素

2. 选择性

人的周围环境复杂多样，大脑不可能同时对各种事物进行感知，而总是有选择地将某一事物作为知觉的对象，这种现象称为知觉的选择性。知觉的选择性依赖于个人的动机、情绪、兴趣与需要，反映了知觉的主动性，同时也依赖于知觉对象的刺激强度、运动、对比、重复等。

（1）对象和背景的差别。对象和背景的差别越大（包括颜色、形态、刺激强度等方面），对象越容易从背景中区分出来，并优先突出，给予清晰的反映；反之，就难以区分。如重要新闻用红色套印或用特别的字体排印就非常醒目，特别容易区分。

（2）对象的运动。在固定不变的背景上，活动的刺激物容易成为知觉对象。如航道的航标用闪光作信号，更能引人注意，提高知觉效率。

（3）主观因素。人的主观因素对于选择知觉对象相当重要，当任务、目的、知识、经验、兴趣、情绪等因素不同时，选择的知觉对象便不同。如情绪良好、兴致高涨时，知觉的选择面就广泛；而在抑郁的心境状态下，知觉的选择面就狭窄，会出现视而不见、听而不闻的现象。

知觉对象和背景的关系不是固定不变的，而是可以互相转换的。图 3.3（a）所示为一张双关图形，在知觉这种图形时，既可知觉为黑色背景上的白花瓶，又可知觉为白色背景上的两个黑色侧面人像。

3. 理解性

用以前获得的知识和自己的实践经验来理解所知觉的对象称为知觉的理解性。知觉的理解性依赖于过去的知识经验，知识经验越丰富，理解就越深刻。如同样一幅画，艺术欣赏水平高的人，不但能了解画的内容和寓意，还能根据自己的知识经验感知到画的许多细节；而缺乏艺术欣赏能力的人，则无法知觉到画中的细节问题。

语言的指导能唤起人们已有的知识和过去的经验，使人对知觉对象的理解更迅速、完整。如图 3.3（b）也是一张双关图形，提示者可以把它提示为立体的东西，而这个立体随着提示者的语言不同，可以形成向内凹或向外凸的立体。

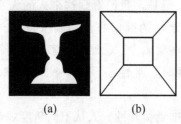

　　　　　　(a)　　　　　　(b)

图 3.3　双关图

但是，不确切的语言指导，会导致歪曲的知觉。如当受试者观看图 3.4 正中间的一排图形时，第一组受试者听到图上左边一排的名称，第二组听到右边一排的名称，然后拿走图形，让两组受试者画出所知觉的图形。结果表明，画得最不像的图形中，约有 3/4 的歪曲图形类同于语言指导的名称。所以，在知觉外界事物时，语言的参与对知觉理解性具有重要的意义。

4. 恒常性

由于知识和经验的参与，知觉表现出相对的稳定性，称为知觉的恒常性。在视知觉中，恒常性（又称常性）表现得特别明显。视知觉对象的大小、形状、亮度、颜色等的印象与客观刺激的关系并不完全服从于物理学的规律，尽管外界条件发生了一定变化，但观察同一事物时，知觉的印象仍相当恒定。如日光下的白墙和阴影中的白墙看起来亮度一样，实际上亮度差别很大。再如阳光下煤块的反射率要比黄昏时粉笔的反射率高，然而人们仍然把粉笔看成白的，把煤块看成黑的，不会依反光率的高低而颠倒黑白。视知觉恒常性主要有以下几方面：

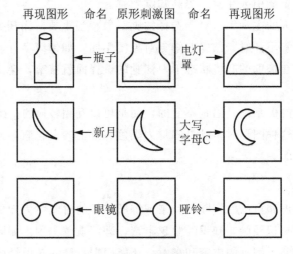

图 3.4　语言对知觉理解性的影响

（1）大小恒常性，即大小知觉恒常性。人对物体的知觉大小不完全随视像大小而变化，它趋向于保持物体的实际大小。大小知觉恒常性主要是过去经验的作用，如同一个人站在离我们 3m、5m、15m、30m 的不同距离处，他在我们视网膜上的折视像随距离的不同而改变着（服从视角定律）。但是，我们看到这个人的大小却是不变的，仍然按他的实际大小来感知。影响大小知觉常性的因素有：①刺激条件。条件越复杂，则越表现出常性，当刺激条件减少，则常性现象减少。②距离因素。距离很远时，常性消失。③水平观察时，常性表现大，垂直观察时，常性表现小。此外，在用人工瞳孔时，大小常性则消失。

（2）形状恒常性，即形状知觉恒常性。人从不同角度观察物体，或者物体位置发生变化时，物体在视网膜上的投射位置也发生了变化，但人仍然能够按照物体原来的形状来知觉。如铁饼的形状，只有当它的平面与视线垂直时，它在视网膜上的视像形状才与实际形状完全一样，如果偏离了这个角度，视网膜上的视像就或多或少地不同于铁饼的实际形状。尽管观察的角度不同，但我们看到的铁饼形状仍是不变的。形状常性表明，物体的形状知觉具有相对稳定的特性。人的过去经验在形状常性中起着重要作用。

（3）明度恒常性。在不同照明条件下，人知觉到的明度不因物体的实际亮度的改变而变化，仍倾向于把物体的表面亮度知觉为不变。在强烈的阳光下煤块反射的光量远大于黄昏时白粉笔反射的光量，但即使在这种情况下，人们还是把煤块知觉为黑色的，把粉笔知觉为白色的。这就是明度恒常性现象。人们对物体亮度的知觉取决于它反射到眼中的光量，反射的光量越大，就越明亮。但在不同的照明条件下，物体的反射率（反射入射光量的百分比）是常定的。明度知觉恒常性是因人们考虑到整个环境的照明情况与视野内各个物体反射率的差异，如果周围环境的亮度结构遭受不正常的变化，明度恒常性就会被破坏。

（4）颜色恒常性。知觉时，不管实际的光线如何，我们认为一件东西的颜色是相同的，这种倾向称为颜色恒常性。颜色恒常性是与明度恒常性完全类似的现象。因为绝大多数物体之所以可见，是由于它们对光的反射，反射光这一特征赋予物体各种颜色。一般说来，即使光源的波长变动幅度相当宽，只要照明的光线既照在物体上也照在背景上，任何物体的颜色都将保持相对的恒常性。如无论在强光下还是在昏暗的光线里，一块煤看起来总是黑的。

5. 错觉

错觉是对外界事物不正确的知觉。总的来说，错觉是知觉恒常性的颠倒。我们日常生活中，所遇到的错觉的例子有很多：

【阅读材料 3-1】　错觉现象

1. 法国国旗颜色

在法国国旗上，红：白：蓝三色的比例为 35：33：37，而我们却感觉三种颜色面积相等。这是因为白色给人以扩张的感觉，而蓝色则有收缩的感觉，这就是视错觉。

2. 两个装沙子且有盖的桶

一个小桶装满了沙，另一个大桶装的沙和小桶一样多。当人们不知道里面的沙子有多少时，大多数人拎起两个桶时都会说小桶重得多。他们之所以判断错误，是看见小桶较小，想来该轻一些，谁知一拎起来竟那么重，于是过高估计了它的重量。

3. 的士高厅跳舞

在旋转耀眼的灯光中，你会觉得天旋地转，而其中的舞者跳得特别的活跃。事实上，如果没有灯光的情况下，同样的动作你只会觉得只是普通的扭来扭去罢了。

4. 行驶速度问题

比如在高速公路上用 100km/h 的时速驾驶，会觉得车速很慢；而在普通公路上用 100km/h 的时速驾驶，则会感到一种风驰电掣的感觉。这就是因为我们的视觉受到了在同一条公路上的其他车辆车速所影响。

从上面的几个例子，可以得知形成视错觉的原因有多种，它们可以是在快中见慢，在大中见小，在重中见轻，在虚中见实，在深中见浅，在矮中见高。但最终结果都是使人或者动物形成错误的判断和感知。所以，有效地利用视错觉，针对性地作出改善措施，有利于提高工作和日常生活中的认识和识别能力。图3.5中列举了一些众所周知的几何图形错觉。

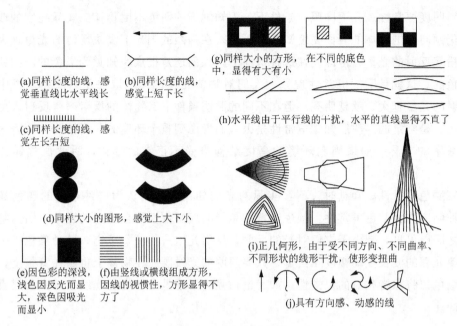

(a)同样长度的线，感觉垂直线比水平线长

(b)同样长度的线，感觉上短下长

(c)同样长度的线，感觉左长右短

(d)同样大小的图形，感觉上大下小

(e)因色彩的深浅，浅色因反光而显大，深色因吸光而显小

(f)由竖线或横线组成方形，因线的视惯性，方形显得不方了

(g)同样大小的方形，在不同的底色中，显得有大有小

(h)水平线由于平行线的干扰，水平的直线显得不直了

(i)正几何形，由于受不同方向、不同曲率、不同形状的线形干扰，使形变扭曲

(j)具有方向感、动感的线

图 3.5　几何图形错觉

3.2　视觉机能及其特征

3.2.1　眼睛的构造

　　人的眼睛近似球形，位于眼眶内，结构如图 3.6 所示。正常成年人其前后径平均为 24mm，垂直径平均为 23mm。最前端突出于眼眶外 12～14mm，受眼睑保护。眼球包括眼球壁、眼内腔和内容物、神经、血管等组织。

　　眼球壁主要分为外、中、内三层。外层由角膜、巩膜组成；中层又称葡萄膜、色素膜，具有丰富的色素和血管，包括虹膜、睫状体和脉络膜三部分；内层为视网膜，是一层透明的膜，也是视觉形成的神经信息传递的第一站，具有很精细的网络结构及丰富的代谢和生理功能。

　　视网膜是视觉接收器的所在，本身也是一个复杂的神经中心。眼睛的感觉为网膜中的视杆细胞和视锥细胞所致。视杆细胞能够感受弱光的刺激，但不能分辨颜色，视锥细胞在强光下反应灵敏，具有辨别颜色的本领。在中央凹处之内，只有视锥细胞，很少或没有视杆细胞。在网膜边缘，靠近眼球前方各处，有许多视杆细胞，而视锥细胞很少。某些动物（如鸡）因视杆细胞较少，所以在微光下视觉很差，成为夜盲。也有些动物（如猫和猫头鹰）因视杆细胞很多，所以能在夜间活动。

　　眼内腔包括前房、后房和玻璃体腔。眼内容物包括房水、晶状体和玻璃体，三者均透明，与角膜一起共称为屈光介质。

　　另外眼睛还包括视神经、视路及眼附属器。眼附属器包括眼睑、结膜、泪腺、眼外肌和眼眶。

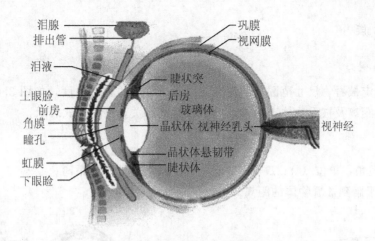

图 3.6　眼睛的结构示意图

3.2.2　视觉系统

　　视觉是由眼睛、视神经和视觉中枢的共同活动完成的。人的视觉系统如图 3.7 所示。视觉系统主要是一对眼睛，其各由一支视神经与大脑视神经表层相连。连接两眼的两支视神经在大脑底部视觉交叉处相遇，在交叉处视神经部分交迭，然后再终止到大脑视神经表层上。这样，可使两眼左边的视神经纤维终止到大脑左边的视神经皮层上；而两眼右边的视神经纤维终止到大脑右视神经皮层上。由于大脑两半球处理各种不同信息的功能并不都相同，就视觉系统的信息而言，在分析文字上左半球较强，而对于数字的分辨上右半球较强，而且视觉信息的性质不同，在大脑左右半球上产生的效应也不同，因此，当信息发生在极短时间内或者要求作出非常迅速的反应时，上述视神经的交叉就起了很重要的互补作用。

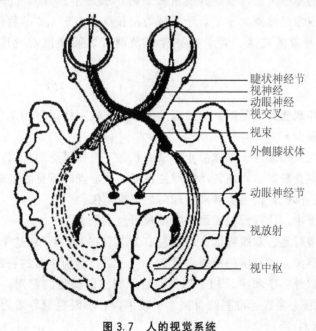

睫状神经节
视神经
动眼神经
视交叉

视束

外侧膝状体

动眼神经节

视放射

视中枢

图 3.7　人的视觉系统

61

3.2.3 视觉机能

1. 视角与视力

视角是确定被看物尺寸范围的两端点光线射入眼球的相交角度,如图3.8所示。视角的大小与观察距离及被看物体上两端点的直线距离有关,可用下式表示:

$$\alpha = 2\arctan\frac{D}{2L}$$

式中:α——视角,单位(°);D——被看物体上两端点的直线距离;

L——眼睛到被看物体的距离。

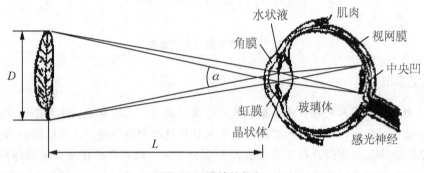

图3.8 眼睛的视角

眼睛能分辨被看物体最近两点的视角,称为临界视角。

视力是眼睛分辨物体细微结构能力的一个生理尺度,以临界视角的倒数来表示,即

视力=1/能够分辨的最小物体的视角

检查人眼视力的标准规定,当临界视角为$1'$时,视力等于1.0,此时视力为正常。当视力下降时,临界视角必然要大于$1'$,于是视力用相应的小于1.0的数值表示。视力的大小还随年龄、观察对象的亮度、背景的亮度以及两者之间亮度对比度等条件的变化而变化。

2. 视野与视距

视野是指人眼能观察到的范围,一般以角度表示。视野按眼球的工作状态可分为:静视野、注视野和动视野。

(1) 静视野:在头部固定、眼球静止不动的状态下自然可见的范围,如图3.8所示。

(2) 注视野:在头部固定,而转动眼球注视某一中心点时所见的范围。

(3) 动视野:头部固定而自由转动眼球时的可见范围。

在人的三种视野中,注视野范围最小,动视野范围最大。

在水平面内的视野是:双眼视区大约在左右60°以内的区域,在这个区域里还包括字、字母和颜色的辨别范围,辨别字的视线角度为10°～20°,辨别字母的视线角度为5°～30°;在各自的视线范围以外,字和字母趋于消失。对于特定的颜色的辨别,视线角度为30°～60°,人的最敏锐的视力是在标准视线每侧1°的范围内;单眼视野界限为标准视线每侧94°～104°,如图3.9(a)所示。

在垂直平面的视野是：假定标准视线是水平的，定为 0°，则最大视区为视平线以上 50° 和视平线以下 70°。颜色辨别界限为视平线以上 30°，视平线以下 40°。实际上人的自然视线是低于标准视线的，在一般状态下，站立时自然视线低于水平线 10°，坐着时低于水平线 15°；在很松弛的状态中，站着和坐着的自然视线偏离标准线分别为 30° 和 38°。观看展示物的最佳视区在低于标准视线 30° 的区域里，如图 3.9（b）所示。

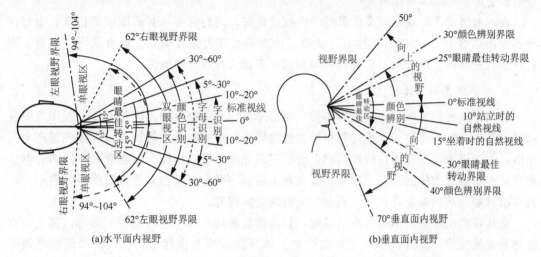

图 3.9 视野

视距是指人在控制系统中正常的观察距离。观察各种显示仪表时，若视距过远或过近，对认读速度和准确性都不利，一般应根据观察物体的大小和形状在 380~760mm 之间选择最佳视距。视距过远或过近都会影响认读的速度和准确性，而且观察距离与工作的精确程度密切相关，因而应根据具体任务的要求来选择最佳的视距。推荐采用的几种工作任务的视距见表 3-2。

表 3-2 几种工作任务视距的推荐值

任务要求	举 例	视距离/cm	固定视野直径/cm	备 注
最精细的工作	安装最小部件（表、电子元件）	12~25	20~40	完全坐着，部分地依靠视觉辅助手段（小型放大镜、显微镜）
精细工作	安装收音机、电视机	25~35（多为30~32）	40~60	坐着或站着
中等粗活	在印刷机、钻井机、机床旁工作	<50	<80	坐或站
粗活	包装、粗磨	50~150	30~250	多为站着
远看	黑板、开汽车	>150	>250	坐或站

3. 中央视觉和周围视觉

在视网膜上分布着视锥细胞多的中央部位,其感色力强,同时能清晰地分辨物体,这个部位的视觉称为中央视觉。视网膜上视杆细胞多的边缘部位感受色彩的能力较差或不能感受,故分辨物体的能力差。但由于这部分的视野范围广,故能用于观察空间范围和正在运动的物体,称其为周围视觉。

在一般情况下,既要求操作者的中央视觉良好,同时也要求其周围视觉正常。而对视野各方面都缩小到10°以内者称为工业盲。两眼中心视力正常而有工业盲视野缺陷者,不宜从事驾驶飞机、车、船、工程机械等要求具有较大视野范围的工作。

4. 双眼视觉和立体视觉

当用单眼视物时,只能看到物体的平面,即只能看到物体的高度和宽度。若用双眼视物时,具有分辨物体深浅、远近等相对位置的能力,形成所谓立体视觉。立体视觉产生的原因,主要因为同一物体在两视网膜上所形成的像并不完全相同,右眼看到物体的右侧面较多,左眼看到物体的左侧面较多,其位置虽略有不同,但又在对称点的附近。最后,经过中枢神经系统的综合,从而得到一个完整的立体视觉。

立体视觉的效果并不全靠双眼视觉,如物体表面的光线反射情况和阴影等,都会加强立体视觉的效果。此外,生活经验在产生立体视觉效果上也起一定作用。如近物色调鲜明,远物色调变淡,极远物似乎是蓝灰色。工业设计与工艺美术中的许多平面造型设计颇有立体感,就是运用这种生活经验的结果。

5. 色觉与色视野

视网膜除能辨别光的明暗外,还有很强的辨色能力,可以分辨出180多种颜色。人眼的视网膜可以辨别波长不同的光波,在波长为380～780 nm的可见光谱中,光波波长只相差3 nm,人眼即可分辨,但主要是红、橙、黄、绿、青、蓝、紫七色。各种颜色对眼睛的刺激不一样,因此视野也不同,一般情况下,白色视野最大,其次是黄和蓝,再次为红色,而绿色的视野最小。

缺乏辨别某种颜色的能力,称为色盲;若辨别某种颜色的能力较弱,则称色弱。有色盲或色弱的人,不能正确地辨别各种颜色的信号,不宜从事飞行员、车辆驾驶员以及各种辨色能力要求高的工作。

6. 暗适应和明适应

当光的亮度不同时,视觉器官的感受性也不同,亮度有较大变化时,感受性也随之变化。视觉器官的感受性对光刺激变化的相顺应性称为适应。人眼的适应性分为暗适应和明适应两种。

暗适应是人眼对光的敏感度在暗光处逐渐提高的过程。在进入暗室后的不同时间,连续测定人的视觉阈值,亦即测定人眼刚能感知的光刺激强度,可以看到此阈值逐渐变小亦即视觉的敏感度在暗处逐渐提高的过程。一般是在进入暗室后的最初约7min内,有一个阈值的明显下降期,以后又出现阈值的明显下降;在进入暗室后的大约25～30min时,阈值下降到最低点,并稳定于这一状态。暗适应的产生机制与视网膜中感光色素在暗处时再合成增加，因而增加了视网膜中处于未分解状态的色素的量有关。据分析，暗适应的第一阶段主要与视锥细胞色素的合成量增加相一致；第二阶段亦即暗适应的主要构成部分，则与视杆细胞中视紫红素的合成增强有关。

人从亮处进入暗室时，最初看不清楚任何东西，经过一定时间，视觉敏感度才逐渐增加，恢复了在暗处的视力，这称为暗适应。相反，从暗处刚来到亮光处，最初感到一片耀眼的光亮，不能看清物体，只有稍待片刻才能恢复视觉，这称为明适应。

暗适应和明适应曲线如图 3.10 所示。

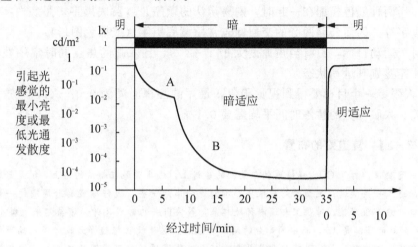

图 3.10　暗适应与明适应

人眼虽具有适应性的特点，但当视野内明暗急剧变化时，眼睛却不能很好适应，从而会引起视力下降。另外，如果眼睛需要频繁地适应各种不同亮度，不但容易产生视觉疲劳，影响工作效率，而且也容易引起事故。为了满足人眼适应性的特点，要求工作面的光亮度均匀而且不产生阴影；对于必须频繁改变亮度的工作场所，可采用缓和照明或戴一段时间有色眼镜，以避免眼睛频繁地适应亮度变化而引起视力下降和视觉过早疲劳。

3.2.4　视觉特征

（1）眼睛沿水平方向运动比沿垂直方向运动快而且不易疲劳；一般先看到水平方向的物体，后看到垂直方向的物体。因此，很多仪表外形都设计成横向长方形。

（2）视线的变化习惯于从左到右、从上到下和顺时针方向运动。看圆形仪表时，沿顺时针方向比逆时针方向看得迅速。所以，仪表的刻度方向设计应遵循这一规律。

（3）人眼对水平方向尺寸和比例的估计比对垂直方向尺寸和比例的估计要准确、迅速且不易疲劳，因而水平式仪表的误读率（28%）比垂直式仪表的误读率（35%）低。

（4）当眼睛偏离视中心时，在偏离距离相等的情况下，观察率优先的顺序是左上、右上、左下、右下。视区内的仪表布置必须考虑这一特点。

（5）两眼的运动总是协调的、同步的，在正常情况下不可能一只眼睛转动而另一只眼睛不动；在一般操作中，不可能一只眼睛视物，而另一只眼睛不视物。因而通常都以双眼视野为设计依据。

（6）人眼对直线轮廓比对曲线轮廓更易于接受。

（7）在视线突然转移的过程中，约有3％的视觉能看清目标，其余97％的视觉都是不真实的，所以在工作时，不应有突然转移的要求，否则会降低视觉的准确性。如需要人的视线突然转动，也应要求慢一些，才能引起视觉注意。为此，应给出一定标志，如利用箭头或颜色预先引起人的注意，以便把视线转移放慢。或者采用有节奏的结构。

（8）颜色对比与人眼辨色能力有一定关系。当人从远处辨认前方的多种不同颜色时，其易辨认的顺序是红、绿、黄、白，即红色最先被看到。所以，停车、危险等信号标志都采用红色。当两种颜色相配在一起时，则易辨认的顺序是：黄底黑字、黑底白字、蓝底白字、白底黑字等。因而公路两旁的交通标志常用黄底黑字（或黑色图形）。

（9）对于运动目标，只有当角速度大于$1～2°/s$，且双眼的焦点同时集中在同一个目标上时，才能鉴别其运动状态。

（10）人眼看一个目标要得到视觉印象，最短的注视时间为0.07～0.3s，这里与照明的亮度有关。人眼视觉的暂停时间平均需要0.17s。

【阅读材料3-2】 隧道灯的布置

我坐在副驾驶位，打开CD，静静地躺在柔软的座椅上，汽车飞驰在新区的路上，很是舒服。车子减慢了速度开始进入一条隧道，里面的灯光很亮，不断地向车后飞去，我仔细观察着周围的一切。原来隧道的灯在入口处分布较密集，待往里却逐渐稀疏起来，等快出去的时候又开始密集起来（整个隧道前1/4和后1/4部分灯的间隔是1m，而中间部分的间隔是3m）。这让我联想起那天晚上停电的事情，当一个光线较强的环境突然变暗，你的眼睛就会什么都看不见，等慢慢适应了周围的光线后，就又能看到周围的东西了。这就是人因工程很好的应用案例，而且在隧道灯的应用上达到了一箭双雕的作用，既考虑到驾驶人员的视觉随外界变化做出适应，也使成本得到节约，人因工程真是无处不在啊！

3.3 听觉机能及其特征

3.3.1 耳的结构及听觉机能

人耳结构可分成三部分：外耳、中耳和内耳，如图3.11（a）所示。在声音从自然环境中传送至人类大脑的过程中，人耳的三个部分具有不同的生理作用。

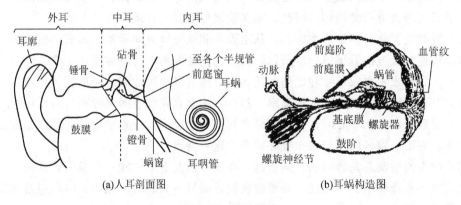

(a)人耳剖面图 (b)耳蜗构造图

图3.11 耳的结构

为了便于理解耳蜗的功能，我们用图 3.11（b）来显示镫骨足板与耳蜗的前庭窗的连接。耳蜗内充满着液体并被基底膜所隔开，位于基底膜上方的是螺旋器，这是收集神经电脉冲的结构，耳蜗横断面显示了螺旋器的构造。当镫骨足板在前庭窗处前后运动时，耳蜗内的液体也随着移动。耳蜗液体的来回运动导致基底膜发生位移，基底膜的运动使包埋在覆膜内的毛细胞纤毛弯曲，而毛细胞与听神经纤维末梢相连接，当毛细胞弯曲时神经纤维就向听觉中枢传送电脉冲，大脑接收到这种电脉冲时，我们就听到了"声音"。

1. 外耳

外耳是指能从人体外部看见的耳朵部分，即耳廓和外耳道。耳廓对称地位于头两侧，主要结构为软骨。耳廓具有两种主要功能，它既能排御外来物体以保护外耳道和鼓膜，还能起到从自然环境中收集声音并导入外耳道的作用。将手作杯状放在耳后，很容易理解耳廓的作用效果，因为手比耳廓大，能收集到更多的声音，所以这时你听所到的声音会感觉更响。

当声音向鼓膜传送时，外耳道能使声音增强，此外，外耳道具有保护鼓膜的作用，耳道的弯曲形状使异物很难直入鼓膜，耳毛和耳道分泌物也能阻止进入耳道的小物体触及鼓膜。外耳道的平均长度 2.5cm，可控制鼓膜及中耳的环境，保持耳道温暖湿润，能使外部环境不影响和损伤中耳和鼓膜。

外耳道外部的 2/3 由软骨组成，靠近鼓膜的 1/3 为颅骨所包围。

2. 中耳

中耳由鼓膜、中耳腔和听骨链组成。听骨链包括锤骨、砧骨和镫骨，悬于中耳腔。中耳的基本功能是把声波传送到内耳。

声音以声波方式经外耳道振动鼓膜，鼓膜斜位于外耳道的末端呈凹型，正常为珍珠白色，振动的空气粒子产生的压力变化使鼓膜振动，从而使声能通过中耳结构转换成机械能。

由于鼓膜前后振动使听骨链作活塞状移动，鼓膜表面积比镫骨足板大好几倍，声能在此处放大并传输到中耳。由于表面积的差异，鼓膜接收到的声波就集中到较小的空间，声波在从鼓膜传到前庭窗的能量转换过程中，听小骨使得声音的强度增加了 30dB。

为了使鼓膜有效地传输声音，必须使鼓膜内外两侧的压力一致。当中耳腔内的压力与体外大气压的变化相同时，鼓膜才能正常的发挥作用。耳咽管连通了中耳腔与口腔，这种自然的生理结构起到平衡内外压力的作用。

3. 内耳

内耳的结构不容易分离出来，它是位于颞骨岩部内的一系列管道腔，可以把内耳看成三个独立的结构：半规管、前庭和耳蜗。前庭是卵圆窗内微小的、不规则开关的空腔，是半规管、镫骨足板、耳蜗的汇合处。半规管可以感知各个方向的运动，起到调节身体平衡的作用。耳蜗是被颅骨所包围的像蜗牛一样的结构（图 3.11（b）），内耳在此将中耳传来的机械能转换成神经电脉冲传送到大脑。

耳蜗内充满着液体并被基底膜所隔开，位于基底膜上方的是螺旋器，这是收集神经电脉冲的结构，耳蜗横断面（图 3.11（b））显示了螺旋器的构造。当镫骨足板在前庭窗处前后运动时，耳蜗内的液体也随着移动。耳蜗液体的来回运动导致基底膜发生位移，基底膜的运动使包埋在覆膜内的毛细胞纤毛弯曲，而毛细胞与听神经纤维末梢相连接，当毛细胞弯曲时神经纤维就向听觉中枢传送电脉冲，大脑接收到这种电脉冲时，我们就听到了"声音"。

3.3.2 听觉的特征

人耳在某些方面类似于声学换能器，也就是通常所说的传声器。听觉可用以下特性描述。

1. 频率响应

可听声主要取决于声音的频率，具有正常听力的青少年（年龄在 12～25 岁之间）能够觉察到的频率范围大约是 16～20000Hz，而一般情况下，人耳能听到声音的频率范围是 20～20000Hz，可见人耳对声音感知的频率比为

$$\frac{f_{min}}{f_{max}} = 1:1000$$

人到 25 岁左右时，对 15000Hz 以上频率的声音感受灵敏度开始显著降低，当频率高于 15000Hz 时，听力阈值开始向下移动，而且随着年龄的增长，频率感受的上限，逐年连续降低。但对小于 1000Hz 的低频率范围，听觉灵敏度几乎不受年龄的影响，如图 3.12 所示。听觉的频率响应特性对听觉传示装置的设计是很重要的。

2. 听觉绝对阈限

听觉的绝对阈限是人的听觉系统感受到最弱声音和痛觉声音的强度。它与频率和声压有关。在阈限以外的声音，人耳感受性降低，以致不能产生听觉。声波刺激作用的时间对听觉阈值有重要的影响，一般识别声音所需的最短持续时间为 20～50ms。

听觉的绝对阈限包括频率阈限、声压阈限和声强阈限。大体上，频率 20Hz、声压 2×10^{-5}Pa、声强 10^{-12}W/m^2 的声音为听阈，低于这些值的声音不能产生听觉。而痛阈声音的频率为 20000Hz、声压 20Pa、声强 10W/m^2。人耳的可听范围就是听阈与痛阈之间的所有声音，如图 3.13 所示。

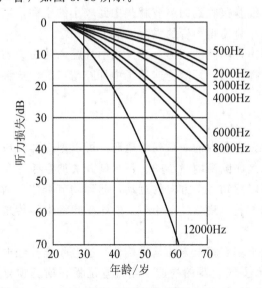

图 3.12　听力损失曲线

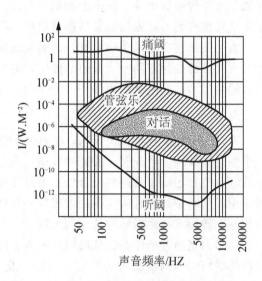

图 3.13　听阈、痛阈与听觉区域

3. 听觉的辨别阈限

人耳具有区分不同频率和不同强度声音的能力。辨别阈限是指听觉系统能分辨出的两个声音的最小差异值。辨别阈限与声音的频率和强度都有关系。人耳对频率的感觉最灵敏，常常能感觉出频率微小的变化，而对强度的感觉次之，不如对频率的感觉灵敏。不过二者都是在低频、低强度时辨别阈限较高。另外，在频率 500Hz 以上的声频及声强，辨别阈限大体上趋于一个常数。

4. 辨别声音的方向和距离

正常情况下，人的两耳听力是一致的，因此，根据声音到达两耳的强度和时间先后之差，可以判断声源的方向。如声源在右侧时，距左耳稍远，声波到达左耳所需时间就稍长。声源与两耳间的距离每相差 1cm，传播时间就相差 0.029 ms。这个时间差足以给判断声源的方位提供有效的信息。另外，头部的屏蔽作用及距离之差会使两耳感受到声强的差别，由此同样可以判断声源的方位。如果声源在听者的上下方或前后方，就较难确定其方位。这时通过转动头部，经获得较明显的时差及声强差加之头部转过的角度，即可判断其方位。在危险情况下，除了听到警戒声之外，如能识别出声源的方向，往往会避免事故发生。

判断声源的距离主要依靠声压和主观经验。一般在自由空间，距离每增加一倍，声压级将对应减少 6dB。

5. 听觉的掩蔽

不同的声音传到人耳时，只能听到最强的声音，而较弱的声音就听不到了，即弱声被掩盖了。这时一个声音被其他声音干扰而使听觉发生困难，只有提高该声音的强度才能产生听觉，这种现象称为声音的掩蔽。被掩蔽声音的听阈提高的现象，称为掩蔽效应。

工人在作业时由于噪声对正常作业的监视声及语言的掩蔽，不仅使听阈提高，加速人耳的疲劳，而且影响语言的清晰度，直接影响作业人员之间信息的正常交换，可能导致事故的发生。

噪声对声音的掩蔽与噪声的声压及频率有关。当噪声的声压级超过语言声压级 20～25dB 时，语言将完全被噪声掩蔽。掩蔽声对频率与其相邻近的掩蔽效应最大；低频对高频的掩蔽效应较大，反之则较小；掩蔽声越强，受掩蔽的频率范围也越大。另外，当噪声的频率正好在语言频度范围内（800～2500Hz）时，噪声对语言的影响最大。所以在设计听觉传达装置时，应尽量避免声音的掩蔽效应，以保证信息的正确交换。

应当注意到，由于人的听阈复原需要经历一段时间，掩盖声去掉以后，掩蔽效应也并不立即消除，这个现象称为残余掩蔽或听觉残留，其量值可代表听觉的疲劳程度。掩盖声又称疲劳声，它对人耳刺激的时间和强度直接影响人耳的疲劳持续时间和疲劳程度。刺激越长、越强，则疲劳程度越高。

【阅读材料3-3】　天然气净化厂噪声污染的分析及治理

天然气净化厂噪声源多，分布范围广，多数设备都需 24h 连续运行，生产噪声对厂区和附近居民的生活与学习造成了较大的影响，导致厂区噪声呈现不同程度和不同范围的超标。生产过程中主要的噪声源有燃气炉、空冷器、冷却塔、硫黄成型车间、空压机、水泵、电动机等，噪声均超过70dB，有些地方甚至超过100dB。而环保局对天然气净化厂厂区噪声执行标准要求白天在65dB以下，夜间在55dB以下。

1. 燃气锅炉噪声治理

燃气锅炉运行时，天然气在燃烧器中与空气混合、燃烧，产生强烈的燃烧噪声，通过燃烧器进风口以及锅炉烟囱向外排放。进风用的鼓风机也产生较大的噪声。经现场测试，锅炉燃烧器进风口噪声为78.8~82.6dB，锅炉辐射噪声为72~76dB，锅炉排烟烟囱1m处噪声达75dB。燃气锅炉燃烧噪声频带较宽，同时在低频范围内（63~1000Hz）具有明显的峰值。由于其低频性质，燃烧噪声穿透能力较强、衰减慢、影响范围广。通过烟囱排放的燃烧噪声排放点高，对周围环境的影响更大。根据燃气锅炉的特点，通过吸声、消声等综合降噪措施来降低其噪声危害。以下分别考虑燃气锅炉的燃烧器进风口、烟囱以及锅炉本身等噪声辐射部位的治理。

（1）燃烧器进风口噪声控制。在锅炉燃烧器进风口安装扩张室式抗性消声器降噪后，安装在该消声器外的鼓风机仍会产生噪声污染。应在燃烧器进风口消声器设计时将燃烧器噪声和鼓风机噪声综合考虑。为满足燃烧器鼓风机进风需要，应根据燃气炉的进风量在该装置一侧安装微穿孔板消声器，该消声器具有消声频带较宽、气流阻力较小、结构简单、造价较低、耐高温、不起尘的特点。锅炉燃烧器进风口安装该噪声控制装置后，可降低噪声20dB左右。

（2）烟囱噪声控制。燃气锅炉烟囱直径较大，燃烧废气通过烟囱的气流速率较小，一般不超过2m/s，故可据此判断烟囱噪声与燃烧废气通过时的气流噪声无关，该噪声完全来源于燃烧锅炉产生的低频噪声。为对锅炉烟道噪声进行治理，可选用微穿孔板消声器来降低通过烟囱向外扩散的噪声。考虑到排放烟气温度较高，除最外层用较厚钢板制作以满足强度要求外，其余部分均用不锈钢材料制作。

（3）锅炉本体噪声控制。燃气锅炉运行过程中，锅炉本体不断辐射72~76dB的噪声，对周围环境有较大影响。根据燃气锅炉的特点，可对燃气锅炉本体外表面和消声器与锅炉之间烟道用100mm厚耐高温岩棉进行包扎覆盖，再包扎1.5mm铝板护面，该措施可降低噪声10dB左右。

2. 空冷器噪声治理

空冷器运行噪声主要包括冷却风扇噪声、电动机及减速器噪声、进排气噪声。现场监测表明，其总体噪声高达86dB，具有以低频为主的宽频特征。由于空冷器声源位置较高，噪声以低频为主，衰减慢、传播距离远，对周围环境有很大的影响，应加以治理。

空冷器体积庞大，其运行特点决定无法采用封闭降噪的方法。由于空冷器噪声高且以低频为主，声音绕射能力强，单纯地采用安装吸隔声屏的方法降噪效果一般不理想，故采用安装进出风口消声器和吸隔声屏相组合的降噪措施。为减小气流阻力和保证进风的洁净度，应选用消声频带较宽、气流阻力较小、结构简单、造价较低、不起尘的微穿孔板消声器。

3. 冷却塔噪声治理

冷却塔噪声主要由落水声和风机运行噪声组成，对前者可安装不锈钢消声垫进行治理，对后者可选用对冷却塔进行封闭消声或安装吸隔声屏两种方案进行治理。封闭消声虽然降噪效果比较好，但费用高，对冷却效果有影响，给设备检修带来不便。冷却塔噪声一般不太高，约为70dB，安装吸隔声屏已能基本满足降噪要求。因此，一般选择安装不锈钢消声垫和吸隔声屏相组合的降噪方案。

设置隔声房以及加隔声门窗等控制措施是厂区噪声治理的有效方法，尤其适用于老厂区的噪声治理，但其投资大，而且会不可避免地影响生产。因此，在厂房改造和新厂区建设中，从平面规划时就应该考虑如何减少噪声污染，对厂区进行合理的声学布置，同时重视厂区的绿化，合理利用"绿色屏障"来控制噪声污染。这些前期工作不仅能避免后期治理的麻烦，节省投资，而且可以提升厂区的整体环境质量，取得社会和经济的双重效益。

3.4　其他感觉机能及其特征

3.4.1　肤觉

从人的感觉对人机系统的重要性来看，肤觉是仅次于听觉的一种感觉。皮肤是人体上很重要的感觉器官，感受着外界环境中与之接触物体的刺激。人体皮肤上分布着三种感受器：触觉感受器、温度感受器和痛觉感受器。用不同性质的刺激检验人的皮肤感觉时发现，不同感觉的感受区在皮肤表面呈相互独立的点状分布。皮肤感觉信息经神经传到脑干，再从脑干广泛地分送至大脑其余部分，这些信息之中，有许多在大脑较低层次组织中即加以处理，而不会传到大脑皮层中使个体能意识它们的存在。在没有意识到它们存在的情况下，这些信息就在帮助个体调整清醒状态和处理情绪，并协调其他感觉信息的意义，还会觉察某项刺激是否具有危险性，从而使个体以最快的速度采取有效的行动。例如，当手不小心碰到滚烫的热水时，手会反射性地缩回，从而避免手被烫伤。这个过程中，个体并没有在缩手之前意识到疼痛和危险，而是在之后才意识到的。

1. 触觉

（1）触觉感受器。触觉是微弱的机械刺激触及了皮肤浅层的触觉感受器而引起的，而压觉是较强的机械刺激引起皮肤深部组织变形而产生的感觉，由于两者性质上类似，通常称为触压觉。

触觉感受器能引起的感觉是非常准确的，触觉的生理意义是能辨别物体的大小、形状、硬度、光滑程度以及表面机理等机械性质的触感。在人机系统的操纵装置设计中，就是利用人的触觉特性，设计具有各种不同触感的操纵装置，以使操作者能够靠触觉准确地控制各种不同功能的操纵装置。

根据对触觉信息的性质和敏感程度的不同，分布在皮肤和皮下组织中的触觉感受器有：游离神经末梢、触觉小体、触盘、毛发神经末梢、棱状小体、环层小体等。不同的触觉感受器决定了对触觉刺激的敏感性和适应出现的速度。

（2）触觉阈限。对皮肤施以适当的机械刺激，在皮肤表面下的组织将引起位移，在理想的情况下，小到 $0.001mm$ 的位移就足够引起触觉感受。然而，皮肤的不同区域对触觉敏感性有相当大的差别，这种差别主要是由皮肤的厚度、神经分布状况引起的。测定了男性身体不同部位对刺激的感觉阈限，结果如图 3.14 所示。研究表明，女性的阈限分布与男性相似，但比男性略为敏感。还发现面部、口唇、指尖等处的触点分布密度较高，而手背、背部等处的密度较低。触觉的感受区在皮肤表面呈相互独立的点状分布。

与感知触觉的能力一样，准确地给触觉刺激点定位的能力，由受刺激的身体部位不同而异。研究发现，刺激指尖和舌尖，能非常准确地定位，其平均误差仅 1mm 左右。而在身体的其他区域，如上臂、腰部和背部，对刺激点定位能力比较差，其平均误差几乎有 1cm 左右。一般说来，身体有精细肌肉控制的区域，其触觉比较敏锐，研究结果如图 3.15 所示。

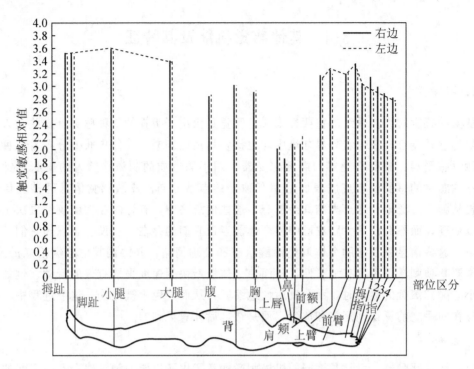

图 3.14　男性身体各部位的触觉敏感性

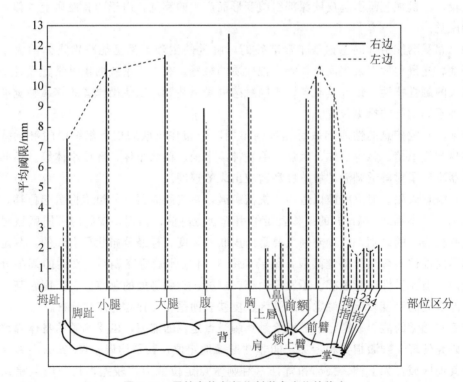

图 3.15　男性身体各部位刺激点定位的能力

如果皮肤表面相邻两点同时受到刺激，人将感受到只有一个刺激；如果接着将两个刺激略为分开，并使人感受到有两个分开的刺激点，这种能被感知到的两个刺激点间最小的距离称为两点阈限。两点阈限因皮肤区域不同而异，其中以手指的两点阈限值最低。这是手指利用触觉进行操作的一种"天赋"。

2. 温度觉

温度觉包括两种独立的感觉——冷觉和热觉。刺激温度高于皮肤温度时引起热觉，低于皮肤温度时引起冷觉。不能引起皮肤冷热觉的温度常被视为温度觉的"生理零度"。但生理零度能随皮肤血管膨胀或收缩而变化，因而同一温度刺激在生理零度变化前和变化后所引起的温度觉有所不同。

温度觉的产生是同大脑皮肤分析器皮层部分的工作分不开的。这可以通过条件反射的方法引起温度感觉来证明。光、声、颜色等都可以成为温度的信号。如在实验室中先给被试者以光的刺激，随后以 43℃ 的刺激物接触手的皮肤，在光和热结合若干次之后，建立了条件反射，单是光的出现即可引起热感觉，而且手的血管也同时舒张。

温度觉的阈值是温度变化为 0.001℃/s；冷觉的阈值是温度变化为 0.004℃/s。这些阈值的刺激在持续 3s 后，就发生了适应的变化。

皮肤表面对温度变化速度的敏感性，和皮肤受刺激表面积的大小有直接关系。受刺激的皮肤表面积越大，温度感觉阈值就越低。实验证明，在全身皮肤都受到刺激时，温度只要每秒升高 0.0008℃，就可以引起人们的温度觉。

超过 45℃ 以上的刺激物作用于人的皮肤表面，就会产生热觉或称烫觉。温度达 45℃ 以上的刺激物作用于人的皮肤表面时，痛觉的神经纤维就积极地参与活动而兴奋起来，从而产生痛觉（烫的感觉）。

3. 痛觉

痛觉是有机体受到伤害性刺激所产生的感觉，是有机体内部的警戒系统，能引起防御性反应，具有保护作用。但是强烈的疼痛会引起机体生理功能的紊乱甚至休克。痛觉种类很多，可分为皮肤痛，来自肌肉、肌腱和关节的深部痛和内脏痛，它们各有特点。痛觉达到一定程度，通常可伴有某种生理变化和不愉快的情绪反应。人的痛觉或痛反应有较大的个别差异。有人痛感受性低，有人则较高。痛觉较大的个体差异与产生痛觉的心理因素有很大关系。痛觉在民族、性别、年龄方面也存在着一定的差异。影响痛觉的心理因素主要是注意力、态度、意志、个人经验、情绪等。

组织学的检查证明，各个组织的器官内，都有一些特殊的游离神经末梢，在一定刺激强度下，就会产生兴奋而出现痛觉。这种神经末梢在皮肤中分布的部位，就是所谓痛点。每一平方厘米的皮肤表面约有 100 个痛点，在整个皮肤表面上，其数目可达一百万个。

痛觉的中枢部分，位于大脑皮层。机体不同部位的痛觉敏感度不同；皮肤和外黏膜有高度痛觉敏感性；角膜的中央，具有人体最大的痛觉敏感性。痛觉具有很大的生物学意义，因为痛觉的产生，将导致机体产生一系列保护性反应来回避刺激物，动员人的机体进行防卫，或改变本身的活动来适应新的情况。

3.4.2　本体感觉

人在进行各种操作活动的同时能给出身体及四肢所在位置的信息，这种感觉称为本体感觉。本体感觉系统主要包括两个方面：一个是耳前庭系统，其作用主要是保持身体的姿势及平衡；另一个是运动觉系统，通过该系统感受并指出四肢和身体不同部分的相对位置。

在身体组织中，可找出三种类型的运动觉感受器。第一类是肌肉内的纺锤体，它能给出肌肉拉伸程度及拉伸速度方面的信息；第二类位于腰中各个不同位置的感受器，它能给出关节运动程度的信息，由此可以指示运动速度和方向；第三类是位于深部组织中的层板小体，埋藏在组织内部的这些小体对形变很敏感，从而能给出深部组织中压力的信息。在骨骼肌、肌腱和关节囊中的本体感受器分别感受肌肉被牵张的程度、肌肉收缩的程度和关节伸屈的程度，综合起来就可以使人感觉到身体各部位所处的位置和运动，而无需用眼睛去观察。如综合手臂上双头肌和三角肌给出的信息，操作者便了解到自己手臂伸张的程度；再加上由双头肌、三头肌、腰、肩部肌肉进一步给出的信息，就会使人意识到手臂需要给予支持。换句话说，信息说明此时手臂的位置处于水平方向。

运动觉系统在研究操作者行为时经常被忽视，原因可能是这种感觉器官用肉眼看不到，而作为视觉器官的眼睛、作为听觉器官的耳朵，则是明显可见的。然而，在用手的动作操纵一个头部上方的控制件时不需要眼睛看着脚和手的位置，就会自觉地对四肢不断发出指令。

在训练技巧性的工作中，运动觉系统有非常重要的地位。许多复杂技巧动作的熟练程度，都有赖于有效的反馈作用。如在打字中，因为有来自手指、臂、肩等部肌肉及关节中的运动觉感受器的反馈，操作者的手指就会自然动作，而不需操作者本身有意识地指令手指往哪里去按。已完全熟练的操作者，能使其发现一个手指放错了位置，而且能够迅速纠正。例如，汽车司机已知右脚控制加速器和刹车，左脚换挡，如果有意识地让左脚去刹车，司机的下肢及脚踩部分都会有不舒服之感。由此可见，在技巧性工作中本体感觉的重要性。

【阅读材料3-4】 舒适的计算机键盘

目前，市面上多数台式计算机的键盘不能满足宜人的要求，长时间地使用键盘容易造成双手肌肉的紧张，严重的甚至造成操作者肌体上的劳累损伤。其症状包含因使用键盘造成的手腕神经压迫，坐姿不良引起的脊椎神经伤害和颈部、腰部累积性的骨骼肌肉损伤，以及重复某一动作而形成强迫性体位，以致身体相应部位处于持续的紧张状态而导致的局部神经痛。

键盘是人与计算机交互的主要手段，也是大量信息输入的主要方式。键盘的人性化设计应主要从键盘的平面布局、键盘的整体设计、键盘的材料对人的影响等方面考虑，结合人体生理学、人体测量学等人因工程学的内容来进行改善和设计。在键盘的设计中，运用人因工程学原理，结合手的解剖学特点、坐姿生理学等学科知识以及视觉显示终端作业岗位的人机界面设计原则，使人-机-环境系统相协调，可为操作者创造安全、舒适、健康、高效的工作条件。

一款由美国著名工业心理学和人体工程学工程师 John Parkinson 设计的全新的计算机键盘已经问世，如图3.16所示。这一全新设计改变了130多年来键盘的传统键位布局，解决了打字员130多年来的痛苦。它采用全新的53键位设计，字母的顺序是按照英文字母的排列顺序排列的，并且把键盘分成左右两个区，中间用方向键隔开。这样就不需要去专门练习键位，而且这种设计可以大大提高打字速度。

从人体工程学看，该键盘比传统标准键盘具有更大优势：①键位的编排更有益于手指的自然运动；

②键位按字母顺序排列更容易让人找到各字母的位置；③整个键盘按不同的颜色分布，很容易找到各种键的位置；④整合编辑键，使整个键盘更加小巧实用；⑤该键盘采用了新材料和全新的设计，使键盘敲击时声音特别小，而且操作者感觉舒适、放松。该键盘兼容 Windows 95 以上的操作系统。

图 3.16　宜人的计算机键盘

小　结

　　本章主要介绍了人体的感觉与知觉特征、视觉机能及其特征、听觉机能及其特征其他感觉（肤觉、本体感觉）的基本特征，介绍了一些案例，并从人因工程的角度进行分析，旨在深入学习和研究如何考虑人的生理、心理特征，以人为本地进行产品环境的优化设计。

习　题

1. 填空题

（1）_____是工作记忆信息存储的有效方法。它可以防止工作记忆中的信息受到无关刺激的干扰而发生遗忘。

（2）如果呈现的刺激只有一个，被试者在刺激出现时做出特定的反应，这时获得的反应时称为_____。

（3）当有多种不同的刺激信号，刺激与反应之间表现为一一对应的前提下，呈现不同刺激时，要求做出不同的反应，这时获得的反应时称为_____。

（4）人对将要出现的刺激在精神上有准备或准备充分，反应时就_____；无准备或准备不充分则反应时就_____。

（5）定位运动速度受许多因素影响。早期进行的研究表明，定位运动时间依赖于_____和_____两个因素。

2. 简答题

（1）感觉与知觉的区别与联系何在？

（2）感觉的基本特性有哪些？

（3）感受性如何来度量？感觉阈限如何划分？

（4）感觉的相互作用有哪些？

（5）知觉的基本特性有哪些？

（6）影响知觉整体性的因素有哪些方面？

（7）视知觉恒常性主要表现于哪些方面？试举例说明。

（8）视觉的机能有哪些方面？简述视觉的特征。

（9）简要叙述听觉的特征。

（10）简要叙述人体皮肤上三种感受器的作用。

第4章 累积损伤疾病与操作工具设计

随着越来广泛的计算机使用、生产自动化的发展，人们越来越倾向于忽略大量的工作仍然涉及体力劳动和人工操作这样一个事实。挖掘、建筑和制造等职业，经常要求工人以高体力消耗去完成工作，由于过度伸展而导致的背部疾病在很多职业中都很普遍，占所有职业损伤的25％（美国劳动统计部，1982年）。甚至一些与重体力劳动没有直接关系的职业从业者如专业技术人员、管理人员和行政人员、办事员和服务人员，也同样会有职业损伤。调查结果表明，计算机操作人员比从事其他职业的人遭受更多的颈部和腕部损伤。本章将讨论在完成工作时人的运动系统的活动，在此基础上分析造成累积损伤疾病的原因，并给出操作工具设计的一些原则，从而降低操作人员的累积损伤。

 教学目标

1. 了解累积损伤疾病及其原因。
2. 了解与手有关的累积损伤疾病。
3. 掌握累积损伤疾病的预防与合理的工具设计。
4. 理解在完成工作时人的运动系统的活动。

 教学要求

知识要点	能力要求	相关知识
累积损伤疾病（CTD）	（1）掌握累积损伤疾病的特点及其重要性； （2）了解累积损伤疾病的成因	四大要素：受力、重复、姿势与休息； 重复性压迫损伤——RSI（Repetitive Strain Injury）
与手有关的累积损伤疾病	（1）了解手工操作时各部位用力的特点和规律； （2）掌握与手有关的累积损伤疾病	上肢的操纵力； 手臂的立姿操纵力； 上肢系统及其姿势

续表

知识要点	能力要求	相关知识
累积损伤疾病的预防与合理的工具设计	(1) 了解累积损伤疾病的预防与合理的工具设计之间的关系； (2) 掌握合理工具设计的原则	—

 **导入案例**

数钱数到手抽筋

2009 年 1 月 15 日，重庆时报记者谭梦媛报道："这还真是数钱数到手抽筋了。" 1 月 8 日，孟女士因工作需要，点了 26 万余元的钞票。不想，当天晚上回家便觉得右手食指无故疼痛，次日更是肿胀，几乎无法弯曲。到医院一检查才知，孟女士是因长期重复同一工作姿势而引起了腱鞘炎（见图 4.1）。

一天数了 26 万余元

孟女士介绍说，自己在南岸区弹子石街道办事处从事民政工作，需要向相关人员发放民政定期补助金。

8 日，孟女士从银行取了 24 万多元钱，加上头一天取的，共 26 万余元。"因为是分散发给个人，多的上千，少的就一百多元，而且基本上都有零头，只能用手一张张地点给别人。"孟女士说，所以 26 万余元中不光有百元整钞，还有几叠全部是零钞，最小的是一毛的。

孟女士回忆说，当时有 2000 张 100 元大钞，共 20 万元，而零钱已经记不清有多少张了。"那天工作特别忙，一天 26 万余元都发出去了，基本上就是保持数钱的姿势。"

图 4.1 反复的数钱姿势

食指胀痛被迫求医

当天晚上回到家，孟女士感觉右手食指有些胀痛，次日早上起来，右手手指开始肿起来，而且越发胀痛，甚至根本无法弯曲。"想来就是当时数钱数多了，但是我从事这个工作 20 多年，都没遇到过这种情况"。

因为实在疼痛难忍，孟女士到医院检查，才得知自己原来是患了腱鞘炎。医生让其回家热敷，并开了些外用药涂抹。

医生提醒：长期同一工作姿势易得病

长期重复同一姿势工作会造成腱鞘炎。受伤、过分劳损（尤其见于手及手指）、骨关节炎、一些免疫疾病甚至是感染也都有可能引起此病。女性及糖尿病患者会较易患上此病。

4.1　累积损伤疾病及其原因

操作者为了达到操作要求，必须付出一定体力，这种力就是操纵力。人的操纵力有一定的数值范围，可据此设计各种操纵系统。人发挥操纵力的大小，取决于人的操作姿势、着力部位、力的作用方向和方式等。在长期从事某项作业时，不断重复某一作业姿势（施以相同的操纵力），往往会导致部分肌肉损伤。

4.1.1　累积损伤疾病及其重要性

累积损伤疾病（Cumulative Trauma Disorder，CTD）又称骨骼肌肉功能失调（Musculo Skeletal Disorders，MSD），是指由于不断重复使用身体某部位而导致的肌肉骨骼的疾病。其症状可表现为手指、手腕、前臂、大臂和肩部的腱及神经的软组织损伤，也可表现为关节发炎或肌肉酸痛。通过分析名词"累积损伤疾病"，也可了解其含义：累积是指这种损伤是由于年复一年地不断对身体某一部位施加压力而逐渐造成的，并且这种累积是建立在每次的压力都会对相关软组织或关节产生一定的损耗（即损伤）的基础上；疾病表示这种损伤是不正常的状态。

累积损伤疾病，在世界范围内已成为一个突出的职业卫生问题。它不但造成机能受损、影响个人的生活质量，而且增加医疗服务的负担。在发达国家，累积损伤疾病是最常见的慢性疾病，是引起机体机能丧失的原因之一。职业人群的累积损伤疾病可以延续到退休以后，并成为退休人员生理机能受损的主要原因。人口的老龄化使得未来人们会有更长的寿命和退休期间，这一问题在发展中国家的影响将变得更加严重。

大多数在 IT 行业工作的人每天长时间工作，与计算机为伴。中国有句俗话叫"过犹不及"，你能连续多长时间坐在椅子上敲打键盘而不至于伤害到自己呢？

从身体构造上看，我们并非适合像现在所从事的许多工作那样久坐不动，或者长时间执行精准的机械动作。有证据表明，处于不正常的姿态过久或者重复运动，会引起颈部、四肢和背部的疼痛，这些状况总称为过度使用综合征，或重复性压迫损伤——RSI（Repetitive Strain Injury）。

RSI 导致的损害可归结为肌肉纤维的结构性变化和血流量减少，神经也不幸被牵扯其中。不活动的组织和周围的炎症压迫着神经，能够引起肢体失去知觉和产生酸麻，在神经损坏严重时最终变得脆弱。

RSI 可不是个小问题。据美国劳工部的统计（Bureau of Labor statistics），在造成误工伤害和疾病的因素中，它占到 34%，同时还连带着 200 亿美元的经济损失。美国国家科学院（The National Academy of Science）认为，企业每年由于重复性压迫失调而导致的员工病假、生产能力下降和医疗支出而损失的收入估计高达 500 亿美元。该院自 1998 年以来已经出版了两份报告，说明重复性运动和职业伤害之间的直接关系。在所有的工业疾病和损伤中，累积损伤疾病占了 1.8%。更值得关注的是，很多累积损伤疾病没有导致明显的疾病或损伤，而是表现为作业生产率的下降和质量的降低。

【阅读材料4-1】 RSI伤害及其预防

RSI伤害的一些最常见现象是腱鞘炎和腕管综合征。目前，与工作有关的腕管综合征（CTS）已经在全美所有重复性运动失调患者中占据了41%以上。努力工作永远不会伤害任何人，其实并非如此。

那么你该怎么办？关键的治疗在于预防。研究表明，如果雇主鼓励员工时常休息和伸展一下，并强调人机工效学的重要性，职业伤害就会减少，而生产能力则相应提高。

另外在这里对大家还有一些建议：

（1）每工作30～45分钟，至少休息5分钟。如果需要协助，网上有免费定时器程序可供下载，能够帮助提醒你按时休息一下。

（2）在休息时伸展你的双臂、双手、颈部、背部。

（3）时常注意矫正身体姿态。不要躺坐在沙发上使用笔记本式计算机。

（4）在最初和每次转换座位时，都要对工作地点进行评估。调整座椅、显示器、键盘、鼠标和笔记本式计算机。定期交换键盘和鼠标的方位。

（5）将视线从计算机屏幕上移向远处。别忘了眨眼！

（6）减少不必要的计算机使用。这听起来有点古怪——不过你也得让网上冲浪、电子游戏、电子邮件和发信息歇一会。

（7）如果开始觉得疼痛或疼痛持续，一定要向医生求助，他们可能建议你使用腕带、冰袋、布洛芬、可的松注射液、物理疗法等，最重要的是休息，让情况好转。看病千万不要拖拖拉拉，早治早好。

从1980年以来，澳大利亚的累积损伤疾病一直在增加，1985年和1986年新南威尔士每年的事故率高达7000件。其中办公室工作人员的增长率最高，特别是一些键盘操作人员，长期的伏案工作和敲击键盘很容易造成脊椎损伤与手指关节的损伤。但与其他职业相比，办公室人员的发病率仍然是比较低的。在1987年，每1000名办公室工作人员中有6例累积损伤疾病，而对于从事钢铁和电子工业的生产工人，这一比例达到了78‰（美国，Pheasant，1991）。

随着分工的发展，累积损伤疾病在各国和各领域均呈现上升趋势，Armstrong等在1982年指出，累积损伤疾病的发病率几乎是130例/200000工作小时（200000工作小时近似于200个工人工作半年），它降低了生产率，更对人体造成了损伤。所以，各种职业病已越来越引起人们的广泛关注，有些国家还成立了专业的组织探讨如何预防累积损伤疾病，并通过互联网分享各种经验及使工具设计更合理。

4.1.2 产生累积损伤疾病的原因

不同的作业会导致不同表现形式的累积损伤。如人体正常的腰部是松弛状态下侧卧的曲线形状，在这种状态下，各椎骨之间的间距正常，椎间盘上的压力轻微而均匀，椎间盘对韧带几乎没有推力作用，人最感舒适。人体做弯曲活动时，各椎骨之间的间距发生变化，椎间盘则受推挤和摩擦，并向韧带作用椎力。韧带被拉伸，致使腰部感到不舒适。腰弯曲变形越大，不舒适感越严重。长期的这种弯曲活动就会导致腰部的劳损。同样，在作业操纵时，会造成手、手臂、脚及腿部的肌肉酸痛或关节损伤。

虽然损伤的表现形式各不相同，但各种累积损伤都与受力、重复、姿势与休息密切相关。

1. 受力

人体某部位的受力是造成累积损伤的必要条件之一，外力的不断挤压会使软组织、肌肉或关节的运动无法保持在舒适的状态。一般重负荷的工作使肌肉很快产生疲劳而且需要较长的时间来恢复。骨骼肌需要重新恢复弹力，缺乏足够的恢复休息时间会造成软组织的损伤。如果对于肌肉骨骼结构的压力太大，很明显骨骼、皮肤和肌肉将会被拉伤，但同时腱和神经由于压力受到的损伤就不是很容易引起注意了。另外，作业时手工操纵工具的振动也会引起血管的收缩。

肌肉施力分为静态施力和动态施力两种情况。其中静态施力的特点是肌肉等长收缩，而动态施力的特点是施力与放松交替。两种不同施力主要与工作任务有关，通常女性要小于男性。一种三维静态施力程序——3D SSPP，可以辅助评价特定工作的力量需求，也可以作为工作设计/再设计与评价的工具。由于仅考虑静态属性，3D SSPP 忽略加速和运动的影响，仅仅应用于手工任务中的慢速运动。

在静态施力的疲劳分析中，力量与时间成反比关系，如图 4.2 所示。当工作负荷为最大肌力的 8%～10% 时，可以长时间工作；但以最大肌力工作时，只能持续很短的时间。施力大小和工作可以持续时间的关系为

$$t = \frac{k}{(F-f)^n}$$

式中：t——最长工作时间；

F——相对肌力大小，%；

f——工人可以长时间工作时的临界相对肌力，%；

k、n——常数。

间断静态工作的最长工作时间 t 为

$$t = \frac{k}{(F-f)^{np}}$$

式中：p 静态施力时间占总工作时间的比例。

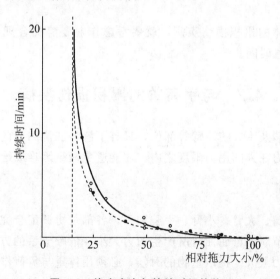

图 4.2　施力大小与持续时间的关系

2. 重复

任务重复得越多，则肌肉收缩得越快、越频繁。这是因为高速收缩的肌肉比低速收缩的肌肉产生的力量要小，所以重复率高的工作要求更多的肌肉施力，因此也需要更多的休息恢复时间。在这种情况下，缺乏足够的休息时间就会引起组织的紧张。人体的累积损伤都是由于重复施力于身体特定部位而造成的。

3. 姿势

不正确的作业姿势也是造成累积损伤的重要原因之一，作业姿势决定了关节的位置是否舒适。使关节保持非正常位置的姿势会延长对相关组织的机械压力。

作业姿势应满足人的用力原则：所有动作应该是有节律的，各个关节要保持协调，这可减轻疲劳；在操纵时，各关节的协同肌群与拮抗肌群的活动要保持平衡，才能使动作获得最大的准确性；瞬时用力要充分利用人体的质量做尽可能快的运动；大而稳定的力量取决于肌体的稳定性，而不是肌肉的收缩；任何动作必须符合解剖学、生理学和力学的原理。

作业中应避免的姿势包括：使肌肉和肌腱超负荷；造成操纵关节不平稳或不对称的方式；涉及肌肉群的静态负荷（会延长肌肉群的收缩）。

4. 休息

没有足够的休息时间意味着肌肉缺乏充足的恢复时间，结果会引起乳酸的积聚和产生能量的物质的过度消耗，从而使肌肉疲劳，力量变小，反应变慢。疲劳肌肉的持续工作增加了软组织损伤的可能性。充分的休息可以使肌肉恢复自然状态。

与工作有关的 CTD 主要涉及以下几个方面：

（1）工作场地布置：工作台的高度，工具的摆向和工作对象。

（2）工具设计。

（3）工作方法和工作习惯。

（4）作业姿势。

所以，要控制人体的累积损伤疾病，就要考虑作业姿势的合理性，避免过度重复作业，并提供充足的休息时间。

4.2　与手有关的累积损伤疾病

手工操纵一般要涉及手、腕、臂等部位，只有了解各部位用力的特点和规律，保证所设计的控制器的操纵力在人的用力限度之内，才能避免操纵困难或给人体带来损伤。

4.2.1　上肢的操纵力

人体的上肢包括肩、大臂、小臂、手腕和手，各部位协调配合完成各种手工作业。人在用力的时候，肘关节肌肉群屈曲时所产生的力大小，依赖于手的方向，实验表明当手掌面向肩部时，产生的力最大。提取重物的时候，必须用体重与负荷作对抗性的平衡。

对于人体的上肢，指、腕、肘、肩关节作依次活动时，指关节力量最小，但精确性最高；肩关节力量最大，但准确性最低。

1. 手臂的坐姿操纵力

如图 4.3 所示，通过在坐姿下对健康男子的臂力进行测量，可以得出手臂在各种不同角度上的操纵力，数据见表 4-1。

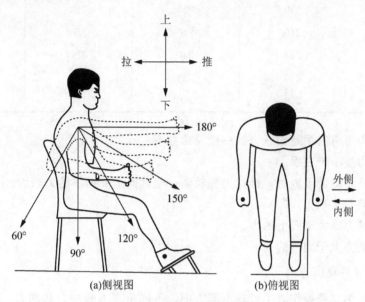

图 4.3 手臂的坐姿操纵力

表 4-1 坐姿时手臂在不同角度和方向上的操纵力　　单位：N

手臂的角度	拉力		推力	
	左手	右手	左手	右手
(用力方位)	向后		向前	
180°	520	540	540	620
150°	500	550	500	550
120°	420	470	440	460
90°	360	390	370	390
60°	270	280	360	410
(用力方位)	向上		向下	
180°	127	190	190	220
150°	210	220	220	240
120°	220	270	240	280
90°	220	240	240	280
60°	210	240	220	240

手臂的角度	拉力		推力	
	左手	右手	左手	右手
（用力方位）	向内侧		向内侧	
180°	190	220	130	150
150°	210	240	130	150
120°	200	240	130	150
90°	210	220	150	160
60°	220	230	140	190

从实验结果可得出手臂操纵力的一般规律如下：

（1）左手力量小于右手。

（2）手臂处于侧面下方时，推拉力都较弱，但其向上和向下的力较大。

（3）拉力略大于推力。

（4）向下的力略大于向上的力。

（5）向内的力大于向外的力。

2. 手臂的立姿操纵力

图4.4所示为立姿操作时手臂在不同方向、不同角度上的拉力和推力。由图可知，手臂在肩的下方180°和肩的上方0°位置上产生最大拉力，在肩的上方0°位置产生最大推力。因此，推拉形式的操纵装置应尽量安装在上述能产生最大推拉力的位置上。

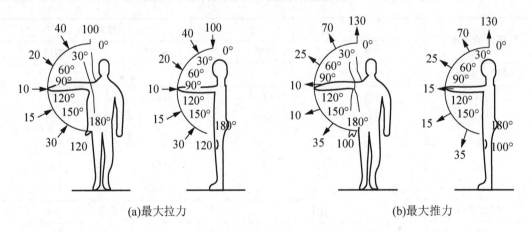

(a)最大拉力　　　　　　　　　　　　　(b)最大推力

图4.4　立姿时手的操纵力相对于体重的百分数

1）手的握力

一般人右手的握力大于左手。实际测得一般青年男子右手平均瞬间最大握力约为550N，左手为421N。保持1min后，右手平均握力降至274N，左手降至244N。由此可见，握力与手的姿势和持续时间有关。

当操作者紧握操纵机构时，还要考虑握紧强度，握紧强度是人能够施加在手柄上的最大握紧力（可用测力计量器）。在设计手工工具、夹具和操纵机构时都需要考虑握紧强度的数值。年龄在 30 岁以上时可用下式（经验公式）近似计算手操纵的握紧强度：

$$GS＝608×2.94A$$

式中：GS——手操纵的握紧强度，N；

　　　 A——年龄，岁。

利用手柄操作时，最适合的操纵力大小与手柄距地面的高度、操纵方向、左右手等因素均有关。

2）拉力与推力

在立姿手臂水平向前自然伸直的情况下，男子平均瞬时拉力可达 689N，女子平均瞬时拉力为 378N。若手作前后运动时，拉力要比推力大，瞬时最大拉力可达 1078N，连续操作的拉力约 294N。当手作左右运动时，则推力大于拉力，最大推力约为 392N。而最大操纵力产生在控制手柄离座位靠背为 570～660 mm 的范围内。

3）扭力

双臂作扭转用力时，一般有三种不同的姿势，如图 4.5 所示。

（1）身体直立，双手扭转。扭转长把手时，男子的扭力为（381±127）N，女子的扭力为（200±78）N。

（2）身体屈曲，双手扭转。男子的扭力为（544±244）N，女子的扭力为（267±138）N。

（3）有些把手很短，需要弯腰操作。此时男子的扭力为（943±335）N，女子的扭力为（416±196）N。

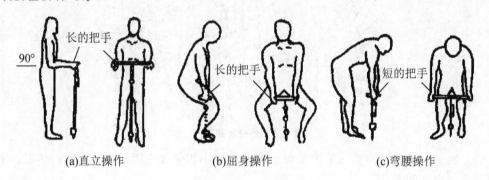

(a)直立操作　　　　　　(b)屈身操作　　　　　　(c)弯腰操作

图 4.5　扭力姿势

4）提力

提力是前臂水平前伸，手掌向下，然后往上提物料，平均提力为 214N。

5）肘弯曲时的操纵力

弯肘操纵是常用的手臂姿势，其操纵力随手的位置变化而异。

3. 上肢系统及其姿势

上肢系统包括：肩、大臂、小臂、腕、手指骨、肌肉、腱、韧带、神经，手的组织和上肢骨的分布分别如图 4.6、图 4.7 所示。

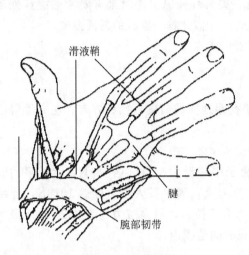

图 4.6　手的组织

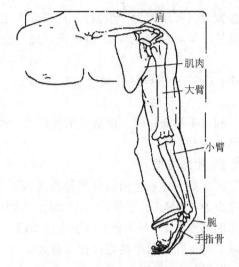

图 4.7　上肢骨的分布图

在从人因工程的角度考虑操作者的作业姿势时，仅仅说工人弯曲手腕是不够的，必须知道弯曲的方向、弯曲的程度以及手掌是向上还是向下等。因此，也就需要一些描绘关节运动的准确术语。1988 年 Putz-Anderson 提出了一系列的术语，例如：

（1）曲腕（见图 4.8）。桡向偏移（radial deviation），指手沿大拇指方向腕部弯曲；尺骨偏移（ulnardeviation），手沿小指方向腕部弯曲。

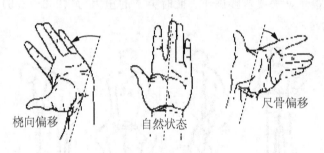

图 4.8　手的曲腕状态

（2）腕关节弯曲、伸展（见图 4.9）。弯曲：减小相邻骨之间角度的运动；伸展：增大相邻骨之间角度的运动。

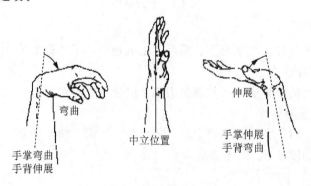

图 4.9　腕关节的运动

4.2.2　与手有关的累积损伤疾病

累积性肌肉骨骼伤害主要有：腕部通道症候群、腱鞘炎、扳机指、白指症、网球肘等。累积性肌肉骨骼创伤的原因与过度用力、姿势不当、反复重复有关，尤其是三者合并同时发生时。

以计算机操作时的上肢肌肉骨骼损伤为例，有以下几种情况：

（1）肩部损伤。由于敲击键盘和点击鼠标时，上臂通常处于前伸状态，保持上臂前伸的主要肌肉是斜方肌，斜方肌持续紧张，也可导致肩部疼痛。这个症状常与颈部症状共存，因此称为肩颈综合征。

（2）肘部损伤。当敲击键盘和使用鼠标时，由于键盘和鼠标都高于操作台，腕部常处于上翘状态，即背屈，手腕背屈时腕部伸肌持续紧张，可引起操作者的肘部症状，表现为疼痛，手腕背屈时疼痛加剧，常称为肱骨外上髁炎，又称网球肘。

（3）腕部损伤。在计算机操作中，症状出现最频繁的部位要算是腕部了。据调查发现，计算机操作者中有 60％反应有手腕疼痛、手痉挛。在操作过程中，腕部不但要经常保持背屈状态，还要不断地伸屈以敲击键盘和点击鼠标，因此强迫体位与频繁活动联合作用，使腕部的症状更为常见和严重，也就是上述的腕部通道症候群。

骨、肌肉、关节、肌腱和韧带构成了上肢的机体，它们互相配合可以完成特定的作业。其关系如图 4.10 所示。

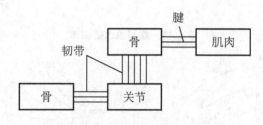

图 4.10　上肢各机体的相互关系图

通常在作业时，肌肉、皮肤和骨骼的损伤是很明显的，同时也应该注意到腱与神经的损伤。

在腱与附近的韧带和骨头发生摩擦处，在关节处或相邻处的腱就很容易受伤。通常的一些症状表现为受影响的部位会隐隐作痛。常见的腱损伤一般有两种：肌腱炎和腱鞘炎。肌腱炎是出于重复紧张而导致的一种腱的炎症，受损伤的腱内的个别纤维可能被拉伤，而且被感染的腱会肿大。此时，如果没有足够的休息，发炎的腱可能会持续虚弱。如果腱的损伤涉及手的滑液（由关节滑囊和腱鞘的滑液膜分泌的含有类似黏蛋白物质的透明黏质润滑液）鞘（动植物的鞘状包裹物），则会导致腱鞘炎。这是因为腱的重复运动刺激产生更多的滑液（起润滑关节作用），这些滑液的积聚使腱鞘肿大、发炎。研究表明，腱的滑液鞘如果一小时运动 1500～2000 次，就会产生腱鞘炎。所以，避免过多的重复作业可以减少腱的损伤。

当神经受到来自外部物体（如锋利的边缘）或附近骨头的较大压力时，就会产生麻木、刺痛或疼痛之感。腕部通道症候群（carpal tunnel syndrome）即腕隧道症候群是一种常见的手部神经损伤。在腕部的 2～3cm 长的坚硬通道称为腕部通道或腕隧道，通道壁是由弯曲的腕骨（8 块小骨头）组成的，而上部由坚韧的韧带包裹着腕骨。正中神经（起自臂丛的一条神经，下行至臂前面的中部）、血管和肌腱（带有滑液鞘）都要从此通道穿过。如果通道内的腱鞘（手指屈肌腱）肿大，通道内的正中神经就会受到挤压；极端的手姿和不断的重复运动也会引起腕部通道的病症。这些症状包括手的刺痛、麻木和疼痛，如果这些症状进一步加剧，手可能有丧失感觉和握力的危险，如图 4.11、图 4.12 所示。图 4.12 中阴影部分代表受腕部通道症候群影响的区域，包括刺痛、麻木和疼痛。

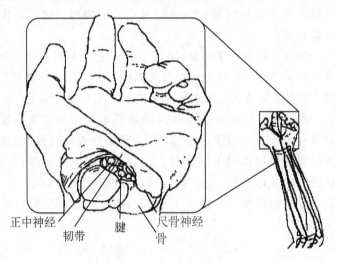

图 4.11　腕部通道的图示

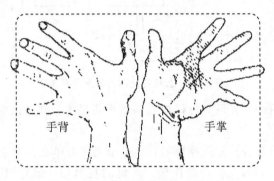

图 4.12　腕部活动造成的手部损伤

4.2.3　颈部与腰部的累积损伤疾病

Hildebrant（1987）利用五种综合出版物对后背疼痛进行研究，发现了 24 种与工作有关的因素可以表征后背疼痛，这些风险因素分为如下五类：

（1）一般：重体力工作，一般的工作姿势。

（2）静态工作负荷：静态工作姿势，坐、站立、弯曲，工作姿势没有变化。

（3）动态工作负荷：重体力手工处理，举起物料（物料很重或是频率很高、扭转），物料运送，推/拉物料，身体向前弯和旋转等。

（4）工作环境：振动、摇晃、滑动/落下。

（5）工作内容：单调、重复性工作，工作不满意。

4.3　累积损伤疾病的预防与合理的工具设计

4.3.1　CTD 的预防

CTD 预防可以从工程控制和行政管理两方面着手。

1. 工程控制

在工程控制上，通过分析具体作业和作业场所，找出作业过程和作业环境中不安全、不合理的因素，并据此改变目前的作业内容与方式，选择使用适当的手工工具与人机操作界面，以及重新设计人员工作场所，从而使作业要求适当低于人员的极限能力，使人员保持合理的用力和姿势，并能够及时的恢复体能，消除肌肉和骨骼的紧张状态，进而使相关的人因危险因子被控制在比较安全的范围内。相关措施如下：

（1）物料、成品、半成品、零件等运送过程自动化。尽量避免直接使用人力直接搬运，如自动化不可行时，应当至少使用省力设备。

（2）作业台面、进料口、输送带等高度直接关系到人员长期操作姿势，所以应使之配合现场人员身材高度。必要时应当提供可调整脚踏垫与座椅。

（3）重复性高的作业中，所有操作物件、零件、工具均应置于双手伸取可及的作业空间内。

充分利用夹具固定物件、零件，避免人员为调整、对准、施力而必须在静态负荷下维持不良姿势。

（4）较重的手工工具应悬挂于固定位置。选用时应当注意重量、握柄大小与样式。按钮键的施力应适当。

（5）成品包装方式与物料零件盒的设计等关系物料运送过程人员处理的方便性，应选用坚固质轻的包装，这样可以减轻人员处理的重量，并应提供便于双手握提的设计。

2. 行政管理

在行政管理上，建立符合人因工程的标准作业规定和程序，制定工作休息时间表，开展工作轮调、多能工训练，作业方法等教育训练。具体措施如下：

（1）对于耗能与易疲劳作业，缩短每班作业时间，限制加班超时作业的时间。

（2）工作轮调，将肌肉骨骼伤害风险高的作业人员轮调于几个风险高低不同的工作中，分散、降低暴露于危险因素中的机会。

（3）增加合理的工作间休息次数与时间。

（4）工作内容丰富化，作业项目适度多样化，使之涵盖对上肢操作部位需求不同的项目，可以避免极度单调重复的操作，降低由于某一单一重复内容引起的疲劳危险机会。

（5）让人员有较大弹性主导其工作步调，而不是必须配合机器作业的固定步调。

（6）通过教育训练，树立员工对累积疲劳损伤的预防意识，并使员工掌握正确的操作技巧。

需要说明的是：工程控制应为主要改善方式，而管理手段只能作为暂时性方法，在工程改善尚未完成或工程改善不可行时，才以行政管理作为防护手段。管理并不能从根本上除掉危险因子。

4.3.2 合理的工具设计

合理的工具设计有助于预防人体的累计损伤，事实上，不合理的工具往往使操作姿势不符合人因工程的原理或使用力不恰当，而适当的用力、正确的姿势及充足的睡眠都可以帮助预防累积损伤疾病。这里，以手工操作工具为例，探讨在设计工具时应遵循的原则。

1. 保持手腕伸直

一般情况下，手腕的中立位置是最佳的，而且在保持手腕的伸直状态时，手心的力量也要大一些。所以在设计工具时，如果要用到手腕的力量，应尽量使工具弯曲而不要使手腕弯曲，避免手腕的偏移（桡向偏移和尺骨偏移）。如设计钳子时，有两种方法，如图4.13所示。第一种钳子的手柄是直的，第二种钳子的手柄有一定弧度的弯曲。在使用第一种钳子时，手在用力时需要手腕的弯曲来配合；而第二种钳子借助手柄的弧度，在操作时就可保持手腕的水平。结果使用第一种钳子的工人比使用第二种钳子工人患腱鞘炎的比例要大得多。同样，带弯柄的锤子可降低尺骨的偏差，如图4.14所示。实验表明，用弯柄的锤子钉20个钉子，用直柄的锤子同样钉20个钉子，在第一种情况下，手的握力受到的影响要小。

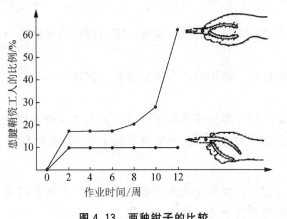

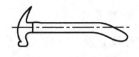

图4.13 两种钳子的比较   图4.14 弯柄的锤子

2. 使组织压迫最小

手在操作工具时，可能用到相当的力量。所以，在工作时要尽量分散力量，使对血管和神经（如手掌）的压力降到最低。增大手和工具的接触面积也是分散压力的一种方法。如传统涂料刮具的手柄是直的，所以在手握紧工具工作时对尺骨动脉造成了一定的压力，如果对其手柄稍作改进，增加一个垂直的短柄，就可依靠拇指和食指之间的坚硬组织来操作，工人就会舒服很多，如图4.15所示。

3. 减小手指的重复活动

由于在生理上，拇指的活动是由局部的肌肉控制的，所以重复拇指的动作，其危害性比重复食指的动作要小一些，过多重复食指触发动作能引起手指的腱鞘炎。所以，在设计工具时要尽可能降低食指的重复作业。对于拇指，要尽可能避免过度伸展，因此，多个手指操作的控制器显然比只用拇指操作的控制器要好一些。因为用拇指操作会产生拇指的过度伸展，而多个手指操作的控制器分散了用力，同时可利用拇指握紧并引导工具，如图 4.16 所示。为了便于发挥手指的握力，工具的直径应该设计为符合人的手掌。

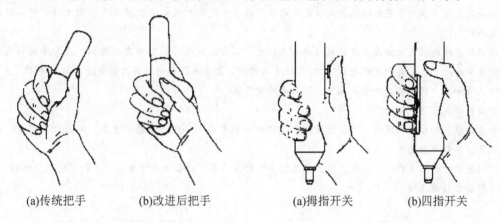

(a)传统把手　　　　(b)改进后把手　　　　(a)拇指开关　　　　(b)四指开关

图 4.15　工具的两种设计　　　　　　**图 4.16　不同手指的操作**

此外，工具的设计还要考虑其他一些因素，如安全性。工具的设计必须避免尖利的边角，对于动力设备要安装制动装置，设计中还要防止对工具的错误使用，如强化功能的标识、减少按钮的误操作等。另外，工具的设计必须满足不同人群的需要，操作者可能是男性也可能是女性，可能习惯于使用右手也可能习惯于使用左手，等等。现在越来越多的女性参与了原来被男性统治的职业领域，而女性的手一般较男性的小，握力也要小一些，所以，工具的设计要考虑女性的生理特点。目前，"左撇子"已接近世界总人口的 8% ~ 10%，工具的设计也要考虑到这一点。

【阅读材料 4-2】　鼠标手

腕管综合征是指人体的正中神经在进入手掌部位时受到压迫所产生的症状，主要导致食指中指疼痛、麻木和拇指肌肉无力感。现代越来越多的人每天长时间接触、使用计算机，这些上网族多数每天重复着在键盘上打字和移动鼠标，手腕关节因长期密集、反复和过度的活动，以至逐渐形成腕关节的麻痹和疼痛，使这种病症迅速成为一种日渐普遍的现代文明病。

有人将这种不同于传统手部损伤的症状群称为"鼠标手"。其早期的表现为手指和手关节疲惫麻木，有的关节活动的时候还会发出轻微的响声，类似于平常所说的"缩窄性腱鞘炎"的症状，但其累及的关节却比腱鞘炎要多。手外科专家认为鼠标比键盘更容易造成手的伤害，因为人们使用鼠标时，总是反复集中机械地活动一两个手指，而配合这种单调轻微的活动，还会拉伤手腕的韧带。其他可能造成类似影响的职业，如音乐家、教师、编辑记者、建筑设计师、矿工等，都是和频繁使用双手有关。据来自新加坡的调查，女性是腕管综合征的最大受害者，其发病率比男性高 3 倍，其中以 30 岁至 60 岁者居多，这是因为女性手腕管通常比男性小，腕部正中神经容易受到压迫。此外，一些怀孕妇女、风湿性关节炎患者，糖尿病、高血压、甲状腺功能失调的人，也可能患上腕管综合征。

专家提醒：要使用多种不同的输入方法，不要连续在计算机前工作过长的时间，在连续使用鼠标一个小时之后就需要做一做放松手部的活动。一位手外科专家说，一个经常使用计算机的吉他手不会患"鼠标手"。腕管综合征属于"累积性创伤失调"症，病情较轻者可采用药物或使用腕背屈位夹板法治疗。病情较重者可施行腕管切开术。

鼠标放桌面上有害健康

医生发现，鼠标的位置越高，对手腕的损伤越大；鼠标的距离距身体越远，对肩的损伤越大。因此，鼠标应该放在一个稍低位置上，这个位置相当于坐姿情况下上臂与地面垂直时肘部的高度。键盘的位置也应该和这个差不多。很多电脑桌都没有鼠标的专用位置，这样把鼠标放在桌面上长期工作，对人的损害不言而喻。

鼠标和身体的距离也会因为鼠标放在桌上而拉大，这方面的受力长期由肩肘负担，也是导致颈肩腕综合征的原因之一。上臂和前身夹角保持45°以下的时候，身体和鼠标的距离比较合适，如太远了，前臂将带着上臂和肩一同前倾，会造成关节、肌肉的持续紧张。

升高转椅也可防"鼠标手"

如果调节鼠标位置很困难，可以把键盘和鼠标都放到桌面上，然后把转椅升高。桌面相对降低，也就缩短了身体和桌面之间的距离。

用科学的方法放置鼠标，会大大降低"鼠标手"的发病率，让每一名常坐在计算机前的上班族轻松、愉快地做好自己的工作。

小　结

本章分析了累积损伤疾病及其造成累积损伤的原因，重点讨论了与手有关的累积损伤疾病，并举例说明了如何通过工具设计来预防损伤。在工具设计中，所有操作主题都会由于一定的生理特点，对操作工具提出原则要求，所以在设计工具时，仅仅考虑手的要求是不够的，一定要了解人体各部位的生理特点，设计合适的工具，以减少作业对人体造成的损伤。

习　题

1. 填空题

（1）人发挥操纵力的大小，取决于人的_____、_____、_____和_____等。

（2）虽然损伤的表现形式各不相同，但各种累积损伤都与_____、_____、_____与_____密切相关。

（3）肌肉施力分为_____和_____两种情况。

（4）静态施力的特点是_____，而动态施力的特点是_____。

（5）手臂在肩的下方180°和肩的上方0°位置上产生最大_____力；在肩的上方0°位置产生最大_____力。

（6）累积性肌肉骨骼伤害主要有_____。

(7) _____、_____、_____、_____和_____构成了上肢的机体，它们互相配合可以完成特定的作业。

(8) CTD 预防可以从_____和_____两方面着手。

2. 简答题

(1) 什么叫做累积损伤疾病？与手有关的累积损伤疾病有哪些？

(2) 造成累积性操作疾病的四大要素分别是什么？

(3) 如何设计合理的工具，以减少对人体造成的损伤？

(4) 手臂操纵力的一般规律有哪些？

(5) 计算机操作时的上肢肌肉骨骼损伤有哪几种情况？

第5章 劳动环境与微气候

微气候是指工作场所区域环境的局部气候条件，主要是指生产环境局部的气温、湿度、气流速度以及工作现场中的设备、产品、零件和原料的热辐射条件。微气候又称生产环境的气候条件，在办公室工作时，气候条件直接影响工作人员的工作情绪和身体健康，从而对工作质量与效率产生很大影响。以吃火锅为例，在清爽的环境下和在闷热的环境下感觉是完全不一样的

 **教学目标**

通过本章学习，了解微气候的若干条件及其相互关系，熟悉人体对微气候条件的感受与评价，熟悉高温作业和低温作业环境对人体的影响，掌握改善微气候条件的措施。

 **教学要求**

知识要点	能力要求	相关知识
微气候的若干条件及其相互关系	(1) 了解微气候的构成； (2) 掌握微气候的相互关系	—
人体对微气候条件的感受与评价	(1) 了解人体的热交换和平衡； (2) 掌握人体对微气候环境的主观感受	—
微气候条件对人体的影响	(1) 了解低温作业环境对人体的影响； (2) 掌握高温作业环境对人体的影响	—
改善微气候条件的措施	(1) 了解低温作业环境的改善； (2) 了解高温作业环境的改善	—

苏联切尔诺贝利核电站爆炸事故

切尔诺贝利位于现在的乌克兰共和国境内，距乌克兰首都基辅 130km。1971 年苏联在此地始建切尔诺贝利核电站，1983 年竣工投付使用。随之而来的是在核电站附近形成了一个新兴城镇，名叫普里皮亚特。

1986 年 4 月 26 日凌晨 1 时，核电站 4 号机组的反应堆温度升高到 2000℃ 以上，发生了猛烈爆炸，引起了大火灾。反应堆的保护层被炸裂，火焰高达 30 多米，放射性物质从裂口处喷射到空中，向四周辐射，使周围环境中的放射量达到人体剂量的 2 万倍。

火势控制后，反应堆内部仍有大量放射性尘埃喷出，降落在周边的人体表面，被吸入体内，人体受到严重污染；另外，尘埃还降落在田野、江河里，污染了水源、粮食、蔬菜、水果以及禽类和牲畜。

普里皮亚特居民吃了放射性物质污染的粮食，癌症患者成倍增长，主要有皮肤癌、舌癌、口腔癌等。3 年后，在距核电站 80km 处，居民中癌症患者、儿童甲状腺癌患者还有家畜的畸形率都急剧增多。

此事件主要是由于政府不重视实验室的现场监测，当核反应堆达 2000℃ 高温时工作人员都不能监测并及时作出反应，导致生存环境严重恶化。可见温度等微气候对作业的影响是非常巨大的。

5.1 微气候的若干条件及其相互关系

5.1.1 微气候的构成

1. 温度

空气的冷热程度称为气温。气温常用干球温度计（寒暑表）测定，它所指示的温度称为干球温度。除干球温度外，半导体温度计、温差电偶温度计也可用于测量气温。气温的标度有两种：摄氏温标（℃）和华氏温标（℉）。我国法定采用摄氏温标（℃）。两种温标（对同一温度 T）的换算关系为

$$T（℃）= \frac{5}{9} T（℉）- 32$$

$$T（℉）= \frac{9}{5} T（℃）+ 32$$

生产环境中的气温除取决于大气温度外，还受太阳辐射和生产上的热源和人体散热等影响。热源通过传导、对流使生产环境的空气加热，并通过辐射加热四周物体，形成第二次热源，扩大了直接加热空气的面积，使气温升高。

2. 湿度

空气的干湿程度称为湿度。每立方米空气内所含的水汽克数称为绝对湿度。由于人们对空气干湿程度的感受不与空气中水汽的绝对数值直接相关，而与空气中水汽与饱和状态的差距直接相关，因此定义某温度、压力条件下空气的水汽压强与相同温度、压力下饱和水汽压强的百分比为该温度、压力条件下的相对湿度。生产环境的湿度常用相对湿度表

示。相对湿度在70%以上称为高气湿，低于30%称为低气湿。高气湿主要由于水分蒸发和释放蒸气所致，如纺织、印染、造纸、制革、缫丝、屠宰和潮湿的矿井、隧道等作业。低气湿可在冬季的高温车间中遇到。相对温度可用通风干湿表或干湿球温度计测量。湿球温度计指示的温度称为湿球温度，湿球温度比干球温度略低一些。根据干球、湿球温度即可得出相应的相对湿度，见表5-1。用湿敏元件制成湿度计也可直接测得相对湿度。

表5-1 从干球温度与湿球温度查找的空气相对湿度表

湿球温度/℃	相对湿度/%															
40																100
38															100	88
36														100	88	77
34													100	88	77	67
32												100	87	76	66	57
30											100	87	75	65	56	49
28										100	86	73	63	55	47	41
26									100	80	73	62	53	46	39	33
24								100	85	71	61	52	44	37	31	26
22							100	85	71	59	50	42	35	30	24	20
20						100	83	70	48	40	33	27	22	22	17	14
18					100	83	68	56	46	37	30	24	19	15	11	8
16				100	80	67	54	43	34	27	21	16	12	8	5	3
14			100	80	65	51	40	31	24	18	13	9	5	0		
12		100	80	62	48	37	28	21	14	9	5	2	0			
10	100	78	60	45	34	24	16	10	5	1	0					
	10	12	14	16	18	20	22	24	26	28	30	32	34	36	38	40
	干球温度/℃															

3. 热辐射

物体在绝对温度高于0K时的辐射能量，称为热辐射。热辐射主要指红外线及一部分可见光线而言。太阳和生产环境中的各种熔炉、开放火焰、熔化的金属等热源均能产生大量热辐射。红外线不能直接使空气加热，但可使周围物体加热。当周围物体表面温度超过人体表面温度时，周围物体表面就向人体发放热辐射而使人体受热，称为正辐射。相反，当周围物体表面温度低于人体表面温度时，人体表面则向周围物体辐射散热，称为负辐射，这在防暑降温上有一定意义。热源辐射的能量（E）大小取决于辐射源的温度，并与其绝对温度（T）的4次方成正比：$E = KT^4$，K为辐射系数，除受温度影响外，还与辐射源表面积和表面黑度等因素有关。热源温度越高，表面积越大，辐射能量越大。但辐射能量与辐射源距离的平方成反比，故离辐射热源越远，其辐射强度越小。热辐射强度以每分钟每平方厘米表面所受热量的焦耳数（J）来表示，即单位为 J/（cm²·min）。

测量热辐射可用黑球温度计。黑球温度计是表面镀黑的薄铜板制成的空心球体，球体中心部分插入一支温度计。黑球在吸收辐射热后温度上升，它指示的温度称为黑球温度，是辐射热及气温的综合效应。若关闭热辐射源，黑球温度下降，其差值为实际辐射温度。

4. 气流速度

空气流动的速度称为气流速度（又称风速，单位 m/s）。测定室内气流速度一般用热球微风仪。生产环境的气流除受外界风力的影响外，主要与厂房中的热源有关。热源使空气加热而上升，室外的冷空气从厂房门窗和下部空隙进入室内，造成空气对流。室内外温差越大，产生的气流越大。

5.1.2　微气候的相互关系

气温、湿度、热辐射和气流速度对人体的影响可以互相替代，某一条件的变化对人体的影响，可以由另一条件的相应变化所补偿。如人体受热辐射所获得的热量可以被低气温抵消，当气温增高时，若气流速度增大，会使人体散热增加。有人曾证明，当室内气流速度在 0.6 m/s 以下时，气流速度每增加 0.1 m/s，相当于气温下降 0.3℃；当气流速度在 0.6～1.0 m/s 时，气流速度每增加 0.1 m/s，相当于气温下降 0.15℃。

生产环境的气象条件除随外界大气条件的变动而改变外，也受生产场所的生产设备、生产情况、热源的数量和距离、厂房建筑、通风设备等条件影响。因此，在不同地区、不同季节中，生产环境的气象条件差异很大。而同一生产场所一日内不同时间和工作地点的不同高度和距离，其气象条件也有显著的变动和差异。由于生产环境气象条件诸因素对机体的影响是综合的，故在进行卫生学评价时，必须综合考虑各个因素，找出其主要因素，这对制定预防对策有着重要的意义。

5.2　人体对微气候条件的感受与评价

5.2.1　人体的热交换和平衡

1. 人体的热平衡

人体在自身的新陈代谢过程中，一方面不断吸收营养物质，制造热量，另一方面不断对外做功，消耗热量，同时也通过皮肤和各种生理过程与外界环境进行着热交换，将产生的热量传递给周围环境，包括人体外表面以对流和辐射的方式向周围环境散发的热量、人体汗液和呼吸出来的水蒸气带走的热量。因此，人体是否能实现热平衡，就取决于这几方面热量的代数和。

人体的基本热平衡方程式为

$$S = M - W - H$$

式中：S——人体内单位时间蓄热量（即热流量，W）；

M——人体内单位时间能量代谢量，W；

W——人体单位时间所做的功，W；

H——人体单位时间向体外散发的热量，W。

当 $M > W + H$ 时，人体将感觉到热；

当 $M = W + H$ 时，人体将感觉到不冷不热，即人体处于热平衡状态；

当 $M < W + H$ 时，人体将感觉到冷。

人体内蓄热量的上限是 250kJ（60cal），根据人体内单位时间蓄热量 S（单位 kJ/s）可以计算热暴露时间 t 的上限，即

$$t = 250/S \quad (kJ/s)$$

人体内单位时间蓄热量（S）可以通过体内平均温度（BT）求得，即

$$S = 1.15 m C_p (BT_1 - BT_2)/t$$

式中：m——身体质量，kg；

C_p——人体比热容常数，3.475kJ/（kg·K）；

BT_1——初始体内平均温度，℃；

BT_2——终末体内平均温度，℃；

t——经历的时间，h。

体内平均温度 BT = 0.33 皮温 + 0.67 直肠温度。

2. 人体的热交换

人体单位时间向体外散发的热量 H，取决于辐射热交换、对流热交换、蒸发热交换、传导热交换，即

$$H = R + C + E + K \quad (kJ/s)$$

式中：R——单位时间辐射热交换量，kJ/s；

C——单位时间对流热交换量，kJ/s；

E——单位时间蒸发热交换量，kJ/s；

K——单位时间传导热交换量，kJ/s。

人体单位时间的辐射热交换量，取决于热辐射常数、皮肤表面积、服装热阻值、反射率、平均环境温度和皮温等。

人体单位时间的对流热交换量，取决于气流速度、皮肤表面积、对流传热系数、服装热阻值、气温和皮温等。

人体单位时间的蒸发热交换量，取决于皮肤表面积、服装热阻值、蒸发散热系数以及相对湿度等。

人体单位时间的传导热交换量，取决于皮肤与物体的温差、接触面积的大小以及物体的导热系数。

3. 影响人体热平衡的因素

影响人体热平衡的因数很多，主要包括以下几点：

（1）人体的生理状态。人的身体越强壮，新陈代谢率越高，能够产生的热量越多。

（2）人的活动状态。人体所进行的运动越激烈，新陈代谢率越高，消耗的热量也越多。

（3）人的服装。人体穿着的衣服热阻越大，通过衣服向外散失的热量越少；人体外表面因着装导致的裸露面积越小，通过人体外表面散失的热量越少。

（4）周围环境空气温度。周围环境空气与人体表面之间的温差越大，人体与空气之间的热交换越剧烈；当空气温度高于人体表面温度时，人体将得到热量，否则人体将散热。

（5）周围环境空气湿度。周围环境空气的相对湿度越高，人体通过汗液和呼吸出来的水蒸气带走的热量越少；但较高的相对湿度可能引起人体表面衣服的热导率增加，导致人体散热量增加。

（6）周围环境的风速。周围环境的风速越高，人体外表面通过对流散失的热量越多。

（7）周围环境中固体壁面的平均辐射温度。周围环境固体壁面与人体表面之间的温差越大，人体与壁面之间的辐射热交换越剧烈；当壁面温度高于人体表面温度时，人体将得到热量，否则人体将散热。

5.2.2　人体对微气候环境的主观感觉

人体对微气候环境的主观感觉，即心理上感到满意与否，是进行微气候环境评价的重要指标之一。由于构成微气候环境的若干条件的差异，人体对其感觉取决于它们之间的综合影响。以人体对温度和湿度的感觉为例，舒伯特（S. W. Shepperd）和希尔（U. Hill）经过大量的研究证明，最合适的相对湿度 ϕ（%）与气温 T（℃）的关系为

$$\Phi = 188 - 7.2T \quad (T < 26℃)$$

鲍生（J. E. Bosen）提出了不舒适指数 DI（Discomfort Index），以公式 DI＝0.72×（干球温度＋湿球温度）＋40.6 来评价人体对温度、湿度环境的感觉。通过对美国人的实验表明：当 DI<70 时，绝大多数人感到舒适；当 DI＝75 时，有一半人感到不舒适。

为了综合反映人体对气温、湿度、气流速度和辐射热的感觉，提出了有效温度这一概念。有效温度是通过受试者对不同空气温度、相对湿度、气流速度的环境的主观反映得出具有相同热感觉的综合指标。杨格鲁（C. P. Yaglou）以干球温度、湿球温度、气流速度为参数，进行了大量实验，绘制成有效温度图，如图 5.1 所示。如测得某一作业场所的干球温度为76°F（24.5℃），湿球温度为 62°F（16.6℃），气流速度为100ft/min（约 30.5m/min）；则从干球温度标尺的 A 点（76°F）到湿球温度标尺的 B 点（62°F）引一直线 AB，AB 与气流速度 100ft/min 的曲线交点，即为该环境条件的有效温度69°F（20.6℃）。

美国暖房换气学会经过大量实验研究总结出，夏秋与冬季，人们感觉舒适的环境不同。大多数人冬季感觉舒适的微气候条件是相对湿度在 30%～70%，有效温度为 16.8～21.7℃所围成的区域（冬季快感域）；大多数人夏季感觉舒适的微气候条件是相对湿度在30%～70%，有效温度为 18.8～23.9℃所围成的区域（夏季快感域），如图 5.2 所示。虽然不同的人感觉舒适的有效温度不同，但基本符合正态分布，该夏季快感域和冬季快感域就是根据这一分布，按使95%的人感到舒适这一原则确定的。在有大量热辐射影响的环境下，应该对有效温度加以修正，因此贝特福（Bedford）用黑球温度计测出在热辐射影响下的实际温度，并以此作为杨格鲁有效温度的干球温标，修正了有效温度图，这时的有效温度称为贝氏有效温度。但快感域仍无显著变化。

人体对微气候环境的主观感觉，除与上述环境条件有关外，还与服装、作业负荷等因

素有关。一般认为，当作业负荷低于 225W 时，人的服装的热阻值每增加 0.1clo，相当于环境温度增加 0.6℃；当作业负荷高于 225W 时，服装的热阻值每增加 0.1clo，相当于环境温度增加 1.2℃；以工作负荷 115W 为界，每增加 30W，相当于环境温度增加 1.7℃。

有的学者提出用干球温度、湿球温度、气流速度和热辐射四个因素的综合指标即加权平均温度 WBGT 作为微气候的衡量指标。

当气流速度小于 1.5m/s 的非人工通风条件下时，采用下式计算：

$$WBGT = 0.7WB + 0.2GT + 0.1DBT$$

当气流速度大于 1.5m/s 的人工通风条件下时，采用下式计算：

$$WBGT = 0.63WB + 0.2GT + 0.17DBT$$

式中：WB——湿球温度,℃；

GT——黑球温度,℃；

DBT——干球温度,℃。

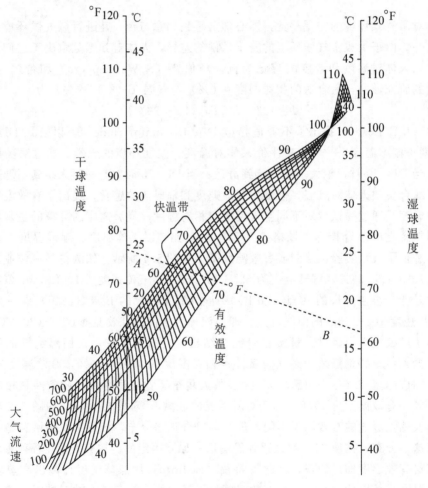

图 5.1　有效温度图

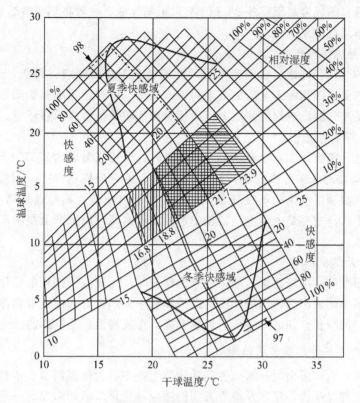

图 5.2 冬季和夏季快感域

表 5-2 所列为美国工业卫生委员会根据实际作业率和休息率，推荐的容许接触高温的 WBGT 阈限值。

表 5-2 允许接触高温的 WBGT 阈限值　　　　　　　　　单位：℃

作业休息制度	轻作业	中等作业	重作业
持续作业	30	26.7	25.0
75％作业，25％休息	30.6	28.0	25.9
50％作业，50％休息	31.4	29.4	27.9
25％作业，75％休息	32.2	31.1	30.0

5.3　微气候条件对人体的影响

5.3.1　高温作业环境对人体的影响

1. 高温作业的主要类型

高温作业系指工作地点有生产性热源，当室外实际出现本地区夏季以此计算室外通风温度时，工作地点的气温高于室外2℃或2℃以上的作业。一般将热源散热量大于$23W/m^3$的车间称为热车间或高温车间。

1）高温、强热辐射作业

冶金工业的炼焦、炼铁、轧钢等车间，机械制造工业的铸造、锻造、热处理等车间，陶瓷、玻璃、搪瓷、砖瓦等工业的炉窑车间，火力发电厂和轮船的锅炉间等，这些生产场所的气象特点是高气温、热辐射强度大，而相对湿度较低，形成干热环境。

2）高温、高湿作业

印染、缫丝、造纸等工业当液体加热或蒸煮时，车间气温可达35℃以上，相对湿度常达90％以上；潮湿的深矿井内气温可达30℃以上，相对湿度达95％以上。如通风不良，就形成高温、高湿和低气流的不良气象条件，亦即湿热环境。其特点是高气温、高湿气，而热辐射强度不大。主要是由于生产过程中产生大量水蒸气或生产上要求车间内保持较高的相对湿度所致。

3）夏季露天作业

夏季在农田劳动、从事建筑、搬运等露天作业时，除受太阳的辐射作用外，还受被加热的地面和周围物体放出的热辐射作用。露天作业中的热辐射强度虽较高温车间为低，但其作用的持续时间较长，加之中午前后气温升高，形成高温、热辐射的作业环境。

2. 高温作业对机体生理功能的影响

高温作业时，人体可出现一系列生理功能改变，主要为体温调节、水盐代谢、循环系统、消化系统、神经系统、泌尿系统等方面的适应性变化。但如果超过一定限度，则产生不良影响。

1）体温调节

在高温环境下劳动时，人体的体温调节主要受气象条件和劳动强度两个因素的共同影响。气象条件诸因素中，气温和热辐射起主要作用。前者以对流热作用于人体体表，通过血液循环使全身加热；后者以辐射热作用于体表，并加热深部组织。体力劳动时，随劳动强度的增加和劳动时间的延长，代谢产热量不断增加。机体对这些内外环境的热应激反应，激发温觉感受器发出神经冲动，刺激体温调节中枢，反射性引起散热反应，出现皮肤血管扩张、血流重新分配，大量血液［可高达$2.6L/（min·m^2）$］流向体表，以致代谢热从深部组织迅速向体表转移，皮肤温度升高，汗腺分泌增强。此时皮温如超过环境温度，体表仍能以对流与辐射方式散热，但其散热量甚小，此时主要靠出汗蒸发散热，同时产热中枢受到抑制，产热稍有降低，从而体温得以保持正常；即使体温稍有升高，亦可稳定在一个平衡值上。但当气温继续升高而显著超过体表温度时，机体的唯一散热途径是蒸发散热。但此时即使大量出汗，其蒸发散热量仍远不能超过从高热环境获得的对流与辐射热量、劳动代谢产热量以及高热环境促使代谢亢进而增加的产热量这三者的总和，从而使热平衡破坏，体内不断蓄热，体温因而升高。在强烈热辐射环境下劳动时，通过辐射的获热往往就成为机体主要的热负荷。加上体力劳动时的产热，机体的热负荷是严重的。即使大量出汗蒸发散热，或由于使用空气淋浴，机体尚能对流散热，但终因热负荷量大于散热量，而仍然会出现一定程度的蓄热。在湿热环境下劳动时，机体由于生理饱和差（体表温度下的饱和水蒸气分压与空气中水蒸气分压之差）甚小，如果风速又不大，即使大量出汗，但由于蒸发极慢，散热量仍是很小的。此时如果劳动强度过大，则可因产热量增加，使得热平衡无法维持，而致体温升高。一般来说，高温作业过程中，人体可经常出现蓄热，但由于在中枢神经系统调节下，参与体温调节的各个系统的生理热应激反应加强，特别是循环系统和汗腺分泌功能在体温调节上起着重要作用，使得劳动者在整个工作日中仍能维持深部体温在 38℃ 以下或稳定在 38℃，而生理功能并不致受到损害。有人建议用体温作为人体耐热阈的生理指标，以肛温 38.0～38.2℃ 作为轻劳动时的上限值，39.2℃ 为重劳动时的上限值。但在某些情况下，如穿不透气的防热服或冷却工作服时，体温并不能反映机体体温调节功能的状况，还应考虑皮温的变化，故有人推荐用平均体温（平均体温＝0.7 体温＋0.3 皮温）达 38.5～38.8℃ 作为热耐受上限的客观指标。但是，人体的体温调节能力有一定限度，当身体获热与产热大于散热的情况持续存在，会使得蓄热量不断增加，以致体温明显升高。如果热接触是间断的，则在低热负荷期间体内的蓄热就可以放散出去。肌肉活动是代谢产热的主要来源，而代谢产热量对人体热负荷的增加起很重要的作用。故改善气象条件、安排工间休息和减轻劳动强度，会有效地减少机体热负荷，从而避免蓄热过度，并可防止因过热而发生中暑。

2）水盐代谢

环境温度越高、劳动强度越大、人体出汗量则越多。汗的有效蒸发率在干热有风的环境中可高达 80% 以上，大量出汗能及时蒸发，则散热作用良好。但在湿热风小的环境中，汗的有效蒸发率经常低至 50% 以下，汗液难于蒸发，往往成汗珠淌下，不利于体温调节，且由于皮肤潮湿度增高，皮肤角质层渍汗而膨胀，阻碍着汗腺孔正常使用，造成更多的淌汗。一般高温作业工人一个工作日出汗量可达 3000g 至 4000g，通过出汗排出盐量达 20～25g。故大量出汗可致水盐代谢障碍，而影响劳动能力，甚至造成严重缺水和缺盐，导致热痉挛发生。出汗量是高温作业劳动者受热程度及劳动强度的综合指标。一般认为，以一个工作日出汗量 6L 为生理最高限度，失水不应超过体重的 1.5%。体内缺盐时，尿中盐量减少，故测定尿盐量可判断人体是否缺盐。上海、武汉调查资料表明，如尿盐量降至 5g/24h 或 2g/8h（工作日内）以下时，就表示人体有缺盐的可能。

3）循环系统

在高温环境下从事体力劳动时，由于出汗，大量水分丧失，导致有效血容量减少。但此时既要向高度扩张的皮肤血管网内输送大量血液，以适应散热的需要，又要向工作肌输送一定量的血液，以保证工作肌的需要，这就使得心脏负荷加重。久之可使心肌发生生理性肥大。心率的变化受环境温度和劳动强度两因素的影响，而后者的影响更为明显。高温对心血管的影响，还反映在血压方面。热环境中皮肤血管扩张，末梢阻力下降，可使血压轻度下降，但体力劳动又可使血压上升。在一般情况下，重体力劳动时收缩压升高，但升高的程度不如常温下同等劳动时明显。舒张压一般不升高，甚至稍为下降，因此脉压有增大的趋势。过热时，血管内感受性反射减弱，其减弱不是因传入冲动的减少，而是心血管中枢调节功能减弱所致。在高温下体力劳动强度过大或劳动时间过长，将使体温过度升高、心率增加、血压下降，而不能继续劳动。

4）消化系统

高温作业时，消化液分泌减弱，消化酶活性和胃液（游离酸与总酸）酸度降低。胃肠道的收缩和蠕动减弱，吸收和排空速度减慢。唾液分泌也明显减少，淀粉酶活性降低。再加上消化道血流减少，大量饮水使胃酸稀释。这些因素均可引起食欲减退和消化不良，胃肠道疾患增多。且工龄越长，患病率越高。

5）神经系统

高温作业可使中枢神经系统出现抑制，肌肉工作能力低下，机体产热量因肌肉活动减少而下降，热负荷得以减轻。因此，可把这种抑制看作是保护性反应。但由于注意力、肌肉工作能力、动作的准确性与协调性及反应速度均降低，易发生工伤事故。高温作业工人的视觉—运动反应潜伏时间，随生产环境温度的升高而延长。

6）泌尿系统

高温作业时，大量水分经汗腺排出，肾血流量和肾小球过滤率下降；经肾脏排出的尿液大大减少，有时减少量达85%～90%。如不及时补充水分，由于血液浓缩使肾脏负担加重，可导致肾功能不全，尿中出现蛋白、红细胞、管型等。

3. 热适应

热适应是指人在热环境下工作一段时间后产生对热负荷的适应能力。人体热适应后，体温调节能力提高，劳动时代谢减缓，产热减少。并由于出汗增多、蒸发散热增强，皮温下降，使得中心与体表的温差增大，利于体内蓄热的放散。出汗功能的改善是热适应的重要表现。热适应后，参与活动的汗腺数量和每一汗腺活动强度均增加，且开始出汗的皮肤皮温下降，汗量显著增加，蒸发散热能力明显提高。热适应后，心血管系统的紧张性下降，适应能力提高，表现在血压稳定性增加，心率减慢，中心血量恢复，加之抗利尿素分泌增多，血容量显著增加，因此心脏中充盈血液增多，使得每搏输出量显著增加。由于水盐代谢和心血管功能明显改善，机体就易于保持体热平衡。

近年研究认为，热适应的机理是机体多次受热后，在引起一般性热应激反应的同时，也激发了致热适应神经活性物质（与吗啡受体有亲和力的成分）的产生，该物质能调整各系统器官的生理功能，提高体温调节能力以适应热环境。还发现热可导致机体合成一组新的蛋白质——热应激蛋白（HSP），HSP的合成量与热强度和受热时间有关。热适应后，HSP的合成量增多，稳定期延长，可保护细胞，过热则合成量短时增多，却又很快下降，使细胞受损。同时，热能改变细胞膜的通透性，损害细胞蛋白质合成系统而阻断HSP的合成，从而影响机体的热适应和热耐受能力。

热适应者对热的耐受能力增强，这不仅可提高高温作业的劳动效率，也可有效地防止中暑发生。但人体热适应有一定限度，如超出适应能力限度，仍可引起正常生理功能紊乱。因此，绝不能放松防暑保健工作。

4. 中暑

中暑是高温环境下由于热平衡或水盐代谢紊乱等而引起的一种以中枢神经系统或心血管系统障碍为主要表现的急性疾病。

1）致病因素

环境温度过高、湿度大、风速小、劳动强度过大、劳动时间过长是中暑的主要致病因素。如过度疲劳、睡眠不足、体弱、对热不适应，都易诱发中暑。

2）发病机理与临床表现

发病机理可分为三种类型：即热射病（包括日射病）、热痉挛和热衰竭。这种分类是相对的，临床上往往难于区分，常以单一类型出现，亦可多种类型并存，故我国职业病名单上统称为中暑。为有效防治，仍需根据其不同的发病机理分别处理。

（1）热射病：人体在热环境下散热途径受阻、体温调节机制失调所致。其临床特点是在高温环境中突然发病，体温升高可达 40℃ 以上，开始时大量出汗，以后出现"无汗"，并可伴有干热和意识障碍、嗜睡、昏迷等中枢神经系统症状。

（2）热痉挛：由于大量出汗，体内钠、钾过量丢失所致。主要表现为明显的肌肉痉挛，伴有收缩痛。痉挛以四肢肌肉及腹肌等经常活动的肌肉为多见，尤以腓肠肌为最。痉挛常呈对称性，时而发作，时而缓解。患者神志清醒，体温多正常。

（3）热衰竭：发病机理尚不明确，多数认为在高温、高湿环境下，皮肤血流的增加不伴有内脏血管收缩或血容量的相应增加，因此不能足够的代偿，致脑部暂时供血减少而致人晕厥。一般起病迅速，先有头昏、头痛、心悸、出汗、恶心、呕吐、皮肤湿冷、面色苍白、血压短暂下降，继而晕厥，体温不高或稍高。通常休息片刻即可清醒，一般不引起循环衰竭。

3）中暑的诊断

中暑的诊断原则，应根据高温作业人员的职业史和主要临床表现，排除其他引起高热和伴有昏迷的疾病。中暑按其临床症状的轻重，可分为轻症和重症。

（1）轻症中暑。具备下列情况之一者，可诊断为轻症中暑：①头昏、胸闷、心悸，面色潮红、皮肤灼热；②有呼吸与循环衰竭的早期症状，如大量出汗、面色苍白、血压下降、脉搏细弱而快；③肛温升高达 38.5℃ 以上。

（2）重症中暑。凡出现前述热射病、热痉挛或热衰竭的主要临床表现之一者，可诊断为重症中暑。

4）中暑的治疗

中暑的治疗原则，主要依据其发病机理和临床症状进行对症治疗。

（1）轻症中暑。应使患者迅速离开高温作业环境，到通风良好的阴凉处安静休息，给予含盐清凉饮料，必要时给予葡萄糖生理盐水静脉滴注。

（2）重症中暑。①热射病：迅速采取降低体温、维持循环呼吸功能的措施，必要时应纠正水、电解质平衡紊乱。②热痉挛：及时口服含盐清凉饮料，必要时给予葡萄糖生理盐水静脉滴注。③热衰竭：使患者平卧，移至阴凉通风处，口服含盐清凉饮料，对症处理；静脉注射盐水虽可促进恢复，但通常无必要，升压药不必应用，尤其对心血管疾病患者宜慎用，以免增加心脏负荷，诱发心衰。

对中暑患者及时进行对症处理，一般可很快恢复，不必调离原作业岗位。若因体弱不宜从事高温作业，或有其他就业禁忌证者，则应调换工种。

5.3.2　低温作业环境对人体的影响

1. 体温调节

寒冷刺激皮肤，冷觉感受器发出神经冲动，反射性引起皮肤血管收缩，使得身体散热量减少。由于肝脏、甲状腺和其他腺体功能增强、内脏血流量增加,新陈代谢旺盛,肌肉因寒冷而剧烈收缩,这些均能使产热量增加,以维持体温恒定。人体具有一定的冷适应能力,环境温度低于皮温时,刺激皮肤冷觉感受器发出神经冲动,引起皮肤毛细血管收缩,使人体散热量减少。外界温度进一步下降,肌肉因寒冷而剧烈收缩抖动,以增加产热量维持体温恒定的现象,称为冷应激效应。但人体对寒冷的适应能力有一定的限度。如果在寒冷(-5℃以下)环境中工作时间过长,超过适应能力,体温调节发生障碍,则体温降低,影响机体功能。

2.中枢神经系统

在低温条件下,脑内高能磷酸化合物的代谢降低。此时可出现神经兴奋性与传导能力减弱,出现痛觉迟钝和嗜睡状态。

3.心血管系统

低温作用初期,心输出量增加,后期则心率减慢、心输出量减少。长时间低温作用下,可导致循环血量、白细胞和血小板减少,引起凝血时间延长,并出现血糖降低。寒冷和潮湿影响外周血管运动装置,引起血管长时间痉挛或血管内皮细胞处于过敏状态,以致营养发生障碍,易于形成血栓。

4.机体过冷

低温作业可引起人体全身和局部过冷。全身过冷是机体长时间接触低温、负辐射加剧所致。此时人体常出现皮肤苍白、脉搏和呼吸减弱、血压下降,还易引起感冒、肺炎、心内膜炎、肾炎和其他传染性疾患。在低温、高湿条件下,还易引起肌痛、肌炎、神经痛、神经炎、腰痛和风湿性疾患。局部过冷,最常见的是手、足、耳及面颊等外露部位发生冻伤,严重时可导致肢体坏死。

5.4 改善微气候条件的措施

5.4.1 高温作业环境的改善

1.技术措施

(1)合理设计工艺流程。合理设计工艺流程,改进生产设备和操作方法,是改善高温作业劳动条件的根本措施。如钢水连铸,轧钢、铸造、搪瓷等工艺流程的自动化,使操作工人远离热源,同时减轻劳动强度。热源的布置应符合下列要求:①尽量布置在车间外面;②采用热压为主的自然通风时,尽量布置在天窗下面;③采用穿堂风为主的自然通风时,尽量布置在夏季主导风向的下风侧;④对热源采用隔热措施;⑤使工作地点易于采用降温措施,热源之间可设置隔墙(板),使热空气沿着隔墙上升,通过天窗排出,以免扩散到整个车间。热成品和半成品应及时运出车间或堆放在下风侧。

(2)隔热。隔热是防暑降温的一项重要措施。可以利用水或导热系数小的材料进行隔热,其中尤以水的隔热效果最好,因水的比热容大,能最大限度地吸收辐射热。水隔热常用的方式有循环水炉门、水箱、瀑布水幕、钢板流水等。缺乏水源的工厂及中、小型企业以选取隔热材料为佳。其他隔热措施，如拖拉机、挖土机的热源，可用经常保持湿润的麻布或帆布隔热；为防止太阳辐射传入室内，可将屋顶和墙壁刷白，或采用空心砖墙、屋顶搭凉棚、空气层屋顶、屋顶喷水、天（侧）窗玻璃涂云青粉等措施。工作室地面温度超过40℃时，如轧钢车间的铁地面和地下有烟道通过时，可利用地板下喷水、安设循环水管或空气层隔热。

（3）通风降温。①任何房屋均可透过门窗、缝隙进行自然通风换气，但高温车间仅仅依靠这种方式是不够的，而且有时只能使部分空间得到换气而得不到全面通风。在散热量大、热源分散的高温车间，一小时内需换气 30～50 次以上，才能使余热及时排出，此时就必须把进风口和排风口配置得十分合理，充分利用热压和风压的综合作用，使自然通风发挥最大的效能。②在自然通风不能满足降温的需要或生产上要求车间内保持一定的温湿度的情况下，可采用机械通风，其设备主要有风扇、喷雾风扇与系统式局部送风装置。

（4）降低湿度。人体对高温环境的不舒适反应，很大程度上受湿度的影响，当相对湿度超过 50％时，人体通过蒸发汗实现的散热功能显著降低。工作场所控制湿度的唯一方法，是在通风口设置去湿器。

2. 保健措施

（1）供给合理饮料和补充营养。高温作业工人应补充与出汗量相等的水分和盐分。补充水分和盐分的最好办法是供给含盐饮料。一般每人每天供水 3～5L，盐 20g 左右。在 8h 工作日内出汗量少于 4L 时，每天从食物中摄取 15～18g 盐即可，不一定在饮料中补充。若出汗量超过此数时，除从食物中补充盐量外，还需从饮料中适量补充盐分。饮料的含盐量以 0.15％～0.2％为宜。饮料品种繁多，如茶含有鞣酸，能促进唾液分泌，有解渴作用，又含有咖啡因，有兴奋作用，能消除疲劳。也可以采用 1％绿茶和 0.2％盐开水等量混合。盐汽水含二氧化碳，能促进胃液分泌。番茄汤、绿豆汤、酸梅汤等均有一定的消暑作用。除补充水、盐外，尚需含有钾、钙、磷酸盐和维生素、必需的氨基酸与能生津止渴的中草药等成分。饮水方式以少量多次为宜。饮料的温度以 15～20℃为佳。

在高温环境下劳动时，能量消耗增加，故膳食总热量应比普通工人为高，最好能达到 12600～13860kJ。蛋白质一般以增加到总热量的 14％～15％为宜。此外，最好能补充维生素 A、B₁、B₂、C 和钙等。

（2）个人防护。高温作业工人的工作服，应以耐热、导热系数小而透气性能好的织物制成。防止辐射热，可用白帆布或铝箔制的工作服。高温工作服宜宽大又不妨碍操作。此外，应按不同作业的需要，供给工作帽、防护眼镜、面罩、手套、鞋盖、护腿等个人防护用品；特殊高温作业工人如炉衬热修、清理钢包等工种，为防止强烈热辐射的作用，须佩戴隔热面罩和穿着隔热、阻燃、通风的防热服，如喷涂金属（铜、银）的隔热面罩、铝膜布隔热冷风衣等。

（3）加强医疗预防工作。对高温作业工人应进行就业前和入暑前体格检查。凡有心血管系统器质性疾病、血管舒缩调节机能不全、持久性高血压、溃疡病、活动性肺结核、肺气肿、肝肾疾病、明显的内分泌疾病（如甲状腺功能亢进）、中枢神经系统器质性疾病、过敏性皮肤疤痕患者、重病后恢复期及体弱者，均不宜从事高温作业。

3. 生产组织措施

(1) 合理安排作业负荷。在高温作业环境下，为了使机体维持热平衡机能，工人不得不放慢作业速度或增加休息次数，以此来减少人体产热量。S. H. Rodgers 对三种负荷（轻作业约 140W，中作业 140～230W，重作业 230～350W）在不同气流速度、温度和湿度下的耐受时间进行了实验，作业负荷越重，持续作业时间越短。因此，高温作业条件下，不应该采取强制生产节拍，而应由工人自己决定什么时候工作，什么时候休息。要通过技术措施，尽量减少高温条件下作业者的体力消耗。

(2) 合理安排休息场所。作业者在高温作业时身体积热，需要离开高温环境到休息室休息，恢复热平衡机能。为高温作业者提供的休息室中的气流速度不能过高，温度不能过低，否则会破坏皮肤的汗腺机能。温度在 20～30℃ 之间最适用于高温作业环境下身体积热后的休息。

(3) 职业适应。对于离开高温作业环境较长时间又重新从事高温作业者，应给予更长的休息时间，使其逐步适应高温环境。高温作业应采取集体作业，以便能及时发现热昏迷。训练高温作业者自我辨别热衰竭和热昏迷的能力，一旦出现头晕、恶心，应及时离开高温现场。

5.4.2 低温作业环境的改善

1. 做好防寒和保暖工作

应按我国《工业企业设计卫生标准》和《采暖、通风和空气调节设计规范》的规定，设置必要的采暖设备（包括局部和中心取暖），使低温作业地点经常保持合适的温度。此外，还应注意下列要求：

(1) 劳动者经常逗留的场所，气温应保持恒定和均匀。

(2) 局部采暖设备在燃烧过程中产生的有害气体和粉尘，应净化后排出室外。

(3) 不应因使用采暖设备而使气湿过度降低。

为了保暖，必须在进出口设置暖气幕、夹棉布幕或温暖的门斗，以提高保暖效果。冬季在露天工作或缺乏采暖设备的车间工作时，应在工作地点附近设立取暖室，以供工人轮流休息取暖之用。

2. 采用热辐射取暖

室外作业，用提高外界温度的方法清除寒冷是不可能的；若采用个体防护方法，厚厚的衣服又影响作业者操作的灵活性，而且有些部位又不能被保护起来。这时采用热辐射的方法御寒最为有效。

3. 提高作业负荷

增加作业负荷，可以使作业者降低寒冷感。但由于作业时出汗，使衣服的热阻值减少，在休息时更感到寒冷。因此工作负荷的增加，应以不使作业者工作时出汗为限。对于大多数人，相应负荷量大约为 175W。

4. 注意个人防护

低温车间（如冷库）或冬季露天作业人员应穿御寒服装，其质料应具有导热性小、吸湿和透气性强的特性。棉花和棉织物、毛皮和毛织品以及呢绒都具有这些性能。工作时如衣服潮湿，须及时更换并烘干。在潮湿环境下劳动时，应发给橡胶工作服、围裙、长靴等防湿用品。必须使低温作业人员在就业时掌握防寒知识和养成良好的卫生习惯。

5. 增强耐寒体质

人体皮肤在长期和反复寒冷作用下，会使得表皮增厚，御寒能力增强，从而适应寒冷。故经常洗冷水浴或以冷水擦身，或以较短时间的寒冷刺激结合体育锻炼，均可提高对寒冷的适应力。此外，应适当增加富含脂肪、蛋白质和维生素 B_2、C 的食物。

【阅读材料 5-1】　橡胶厂高温环境控制

轮胎的生产工艺比较复杂，要经过炼胶、压延压出、轮胎成形、轮胎硫化和成品检验等工序。对于子午线轮胎，由于对生产条件要求比较严格，往往按照工艺流程将轮胎生产的各工序集中布置在一个大型的联合生产厂房内。联合厂房一般为单层多跨厂房，并多采用轻钢结构形式。根据规模的大小，轮胎硫化车间的宽度从几十米到上百米不等，长度也可以达到百米以上，高度约 9m 左右，外墙开侧窗。车间内一般布置有数十台硫化机，按车间的跨度分成几个大区域，为了便于生产管理、管线连接及节省设备占地面积，每个区域的硫化机均分为两排，背靠背布置，中间设管廊。

轮胎硫化车间属于高温车间。硫化的压力、温度和时间三要素，对轮胎质量具有决定性影响。轮胎硫化采用的生产设备是轮胎定型硫化机，生产时将已成形的胎胚置入硫化机的模具中，通入压力在 2.2～3.0MPa 的饱和蒸汽或温度在 170～185℃ 的高压热水，经过一定时间，生产出轮胎制品。由于硫化机数量多，加热介质温度高，而硫化机机体又不便于保温隔热，所以车间内散发着大量的对流热、辐射热。此外，在硫化机开模和轮胎的后冷却过程中还会散发大量的热烟气，若车间排气不畅，这些热烟气会弥漫整个车间，使工作环境极为恶劣。据轮胎厂实测，在未采取任何通风措施的情况下，当室外温度超过 30℃ 时，车间工作岗位的温度可达到 40℃，最高处的温度已达到 45℃。为了使工人有一个符合卫生标准的工作环境，必须对硫化车间进行通风处理。

如何改善轮胎硫化车间的劳动卫生环境，提高工人的劳动效率，是所要解决的主要问题。对硫化车间环境特点的分析可知，夏季通风的目的是要工作区降温。根据《工业企业设计卫生标准》（GBZ 1—2002）的规定，当室外实际出现的温度等于夏季通风室外计算温度时，车间内作业地带的空气温度不得超过室外温度 5℃。厂房散热量大，仅靠自然通风远不能满足上述要求，多采用机械通风结合自然通风的方式排除室内的余热及有害气体。

经过查阅大量相关资料和吸取国内外的先进经验，采取以下通风设计方案。在车间每一跨的硫化机群区域周边的上空，自屋面下悬挂四周封闭的局部排风围罩，在局部排风围罩上方屋面设置屋顶式排风机，在罩与罩之间的操作区屋面设置屋顶式送风机。在罩外壁设机械送风系统，向工人的操作区进行岗位送风。

从硫化车间的气流组织示意图（见图 5.3）可以看出，由于热气流本身自然上升，下垂的局部排风围罩阻止了热气流向外扩散，使硫化过程中产生的热量和烟气基本收集在局部排风围罩内，然后由屋顶式排风机排出屋面，同时室外的新鲜空气通过车间两侧的外窗、屋顶式送风机和岗位送风系统等方式补充进入室内，使车间内部形成合理的气流，操作区域的温度明显降低，较好地改善了硫化车间内的生产环境。由现场实测统计可知，当室外温度超过 30℃ 时，未使用局部排风围罩的硫化工作区平均高出室外温度 8.5℃，而使用了局部排风围罩的工作区温度平均仅高出室外温度 1.5℃，给作业人员创造了一个良好的工作环境。

以上采用的通风方式，主要靠机械送排风，实际使用过程中若发现风机运行时噪声过大，可以对风机进出口采用消声器消声及在墙体粘吸声材料来解决。由于硫化车间内散热量大，热压作用也大，如果把屋顶排风机改成屋顶自然通风器,靠热压把收集在局部排风围罩内的热气排出屋面,则可节约电能,而且靠自然通风器和自然进风的结合,加上岗位送风的通风方式,不仅可以解决噪声问题,而且降低了运行费用。

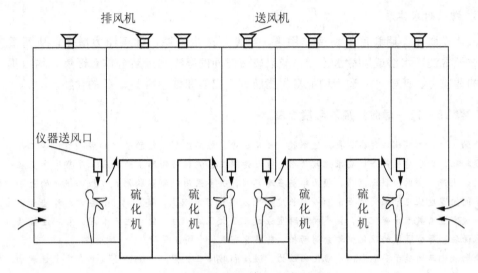

图 5.3 硫化车间的气流组织示意图

小 结

本章主要通过介绍人的劳动环境与微气候的基本知识和案例,讨论人-机-环境系统中微气候的影响。温度、湿度、风速等构成的微气候环境,尤其是温度与人的健康有着密切的关系,对人体的影响大。如何采取有效措施改善室内空气中的温度等,是本章重点分析的内容。

习 题

1. 填空题

(1) 高气湿是指_____,低气温是指_____。

(2) 人体的基本热平衡方程式是_____。人体单位时间向体外散热的平衡方程式是_____。

(3) 人体对微气候环境的主观感觉,除了与气温、气湿、空气流速以及热辐射有关以外,还与_____等因素相关。

(4) 高温作业环境的改善措施主要从以下四个方面考虑:_____、_____、_____、_____。

(5) 低温作业环境的改善措施包括:_____、_____、_____、_____。

2. 单项选择题

(1) 人对空气干湿程度的感受与以下 （　　） 因素相关。

A. 空气中水汽的含量　　　　　　B. 空气中水汽的绝对数量

C. 每立方米空气内所含的水汽克数　D. 空气中水汽距饱和状态的程度

(2) 人体单位时间内的热辐射量仅取决于下列 （　　） 因素。

A. 热辐射常数和反射率　　　　　B. 皮肤表面积和服装热阻值

C. 平均环境温度和皮温　　　　　D. 上述全部因素

(3) 人体单位时间内的对流传热量仅取决于下列 （　　） 因素。

A. 空气流动速度和皮肤表面积　　B. 对流传热系数和皮温

C. 气温和服装热阻值　　　　　　D. 上述全部因素

(4) 人体单位时间内的蒸发散热量仅决定于下列 （　　） 因素。

A. 皮肤表面积和蒸发散热系数　　B. 服装的热阻值

C. 环境的相对湿度　　　　　　　D. 上述全部因素

(5) 人体单位时间内的传导散热量，仅取决于下列 （　　） 因素。

A. 皮肤与接触物体的温差　　　　B. 皮肤与物体的接触面积

C. 物体的导热系数　　　　　　　D. 上述全部因素

(6) 人体对微气候环境的主观感觉，仅取决于下列 （　　） 因素。

A. 环境气候条件　　　　　　　　B. 服装的热阻值

C. 作业负荷的大小　　　　　　　D. 上述全部因素

(7) 高温作业环境条件下，人体的耐受度与人体"核心"温度有关，"核心"温度取决于 （　　）。

A. 在一定环境温度范围内的劳动强度

B. 作业负荷

C. 热疲劳

D. 人体热平衡机能

(8) 人体长期处于低温条件下，会产生 （　　） 生理反应。

A. 神经兴奋性提高　　　　　　　B. 人体机能增强

C. 代谢率提高　　　　　　　　　D. 神经传导能力减弱

3. 判断改正题

(1) 由于人们对空气干湿程度的感受与空气中水汽的绝对数量直接相关，所以采用湿度来判断空气的干湿程度。 （　　）

(2) 当周围物体表面温度超过人体表面温度时，人体接受辐射能量，故称为负辐射。 （　　）

(3) 气流速度对人体散热的影响呈线性关系，所以，当气流速度增加时，将会显著增加人体的散热量。 （　　）

(4) 因为不能测量人体深部体温，所以可以通过考察作业负荷和环境有效温度来控制人体的"核心"温度。 （　　）

（5）综合温标 WBGT 能评价环境微气候条件，但有效温度是最简单和最适当的方法。

（　　）

（6）人体具有一定的冷适应能力，比热适应能力强。　　　　　　　（　　）

（7）人体对微气候环境的主观感觉，是人的心理上感到满意与否的评价。　（　　）

4. 简答题

（1）为什么必须综合评价微气候条件？

（2）简述人体基本热平衡方程式，并说明如何运用人体热平衡方程式评价人体对微气候的主观感觉。

（3）高温作业环境对人体有什么影响？如何改善？

（4）低温作业环境对人体有什么影响？如何改善？

（5）如何改善不良作业环境？

（6）人对微气候条件的主观感受有哪些？如何评价？

第6章

环境照明

在人机环境系统中，人要从外界接受各种各样的感觉信息，其中视觉信息占80%以上，其余的大部分是听觉信息。照明条件的好坏直接影响视觉获得信息的效率与质量，照明对工作效率、工作质量、安全及人的舒适、视力和身体健康都有着重要关系。工作精度更高、机械化自动化程度更高，对照明也相应提出了更科学的要求。因此，照明条件是作业环境中的一个重要方面。

教学目标

1. 理解环境照明对工作的影响。
2. 掌握如何设计良好的照明环境。
3. 能表述光通量、发光强度、照度、亮度、相对视敏函数的概念及相互关系。
4. 了解辐射能量、辐射通量、辐射照度、辐射强度和辐射亮度等基本概念。

教学要求

知识要点	能力要求	相关知识
光的物理特性	(1) 了解光线的来源 (2) 了解白光	白光
光的基本物理量	(1) 熟悉光通量、发光强度、照度、亮度、相对视敏函数的概念及相互关系 (2) 了解辐射能量、辐射通量、辐射照度、辐射强度和辐射亮度等基本概念	光的行径； 光与影； 色温与显色性
环境照明对作业的影响	(1) 熟悉影响视觉工效的主要参数； (2) 掌握环境照明对工作效率、工作质量、事故、视觉工效及情绪的影响	视觉作业特性； 工作者特性； 照明特性

续表

知识要点	能力要求	相关知识
环境照明的设计	(1) 了解照明环境的评价； (2) 熟悉照明准则、标准及照明方式； (3) 掌握光源选择及避免眩光的措施	照明灯具的选择

导入案例

新型的自行车探照设备

据美国《每日摄影报》报道，美国科罗拉多一名男子夏赫在 2009 年 2 月发明了一种可以安装在自行车上的探照设备，该设备可以在夜间帮助骑车人看清周围的道路环境，从而避免事故的发生。2008 年夏赫的弟弟沙兰在一个黄昏骑自行车不慎被卡车撞死，这对夏赫的触动很大，因此他决定发明一种可以帮助骑自行车的人在夜间看清周围道路环境的装置。

夏赫在当地经营一家生产发光二极管显示信号装置的公司，在弟弟出事后不久，他便决定将所有精力都投入到研发照明设备的工作上。他表示，普通自行车上安装的照明设备根本不够让骑车人在夜间看清周围环境。"即使骑车人戴着头灯，从远处看也只是一个亮点儿，更不会知道这个亮光距离我们的准确距离。不过相比没有戴头灯骑自行车，情况还稍微好点。"因此，夏赫决定发明一种方便骑车人使用的照明系统，该系统包括照明线以及可以发出强光的二极管，骑车人可以将该电线缠绕在自行车主框架上。照明线的一端接进一个小塑料盒子内，随后被安装在自行车的座位下。夜晚该装置可以发出亮光，让骑车人看清周围的环境，也可以让行人看清骑车人，不至于酿成交通事故（见图 6.1）。

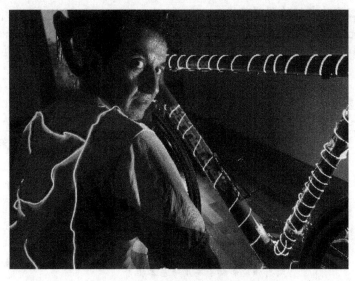

图 6.1 方便骑车人使用的照明系统

美国科罗拉多州单车运动的官方组织"Bikes Belong"负责人蒂姆表示，他从夏赫的设计中看到了潜在的市场。"这个装置看起来显得很轻便，我想它能够引起人们的注意，并且很快投放市场。"当地一个名为"黄金眼"的研究所主任托马斯也对夏赫发明的这种设备非常感兴趣，他称这种使用发光二极管制成的自行车照明设备和传统的自行车比起来更为轻便，骑车人不必为携带好几公斤重的电池而发愁了。

6.1 光的物理特性

光是能使视网膜产生兴奋和产生视觉的辐射能源。

光具有波粒二重性,既有粒子特性,又兼有波动特性。光的波动学说认为,光是一种电磁波。电磁波的波谱范围极其广泛,有无线电波、红外线、可见光谱、紫外线、X射线、γ射线等,如图6.2所示。其中人眼能感受到的称为可见光。在可见光中,不同波长的光所呈现的色彩各不相同,随着波长的缩短,呈现的色彩依次是:红、橙、黄、绿、青、蓝、紫。只含单一波长成分的光称为单色光;包含两种或两种以上波长成分的光称为复合光。复合光给人眼的刺激呈现为混合色。太阳辐射多种波长的电磁波,其中只有波长为380~780nm的电磁波能为人眼所感知,并给人以白光的综合感觉。

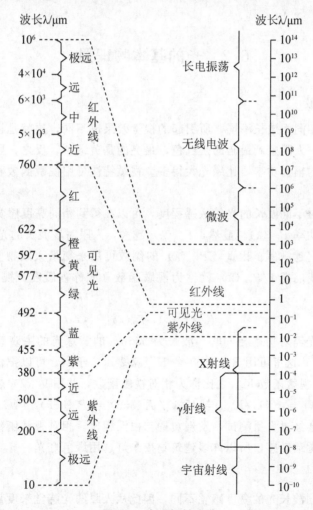

图6.2 电磁辐射波谱

光线有两个来源:白炽体("热"光源,像太阳、照明器或火焰)和发光体("冷"光源,即在周围能看到的发射光线的物体)。白光包含大部分波长,而且各种波长近似等量。

光谱中某些范围的能量较其他范围大的光，可呈现黄、红、蓝等不同颜色。

发光物体，由于其所辐射的光谱成分，引起眼睛的色彩感觉；不发光物体，在一定光谱成分的光源照射下，因反射某些成分的光谱并吸收其余部分的光谱，同样引起眼睛的色彩感觉。自然界的不同景物，在日光照射下，由于反射了可见光谱中的不同成分而吸收其余部分，从而引起眼睛的不同色彩感觉。一般，某一景物的色彩，是该景物在特定光源照射下所反射的一定可见光谱成分，作用于眼睛所引起的视觉效果。可见，色彩感觉取决于眼睛对可见光谱中的不同成分有不同视觉效果的功能，又决定于光源所含的光谱成分，同一物体在不同的灯光照射下呈现的色彩有所不同。如在白炽灯光下看蓝色的布，其色彩就不如在自然光下鲜艳，因为白炽灯光中的蓝光成分较少。又如，若用辐射光谱中绿光成分较多的灯来照射，则蓝布的色彩将呈现为蓝青色。总之，眼睛的色彩感觉是主观（眼睛的视觉功能）和客观（物体属性与照明条件的综合效果）相结合的系统中，所发生的生理物理过程。

6.2　光的基本物理量

1. 相对视敏函数

光的辐射功率相同而波长不同，所引起的视觉效果也不同，这就是视敏特性。如在等能量分布的光谱中，人眼感到最暗的是红色，最亮的是黄绿色。反之，要获得相同的亮度感觉，红光所需要的辐射功率要比绿光大得多。视敏特性可用视敏函数和相对视敏函数来描述。

为了确定人眼对不同波长的光的敏感程度，可以在得到相同亮度感觉的条件下测量各个波长的光的辐射功率 $P_r(\lambda)$。显然，$P_r(\lambda)$ 越大，人眼对该波长的光越不敏感；而 $P_r(\lambda)$ 越小，人眼对它越敏感。因此，$P_r(\lambda)$ 的倒数可用来衡量人眼视觉上对各波长为 λ 的光的敏感程度。我们把 $1/P_r(\lambda)$ 就称为视敏函数（或称视敏度、视见度），用 $K(\lambda)$ 表示，即

$$K(\lambda) = 1/P_r(\lambda)$$

实测表明，当光辐射功率相同时，波长为 555nm 的黄绿光的主观感觉最亮，以视敏度 $K(555)$ 为基础，这里可用 $K(555) = K_{max}$ 来表示。于是，可以把任意波长光的视敏函数 $K(\lambda)$ 与最大视敏函数 K_{max} 之比称为相对视敏函数，并用 $V(\lambda)$ 表示，即

$$V(\lambda) = K(\lambda)/K_{max} = K(\lambda)/K(555) = P_r(555)/P_r(\lambda)$$

国际照明委员会经过大量测试，发现黄昏与白天相比，相对视敏函数将向短波方向移动，人眼对绿光感觉最敏感，所以许多建筑物夜景灯选用绿色灯光。

2. 光通量

既然人眼对不同波长光的亮度感觉不同，因此从人眼的光感觉来度量某一波长光的辐射功率，不仅与该波长光的辐射功率有关，也与人眼对该波长光的视敏度有关，光通量就是按照人眼光感觉所度量的光的辐射功率。

对于波长为 λ 的单色光，光通量 $\Phi(\lambda)$ 等于辐射功率 $P_r(\lambda)$ 与相对视敏函数 $V(\lambda)$

的乘积，即

$$\Phi(\lambda) = P_r(\lambda)V(\lambda)$$

当 $\lambda=555nm$ 时，光感觉最强，国际上把波长为 555nm 的黄绿光的感觉量定为 1，即 $V(555)=1$，此时，1W 辐射功率产生的光通量定为 1 光瓦，于是，二者在数值上相等。在其他波长时，由于人眼视敏度下降，1W 辐射功率产生的光通量均小于 1 光瓦。

如果光源的辐射功率波谱（辐射功率密度分布）为 $P(\lambda)$，则其总的光通量应为各波长成分的光通量之和，即

$$\Phi = \int_{380}^{180} P(\lambda)V(\lambda)\mathrm{d}\lambda$$

目前，国际上通用的光通量单位是流明（lumen，缩写 lm）。国际照明委员会规定，绝对黑体在铂的凝固温度下，从 $5.305\times10^{-3} cm^2$ 面积上辐射出的光通量为 1lm。而 1W 辐射功率为 555nm 波长的单色光所产生的光通量恰为 680 lm。于是，光瓦与流明间的关系为

$$1 光瓦 = 680 \text{ lm} \quad 或 \quad 1 \text{ lm} = 1/680 \text{ 光瓦}$$

当光通量采用流明为单位时可写成

$$\Phi = 680 \int_{380}^{180} P(\lambda)V(\lambda)\mathrm{d}\lambda$$

利用相对视敏函数曲线与人眼的视敏函数曲线相同的光电管，可以直接测量光通量。

3. 发光强度

光源在单位立体角内发出的光通量，称为发光强度，简称光强，一般用 I 表示，单位为坎法拉（cd），光强与光通量的关系为

$$I = \frac{\mathrm{d}\Phi}{\mathrm{d}\Omega}$$

$$\left(1cd = \frac{1lm}{1 立体弧度}\right)$$

$$\Phi = \int I\mathrm{d}\Omega$$

式中：Ω——立体角，单位为立体弧度。

点光源向四周的光辐射是均匀的，因而在各个方向上的光强均相等，各条光线都沿径向传播，并与以光源为中心的球面垂直，因为球心对球面的立体角为 4π 立体弧度，所以点光源与光通量的关系为

$$I = \Phi/(4\pi)$$

$$\Phi = 4\pi I$$

可知光强为 1cd 的点光源发出的总光通量为 $4\pi lm$。

在一般情况下，光源在不同方向上的发光强度不同，其数值可由光度计直接测量。当已知各方向光强为 $I(\Omega)$ 时，该光源所辐射的光通量为

$$\Phi = \int I(\Omega)\mathrm{d}\Omega$$

多数面光源只在半球空间辐射，对于漫射面（或称余弦射面）光源，其光强按余弦规

律分布，即与光源面法线成 α 夹角的光强 I_α 为

$$I_\alpha = I_n \cos \alpha$$

这种光源的光强分布如图 6.3 所示，图中的 I_n 为光源法线方向的光强。不难看出，当 α 角增大时，I_α 减小；$\alpha = \pi/2$ 时，$I_\alpha = 0$。

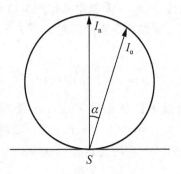

图 6.3　漫反射面光源的光强分布

对于理想散射表面，在以 α 角绕法线一周的立体角内，其辐射光通量为

$$\Phi_\alpha = \pi I_\alpha \sin^2 \alpha$$

当 $\alpha = \pi/2$ 时，求得漫散射面光源在整个半球空间内所辐射的总光通量为

$$\Phi = \pi I_\alpha$$

4. 照度

光通量与被照射表面面积（S）之比称为照度（illuminance），符号为 E，即

$$E = d\Phi/dS$$

照度单位为勒克司（lux，lx），其定义为：在 1 m² 的面积上均匀照射 1lm 的光通量，则照度为 1lx。照度可用照度计直接测量。

被照表面与光源在空间的几何关系对照度有很大影响。以点光源为例，图 6.4（a）表示点光源 A 与 dS 表面的垂直引线与 dS 的法线重合，设该光线的长度为 r，于是 A 点对 dS 的立体角 $d\Omega = dS/r^2$。若点光源的光强为 I，可以求得被照面上的光通量为

$$d\Phi = I d\Omega = \frac{I dS}{r^2}$$

因此照度为 $E = \dfrac{d\Phi}{dS} = \dfrac{I}{r^2} = \dfrac{\Phi}{4\pi r^2}$。

如果光源发出的光线与被照表面的法线间有一夹角 α，如图 6.4（b）所示，则

$$d\Omega = \frac{dS \cos \alpha}{r^2}$$

$$d\Phi = I d\Omega = \frac{I dS \cos \alpha}{r^2}$$

于是照度为

$$E = \frac{I \cos \alpha}{r^2} = \frac{\Phi \cos \alpha}{4\pi r^2}$$

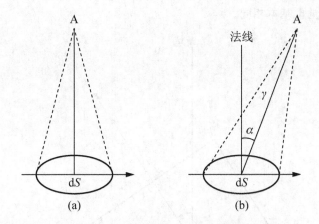

图 6.4　点光源照射下照度的计算

上式说明，被照表面的照度 E 与光源的光强 I 成正比，与夹角 α 的余弦成正比，而与光源至表面的距离 r 的平方成反比（照度的平方反比定律）。当使用点光源时，为了增加工作面照度，常采取将灯放低并尽可能将灯放在工作面的正上方，就是这个道理。

若光源是平行光束时，照度将与距离 r 无关。

各种环境中，在自然光照射下的照度值见表 6-1。

表 6-1　各种环境中的照度值

环境条件	黑夜	月夜	阴天室内	阴天室外	晴天室内	读书 需要照度	电视排演室 需要照度
照度/lx	0.001~0.02	0.02~0.2	5~50	50~500	100~1000	50	300~2000

5. 亮度

亮度（L）是指发光面在指定方向的发光强度与发光面在垂直于所取方向的平面上的投影之比，其数学表达式可按图 6.5 中所用符号表示为

$$L = \frac{\mathrm{d}I_\alpha}{\mathrm{d}S\cos\alpha}$$

亮度表示发光面的明亮程度。如果在取定方向上的发光强度越大，而在该方向看到的发光面积越小，则看到的明亮程度越高，即亮度越大。这里的发光面可以是直接辐射的面光源，也可以是被光照射的反射面或透射面。

对于漫散射面 $\mathrm{d}S$，在 α 方向上的发光强度为

$$\mathrm{d}I_\alpha = \mathrm{d}I_\mathrm{n}\cos\alpha$$

所以在该方向上的亮度为

$$L = \frac{\mathrm{d}I_\mathrm{n}\cos\alpha}{\mathrm{d}S\cos\alpha} = \frac{\mathrm{d}I_\mathrm{n}}{\mathrm{d}S} = L_\mathrm{n}$$

上式说明，理想漫散射面虽然在各个方向上的光强和光通量均不同，但其不同角度的亮度感觉却相同。电视显像管的荧光屏为一个近似余弦分布的散射面，即使从不同角度看

电视图像，亮度感觉也基本相同。

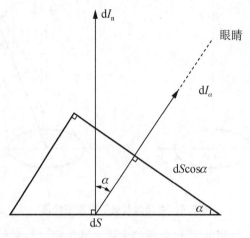

图6.5　发光面的亮度

6. 光色与色调

光与色彩密切相关，二者共同传递视觉信息。在照明设计上，对于光的色彩品质，采用"色温"与"显色性"来作度量，在不同光源照射下，不仅同样颜色会有不同的色感呈现，即便相同色温，显色效果也可能大异其趣。因为光也是色彩，无论白炽灯泡、荧光灯管、石英灯杯、金卤光源或是蜡烛，光源所发出的光谱均由不同比例色光的个别波长所构成，而色彩感知是物体表面反射波长不同部分入射光的综合结果。

（1）色温：光源的色温是描述其显示色彩的，并非是光源的实际温度。当热辐射光源（如白炽灯、卤钨灯）的光谱加热到温度为 T_c 的黑体发出的光谱分布相似时，则将温度 T_c 称为光源的色温，其单位是绝对温度（K）。例如，灯泡钨丝的温度保持在 2800K 时发出的白光，与温度保持在 2854K 的绝对黑体辐射的白光完全相当，于是就称灯泡白光的色温为 2854K。中午阳光的色温为 5500K，温度较低则显得发红，温度较高则显得发蓝。色温所区别的仅是光源的色彩，而不是实际的光谱成分。不同的光谱成分可有相同的色彩，但用它们照射某些表面时可产生不同的颜色，因此，色温并不能可靠地代表物体在光源照射下所呈现的颜色。

（2）显色性：自然光被定义为完美光源，是因其光谱几乎能使所有色彩鲜活呈现，如此成就人类所处的彩色世界。人工光源是由特定的光谱组成的，对每一单色都有不同的显色能力。

6.3　环境照明对作业的影响

工作效率和工作质量与环境照明条件密切相关，照明条件的优劣将直接影响生产率、产品质量、作业者视力、安全生产，而且还关系到改善和美化生产环境。

6.3.1　照明与疲劳

照明对作业的影响，表现为能否使视觉系统功能得到充分的发挥。良好的照明环境，能提高近视力和远视力，提高工作效率，减少差错率和事故的发生。因为亮光下瞳孔缩小，视网膜上成像更为清晰，视物清楚。当照明不良时，因反复努力辨认，人会很快地疲劳，工作不能持久，工作效率低、效果差。眼睛疲劳的症状有：眼睛乏累、怕光刺眼、眼痛、视力模糊、眼充血、出眼屎以及流泪等。眼睛疲劳还会引起视力下降、眼球发胀、头痛以及其他疾病而影响健康，造成工作失误甚至工伤。

人的眼睛能够适应从 $10^{-5} \sim 10^{-3}$ lx 的照度范围。为了看清物体，使物体成像集结在视网膜的中心窝处，就得通过眼球外部六根眼肌（内、外、上、下直肌，上、下斜肌）的收缩使瞳孔转向内上方、内下方、内侧、外侧、外下方和外上方；通过虹膜的睫状肌的收缩或舒张使晶状体变厚，增加眼睛的折光能力；或使晶状体变薄，减弱折光能力，来调节眼睛看近物和远物的能力。通过瞳孔括约肌的收缩和瞳孔开大肌的收缩，使瞳孔缩小，减少强光进入眼内；或使瞳孔开大，增加进入眼内的弱光。眼肌的经常反复收缩，极易造成眼睛的疲劳，其中睫状肌对疲劳的影响尤甚。

照度和背景亮度是影响视力的主要因素，物体亮度越大，视力越好。适当的照度值能显著提高视力，而且因瞳孔缩小视网膜上成像也更清晰。据实验表明，照度自 10lx 增加到 1000lx 时，视力可提高 70%。视力不仅受注视物体亮度的影响，还与周围亮度有关，当周围亮度与中心亮度相等或周围稍暗时，视力最好，若周围比中心亮，则视力会显著下降。

在照明条件差的情况下，作业者长时间反复辨认对象物，将使明视觉持续下降，引起眼睛疲劳，严重时会导致作业者的全身性疲劳，如疲倦、食欲不振、以肩上肌肉僵硬发麻为主的自律神经失调症状。视觉疲劳可以通过闪光融合值、反应时的视力与眨眼次数等方法间接测定，图 6.6 和表 6-2 给出了通过眨眼次数的变化表明照度与视觉疲劳的关系。

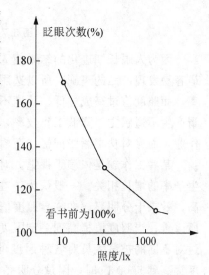

图 6.6 看书疲劳和照度的关系

表 6-2 照度与视觉疲劳的关系

照度/lx	10	100	1000
最初和最后 5min 阅读眨眼次数	35～60	35～46	36～39
最后 5min 眨眼增多百分数	71.5	31.4	8.3

6.3.2 照明与工作效率

改善照明条件不仅可以减少视觉疲劳，而且也会提高工作效率。因为提高照度值，能激起适当的视觉冲动，使物像在视网膜上更为清晰。这样可以提高识别速度和主体视觉，从而提高工作效率和准确度，达到增加产量、减少差错、提高产品质量的效果。

图 6.7 所示为一个精密加工车间，随着照度值由 370lx 逐渐增加，劳动生产率随之增

长、视觉疲劳逐渐下降的关系曲线，这种趋势在1200lx以下很明显。如日本的一纺织公司，原来用白炽灯照明的照度为60lx，改为荧光灯照明后，在耗电相同的情况下获得150lx的照度，结果产量增加10％。

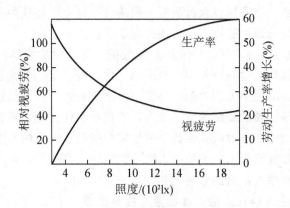

图6.7　生产率、视疲劳和照度的关系

因为人眼长期进化的结果使人眼对日光产生了最佳适应，日光照明时的显色性最好，最容易发现产品的斑疵，所以选用接近日光光色的照明灯具，有利于提高检验工的工作效率。而照度值过高或过低、照度不均匀、显色性差均会使检验人员的视觉功能下降，使眼睛产生不适感觉，降低工作效率，增加漏检率。总之，创造舒适的照明条件，不仅对手工作业，而且对从事紧张记忆、逻辑思维的脑力劳动，都有利于提高作业效率。

某些工作越是依赖于视觉，对照明提出的要求也越严格。照度值增加并非总是与劳动生产率的增长相关。一般认为，在临界照度值以下，随着照度值增加，工作效率迅速提高，效果十分明显；在临界照度值以上，增加照度对工作效率的提高影响很小，或根本无所改善；当照度值提高到一定限度时，会产生眩光引起目眩，导致工作效率显著降低。通过对不同的被试人员对各种照度的满意程度的调研，发现2000lx是较理想的照度，当照度提高到5000 lx时，因过分明亮反而导致满意程度下降。

6.3.3　照明与事故

人在作业环境中进行生产活动，主要是通过视觉对外界的情况作出判断而行动的。若照明环境良好，周边视网膜才能辨认清楚物体，从而扩大视野。若作业环境照明条件差，影响视网膜黄斑部的视力，操作者就不能清晰地看到周围的东西和目标，容易接受错误的信息，从而在操作时产生差错而导致事故发生。所以，事故的数量与工作环境的照明条件也有关系。

在适当的照度下，可以增加眼睛的辨色能力，从而减少识别物体色彩的错误率；可以增强物体的轮廓立体视觉，有利于辨认物体的高低、深浅、前后、远近及相对位置，使工作失误率降低。还可以扩大视野，防止错误和工伤事故的发生。尽管事故产生的原因有多方面，但事故统计资料表明，照度不足是一个很重要的因素。图6.8所示为是英国对事故发生次数与照明关系的统计。在英国，11、12、1月份日照时间短，工作场所的人工照明时间长。由于人工照明比自然光照明的照度值低，故冬季事故次数在全年中最高。另外调查资料还表明，在机械、造船、铸造、建筑、纺织等部门，人工照明条件下的事故比自然光照明条件下增加 25％，其中由于跌倒引起的事故增加 74％。据美国研究者的统计，企业照明条件很差，在人身事故诸原因中占 5％，在人身事故间接原因中占 20％。改善了照明条件后，相关工厂的事故次数减少了 16.5％。

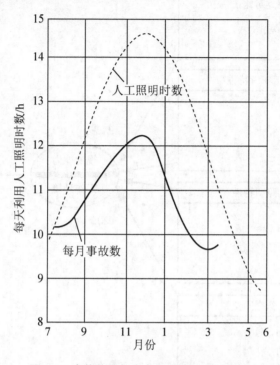

图 6.8　事故数量与室内照明的关系（美国）

6.3.4　照明与视觉工效

1. 影响视觉工效的主要参数

工作者视觉系统的有效性应以视觉工效评价。视觉工效应以工作者完成作业的速度和准确度评价。视觉工效主要由作业特性和照明特性确定。照明直接影响人的视觉工效，在视觉环境中影响工作者视觉工效的主要参数如图 6.9 所示。

2. 视觉作业特性

1）大小和距离

（1）对视觉细节的知觉，通常以视觉敏锐度（视力）来表征。识别物体大小的变换可改变可见度，放大细节可改进视觉功效。

（2）距离、深度、凹凸的知觉可由双目视觉质量、认知、经验能力等智力机能以及对各种视觉对象的判断确定。

2）对比

（1）作业与背景应有最佳的亮度和（或）颜色对比。在一定亮度范围内，增加背景亮度时，可提高眼睛的对比敏感度。

（2）视场内应无明亮的光源和无光幕反射，应避免视线从作业移向过亮的区域，以防止因失能眩光引起的对比下降。

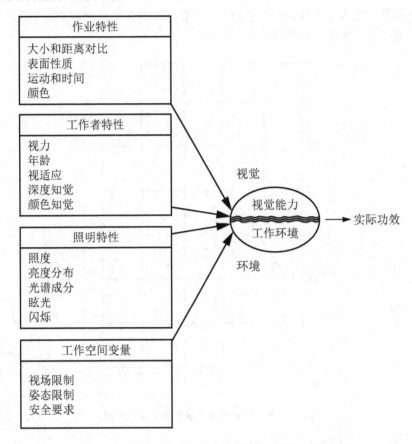

图 6.9　在视觉环境中影响工作者视觉工效的主要参数

3）表面性质

对质地的知觉应由表面纹理明暗确定。为识别质地，应注意光线的方向性和漫射性，应有合理的阴影，不应因光线的极度漫射而降低对识别物体质地所需要的对比。

4）运动和观察时间

（1）对运动的知觉要求目标的映象应在视网膜上移动，视网膜的中央凹比视网膜周边对形状知觉更为敏感。

（2）对识别物体的运动知觉的准确度，可由识别物体的速度、大小、形状、对比和观察时间确定。

（3）宜借助于在物体运动途径中跟随一段适当时间来改善该运动物体的可见度。若扫视速度过高或运动途径复杂，可使可见度变差。

5）颜色

（1）物体的颜色可影响其识别速度。

（2）提高照度可改善颜色知觉。

（3）在近似于天然光光谱组成的光照射下，可保持色觉真实性。

（4）色表可由光线的光谱组成和所观察表面的特性、亮度、颜色对比和颜色适应状态确定。

（5）应根据使用场所对视觉作业识别颜色的要求，选择相应的光源。

3. 工作者特性

1）视力

视觉功效可随视力而变化，在正常情况下，眼睛可自行调整视力到传达信息的最大清晰度。为提高分辨微小细节的能力，当目标在视网膜的映象位于视网膜的中央凹时，视觉系统可有最大的效率。

2）年龄

由于眼睛的调节能力随年龄的增加而下降，因此，年龄增加将导致眼睛调节时间延长。有人研究了不同年龄组的人在不同照度下注意力的集中情况。结果表明，由于照明的改进，各年龄组劳动生产率的提高都是同样的；如果从事视觉特别紧张的工作，年纪大的人，其工作效率比青年人更加依赖于照明。以某些目视作业为例，如果以 20 岁的适宜照度为标准，对 40 岁的人应提高 1.5 倍，50 岁的人提高 2.5 倍，60 岁的人提高 7 倍。

4. 照明特性

1）照度

应有满足视觉工作需要的照度。在正常情况下，在一定照度范围内，提高照度可改善视觉功效，对大尺寸和大对比的作业的功效可在中等照度时达到最大值。适当的照明能显著提高近视力及远视力。亮光下瞳孔缩小，因而视网膜上成像更为清晰。照度自 10lx 增至 1000lx，视力可增加 70%。

2）亮度分布

应有满足视觉工作需要的亮度分布或照度均匀度。

3）光谱成分

所采用的光源的光谱成分应满足可识别颜色或视觉作业和环境照明对色表和显色性的要求。

4）眩光

应防止直接眩光、反射眩光和光幕反射的出现。

5）频闪和闪烁

应防止频闪效应和闪烁现象的出现。

6）方向性

应有需要的光的方向性、阴影和立体感。

5. 工作空间变量

在良好的照明实践中应考虑视场限制、姿态限制和安全要求等参数。

6.3.5 照明与情绪

据生理和心理方面的研究表明，照明会影响人的情绪，影响人的一般兴奋性和积极性，从而也影响工作效率。如昼夜光线条件的变化，在很大程度上决定着 24h 内的生物周期。一般认为，明亮的房间是令人愉快的，如果让被试者在不同照度的房间中选择工作场所的话，一般都选择比较明亮的地方。在做无需很大视觉努力的工作时，改善照明也可以提高劳动生产率。眩目的光线使人感到不愉快，被试者都尽量避免眩光和反射光。许多人还喜欢光从左侧投射。

总之，改善工作环境的照明，可以改善视觉条件，节省工作时间；可以提高工作质量，减少废品；可以保护视力，减轻疲劳，提高工作效率；可以减少差错，避免或减少事故，有助于提高工作兴趣，改进工作环境。

6.4 环境照明的设计

创造一个舒适良好的照明环境，就是在遵循人机工程学原则的基础上，合理恰当地规定视野范围内的亮度和消除耀眼的眩光。具体表现为如何规划照明方式、合理选择光源、增加照度的稳定性和分布的均匀性、协调性，尽量避免眩光等。

6.4.1 照明标准

视觉环境应以提高工效，保证安全、健康、视觉舒适为原则，并注意节能和降低费用。环境中各表面间的亮度和颜色的关系应满足室内功能、视觉舒适和消除眩光的需要。为改善视觉功效，应防止在全部作业过程中，在视场内出现干扰因素、不利的适应和不舒适。

照明标准是照明设计和管理的重要依据，我国的照度标准是通过大量的调查实测，并结合目前我国的电力生产水平和消费水平，从保证一定的视觉功能出发制定出来的。各种不同区域作业和活动的照度范围值应符合表6-3的规定。一般采用表6-3的每一照度范围的中间值。当采用高强气体放电灯作为一般照明时，在经常有人工作的场所，其照度值不宜低于50lx。

表6-3 我国各种不同区域作业和活动的照度范围

照度范围/lx	区域、作业和活动的类型
3—5—10	室外交通区
10—15—20	室外工作区
15—20—30	室内交通区、一般观察、巡视
30—50—75	粗作业
100—150—200	一般作业
200—300—500	一定视觉要求的作业
300—500—750	中等视觉要求的作业
500—750—1000	相当费力的视觉要求的作业
750—1000—1500	很困难的视觉要求的作业
1000—1500—2000	特殊视觉要求的作业
＞2000	非常精密的视觉作业

1. 照度范围的高值

凡符合下列条件之一及以上时，工作面的照度值应采用照度范围的高值：

（1）一般作业到特殊视觉要求的作业，当眼睛与识别对象的距离大于 500mm 时；

（2）连续长时间紧张的视觉作业，对视觉器官有不良影响时；

（3）识别对象在活动的面上，且识别时间短促而辨认困难时；

（4）工作需要特别注意安全时；

（5）当反射比特别低或小对比时；

（6）当作业精度要求较高，由于生产差错造成的损失很大时。

2. 照度范围的低值

凡符合下列条件之一及以上时，工作面上的照度值应采用照度范围的低值：

（1）临时性完成工作时；

（2）当精度和速度无关紧要时；

（3）当反射比或对比特别大时。

我国工业企业照明设计标准（GB 50034—1992）规定的工作场所作业面上的照度标准值见表 6-4。

表 6-4　工作场所作业面上的照度标准值

视觉作业特性	识别对象的最小尺寸 d/mm	视觉作业分类		亮度对比	照度范围/lx					
		等	级		混合照明			一般照明		
特别精细作业	$d \leqslant 0.15$	Ⅰ	甲	小	1500	2000	3000	—	—	—
			乙	大	1000	1500	2000	—	—	—
很精细作业	$0.15 < d \leqslant 0.3$	Ⅱ	甲	小	750	1000	1500	200	300	500
			乙	大	500	750	1000	150	200	300
精细作业	$0.3 < d \leqslant 0.6$	Ⅲ	甲	小	500	750	1000	150	200	300
			乙	大	300	500	750	150	200	300
一般精细作业	$0.6 < d \leqslant 1.0$	Ⅳ	甲	小	300	500	750	100	150	200
			乙	大	200	300	500	75	100	150
一般作业	$1.0 < d \leqslant 2.0$	Ⅴ	—		150	200	300	50	75	100
较粗糙作业	$2.0 < d \leqslant 5.0$	Ⅵ	—		—	—	—	—	—	—
粗糙作业	$d > 5.0$	Ⅶ	—		—	—	—	—	—	—
一般观察生产过程	—	Ⅷ	—		—	—	—	—	—	—
大件储存	—	Ⅸ	—		—	—	—	—	—	—
有自发光材料的车间	—	Ⅹ	—		—	—	—	30	50	75

近几年来，许多国家趋向于采用高的照度标准，这是由于许多研究者认为，提高照度

水平后，从劳动生产率和产品质量的提高中得到的经济利益大于照明装置的投资，特别是出现高效率的经济光源以后，照明装置的投资并不随采用较高的照度标准而过分增加。但是普遍选择高照度水平后，照明电耗无疑是很大的。

6.4.2 照明方式

工业企业的建筑物照明，通常采用三种形式，即自然照明、人工照明和二者同时并用的混合照明。人工照明按灯光照明范围和效果，又分为一般照明、局部照明、综合照明和特殊照明。照明方式影响照明质量，且关系到投资及费用支出。选用何种照明方式，与工作性质及工作点分布疏密有关。

1. 一般照明

又称全面照明，是指不考虑特殊局部的需要，为照亮整个假定工作面而设置的照明。它虽然对光源的投射方向没有特殊要求，但多表现为光源的直射照度，以及少量的工作间立体各面的相互反射所产生的扩散照度和来自侧窗或天窗的自然光照度。一般照明方式适用于工作地较密集，或者作业时工作地不固定的场所。这种照明方式相对于局部照明，其效率和均匀性都比较好。作业者的视野亮度一样，视力条件好，工作时感到愉快。它的一次投资费用较少，但是耗电较多。

2）局部照明

是指为增加某些特定地点的照度而设置的照明。由于它靠近工作面，使用较少的照明器具便可以获得较高的照度，故耗电量少。但要注意避免眩光和周围变暗造成强对比的影响。使用轻便移动式的照明器具，可以随时将其调整到最有效果的位置。当对工作面照度要求不超过 30~40lx 时，不必采用局部照明。

3）综合照明

是指由一般照明和局部照明共同构成的照明。其比例近似 1：5 为好。若对比过强则将使人感到不舒适，对作业效率有影响。对于较小的工作场所，一般照明的比例可适当提高。综合照明是一种最经济的照明方式，常用于要求照度高，或有一定的投光方向，或固定工作点分布较稀疏的场所。

4）特殊照明

是指用于特殊用途、特殊效果的各种照明方式，如方向照明、透过照明、不可见光照明、对微细对象检查的照明、色彩检查的照明和色彩照明等。这些照明将根据各自的特殊要求选取光源。

6.4.3 光源选择

作业中的照明有两种，即自然光（天然采光）和人工光（人工照明）。自然光的光质量好，照度大，光线均匀，而且光谱中的适度紫外线对人体生理机能还有良好的影响。因此在设计中自然光最理想，应最大限度地利用自然光。太阳是最大的自然光源。在地面上测量时，太阳辐射光谱分布是随季节、气候、时辰变化的，因此在生产环境中常常要用人工光源做补充照明。

选择人工光源时，应注意其光谱成分，使其尽可能接近自然光。在人工照明中荧光灯优于白炽灯，因其光谱近似日光，而且与普通白炽灯相比，具有发光效率高（比白炽灯高4倍左右）、光线柔和（漫射光）、亮度分布均匀（系线光源，利用灯具可以起到面光源的效果）、热辐射量小等优点。但是，为消除光流波动，应采用多管装置为宜。照明不宜选择有色光源，因为有色光源会使视力效能降低。如白光下视力效能为100%，则黄光下为99%，蓝光下为92%，红光下为90%。

按光源与被照物的关系，光源可分为直射光源、反射光源和透射光源。直射光源的光线直射在物体上，由于物体反射效果不同，物体向光部分明亮，背光部分较暗，照度分布不均匀，对比度过大。反射光源的光线经反射物漫射到被照空间的物体上。透射光源的光线经散光的透明材料使光线转为漫射，漫射光线亮度低而且柔和，可减轻阴影和眩光，使照度分布均匀。

各种光源都有固有的颜色，如太阳光呈白色，荧光灯呈日光色，荧光高压汞灯呈蓝绿色等。当不同光源照射到同一种颜色的物体上时，该物体将呈现真实程度不同的颜色，有的失真，有的不失真，这种现象就是前面介绍的光的显色性。在显色性的比较中，一般以日光或接近日光的人工光源作为标准光源，其显色性最优，将其显色指数定为100，其余光源的显色指数均小于100。显色指数对有些工作来说，是照明设计的主要指标。如有人研究表明：质量检验人员的工作质量不仅与照度值及照度的分布均匀性有关，而且还与光线的显色性大小有关。通过改革照明灯具，用高显色金属卤化物灯（250W，显色指数为90～95，漫散射光，工作台面照度为720～1080lx）代替荧光灯（显色指数为60～80，工作台面照度为230～1040lx）后，检验工自我感觉良好，效率大幅度提高，漏检率从51%降到20%。而且由于人眼对不同颜色（波长）光谱的敏感度是不同的，在照明颜色问题中，颜色调和是一个重要而复杂的问题。颜色调和对于舒适感关系很大，使人反映出对色的冷暖感的变化，应当给予重视。所以各种机电产品和日用产品的色彩设计、室内配色等，都应考虑照明光源的色表和显色性这一特性，使产品造型设计色彩不因光源不同而失真，以实现预期的配色效果。

【阅读材料 6-1】　适当的蓝光照明可以调视觉作业效率

2002年Berson DM的研究表明，在哺乳动物的视网膜上存在着一种神经节细胞可以直接感光，因而人眼的视网膜上存在着除了视锥和视杆以外的第三种光感受器，称为可感光神经节细胞（ipRGCs）。这种光感受器与人脑内的生物钟连接，其接受的光抑制松果体分泌褪黑激素，而褪黑激素也称为"睡觉的荷尔蒙"，当人体内的褪黑激素达到一定量时，人会感到疲劳而昏昏欲睡。正常人的生物节律正是与昼夜交替的24小时相吻合的，随着昼夜的交替，褪黑激素大量分泌和被抑制，从而人们在黑夜里睡觉休息，在白天工作。这一种与人的生物节律息息相关的ipRGCs对不同波长的光也有不同的吸收，其光谱灵敏度曲线不同于人眼视锥和视杆的光谱灵敏度曲线。

在比较昏暗的工作环境下，由于人眼的光视效率从555nm左右的黄绿光向507nm左右的蓝绿光偏移，增加照明中蓝光的成分有利于提高照明的有效光效，达到提高人眼视觉功能的效果。从照明的生物学效应来看，适当地增加蓝光的照明，可以使ipRGCs细胞有效吸收的光能量增加，从而抑制人体内褪黑激素的含量，达到缓解疲劳的作用，减少由于疲劳而引起的生产率的下降以及误操作所产生的事故。

6.4.4　避免眩光

当视野内出现的亮度过高或对比度过大，感到刺眼并降低观察能力时，这种刺眼的光线称为眩光。如晴天的午间看太阳，会感到不能睁眼，就是由于亮度过高所形成的眩光使眼睛无法适应之故。

眩光按产生的原因可分为三种类型：①直射眩光，眼睛直视亮度极高的光源时感到刺眼就是直射眩光，如立视太阳；晚上走在马路上，耀眼的汽车灯使人看不清路面，就是直射眩光的影响。②反射眩光，是由物体光亮的表面反射强光引起的，此种眩光对舒适影响最大。如强光照射在用光滑的纸打印的文件表面，这时观看者看不清文字，就是反射眩光造成的。③对比眩光，是物体与背景明暗反差太大造成的，当环境光线与局部光线明暗对比过大时也会引起对比眩光。如一个亮着的街灯，白天行人不会注意到它的存在，而到夜晚行人就感觉街灯很刺眼。这是因为夜色的背景亮度很低，街灯就显得很亮，形成了强烈的对比眩光。

眩光的视觉效应主要是破坏视觉的暗适应，产生视觉后像，使工作区的视觉效率降低，产生视觉不舒适感和分散注意力，易造成视疲劳，长期下去会损害视力。有研究表明，做精细工作时，眩光在 20min 之内就会使差错明显增加、工效显著降低。图 6.10 表明，眩光源对视效的影响程度与视线和光源的相对位置有关。

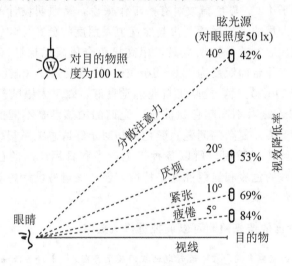

图 6.10　光源的相对位置对视线的影响

为了防止和减轻眩光对作业的不利影响，应采取的主要措施如下。

1. 直接眩光的限制

1）限制光源亮度

当光源亮度大于 16×10^4 cd/m^2 时，无论亮度对比如何，都会产生严重的眩光现象。对眩光光源应考虑用半透明或不透明材料减少其亮度或遮住直射光线，如普通白炽灯灯丝亮度达到 300×10^4 cd/m^2 以上，应考虑用氢氟酸进行化学处理使玻壳内表面变成内磨砂，或在玻壳内表面涂以白色无机粉末，以提高光的漫射性能，使灯光柔和。

2）减小窗户眩光的措施

（1）可采用室内外遮挡措施降低窗口亮度或减少天空视域。

（2）工作人员的视线不宜面对窗口。

(3) 在不降低采光窗数目的前提下，宜提高窗户周围表面的反射比和亮度。

2. 反射眩光的控制

(1) 宜合理安排工作人员的工作位置和光源的位置，不应使光源工作面上的反射光射向工作人员的眼睛，若不能满足上述要求时，则可采用投光方向合适的局部照明。

(2) 工作面宜为低光泽度和漫反射的材料。

(3) 可采用大面积和低亮度的灯具，采用高反射比的无光泽饰面的顶棚、墙壁和地面，顶棚上宜安装带有上射光的灯具，以提高整个顶棚的亮度。

3. 对比眩光的控制

在可能的条件下，适当提高照明亮度，减少亮度对比。

6.4.5 照度均匀度

对于单独采用一般照明的工作场所，如果工作台面上的亮度很不均匀，当作业者的眼睛从一个表面转移到另一个表面时，将发生明适应或暗适应过程，这不仅使眼睛感到不舒服，而且视觉能力还要降低，如果经常交替适应，必然导致视觉疲劳，使工作效率降低。

为此，被照空间的照度均匀或比较均匀的标志是：被照场内最大、最小照度与平均照度之差分别等于平均照度的 1/3，即照明均匀度（A_u）为

$$A_u = \frac{最大照度 - 平均照度}{平均照度}\left(或\frac{平均照度 - 最小照度}{平均照度}\right) \leqslant \frac{1}{3}$$

照度均匀度主要从灯具的布置上来解决，合理安排边行灯至场边的距离，该距离应保持在 $L/2 \sim L/3$ 之间（L 为灯具的间距）。如果场内（特别是墙壁）的反光系数太低，上述距离可以减小到 $L/3$ 以下，对于室外照明，照度均匀度可以放宽要求。

对于一般工作面，有效面积为 $0.3 \times 0.4 \ m^2$，在有效工作面范围内，其照度差异应不大于 10%。

6.4.6 亮度分布

环境照明不仅要使人能看清对象物，而且应给人以舒适的感觉，这不是为了享受，而是提高视力和保护视力的必要条件。在视野内存在不同亮度，就迫使眼睛去适应它，如果这种亮度差别很大，就会使眼睛很快疲劳。从工作方面看，亮度分布比较均匀的环境，使人感到愉快，动作变得活跃。如果只是工作面明亮而周围较暗，动作就变得稳定、缓慢。四周很昏暗时，在心理上会造成不愉快的感觉，容易引起视觉疲劳。但是亮度过于均匀也不必要，亮度有差异，就有反差存在。通常有足够的反差，容易分辨前后、深浅、高低和远近，能够大大增强工作的典型性。工作和周围环境存在着明暗对比的反差、柔和的阴影，心理上也会感到格外的满意。因此，一般要求作业环境中的亮度分布有一定层次变化，这样既能形成工作中心感，又有利于正确评定信息，还能使工作环境协调、富有层次和气氛愉快。这不仅是生理要求，也是心理需要。

室内亮度比最大允许限度推荐值见表 6-5。视野内的观察对象、工作面和周围环境间的最佳亮度比为 5：2：1，最大允许亮度比为 10：3：1。如果房间的照度水平不高，例如

不超过 150~300lx 时，视野内的亮度差别对视觉工作影响比较小。

在集体作业的情况下，需要亮度均匀的照明，以保持每个作业者都有良好的视觉条件。在从事单独作业的情况下，并不一定每个作业者都需要同样的亮度分布，工作面明亮些，周围空间稍暗些也可以。

此外，提高照明质量还应考虑照度的稳定性，为此，在照明设计时，就应该考虑光源的老化、工作间反射面和灯具的污染等因素。为了保证使用过程中的照度不低于标准值，必须适当增加光源的功率，考虑使用的中断和维护，使同一或不同一照明器的相邻者，分别接在不同相位的线路上。

表 6-5　室内亮度比最大允许值

条件	办公室、学校	工厂
观察对象与工作面之间（如书与桌子）	3：1	5：1
观察对象与周围环境之间	10：1	20：1
光源与背景之间	20：1	40：1
一般视野内各表面之间	40：1	80：1

6.4.7　照明环境的评价

照明在满足照度的前提条件下要向创造舒适的照明环境即从量向质的方向转化，因此，讲究照明和颜色的协调是创造舒适的照明环境的关键。但对于视觉环境来说，只强调舒适性是不够的，还要针对使用对象来确定照明和颜色的氛围。如音乐教室要体现高雅、温柔、舒畅、透明、和谐和明亮的氛围，而法院要体现庄严、肃静和可畏的氛围。因此，对重要的室内环境的设计或改善，应采用专家评价制度。评价技术的确立就是为了最大限度的改善或提高空内照明环境，使其满足具体的使用要求，包括满足个性化。

为了真正发挥评价技术的威力，对重要的室内照明环境设计，应事先制作缩小模型，采用不同的照明方式和颜色匹配，通过专家评估的方式来最终确定设计方案。日本采用缩小模型进行照明环境设计，已有不少成功的例子，他们这样做也是在吸取了他人失败例子后的一种反思。如美国休斯敦曾建造的一个室内棒球场，屋顶采用透明玻璃采光并辅以人工照明，但在白天举行棒球比赛时，接球手常接不到击球手的击球。经调查分析，证明问题主要出在：击球手所在的位置是球场的一角，照度和顺应亮度都较低；击球手将球击出后，球飞到球场中央的上方，此处日光从天窗射入较明亮；而接球手由盯着击球手击球，到一边运动一边头朝上去接球，视觉犹如从暗室突然来到室外，产生眩目，由此降低了接球率。为此，设计人员采用涂料来涂抹天窗，以此降低从天窗射入的日光的亮度；但这既有碍美观，又使草坪枯死，由此而浪费了大量的人力和物力。由此可见，对重要的室内照明环境设计，事先制作缩小模型通过专家评估的方式是可取的。

目前，各国正在研究和完善照明环境的评价方法。评价的目的是消除照明环境的不快感，确保视觉功能和得到满意的室内氛围。为此，在照明环境的设计阶段要做到以下要求：

（1）满足合理的照度平均水平，各种作业环境照度要满足照度标准，要考虑视功能随年龄增长而下降的因素。

（2）在同一环境中，亮度和照度不要过高和过低，也不要过于一致而显得单调。

（3）光线的方向和扩散要合理，避免产生干扰的阴影，但还应保留必要的阴影，使物体有一种立体感。

（4）不要让光源光线直接照射眼睛，避免产生眩光，而应让光源照射物体或物体的附近，只让反射光线进入眼睛，以防止晃眼。

（5）光源光色要合理，光源光谱要有再现各种颜色的特性。

（6）让照明和颜色相协调，使氛围令人满意。

（7）考虑成本。

【阅读材料6-2】 照明对交通事故的影响

驾驶环境条件对驾驶人安全心理的影响是显而易见的，除了考虑车辆环境、道路交通环境、驾驶时间以外，还要着重考虑照明环境对于驾驶人的影响。由于驾驶人在行车中的信息大都来源于视觉，因此照明条件和事故发生之间的关系，已被人们所证实。

首先，照明对驾驶的影响表现在照明不好的情况下，如夜间、雨雾天气、进入隧道等行车照明不良时段，驾驶人会很快疲劳。其次，在适当的照度下可以增强眼睛的辨色能力，从而减少识别物体色彩的错误率；可以增强物体的轮廓立体视觉，有利于辨认物体的高低、深浅、前后、远近及相对位置，使操作失误率降低，还可以扩大视野，防止违法驾驶和交通事故的发生。虽然事故产生的原因是多方面的，但照度不足是夜间、阴暗天、隧道行车事故的主要原因之一，因此，驾驶人在阴暗环境驾车都希望自己的车灯亮一些。最后，研究表明照明还会影响人的情绪，影响人的一般兴奋性和积极性，从而也影响驾驶效率。一般认为，明亮的车灯照明是令人愉快的，如果让驾驶人在不同亮度的道路上选择驾驶，一般都选择比较明亮的道路。在做无需很大视觉努力的驾驶时，改善照明也可以提高驾驶效率。眩目的光线使人感到不愉快，交通法规规定，"夜间会车应当在距相对方向来车150米以外改用近光灯，在窄路机动车会车时应当使用近光灯"。眩目的光线令人难受而后产生过急情绪形成危险。总之，改善驾驶环境的照明，可以改善视觉条件，提高驾驶准确性，减轻驾驶人疲劳，减少差错，避免或减少事故，有助于提高驾驶兴趣，改进驾驶环境。

小　结

本节在介绍了光通量、发光强度、照度、亮度、相对视敏函数等基本概念的基础上重点讨论了照明条件对工作效率、工作质量、生产率、产品质量、安全及人的舒适、视力和身体健康之间的关系。提出了照明条件的好坏直接影响视觉获取信息的效率和质量，特别是在高工作精度和高自动化、机械化的社会环境中，对照明提出了更科学的要求。环境照明的设计要合理规划照明方式和选择光源、恰当地规定视野范围内的亮度、增加照度的稳定性和分布的均匀性、协调性，尽量避免眩光等。

通过本章的学习了解光的基本概念；熟悉光的基本物理量；熟悉环境照明对作业的影响；了解进行环境照明设计时应注意的问题。

习 题

1. 填空题

(1) 在适当照度下，可以增强物体的_____，有利于辨认物体的高低、深浅、前后、远近及相对位置。

(2) 不考虑特殊局部需要，为照亮整个假定工作面而设置的照明，称为_____。

(3) 在环境照明设计中，应最大限度地利用_____。

(4) 眩光效应主要破坏视觉的_____。

2. 单项选择题

(1) 波长在 380～780nm 范围的电磁波，给人眼的色感是（　　）。

　　A. 单色光　　　　B. 多色光　　　　C. 彩色光带　　　D. 白光

(2) 要工作面物体鲜明可见，可借助于下列（　　）措施。

　　A. 尽可能增加工作面的中心亮度

　　B. 尽可能增加工作面周围的照度值

　　C. 尽可能降低工作面周围的照度值

　　D. 让工作面周围照度与中心照度接近，同时又突出工作面中心照度值

(3) 导致视觉疲劳是因为以下（　　）原因。

　　A. 工作面周围和中心的照度值相同

　　B. 工作面周围的亮度稍暗，而工作面中心的亮度比较突出

　　C. 工作面中心的亮度突出，而周围黑暗

　　D. 受注视物体的亮度比较亮

3. 判断改正题

(1) 光的辐射功率相同而波长不同，其色觉相同，但亮度感觉不相同。　　　　（　　）

(2) 一般照明方式适用于工作地较分散或作业时工作地不固定的场所。　　　　（　　）

(3) 局部照明方式的灯具靠近工作面，使用较少的照明器具便可以获得较高的照度值，因此是一种比较完美的照明方式。　　　　（　　）

(4) 眩光效应与眩光源的位置有关，因此提高悬挂高度可以避免眩光。　　　　（　　）

(5) 工作间亮度分布比较均匀，将使人感到愉快，动作活跃，因此，工作间的亮度越均匀越好。　　　　（　　）

4. 简答计算题

(1) 一般电视机显像管荧光屏为什么从不同角度看过去亮度感觉基本相同？

(2) 照明条件与作业效率有何关系？是否提高照度值一定能提高作业效率？

(3) 工业企业建筑物照明按形式可分为哪几种？人工照明按灯光照射范围和效果又分为几种？选用何种照明方式与什么因素相关？

(4) 眩光是怎样产生的？都有什么样的眩光？眩光效应有何危害？

（5）照明环境的设计要注意哪些方面？

（6）如何保证照度的均匀度？

（7）图 6.11 所示的分别为何种照明方式？为什么采用它？可能会出现什么问题？

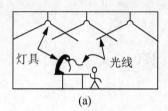
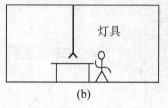

图 6.11 两种照明方式

（8）某工作间面积 $10m^2$，均分成 10 方格，测得各方格中心点的照度为 175、125、115、100、115、345、360、255、400、400lx。求平均照度，并判断照度是否均匀。

第7章 声音环境

声音对人类社会的实践是非常有用的，人们可借助听觉熟悉周围环境，利用声音和语言传递信息。特别是人类进入高科技时代，利用声音来操作和控制仪器、设备、计算机等，已在军工产业、驾驶及武器装备控制、残疾人操作等领域越来越得到重视。另一方面，随着现代工业和交通事业的迅速发展，在人们周围，使人们听起来不愉快、人们不需要的声音即噪声对人的危害也越来越严重，它影响着人们的生产、工作和学习，影响着人体健康和人们生活的环境。

 教学目标

1. 掌握噪声的影响及噪声控制的方法。
2. 理解噪声的来源与噪声的评价指标。
3. 能表述声强、声压、响度、响度级、计权声级、等效连续声级的概念及相互关系。
4. 了解声音的基本概念及分类。

 **教学要求**

知识要点	能力要求	相关知识
声的基本概念	(1) 理解频率、波长、声速； (2) 了解声场、波阵面	波动
声的度量	(1) 熟悉声音的物理度量； (2) 掌握声音的主观度量	声功率与声功率级； 频谱与频程
噪声的来源与影响	(1) 熟悉噪声的来源； (2) 了解噪声的分类； (3) 掌握噪声的影响	交通运输噪声； 城市建筑噪声； 社会生活和公共场所噪声
噪声的评价指标与控制	(1) 理解噪声的评价指标； (2) 熟悉噪声标准； (3) 掌握噪声控制的措施	绿化防噪

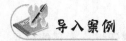

北京王府饭店发电机房噪声治理

王府饭店是坐落在北京王府井地区的一座五星级豪华旅馆。饭店备有两台 1250kV·A 的柴油发电机组。发电机房位于饭店背面一层，仅隔 6m 宽的消防通道就是人民日报社的宿舍区，20m 外还有一幢 12 层的高层住宅。发电机组为应急之用，尽管停电的可能性极小，但机组仍需每月例行运行一次。机组运行时，对相邻的人民日报社宿舍区和高层住宅楼的住户造成强烈的噪声干扰。北京市环保局要求王府饭店限期治理。

根据现场情况与上述要求和问题所在，拟采用土建做法的消声夹道。将原有 8.5m 长的钢制百页窗口和门拆除，用砖砌筑 2m 宽的夹道，墙厚 24cm，双面抹灰，内衬 10cm 厚玻璃棉板吸声层。原有大门改为有双层隔声门的吸声门斗。上述做法解决了隔声问题，有效地防止了机房客观存在的内噪声外传。消声夹道最大限度地利用了机房外可用的空间，布置冷却风扇的排风和柴油机燃气排放的消声装置。夹道外形方正，墙面粉刷和原有建筑相似，顶部排气口百叶窗利用拆下的原有百叶窗改制，既节省投资，又保持外观的原样。建成后，消声夹道看上去如同原来建筑的一部分，很协调。工程完工后，由中国环境监测总站进行测试验收。为了避免其他噪声源的干扰，测试在晚 11 时到凌晨 0 时 30 分进行。在两台发电机组同时运行情况下，以机心外 10m 处的传达室作为王府饭店边界点，测得的噪声级为 52.9dB (A)。这个效果好于原来要求的环境噪声白天的标准 60dB (A)，达到了夜间标准 50dB (A)，满足环境噪声要求。因为处理前后室外噪声大小的强烈对比，无论是饭店人员还是周围居民都认为效果出乎意料的好。外观和原来的建筑协调一致，也获得好评。而整个工程造价仅 14 万元，是一个投资少、效果好的噪声治理工程。

7.1 声的基本概念

从物理方面来说，物体受振动后，在弹性介质中以波的形式向外传播的机械振动称为声音。从生理方面来说，把传到人耳能引起听觉音响感觉的称为声音。这种能引起音响感觉的振动波称为声波，该受振的物体称为声源。因而声音的形成是由振动的发生、振动的传播这两个环节组成的。没有振动就没有声音，同样，没有介质来传播振动，也没有声音。作为传播声音的中间介质，必须是具有惯性和弹性的物质，因为只有介质本声有惯性和弹性，才能不断地传递声源的振动。传播声音的介质可以是气体，也可以是液体与固体。在空气中传播的声音称为空气声，在水中传播的声音称为水声，在固体中传播的声音称为固体声（或结构声）。人耳平时听到的声音大部分是通过空气传播的。

声音在介质中传播时，介质的质点本身并不随声音一起传递过去，是质点在其平衡位置附近来回振动，传播出去的是物质运动的能量，而不是物质本身。声音的实质是物质的一种运动形式，这种运动形式称为波动。因此，声音又称为声波。声波是种交变的压力波，属于机械波。频率、波长和声速是描述声波的三个重要物理量。

1. 频率

传声媒介质点每秒钟振动的次数称为频率，用 f 表示。媒介质点振动一次所需要的时

间称为周期，用 T 表示。频率和周期成倒数关系，即

$$f = 1/T$$

在声频范围内，声波的频率越高，声音显得越尖锐。反之则显得越低沉。人耳能感受到的频率范围为 20～20000 Hz，称为声频。高于 20000 Hz 的声波为超声波，低于 20 Hz 的声波为次声波。超声和次声，人耳都听不到。通常将频率低于 300 Hz 的声音称为低频声，300～1000 Hz 的声音称为中频声，1000 Hz 以上的声音称为高频声。

2．波长

声波在媒介中振动一次所经过的距离称为波长，用 λ 表示。

3．声速

声波在介质中传播的速度称为声速，记作 v，单位为 m/s。波长、频率和声速是描述声波的三个基本物理量，其相互关系为

$$\lambda = v/f$$

声速的大小主要与介质的性质和温度的高低有关。同一温度下，不同介质中声速不同。在 20℃时，空气中声速约为 340 m/s，空气的温度每升高 1℃，声速约增加 0.607 m/s。

声音分为纯音和复合音，纯音是单一频率的声音，纯音只有在严格控制的实验室条件下才能得到。一般的声音由一些频率不同的纯音合成，称为复合音。复合音包括音乐、语言和噪声等。音乐由多种纯音组成，其各频率成整倍数关系，且波形呈周期变化；语言的特性是元音为周期性变化的波，辅音为非周期性变化的波，它兼有音乐和噪声两种特性；噪声所属各纯音间的频率不成整倍数关系，其波形按非周期性变化。从社会意义上，把人们不需要的声音称为噪声。因此，噪声是一个相对概念。同一个声音在某一场合成为噪声，而在另一场合可能不成为噪声。

7.2　声的度量

7.2.1　声的物理度量

1．声强

声强是衡量声音强弱的一个物理量。声场中，在垂直于声波传播方向上，单位时间内通过单位面积的声能称为声强。声强常以 I 表示，单位为 W/m²。声强实质是声场中某点声波能量大小的度量，声场中某点声强的大小与声源的声功率、该点距声源的距离、波阵面的形状及声场的具体情况有关。通常距声源越远的点声强越小，若不考虑介质对声能的吸收，点声源在自由声场中向四周均匀辐射声能时，距声源 r 处的声强为

$$I = \frac{W}{4\pi r^2}$$

式中：I——距点声源为 r 处的声强，W/m²；

$\qquad W$——点声源功率，W。

2. 声压

目前，在声学测量中，直接测量声强较为困难，故常用声压来衡量声音的强弱。声波在大气中传播时，引起空气质点的振动，从而使空气密度发生变化。在声波所到达的各点上，气压时而比无声时的压力（压强）高，时而比无声时的压力低，某一瞬间介质中的压力相对于无声波时压力的改变量称为声压，记为 $p(t)$，单位为 Pa。

声音在振动过程中，声压是随时间迅速起伏变化的，人耳感受到的实际只是一个平均效应，因为瞬时声压有正负值之分，所以有效声压取瞬时声压的均方根值，即

$$p_T = \sqrt{\frac{1}{T}\int_0^T p^2(t)\,\mathrm{d}t}$$

式中：p_T——T 时间内的有效声压，Pa；

　　　$p(t)$——某一时刻的瞬时声压，Pa。

声音的声压必须超过一最小值，才能使人产生听觉。声压太小，不能听到；声压太大，只能引起痛觉，也不能听见。根据实验，对正常人，人耳能够听到 1000Hz 纯音的声压为 2×10^{-5} Pa，这只有一个大气压的五十亿分之一，该声压称为听阈声压。而声压达 20 Pa（一个大气压的千分之几）时，会感到震耳欲聋，使人耳产生疼痛感，该声压称为痛阈声压。

3. 声压级

人耳可听声的声压最强与最弱之间的比约为 10^6，相差百万倍，使用起来很不方便。因此用声压或用声强的绝对值表示声音的强弱都不方便。韦伯（E. H. Weber）－范希纳（G. T. Fechner）的研究表明：感觉的大小与刺激量的对数成正比。故既考虑使用上的方便，又考虑人的感觉特性，在声音度量中引入声压级概念。声压级是指声压与基准声压之比的以 10 为底的对数乘以 20，用符号 L_P 表示，单位为 dB，其表达式为

$$L_P = 20\lg\frac{P}{P_0}$$

式中：P——声压，Pa；

　　　P_0——基准声压，$P_0 = 2\times10^{-5}$ Pa。

4. 声压级的合成法则

在实际问题中，仅由单个声源影响的情况很少，即使在单个声源情况下，通过测量所获得的声压级也都是和背景声相叠加的结果。因此，在多个声源同时存在时，需要了解各个声源的声压级与总声压级的关系。根据能量合成原则可知，若在某点分别测得几个声源的声压为 P_1，P_2，$\cdots$，P_n，则在该点测得的总声压 $P_{总}$ 满足

$$P_{总}^2 = \sum_{i=1}^n P_i^2$$

因此，可以得到声压级的加法规则。

（1）求总声压级。设在某点测得的几个声压级为 L_{P1}，L_{P2}，L_{P3}，$\cdots$，L_{Pn}，由声压级的定义可知

$$L_{Pi} = 10\lg\left(\frac{P_i}{P_0}\right)^2$$

可得

$$\left(\frac{P_i}{P_0}\right)^2 = 10^{0.1L_{Pi}}$$

因为

$$\left(\frac{P_{总}}{P_0}\right)^2 = \sum_{i=1}^{n}\left(\frac{P_i}{P_0}\right)^2$$

所以

$$L_{P_{总}} = 10\lg\left(\sum_{i=1}^{n} 10^{0.1L_{Pi}}\right)$$

（2）求声源声压级。某一声源的声压级，总是在一定的背景声源下测得的。要准确地了解声源的声压级，必须从总声压级中剔除背景声源的影响。根据声压合成原则有

$$P_{总}^2 = P_{源}^2 + P_{背}^2$$

由此得

$$\left(\frac{P_{源}}{P_0}\right)^2 = \left(\frac{P_{源}}{P_0}\right)^2 - \left(\frac{P_{背}}{P_0}\right)^2$$

故

$$L_{P_{源}} = 10\lg(10^{0.1L_{P_{总}}} - 10^{0.1L_{P_{背}}})$$

5. 频谱与频程

各种声源发出的声音很少是单一频率的纯音，大多是由许多不同强度、不同频率的声音复合而成，不同频率（或频段）的成分的声波具有不同的能量，这种频率成分与能量分布的关系称为声的频谱。将声源发出的声音强度（声压、声功率级、声压级）按频率顺序展开，使其成为频率的函数，并考察变化规律，即称为频谱分析。通常以频率（或频带）为横坐标，以反映相应频率成分强弱的量为纵坐标，把频率与强度的对应关系用图形表示，称为频谱图。图 7.1 所示为 AK1300－Ⅲ型汽轮鼓风机频谱图。

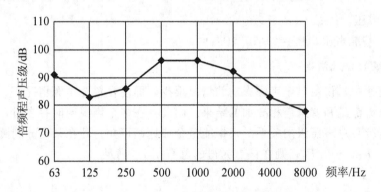

图 7.1　AK1300－Ⅲ型汽轮鼓风机频谱图

由于一般噪声的频率分布宽阔，在实际的频谱分析中，不需要也不可能对每个频率成分进行具体分析。为了方便，人们把 20～20000Hz 的声频范围分为几个段落，划分的每一个具有一定频率范围的段落称为频带或频程。它以上限频率 f_1 和下限频率 f_2 之比的对数来计算，此对数通常以 2 为底，即

$$n = \log_2 \frac{f_1}{f_2} \ \text{或} \ \frac{f_1}{f_2} = 2^n$$

式中：n——倍频程数。

频程的划分方法通常有两种。一种是恒定带宽，即每个频程的上、下限频率之差为常数；另一种是恒定相对带宽的划分方法，即保持频带的上、下限之比为一常数。实验证明，当声音的声压级不变而频率提高一倍时，听起来音调也提高一倍（音乐上称提高八度音程）。为此，将声频范围划分为这样的频带：使每一频带的上限频率比下限频率高一倍，即频率之比为 2，这样划分的每一个频程称为一倍频程，简称倍频程。在实际分析中，通常以倍频程或 1/3 倍频程进行分析。一个倍频程就是上限频率比下限频率高一倍，但 1/3 倍频程并不是上限频率比下限频率高 1/3 倍，而是上限频率为下限频率的 $2^{1/3} \approx 1.26$ 倍。倍频程通常用它的几何中心频率 f_0 代表，中心频率与上、下限频率之间的关系为

$$f_0 = \sqrt{f_1 f_2}$$

这里的 f_0 是一个频率，但它却代表一个倍频程的频率范围。目前，国际上对倍频程的划分法已通用化了。通用的倍频程 f_0 及每个频带包括的频率范围见表 7-1，其中 10 个频程已把可闻声（20～20000Hz）全部包括进来，因而使测量和分析工作得到简化。

表 7-1　倍频程频率范围　　　　　　　单位：Hz

中心频率	31.5	63	125	250	500
频率范围	22.5～45	45～90	90～180	180～354	354～707
中心频率	1000	2000	4000	8000	16000
频率范围	707～1414	1414～2828	2828～5656	5656～11212	11212～22424

7.2.2　声的主观度量

人耳对声音的感觉不仅与声压有关，而且与频率有关，对高频声音感觉灵敏，对低频声音感觉迟钝。声压级相同而频率不同的声音，听起来可能不一样。因此，噪声的物理量度并不能表征人身对声音的主观感觉。研究噪声和对噪声环境进行评价，是为人类服务的。因此，在一定程度上，对噪声的主观评价比对噪声的客观评价更为重要。

1. 响度和响度级

1）响度

人的听觉与声音的频率有非常密切的关系，一般来说两个声压相等而频率不相同的纯音听起来是不一样响的。响度是人耳判别声音由轻到响的强度等级概念，用符号 N 表示，它不仅取决于声音的强度（如声压级），还与频率及波形有关。响度的单位为"宋"，1 宋的定义为声压级为 40dB，频率为 1000Hz，且为来自听者正前方的平面波形的强度。如果另一个声音听起来比这个大 n 倍，即声音的响度为 n "宋"。

2）响度级

响度级的概念也是建立在两个声音的主观比较上的。定义 1000Hz 纯音声压级的分贝值为响度级的数值，任何其他频率的声音，当调节 1000Hz 纯音的强度使之与该声音一样

响时，则这 1000Hz 纯音的声压级分贝值就定为这一声音的响度级数值。响度级用符号 L_N 表示，单位为"方"。

利用与基准声音比较的方法，可以得到人耳听觉频率范围内一系列响度相等的声压级与频率的关系曲线，即等响曲线，如图 7.2 所示。该曲线为国际标准化组织所采用，所以又称 ISO 等响曲线。

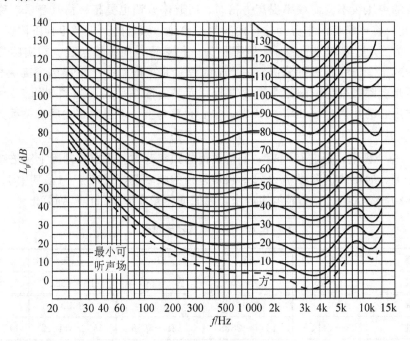

图 7.2　等响曲线

图 7.2 中同一曲线上不同频率的声音，听起来感觉一样响，而声压级是不同的。从曲线形状可知，人耳对 1000～4000Hz 的声音最敏感。对低于或高于这一频率范围的声音，灵敏度随频率的降低或升高而下降。如一个声压级为 80dB 的 20Hz 纯音，它的响度级只有 20 方，因为它与 20dB 的 1000Hz 纯音位于同一条曲线上；同理，与它们一样响的 10kHz 纯音声压级为 30dB。

3）响度与响度级的关系

根据大量实验得知，响度级每改变 10 方，响度即加倍或减半。如响度级 30 方时响度为 0.5 宋，响度级 40 方时响度为 1 宋，响度级 50 方时响度为 2 宋，以此类推。它们的关系可用下式表达

$$N = 2^{\frac{L_N - 40}{10}}$$

或

$$L_N = 40 + 33\lg N$$

响度级的合成不能直接相加，而响度可以相加。例如：两个不同频率而都具有 60 方的声音，合成后的响度级不是 60＋60＝120（方），而是先将响度级换算成响度进行合成，然后再换算成响度级。本例中 60 方相当于响度 4 宋，所以两个声音响度合成为 4＋4＝8

（宋），而 8 宋按数学计算可知为 70 方，因此两个响度级为 60 方的声音合成后的总响度级为 70 方。

2. 计权声级

人耳对不同频率的声音的敏感程度是不同的，对高频声敏感，对低频声不敏感。因此，在相同声压级的情况下，人耳的主观感觉是高频声比低频声响。为使噪声测量结果与人对噪声的主观感觉相一致，通常在声学测量仪器中，引入一种模拟人耳听觉在不同频率上的不同感受性的计权网络，对不同频率的客观声压给予适当增减，这种修正的方法称为频率计权。通过计权网络测得的声压级，已不再是客观物理量的声压级，而称为计权声压级或计权声级，简称声级。通用的有 A、B、C 和 D 计权声级。A 计权声级是模拟人耳对 55dB 以下低强度噪声的频率特性；B 计权声级是模拟 55～85dB 的中等强度噪声的频率特性；C 计权声级是模拟高强度噪声的频率特性；D 计权声级是对噪声参量的模拟，专用于飞机噪声的测量。计权网络是一种特殊滤波器，当含有各种频率的声波通过时，它对不同频率成分的衰减是不一样的。A、B、C 计权网络的主要差别在于对低频成分衰减程度不同，A 衰减最多，B 其次，C 最少。A、B、C、D 的计权特性曲线如图 7.3 所示，其中 A、B、C 三条曲线分别近似于 40 方、70 方和 100 方三条等响曲线的倒转。由于计权曲线的频率特性是以 1000Hz 为参考计算衰减的，因此以上曲线均重合于 1000Hz。实践证明，A 计权声级表征人耳主观听觉较好，故近年来 B 和 C 计权声级较少应用。A 计权声级以 L_{pA} 或 L_A 表示，其单位用 dB（A）表示。

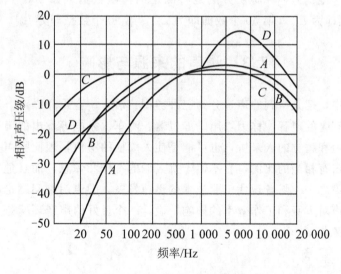

图 7.3　A、B、C、D 计权特性曲线

3. 等效连续声级

A 计权声级能够较好地反映人耳对噪声的强度与频率的主观感觉，因此对一个连续的稳态噪声，它是一种较好的评价方法，但对一个起伏的或不连续的噪声，A 计权声级就显得不合适了。如交通噪声随车辆流量和种类而变化；又如，一台机器工作时其声级是稳定的，但由于它是间歇地工作，与另一台声级相同但连续工作的机器对人的影响就不一样。

因此提出了一个用噪声能量按时间平均的方法来评价噪声对人影响的效果，即等效连续声级，符号为"L_{eq}"或"$L_{Aeq \cdot T}$"。它是用一个相同时间内声能与之相等的连续稳定的 A 声级来表示该段时间内的噪声的大小。例如，有两台声级为 85dB 的机器，第一台连续工作8h，第二台间歇工作，其有效工作时间之和为 4h。显然作用于操作工人的平均能量前者比后者大一倍，即大 3dB。因此，等效连续声级反映在声级不稳定的情况下，人实际所接受的噪声能量的大小，是一个用来表达随时间变化的噪声的等效量，其与 A 声级的关系为

$$L_{Aeq \cdot T} = 10 \lg \left(\frac{1}{T} \int_0^T 10^{0.1 L_{pA}} \, dt \right)$$

式中：L_{pA}——某时刻 t 的瞬时 A 声级，dB；

$\quad\quad T$——规定的测量时间，s。

如果数据符合正态分布，其累积分布在正态概率纸上为一直线，则可用下面的近似公式计算：

$$L_{Aeq \cdot T} \approx L_{50} + (L_{10} - L_{90})^2 / 60$$

式中：L_{10}、L_{50}、L_{90} 为累积百分声级，其定义如下：

L_{10}——测量时间内 10% 的时间超过的噪声级，相当于噪声的平均峰值。

L_{50}——测量时间内 50% 的时间超过的噪声级，相当于噪声的平均值。

L_{90}——测量时间内 90% 的时间超过的噪声级，相当于噪声的背景值。

累积百分声级 L_{10}、L_{50} 和 L_{90} 的计算方法有两种：是在正态概率纸上画出累积分布曲线，然后从图中求得；另一种简便方法是将测定的一组数据（如 100 个）按从大到小排列，第 10 个数据即为 L_{10}，第 50 个数据即为 L_{50}，第 90 个数据即为 L_{90}。

7.3　噪声的来源与影响

在现实生活中，把人听到的声音分为三种类型：语言、音乐和噪声。通常把不希望听到的声音或者是有害的声音，称为噪声。如机器、汽车、家电等发出的声音，甚至优美的乐曲对于正在学习和睡觉的人来讲，也可能是使人烦恼的噪声，因此噪声是相对的。噪声在人们的生活中占有相当的比例，它不但干扰人们的工作和休息，而且危害人体健康，是当今世界三大污染之一。随着现代工业技术的迅速发展，噪声污染问题也越来越严重，研究作业环境中噪声对人身和工作效率的影响，设计一个良好的声音环境是人机工程设计中的一项重要的任务。

7.3.1　噪声的来源

（1）气体振动所形成的压力突变导致气体扰动所产生的噪声，叫做"空气动力性噪声"。如各种风机、空压机、汽轮机、喷气机、空调机、汽笛等发出的噪声。

（2）机械的摩擦、转动、撞击等引起的固体振动所造成的噪声，叫做"机械性噪声"。如各种机械设备、电锯、绒织机械、球磨机、锻压机、剪板机等所发出的噪声。

（3）电磁性噪声，发生于磁场脉动、电机部件振动，如电动机、变压器等产生的噪声。

（4）手工作业形成的噪声，如钣金、铆接、校平零件等发出的声音。

（5）电声性噪声，由于电声转换而产生的噪声，如广播、电视、收录机、电话机、电子计算机等产生的噪声。

（6）语言噪声。

（7）交通车辆噪声，如火车、汽车、飞机等运转引起的噪声。据一些国家调查得知，城市 70％噪声来自于交通工具。

7.3.2 噪声的分类

噪声泛指一切对人们生活和工作有妨碍的声音，凡使人烦恼、不愉快的声音都称为噪声。由此可见，噪声的定义不单纯由声音的物理性质所决定，而主要取决于人们的生理心理状态。噪声可按以下方法分类。

1. 按照人们对噪声的主观评价分

①过响声，很响的使人烦躁不安的声音，如机器、织布机的运行声；②妨碍声，声音不大，但妨碍人们的交谈、学习、思考和睡眠；③刺激声，刺耳的声音，如汽车刹车声；④无形声，日常被人们习惯了的低强度噪声，如风扇声、树叶声等。

2. 按照噪声随时间变化的特性分

①稳定噪声，声音的强弱随时间变化不显著，其波动小于 5dB，如机器、织布机的运行声等；②周期性噪声，声音强弱呈周期变化，如火车的蒸汽机声、打桩声等；③无规律噪声，声音强弱随时间无规律变化，如交通噪声等；④脉冲噪声，突然爆发又很快消失，其持续时间小于 1s、间隔时间大于 1s、声级变化大于 40dB 的噪声，如冲击、锻打、枪炮声等。

3. 按噪声源的特点分

①工业噪声，工业生产产生的噪声，如空气动力、机械噪声、电磁等产生的噪声；②交通噪声，交通工具产生的噪声；③社会噪声，社会活动和家庭生活引起的噪声，如公共场所的商业场所、餐厅、人群集会、高音喇叭等噪声，家庭中空调、冰箱、洗衣机产生的噪声。

其中工业噪声按其产生方式不同可分为：空气动力性噪声，机械性噪声，电磁性噪声。

7.3.3 噪声对听力的损伤

1. 听力损伤及类型

强噪声对人的听觉损害是一个"积累"过程。每次强噪声只引起短时间的听力损失，但若经常发生短时间的听力损失，就会导致永久性的听觉丧失，称为噪声聋。听力丧失是一个较慢的过程，而且同年龄增长而引起的耳聋容易混在一起。在许多国家，噪声聋是按职业病处理的，可见其影响的危害性。

由于接触噪声而引起的听力损失，称为噪声对听力的损伤。听力损失定义为人耳在某一频率的听阈较正常人的听阈提高的分贝数。噪声对听力的损伤有下述几种情况：

（1）听觉疲劳。人们短期内在强噪声环境中，可以感到声音刺耳、不适、耳鸣，出现暂时性听力下降；当脱离噪声环境，耳朵还会嗡嗡作响，甚至听不清别人一般的说话声，但可在几分钟内恢复正常，这种现象称为听觉适应，是人体的一种生理性反应。听觉适应是有一定限度的。若声压级在90dB以上，接触较长时间会导致听力减弱，听觉敏感将进一步降低，听阈提高15dB以上，在停止接触噪声后，听觉敏感性的恢复可从几分钟延长到几小时甚至十几小时，这种恢复听力的现象称为听觉疲劳。这是听觉器官的功能性变化，并未导致听觉器官的器质性损伤。长期在噪声环境中工作产生的听觉疲劳，不能及时恢复会导致永久性听阈位移。

（2）噪声性耳聋。长时间受到过强噪声的刺激，引起内耳感声性器官的退行性变化，就会由功能性影响变为器质性损伤，这时的听力下降称为噪声性耳聋或噪声性听力丧失。据调查，从事铆工、织布工、凿岩工等职业的人如果长期暴露在强噪声环境中，又不采取防护措施，噪声性耳聋的发病率可达50%～60%，有的甚至达80%以上。根据国际标准化组织（ISO）1964年规定，500Hz、1kHz、2kHz三个频率的平均听力损失超过25dB即称为噪声性耳聋。长期在噪声环境中工作产生的听觉疲劳不能及时恢复导致永久性听阈位移，当听阈位移达25～40dB时为轻度耳聋，当听阈位移达55～70dB时为中度耳聋，当听阈位移为70～90dB时为严重耳聋，听阈位移为90dB以上时为极端耳聋。

（3）爆发性耳聋。当声压很大（如爆炸、炮击高达150dB）时，鼓膜内外产生较大内差，导致鼓膜破裂，或听小骨损伤等，双耳完全失听，这种情况下的耳聋称为爆发性耳聋。一般要求脉冲噪声的峰值不得超过140dB。

【阅读材料7-1】 听力损伤的统计数据

据统计，在我国约有1000万工人在高噪声环境下工作，其中约有100万人患有不同程度的职业性耳聋。据九省市噪声对听觉系统影响的调查，高频听力损伤发生率为65.54%，其中达中、重度者为28.14%；语频听力损伤发生率为14.37%。军事噪声的危害同样相当严重，据美军的一项报告，服役两年的士兵，听力损伤发生率为20%～30%，服役10年的士兵，听力损伤发生率可高达50%以上，因耳聋退伍的人员可占退伍总人数的20%。

2.影响听力损伤程度的因素

（1）噪声强度。55dB（A）以下低强度噪声对人的听力没有什么损伤。据研究，在许多场合，这种噪声对人的工作效率反而产生一些有利的影响。因为人的信息通道在完全没有信息输入或极少信息输入时，会产生不舒适感。55dB（A）的噪声，即使终身职业暴露，也只有10%的人产生轻微的听力损失。所以有人认为55～65dB（A）的噪声是产生轻微听力损失的临界噪声强度。

（2）暴露时间。一般每一频率的听力损失有各自的临界暴露年限。超过此年限，这个频率的听力随暴露年限的延长而下降，最初下降较快，而后逐渐变慢，最后接近停滞状态，即存在一个噪声听力损失临界停滞年限。听力损失的临界暴露年限和临界停滞年限与测听的频率和噪声强度有关。例如，暴露于85～90dB（A）的噪声环境，4kHz听力的临界暴露年限只有几个月，3kHz和6kHz听力的临界暴露年限约为一年。

（3）噪声频率。不同频率的噪声对听力影响的作用不同。在一般情况下，4kHz的噪声对听力的损伤最为严重，其次是3kHz的噪声，再次是2kHz和8kHz的噪声，最后是2kHz以下和8kHz以上的噪声。16～20kHz的噪声对听力的损伤作用比3kHz左右的噪声要小很多。窄频带噪声、纯音对听力的损伤作用比宽频带噪声更大。含高频成分多的噪声比含低频成分多的噪声对听觉的损害要大；冲击噪声比连续噪声的危害要大，一次剧烈的爆炸声，可能立即造成听力丧失。

接触噪声的时间和强度不同，噪声性耳聋的程度也不同，其关系见表7-2。

表7-2 噪声暴露与语言听力损失的关系

噪声强度/dB(A)	暴露年限/年								
	5	10	15	20	25	30	35	40	45
	损伤人数/%								
80	(0～3)	(1～3)	(2～10)	(3～7)	(5～14)	(8～14)	(14～24)	(24～33)	(41～50)
85	0～1	3	1～5	5～6	2～7	7～8	3～9	8～10	7
90	0.5～4	7～10	2～7	12～16	3～16	16～18	6～20	18～21	15
95	2～7	12～17	8～24	23～28	12～29	27～31	6～32	28～29	23～24
100	6～12	21～29	14～37	36～42	15～43	41～44	14～45	40～41	33～35
105	13～18	32～42	16～53	50～58	23～60	58～62	19～61	54	41～45
110	19～26	46～55	61～71	68～78	73～78	74～77	72	62～64	45～52
115	26～38	61～71	79～83	84～87	81～86	81～84	75～80	64～70	47～55

注：1. 听力损伤以500Hz、1000Hz、2000Hz纯音听力平均值下降25dB为准。
2. 表中括号内的数包括年龄的影响。

7.3.4 噪声对其他生理机能的影响

1. 对神经系统的影响

噪声具有强烈的刺激性，长期在噪声环境下作业，会导致中枢神经功能性障碍，可以使大脑皮层的兴奋与抑制过程平衡失调，结果引起条件反射紊乱。实验证明，噪声影响可以使人的脑电波发生变化，脑血管功能紊乱，条件反射异常。人们长期接触高强度噪声后，可出现头痛、头晕、耳鸣、心悸、多梦、易疲劳、易激动、失眠、注意力不集中、神经过敏、记忆力减退等神经衰弱症状；严重时，全身虚弱，体质下降，容易诱发其他疾病。噪声对神经系统的影响，是由于大脑皮层的兴奋与抑制失调，导致条件反射异常造成的，目前还未证明噪声能够引起神经系统的器质性损害。

2. 对内分泌系统的影响

噪声对内分泌系统的影响主要表现为甲状腺功能亢进，肾上腺皮质功能增强（中等噪声70～80dB）或减弱（大强度噪声100dB）。这是噪声通过下丘脑垂体—肾上腺引起的一种机体对环境的应激反应。在环境噪声的长期刺激下，可导致性功能紊乱、月经失调，孕妇的流产率、畸胎率、死胎率增加，以及初生儿体重降低（小于2500g）。

3. 对心血管系统的影响

噪声对交感神经有兴奋作用，可以导致心动过速、心律失常、心电图改变以及末稍血管收缩、供血减少等。调查的资料表明，在长期暴露于噪声环境的工人中，有部分工人的心电图出现缺血型改变，常见的有窦性心动过速或过缓、窦性心律不齐等。

噪声还可以引起自主神经系统功能紊乱，表现为血压升高或降低，尤其是原来血压波动大的人，接触噪声后，血压变化更为明显。噪声对心血管系统的慢性损伤作用，发生在 $80\sim90$ dB（A）噪声情况下。

4. 对消化系统的影响

长期处在噪声环境中，胃肠系统出现胃液分泌减少，蠕动减慢，食欲下降，使胃的正常活动受到抑制，导致溃疡病和胃肠炎发病率增高。研究表明，胃肠功能的损伤程度随噪声强度升高及噪声暴露年限增长而加重。噪声大的行业，溃疡病发病率比安静环境下的发病率高 5 倍。

5. 噪声对视觉功能的影响

噪声对视觉功能也有一定的影响，它使视网膜光感度下降，视野界限发生变化，视力的清晰度与稳定性降低。有人认为，目前工业大城市中车祸频繁发生的原因之一，就是由于噪声引起司机视觉功能障碍所致。

【阅读材料 7-2】 世界噪声公害事件

1981 年，在美国举行的一次现代派露天音乐会上，当震耳欲聋的音乐声响起后，有 300 多名听众突然失去知觉，昏迷不醒，100 辆救护车到达现场抢救。这就是骇人听闻的噪声污染事件。

7.3.5 噪声对心理状态的影响

噪声对心理状态的影响主要表现为噪声易使人出现烦躁、焦虑、生气等不愉快的心理情绪。噪声引起人烦恼的程度与噪声强度、频率、噪声随时间的变化、个体所从事的作业或活动性质、个体状况等因素有关。

1. 强度对烦恼程度的影响

烦恼是一种情绪表现，与噪声级相关。噪声强度增大，引起烦恼的可能性随之增大。有人曾对大学生进行过实验，在一定噪声条件下，让受试者根据自己的感觉进行投票，表达自己对该强度噪声的烦恼程度。通过对投票结果统计回归，整理出了烦恼度的表达式如下：

$$I = 0.1058L_A - 4.793$$

式中：I 为烦恼度；L_A 为环境噪声强度，dB（A）。

相应的烦恼指数见表 7-3。

表 7-3 烦恼指数表

I	5	4	3	2	1
烦恼程度	极度烦恼	很烦恼	中等烦恼	稍有烦恼	没有烦恼

2. 噪声频率对烦恼程度的影响

响度相同而频率高的噪声，比频率低的噪声更容易引起烦恼。

3. 噪声稳定性对烦恼程度的影响

噪声强度或频率不断变化，比稳定的噪声更容易引起烦恼。间断、脉冲和连续的混合噪声会使人产生较大的烦恼情绪，脉冲噪声比连续噪声的影响更大，且响度越大影响越大。

4. 活动性质对烦恼程度的影响

在住宅区，60dB（A）的噪声即可引起很大的烦恼，但在工业区，噪声可以高一些。相同噪声环境下，脑力劳动比体力劳动更容易产生烦恼。

【阅读材料 7-3】　噪声对心理的影响

1960 年 11 月，日本广岛市的一男子被附近工厂发出的噪声折磨得烦恼万分，以致最后刺杀了工厂主。

1961 年 7 月，一名日本青年从新潟来到东京找工作，由于住在铁路附近，日夜被频繁过往的客货车的噪声折磨，患了失眠症，不堪忍受痛苦，终于自杀身亡。

1961 年 10 月，东京都品川区的一个家庭，母子三人因忍受不了附近建筑器材厂发出的噪声，试图自杀，未遂。

7.3.6　噪声对人的信息交流的影响

语言和听觉是人接受和交流信息的重要方式和器官。但是噪声会干扰人检测到听觉信号，这种现象称为掩蔽。掩蔽将影响到检测的声信号，如警告信号和警报，但最普遍的影响是对语言通信的干扰。

1. 噪声对语言通信的影响

噪声对人的语言交流危害较大。作业区的语言交流质量决定于说话的声音强度和背景噪声的强度。在安静的场合，很微弱的声音都能被听见，如耳语。而在喧闹的环境中，需要提高讲话声音的强度才能听到。人们一般谈话声大约是 60dB，高声谈话为 70～80dB。当周围环境的噪声与谈话声相近时，正常的语言交流就会受到干扰。因此在 65dB 以上的噪声环境中，一般的谈话活动难以正常进行，必须大声交谈，相当吃力。如果噪声达到 85dB 以上，即使大声喊叫也无济于事，此时，声音信号只传递非常有限的信息，往往要有手势作补充以改善语言交流效果。500～2000Hz 的噪声对语言的干扰最大。人与人对面谈话时，为了保证在 2m 左右距离进行有效的语言交流，只有背景噪声比说话声音小 10dB 才能正常进行。噪声对电话的干扰尤为显著，在环境噪声低于 55dB 时，说话与听话都不受干扰；65dB 时，对话开始发生困难；80dB 时，对话就难以继续。一些临近马路的公用电话，由于马路上车辆频繁，交通噪声强烈，使通话质量受到严重妨碍，甚至中断通话。

2. 噪声对声信号的干扰

一个声音由于其他声音的干扰而使听觉发生困难，需要提高声音的强度才能产生听觉，这种现象称为声音的掩蔽。一个声音的听阈因另一个声音的掩蔽作用而提高的现象称为掩蔽效应。声音可以用来表示一台机器的运转是否正常，也可用声信号作为报警信号。

在复杂的人机环境系统中，可能同时用多种报警信号。噪声对声信号具有掩蔽作用，由于掩蔽效应，往往使人不易察觉或不易分辨一些听觉信号。因此，噪声对工作效率势必带来消极影响，必要的指令、信号和危险警报可能被噪声掩盖，工伤事故和产品质量事故会明显增多。据美国某铁路局对造成 25 名职工死亡的 19 起事故的分析，认为其主要原因是高噪声掩蔽了听觉信号的察觉能力。如果工作场所噪声干扰不可避免，就需要研究制造保证可听度的声音信号，这不仅可以增强声音信号，而且可以选择频域适当的信号。也就是说，最好选用同噪声频率相差较大的声音作为听觉信号。

7.3.7 噪声对作业能力和工作效率的影响

噪声对体力作业的影响最小，但对人的思维活动或需要集中精力的活动干扰极大。在噪声干扰下，人会感到烦躁不安，容易疲乏，注意力难以集中，反应迟钝，差错率明显上升。所以噪声既影响工作效率又降低工作质量，尤其是对一些非重复性的劳动更为明显。有人计算过，由于噪声作用可使劳动生产率降低 10%～15%，特别是对那些要求注意力高度集中的复杂工作影响更大。有人曾对打字员做过实验，把噪声从 60 dB（A）降低到 40 dB（A），工作效率提高 30%。对排字、速记、校对等工种进行调查发现，随噪声增高，错误率上升。对电话交换台调查的结果是，噪声从 50 dB（A）降至 30 dB（A），差错率可减少 12%。对一些工厂进行的研究发现，当加工车间的噪声降低 25dB，废品率可下降 50%；装配车间的噪声降低 20 dB（A），生产率提高 30%。上述结果充分说明了控制噪声的重要意义。

噪声对工作效率的影响与噪声的强度、频率和发声方向等因素有关。显然噪声的强度越大，干扰亦越厉害。通常，噪声大于 80dB 时，大多数人的工作效率就有不同程度下降。高频率的噪声比低频率的更令人厌烦。间歇性、时强时弱的噪声比长时间连续性噪声的影响更大。此外，发声方向经常变换的噪声比固定来自某一方向的噪声干扰大。

值得注意的是，声音过小也会成为问题。在一个寂静无声的房间里工作，心理上会产生一种可怕的感觉，使人痛苦，这也必然会影响工作。在单调作业时，噪声可提高人的觉醒程度，从而提高作业效能。由于噪声可遮盖其他声音刺激，阻止分散注意力，因而在一定条件下也可有利于脑力作业。

7.3.8 噪声对睡眠与休息的影响

睡眠是人体消除疲劳、维持劳动力与健康的必要条件。睡眠受到干扰的结果必然导致工作和劳动效率的降低。通常，人在准备睡觉时，30～40dB 的声音就会产生轻微的干扰。夜间周围环境的声压级不大于 30dB，人的睡眠就不至受到妨碍。如果周围有人高声谈论，房间里收音机、电视机的乐曲声不断，此时环境的声压级可达 60～70dB，将使人感到难以入睡。有人用脑电波测试噪声对睡眠的干扰情况，结果发现，在 40～50dB 的噪声刺激下，睡眠者就有觉醒反应，神经衰弱者在 40dB 以下即被惊醒。这说明 40～50dB 的噪声就已经影响了人的睡眠。

噪声对睡眠的影响表现为入睡时间和睡眠深度两个方面。经研究发现，在噪声级为 35dB 的区域，测试者平均入睡时间为 20min，睡眠深度即熟睡期占整个睡眠时间的 70%～80%；噪声级为 50dB 的区域，平均入睡时间为 60min，睡眠深度为 62%。

7.3.9 噪声对仪器设备和建筑物的影响

大功率的强噪声会妨碍仪器设备的正常运转，造成仪表读数不准、失灵，甚至使金属材料因声疲劳而破坏。180dB 的噪声能使金属变软，190dB 能使铆钉脱落。大型喷气式飞机以超音速低空掠过时，它所发生的大功率冲击波有时能使建筑物玻璃震裂，甚至房屋倒塌。1962 年，美国三架军用飞机以超音速低空飞行所发出的轰鸣声，使飞行经过的日本藤泽市许多房屋的玻璃震碎，烟囱倒塌，日光灯掉下，商店架上的商品震落满地。

【阅读材料 7 - 4】 可怕的噪声

噪声的危害是多方面的，而且具有普遍性，达到无孔不入的地步，严重的甚至致人于死地。在我国古代，曾用钟刑处死犯人，将犯人绑在大钟下，用洪亮的钟声使人致死。在二次大战期间，德国法西斯曾使用一种残酷的噪声刑：审讯室的三面墙壁均是光滑的水泥结构，有号筒式喇叭和汽笛产生可怕的声响，受刑者在噪声的刺激下像触电一般，开始站立不稳，接着汗如雨下、全身抽搐，随后大声呼叫，眼睛充血并极力挣脱以求撞墙自杀。在噪声的冲击下，许多人因耳膜破裂而死亡。

1960 年，美国一种新型超音速飞机问世，频繁地进行试飞试验，每天有 8 个架次从某农场上空掠过，超音速飞机强大的噪声震碎了农场的窗子，六个月后，这家农场的 1 万只鸡被这强烈的噪声杀死了 6000 只，剩下的 4000 只鸡，有的羽毛脱落，有的不再生蛋，农场里的所有奶牛都不出奶了。农场主怒气冲冲地控告飞机制造商，要求赔偿损失。

1988 年夏，沈阳某半导体材料厂极怕振动的单硅炉正在拉丝，厂外不远突然响起建筑打桩声，结果致使设备损坏，部件报废，工厂停产，造成了重大经济损失。

7.4 噪声的评价指标与控制

噪声既危害于人体健康，又影响工作效率，因此首先需要根据不同的噪声控制目的、地点、客观条件等因素制定出合理的噪声控制标准和评价指标，以便为噪声的控制提供依据。噪声对人的影响不但与反映噪声客观特性的声强量有关，而且与人的心理、生理等方面的主观因素有关，因此噪声的评价指标应该将反映噪声的客观量与人的主观因素联系起来加以考虑。

7.4.1 噪声标准

噪声标准同其他环境标准一样，具有重要意义，它是噪声控制和保护环境的基本依据。目前的噪声控制标准分为三类：第一类是基于对作业者的听力保护而提出来的，我国的《工业企业噪声卫生标准》、《机床噪声标准》均属此类，它们以等效连续声级、噪声暴露量为指标；第二类是基于降低人们对环境噪声烦恼度而提出的，我国的《城市区域环境噪声标准》、《机动车辆噪声标准》属于此类，它们是以等效连续声级、统计声级为指标；第三类是基于改善工作条件、提高效率而提出的，《室内噪声标准》属于此类，该类以语言干扰级为指标。

1. 国际标准化组织（ISO）噪声标准

（1）听力保护标准。ISO 在 1971 年提出的 8 小时噪声暴露的听力保护标准为等效连续声级 85～90dB（A）。若时间减半，则允许声级提高 3dB（A）。具体见表 7-4。

表 7-4 1971 年 ISO 噪声暴露听力保护标准

连续噪声暴露时间/h	8	4	2	1	0.5	最高限
允许等效连续声级/dB（A）	85～90	88～93	91～96	94～99	97～102	115

（2）环境噪声标准。1971 年 ISO 提出的 ISO R1996 环境噪声标准是：住宅区室外噪声标准为 35～45dB（A）。不同时间应按表 7-5 修正，不同地区按表 7-6 修正，室内按表 7-7 修正。非住宅区的室内噪声标准见表 7-8。

表 7-5 不同时间环境噪声标准修正表

时间	修正值/dB（A）
白天	0
晚上	-5
深夜	-15～-10

表 7-6 不同地区环境噪声标准修正表

地区	修正值/dB（A）
乡村住宅、医院疗养区	0
郊区住宅、小马路	+5
市区	+10
工商业和交通混合区	+15
城市中心	+20
工业地区	+25

表 7-7 室内噪声标准修正表

窗户条件	修正值/dB（A）
开窗	-10
单层窗	-15
双层窗	-20

表 7-8 非住宅区室内噪声标准

场所	标准/dB（A）
办公室、商店、小餐厅、会议室	35
大餐厅、带打字机的办公室、体育馆	45
大的打字机室	55
车间（根据不同用途）	45～75

2. 中国噪声标准

1）工业企业噪声卫生标准

我国 1979 年颁布的《工业企业噪声卫生标准》中规定：工业企业的生产车间和作业场所的工作地点的噪声标准为 85dB（A）。现有工业企业经过努力暂时达不到标准时，可适当放宽，但不得超过 90 dB（A）。具体规定见表 7-9。

表 7-9 我国工业企业的噪声允许标准

每个工作日接触噪声的时间/h	新建、改建企业的噪声允许标准/dB（A）	现有企业暂时达不到标准时，允许放宽的噪声标准/dB（A）
8	85	90
4	88	93
2	91	96
1	94	99
最高不得超过	115	115

2）环境噪声标准建议值

中国科学院声学研究所环境声学研究室对保护听力、语言交谈和睡眠三个方面的噪声标准，提出了表 7-10 所列的建议值。其中理想值是指达到满意效果的值，而最大值则是指不能超过的限值，否则将造成明显的危害或干扰。

表 7-10 噪声标准（建议）

适用范围	理想值/dB	最大值/dB
睡眠	35	50
交谈、思考	45	60
听力保护	95	90

3）城市区域环境噪声标准

我国 1982 年公布的城市区域环境噪声标准见表 7-11。

表 7-11 城市区域环境噪声标准　　　　　　　　　　　　单位：dB

地区	白天（7～21 时）	夜间
特别需要安静地区	45	35
一般居民、文教区	50	40
居民、商业混合区	55	45
市中心商业区、街道工厂区	60	45
工业集中区	65	55
交通干线两侧	70	55

4）机动车辆噪声标准

我国公布的各类机动车辆噪声标准见表 7-12。

表 7-12　各类机动车辆噪声标准

车辆种类		加快最大级（7.5m 处）/dB（A）	
		1985 年 1 月 1 日前生产的	1985 年 1 月 1 日后生产的
载重车	8t≤载重量<15t	92	89
	3.5t≤载重量<8t	90	86
	载重量<3.5t	89	84
轻型越野车		89	84
公共汽车	4t<总重量<11t	89	86
	总重量≤4t	88	83
小客车		84	82
摩托车		90	84
轻型拖拉机（60kW 以下）		91	86

7.4.2　噪声的评价指标

1. 等效连续声级

这个指标在前面已经介绍过。

2. 统计声级

由于环境噪声往往不规则且大幅度变动，因此，需要用不同的噪声级出现的概率或累积概率表示。统计声级表示某一 A 声级，大于此声级的出现概率为 $s\%$，即用符号 L_s 表示。如 $L_{10} = 70$ dB（A）表示整个测量期间噪声超过 70 dB（A）的概率占 10%，噪声不超过 70 dB（A）的概率占 90%，$L_{50} = 60$ dB（A）表示噪声超过或不超过 60 dB（A）的概率各占 50%；$L_{90} = 50$ dB（A）表示噪声超过 50 dB（A）的概率占 90%，噪声不超过 50 dB（A）的概率占 10%。L_5、L_{95} 的意义以此类推。

L_{10} 相当于峰值平均噪声级，L_{50} 相当于平均噪声级，L_{90} 相当于背景噪声级。一般测量方法是选定一段时间，每隔一段时间（如 5s）取一个值，然后统计 L_{10}、L_{50}、L_{90} 等指标。

如果噪声级的统计特征符合正态分布，则

$$L_{eq} = L_{50} + \frac{d^2}{60}$$

式中：

$$d = L_{10} - L_{90}$$

d 值越大，说明噪声起伏程度越大，分布越不集中。

考虑到交通噪声起伏比较大，比稳定噪声对人的干扰更大，因此，交通噪声可采用交通噪声指数 TNI 进行评价，即

$$TNI = L_{90} + 4d - 30$$

交通噪声指数是以噪声起伏变化（$L_{10} - L_{90}$）为基础，并考虑到背景噪声 L_{50} 的评价方法。

3. 噪声暴露量（噪声剂量）

人在噪声环境下作业，噪声对听力的损伤不仅与噪声强度有关，而且与噪声暴露时间有关。噪声暴露量是对噪声的 A 计权声压值取平方的时间积分，用符号 E 表示，其表达式为

$$E = \int_0^T \left[p_A(t) \right]^2 \mathrm{d}t \qquad (\text{Pa}^2 \cdot \text{h})$$

式中：T 为测量时间，h；

$p_A(t)$ 为瞬时 A 计权声压，Pa。

噪声暴露量综合考虑了噪声强度与暴露时间的累积效应。某一段时间（T）内的等效连续声级（L_{eq}）与噪声暴露量（E）之间的关系为

$$L_{eq} = 10\lg \frac{E}{Tp_0}$$

假如 $p_A(t)$ 在测量期间保持恒定，则

$$E = p_A^2 T$$

1 Pa^2·h 相当于 $84.95 \approx 85$dB（A）的噪声暴露了 8h。我国《工业企业噪声卫生标准》（试行草案）中，规定每个工人每天工作 8h，噪声声级不能超过 85dB（A），相应的噪声暴露量为 1 Pa^2·h。如果工人每天工作 4 h，允许噪声声级增加 3 dB（A），噪声暴露量仍保持不变。

4. 语言干扰级

语言干扰级（Speech Interference Level，SIL）是评价噪声对语言通信干扰程度的评价参量。

人的语言声能量主要集中在以 500Hz、1000Hz 和 2000Hz 为中心的三个倍频程中，因此对语言干扰最大的也是这三个频率的噪声成分。根据最近研究，4000Hz 频带对语言干扰也有影响。所以，国际标准化组织（ISO）最新规定，把 500、1000、2000、4000Hz 为中心频率的四个倍频程声压级算术平均值定义为语言干扰级，单位是 dB。实际应用中，将测量的 500、1000、2000、4000Hz 四个倍频程声压级代入下式，便可求得语言干扰级（SIL）为

$$SIL = \frac{L_{p500} + L_{p1000} + L_{p2000} + L_{p4000}}{4}$$

式中：L_{p500}、L_{p1000}、L_{p2000} 和 L_{p4000}——分别以 500、1000、2000 和 4000Hz 为中心频率的倍频带声压级。

谈话的总声压级与语言干扰级相比较，如果前者高出后者 10dB，便可以听得清楚。

5. 噪声评价数

用 A 声级作为噪声评价的标准，是对噪声所有频率成分的综合反映。但是，A 声级不能代替用频带声压级评价噪声。因为不同频谱形状的噪声可以是同一 A 声级值。为了评

价稳态环境噪声对人的影响，以及较细致地确定各频带的噪声标准，国际标准组织（ISO TC43）公布了一组噪声评价曲线，即噪声评价数（NR）曲线，噪声级范围是 0～130 dB，频率范围是 31.5～8000Hz 共 9 个频程，通常使用 8 个频程（63～8000Hz），如图 7.4 所示，曲线的 NR 数等于 1kHz 倍频程声压级分贝数。

NR 的具体求法是：对噪声进行倍频程分析，一般取 8 个频带（63～8000Hz）测量声压级。根据测量结果在 NR 曲线上画频谱图，在噪声的 8 个倍频带声压级中找出接触到的最高一条 NR 曲线之值，即为该噪声的评价数 NR。

噪声评价数 NR 与 A 声级有较大相关性，通常，NR 数比 A 声级低 5 dB。

噪声评价数对于控制噪声很有意义，如标准规定办公室的噪声评价数为 NR30～40，则室内环境噪声（任一倍频程声压级）均不能超过 NR30～40 曲线。

6. 感觉噪声级和噪度

随着航空事业的发展，飞机噪声对人们的危害日趋严重。为了评价航空噪声的影响，提出了感觉噪声级和噪度。噪度是人们在主观上对噪声厌恶程度的度量。人们对于一种声音响度的主观感觉与对这种声音的吵闹厌烦的感觉不一样。一般情况下高频噪声比同样响的低频噪声更为令人烦恼；强度变化快的噪声比强度较稳定的噪声感觉要吵。

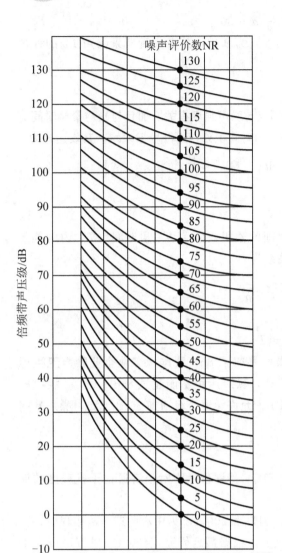

图 7.4　噪声评价数（NR）曲线

感觉噪声级和噪度分别与响度级和响度对应。响度级和响度是以纯音为基础反映人耳对噪声的主观感觉；而感觉噪声级和噪度是以复合音为基础反映人耳对噪声的主观感觉。感觉噪声级和噪度的计算方法，类似于响度级和响度的计算。感觉噪声级也可用 D 计权网络测出 D 声级加 7dB 直接得出。

7.4.3　噪声的控制

噪声的干扰过程是由声源产生噪声，通过传播途径到接受者。因此，噪声的控制也必须从这三个方面入手加以解决。首先降低噪声源的噪声级，如果技术上不可能或经济上不合算时，应考虑阻止噪声的传播，若仍达不到要求时，则应采取接受者的个人防护措施。

1. 声源控制

如果产生噪声的机器设备能在设计制造时对其噪声问题加以考虑，将会大大降低其投入运行后噪声对环境的污染，减少噪声治理费用。因此，噪声源控制是解决噪声问题的根本途径。工业噪声主要由两部分构成：机械噪声和空气动力噪声。

1）降低机械噪声

机械性噪声主要由运动部件之间及连接部位的振动、摩擦、撞击引起。这种振动传到机器表面，辐射到空间形成噪声。因此降低机械噪声的措施如下：

（1）改进工艺和操作方法降低噪声。这种方法也是从声源上降低噪声的一种途径。例如：用焊接或高强度螺栓连接代替铆接，可以避免铆接所产生的击打噪声；用电火花加工代替切削加工；把锻打改成摩擦压力或液压加工等。这样可降低噪声20～40dB。

（2）选用产生噪声小的材料。一般金属材料的内摩擦、内阻尼较小，消耗振动能量的能力小，因而用金属材料制造的机件，振动辐射的噪声较强。而高分子材料或高阻尼合金制造的机件，在同样振动下，辐射的噪声就小得多。如采用高分子材料齿轮传动，可以大大降低传动所产生的噪声；在球磨机和清砂筒中，用橡胶衬板代替金属衬板，可达到明显的降噪效果。

（3）合理设计传动装置。在传动装置的设计中，尽量采用噪声小的传动方式。对于选定的传动方式，则通过结构设计、材料选用、参数选择、控制运动间隙等一系列办法降低噪声。如将直齿轮传动改为斜齿轮传动，将齿轮传动改为带传动。

（4）提高机床加工精度和装配质量以降低噪声。工作中的机器设备，由于机件间的相互撞击、摩擦，或由于动平衡不好，都会导致噪声增大。因此，提高机械零件加工精度和装配质量可以降低噪声。如提高传动齿轮加工精度，既可减小齿轮的啮合摩擦，也使振动减小，这样就会减小噪声。

（5）改变噪声频率和采用吸振措施。在机械加工、冶金、轧钢、建筑等领域，不同规格大小的圆盘锯被广泛使用，但这种锯机在锯切过程中产生的噪声污染极为严重，最大噪声可超过120dB（A）。将金属橡胶和金属纤维材料、粉体阻尼技术和喷水阻尼技术用于对旋转锯切过程减振降噪，可以取得明显的降噪效果。如对于小型锰机，对锯片开槽、打孔以改变共振的频率，可以起到有效的减振降噪效果。但对于大型金属锯机，从安全和实际降噪效果方面考虑不宜使用；对大型锯片切割机，采取增大夹盘、在夹盘与锯片间垫衬金属橡胶弹性垫、夹盘径向打若干个深孔注入粉体材料封口、改造现有的水冷却系统对锯片进行喷水阻尼处理等措施，可以起到很好的降噪效果。

（6）机电设备的布置。机电设备在车间内的布置应当遵循闹静分开的原则，即把噪声高的机电设备集中在一起，有重点的采取相应控制措施。利用噪声在传播中的自然衰减作用，能够缩小噪声的污染面。另外，为了减小车间内部的混响声，噪声严重的机电设备的布置要距声音反射面（即车间墙壁）一定距离，尤其不应放置在车间墙角附近。

有些机电设备在前、后、左、右四个方向上声级大小并不是均匀的，在与声源距离相同的位置，因处在声源指向的不同方向上，接收到的噪声强度会有所不同。因此，可使噪声源指向无人或对安静要求不高的方向。

2）降低空气动力性噪声

空气动力性噪声主要由气体涡流、压力急骤变化和高速流动造成。降低空气动力性噪声的主要措施为：①降低气流速度；②减少压力脉冲；③减少涡流。

通过控制气流速度，声功率将成倍下降。从风机结构看，主要是减少叶轮直径和叶片尖端的线速度。对于离心式风机，噪声与叶片外径间距和叶轮至风舌距离之比有关，通过增加叶片数可以降噪。对于电厂、冶金等高炉的高温排放气体采用水冷方法，高温气体因体积收缩而降噪；可以通过改变噪声频谱特性，将噪声频谱主要频段提高，使峰值频率落在人耳的不敏感区。具体设计时，在总排气面积保持相同时，用许多小喷口代替大喷口；可以通过分散降压措施，即在排气管中增加多个通道，使气体从高压容器向外排放时分散到多个通道内，使管内各处的流速得到控制，从而达到降噪的效果。

2. 控制噪声的传播

从传播途径中来降低噪声亦至关重要。噪声有以空气为媒体传播的空气传播声和通过结构体传播的固体传播声。主要采用阻断、屏蔽、吸噪等措施控制噪声传播，基本措施有以下几种：

（1）全面考虑工厂的总体布局。在总图设计时，要正确估价工厂建成投产后的厂区环境噪声状况，高噪声车间和场所与低噪声车间、生活区距离远一些，特别强的噪声源应设在远处或下风处。

（2）设置吸声结构。有些车间在建造之初，没有考虑车间降噪问题，墙壁是光滑表面，致使噪声很大。如果追踪从声源发出的声线在关闭房间内经历的路程，将发现这个反射决非一次而是连续多次。在这期间，由于空气的吸收，声线携带的能量在一段时间后将越变越小。车间内设置吸声结构是减少内部混响声的一种有效措施。目前吸声结构主要有三种形式：有适用于低频吸声的结构（如共振吸声元件），有适用于中频吸声的结构（如微孔吸声板），也有在中高频具有较佳吸声效果的结构（如超细玻璃纤维吸声板）。吸声元件的声学结构应当与车间的噪声频谱相匹配。例如，高速回转机械通常以高频噪声占优势；振动强烈的机械由于引起了结构振动，而使噪声频谱具有丰富的低频声；冲压机械所产生的噪声不仅有中高频声，而且还具有低频声。

通常，为制作方便、价格低廉，吸声结构以纤维型吸声材料制成的板状结构为多数。如采取改变板的厚度、材料的容重以及增加空腔等措施，可以适应较广的频率范围，满足不同噪声频谱的要求。应当说明，作吸声材料用的各种纤维板，都是软质纤维板，其容重一般为 $200 \sim 300 kg/m^3$。而容重为 $1000 kg/m^3$ 以上的硬质纤维板是不能作吸声用的。还应强调，使用有机纤维时，应注意防火、防蛀和受潮霉烂。

目前，在建筑中还常使用各种具有微孔的泡沫吸声砖、泡沫混凝土等材料，来达到直接吸声的目的。多孔吸声建筑材料具有保温、防潮、耐蚀、耐高低温等优点。

日本的成田国际机场到东京的一段公路周围是生活区，为了降低汽车噪声对居民的影响，公路两侧都安装了 2m 多高的吸音墙。北京新修的四环路穿过著名的科技园区中关村路段时，为了降低汽车噪声对科技园区的影响，道路铺设在地面数米以下。上述情况尽管增加了初投资，但对降低噪声危害带来的社会效益却是无法估量的。

（3）设置隔声装置。工程上往往采用木板、金属板、墙体等固体介质以阻挡或减弱在大气中传播的声波。隔声装置包括隔声罩和隔声屏，这种装置是控制空气声传播的有效手段。隔声罩可以分为全隔声罩（全部罩住机电设备）、半隔声罩（罩壁上有局部开口）和局部隔声罩（只罩住机电设备上产生最强噪声部分，常用于大型设备上）。隔声屏可以有固定式和活动式两种。这里应注意孔洞、缝隙对隔声量的影响。尽管孔、缝的面积很小，但是其透声系数等于1，所以透声较大，成为隔声结构的薄弱环节。

通常，大型酒店或公共活动场所的内燃机发电机、空压机等高噪声设备一般放置在地下室或消声室，以防止噪声扩散。城市里马路边的电话亭，为了防止外界噪声的干扰，用隔音室把人与外界隔离开来。

（4）设置隔振装置。机电设备的振动隔离与噪声控制的关系密切。设备振动以弹性波的形式在基础、地板、墙壁中传播，并在传播过程中向外辐射噪声，通过隔振装置减少了机电设备传至基础的振动，从而使内部固定声降低。有关实验资料表明：隔振装置若吸收振动70%～80%，室内噪声级可降低6 dB（A）左右；若达到90%～97%，噪声级降低则可达10dB（A）左右。可见隔振装置的采用，对降低室内噪声具有显著效果，尤其当机电设备安装在楼板上时，隔振装置的采用尤为重要。常用的隔振材料有钢弹簧减振器、橡胶减振器、毡类、空气弹簧、各种复合式的隔振装置。

（5）调整声源指向。将声源出口指向天空或野外。

（6）利用天然地形。山岗土坡、树丛草坪和已有的建筑障碍可阻断一部分噪声的传播；在噪声强度很大的工厂、车间、施工现场、交通道路两旁可设置足够高的围墙或屏障，种植树木，以限制噪声传播。

3．个人防护

当其他措施不成熟或达不到听力保护标准时，可从接收者方面采取个人防护措施。但这是一种被动的方法，如工作人员实行轮流工作制或使用防护用具等，以减少噪声对人的危害程度。使用耳塞、耳罩等方式进行个人保护是一种经济、有效的方法。在噪声环境中使用耳塞对语言通信能力有特殊作用，并不是通常想象的那样，耳塞对声音仅起一种阻碍作用。如图7.5所示，在低于85dB（A）的低噪声区，耳塞或耳套使人耳对噪声及语言的听觉能力同时下降，所以戴耳塞或耳套更不易听到对方的谈话内容；在高于85dB（A）的高噪声区，使用耳塞或耳套可以降低人耳受到的高噪声负荷，而有利于听清对方的谈话内容。

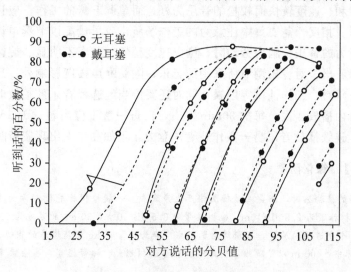

图7.5　在噪声中使用耳塞的效果

另外，可从劳动组织上采取措施，如通过调整班次、增加休息次数、轮换作业等措施减少工人在噪声环境中的暴露时间，达到保护作业者身体健康、提高工作效率的目的。同时，广泛进行安全教育，不但要使职工了解噪声的危害和防治的意义，而且还要了解和掌握如何防止噪声的方法，这对提高作业效率、保护作业者身体健康具有重要的意义。

4.音乐调节

一般认为，音乐调节是指利用听觉掩蔽效应，在工作场所创造良好的音乐环境来掩蔽噪声，以缓解噪声对人心理的影响，使作业者减少不必要的精神紧张，推迟疲劳的出现，达到提高作业能力的目的。

据一项调查发现，绝大多数的作业者同意在工作时间播放音乐（85%同意，14%无意见，1%反对）。作业者的主观看法是，音乐可以减轻工作的单调，使人感觉工作时间缩短，较为轻松。一些生理、心理学家研究表明，音乐不但能够建立良好的心情，而且还能使人的机体发生一系列内在变化，如提高听觉和视觉神经的敏感性，缩短对声、光信号的反应时间，有助于集中注意力和加强记忆力等。

1921年美国的盖特沃得（R. L. GaMwood）曾成功地用音乐使建筑业的制图工作效率提高。第二次世界大战时，为了使工业生产增产，产生了"背景音乐"和"产业音乐"。其中英国电台播放的"Music while work"获得好评；1943年美国的MuzAK公司开始发行"背景音乐"（BGM）；1960年日本也创作了"产业音乐"曲目。

音乐调节的主要任务不是提高劳动生产率，而是使工作人员劳动轻松，自我感觉舒畅，保持劳动的积极性。在音乐调节时，音量的选择应考虑工作环境噪声。当环境噪声强度较低时，播放音乐的声级比噪声级高3～5 dB（A）即可，但当环境噪声很高，如达到80 dB（A）时，播放音乐的音量就不能再比环境噪声高了，否则会使环境条件更恶劣，这时可以比环境噪声低3～5 dB（A）。因为人耳对乐曲旋律的选择作用，强度低的乐曲反而掩蔽了强度高的噪声。

日本早稻田大学横沟克己教授根据实验提出：车间以体力劳动为主，不需要强调注意力时，以节奏柔和、速度较快而较松的音乐为好；而单调乏味的工作，应让作业者听一些有娱乐性的音乐。相反，需要集中注意力的工作场所，应尽量配以节奏单调柔和、旋律平稳、不分散注意力的音乐；脑力劳动时，则以速度稍慢、节奏不明显、旋律舒畅和平静的音乐为好。可以看出，对音乐调节所采用的音乐，除受噪声强度影响外，还要考虑作业人员的文化素质、年龄、工作性质等因素，同时还要恰当地选择音乐的播放时间。还有人建议在整个工作日内播放4次，每次30min左右，白班一般不应当超过1.5～2h，而夜班可在2～3h以上。连续播放音乐易分散作业者注意力，不如在工人出现疲劳时播放好。

【阅读材料7-5】 绿化防噪

声波通过密集的植物丛时，即会因植物阻挡产生声衰减。一般松树林能使频率为1000 Hz的声音衰减3 dB/10 m，杉树林带为2.8 dB/10m，槐树林带为3.5 dB/10 m，30 cm的草地为0.7 dB/10 m。

绿化林带如一个半透明的屏障，在屏障后面形成"声影区"。3 kg炸药爆炸的声音，在空旷地能传播4000 m远，而在林中，400 m以外就难以听见了。森林面积越大、林带越宽，消除噪声的功能越强。

小　结

　　本章重点讨论了声音对人类社会实践的利弊。人们可借助听觉熟悉周围环境，利用声音和语言传递信息；另一方面，人们不需要的声音即噪声，其对人的危害也越来越严重，它影响着人们的生产、工作和学习，影响着人体健康和人们生活的环境。在介绍声压、声强、响度、响度级、计权声级等基本概念的基础上分析噪声的来源及对人的听力及其他生理机能、信息交流、睡眠与休息、心理和工作效率的影响，提出了噪声的控制应首先降低噪声源的噪声级，如果技术上不可能或经济上不合算时，则应考虑阻止噪声的传播，若仍达不到要求时，则应采取接受者的个人防护措施。

　　通过本章的学习了解声的基本概念；熟悉声的物理度量和主观度量；掌握噪声的来源及其影响；掌握噪声的评价与控制方法。

习　题

1. 填空题

（1）噪声对语言通信的影响是由于声音的_____引起的。

（2）等效连续声级是指某规定时间内 A 声级的_____。

（3）工业噪声主要由_____噪声构成。

（4）振动的控制主要从_____、_____和_____三方面考虑。

2. 单项选择题

（1）声音由物体机械振动产生，它可分为（　　）。

　　A. 复合音与噪声　　B. 纯音和噪声　　C. 复合音和元音　　D. 纯音和复合音

（2）响度级的单位是（　　）。

　　A. dB　　　　　　B. dB（A）　　　　C. 方　　　　　　D. 宋

（3）人耳感觉哪个声音更响些，可用以比较声音的那个度量是（　　）。

　　A. 声级　　　　　B. 响度　　　　　C. 响度级　　　　D. 声压级

（4）根据国际标准化组织（ISO）1964 年规定，500Hz、1kHz、2kHz 平均听力损失40～55dB 时的生理表现为（　　）。

　　A. 听觉适应　　　B. 轻度耳聋　　　C. 中度耳聋　　　D. 显著耳聋

（5）听力损伤是指下述（　　）类型。

　　A. 疲劳　　　　　B. 不适应　　　　C. 不舒适感　　　D. 噪声性耳聋

3. 判断改正题

（1）噪声是物体机械振动产生的，因此评价噪声只能用客观物理度量。　　　（　　）

（2）响度级可以表示两个声音响度相差多少。　　　　　　　　　　　　　（　　）

（3）声级是用同一计权网络修正所有频率的声压级而得到的。　　　　　　（　　）

（4）噪声可以引起听阈的提高，而造成噪声性耳聋。　　　　　　　　　　（　　）

(5) 一个声音的听阈因另一个声音的干扰而提高的现象称为掩蔽。 （　　）

(6) 音乐调节对噪声有掩蔽效应，因此对噪声环境的改善都有明显的作用。 （　　）

4. 简答题

(1) 简述声压级、响度级与声级的关系。

(2) 听力损伤有哪几种类型？

(3) 噪声对人的心理有哪些主要影响？其影响因素又有哪些？

(4) 简述如何降低机械噪声。

(5) 控制噪声传播的主要措施有哪几种？举例说明。

(6) 简述噪声评价的指标。

5. 计算题

(1) 某车间有 6 台机床，每台机床单独开动时的声压级分别为 80、85、91、94、98、102dB。试求 6 台机床同时开动时的声压级为多少？

(2) 在车间内测得一机床的声压级为 102dB，停车后测得的声压级为 90dB。试求机床运行时本身的噪声为多少？

(3) 某噪声源治理前后倍频程声压级测量数据见下表：

倍频程中心频率/Hz	31.5	63	125	250	500	1000	2000	4000	8000
治理前声压级/dB	80	85	90	95	100	105	97	95	75
治理后声压级/dB	70	75	80	84	87	92	93	87	70

试求：①治理前的总响度；②治理前的总响度级；③总响度下降幅度。

(4) 某车间在一个工作日的 8h 内，对一操作岗位进行噪声测量，其结果见下表。试求等效连续声级。

时间段	8：00—8：40	8：40—9：30	9：30—10：30	10：30—12：00
声压级/dB(A)	85	92	94	99
时间段	13：00—14：25	14：25—15：00	15：00—16：30	16：30—17：00
声压级/dB(A)	87	103	96	84

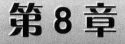

第8章 色彩调节

颜色是物体的一个属性，在人类生产和生活中不是可有可无的装饰，而是一种必不可少的管理手段。房间的颜色、设备的颜色、操纵机构的颜色、信号的颜色，都与提高生产力联系在一起。由于颜色对人的心理和生理产生影响，因此，利用色彩调节，可以改善劳动条件，美化环境，协助操作者辨别控制器、信号和危险区，以避免差错、提高工效。

 教学目标

通过本章学习，熟悉颜色与色觉的基本概念，了解颜色表示方法，熟悉颜色对人的影响，掌握色彩的应用。

 教学要求

知识要点	能力要求	相关知识
颜色与色觉	(1) 了解颜色的特征 (2) 掌握色彩的混合	视觉机理
颜色表示法	了解孟塞尔彩色立体模型图的构成及色彩表示方法	颜色的光学特性
颜色对人的影响	(1) 了解颜色色彩意象及对身体的影响； (2) 掌握颜色的心理效应	冷、暖色调
色彩的应用	(1) 了解机器设备配色、管理工作用色； (2) 掌握环境配色、标志用色	—

 导入案例

"难看"的浅黄色纸张

几年前，杭州的《都市快报——金周讯》创刊的时候，用了一种"难看"的浅黄色纸张，有参与这次创刊的编辑告诉我，说这是一种时尚，并且说，在杭州做媒体实在太难。言外之意是说，要做出新的东西，大概也只能在纸张上做点文章。我还知道，那个时候大多数该报的读者反对这种浅黄色的纸张，竟然有位高龄的老者打去热线，骂该报为"黄色小报"，反对的声音一时很大。然而好几年过去了，现在大家早已习惯了这份采用黄色纸张的报纸，广告上说，"《都市快报》，杭州地区销量最大"。显然，读者们在慢慢认同这份"黄色小报"的同时，也开始对其产生依赖感了。更多的人看着黄色的纸张，非但没有任何不适，反而会觉得眼睛不像从前那么累；老年人即使看报看久了，也鲜有眼睛刺痛之感。

其实，用黄色纸张代替白色纸张的尝试，并非《都市快报——金周讯》首创。记得我读高中的时候，因为老师实行"题海战术"，每周发下的试卷足有十厘米厚。因为试卷印量很大，学校经费又十分有限，所以有的老师干脆从学校仓库里拿出发黄的陈年旧纸，印成试卷发给我们。这种发黄的纸印成的试卷，除了油墨的香味以外，还有腐纸的香味。做这样的试卷竟然能让人神清气爽，没有丝毫厌倦之感。并且，黄色上面印着黑字，也十分美观。重要的一点是，这种纸张印成的试卷，在台灯光下显得异常柔和——学生经常在那个时候奋斗到晚上十一点。其实，高中教师们已在无意中运用了人因工程学的原理。

8.1 颜色与色觉

8.1.1 颜色的特征

颜色可分为彩色系列和无彩色系列。无彩色系列是指黑色、白色及其二者按不同比例而产生的灰色；彩色系列是指无彩色系列以外的各种色彩。色彩具有色调、饱和度和明度三个基本特性。

1. 色调

色调（又称色相）是指颜色的基本相貌，是颜色彼此区别的最主要、最基本的特征，它表示颜色质的区别。从光的物理刺激角度认识色调，是指某些不同波长的光混合后，所呈现的不同色彩表象；从人的颜色视觉生理角度认识色调，是指人眼的三种感色视锥细胞受不同刺激后引起的不同颜色感觉。因此，色调是表明不同波长的光刺激所引起的不同颜色心理反应，如红、绿、黄、蓝都是不同的色调。但是，由于观察者的经验不同会有不同的色觉。然而每个观察者几乎总是按波长的次序，将光谱按顺序分为红、橙、黄、绿、青、蓝、紫以及许多中间的过渡色（见表8-1）。因此，色调决定于刺激人眼的光谱成分。对单色光来说，色调决定于该色光的波长；对复色光来说，色调决定于复色光中各波长色光的比例。

表8-1 光谱波长与色调

波长/nm	色调
620～780	红
590～620	橙
560～590	黄
530～560	黄绿
500～530	绿
470～500	青
430～470	蓝
380～430	紫

2. 饱和度

饱和度（又称彩度）是指主导波长范围的狭窄程度，即色调的表现程度。波长范围越狭窄，色调越纯正、越鲜艳。可见光谱的各种单色光是最饱和的彩色。当光谱色加入白光成分时，就变得不饱和。因此光谱色色彩的饱和度，通常以色彩白度的倒数来表示。在孟塞尔系统中饱和度用彩度来表示。

物体色的饱和度取决于该物体表面选择性反射辐射光谱的能力。物体对光谱某一较窄波段的反射率高，而对其他波长的反射率很低或没有反射，就表明它有很高的选择性反射的能力，这一颜色的饱和度就高。

3. 明度

明度是指物体发出或反射光线的强度，是色调的亮度特性。明度不等于亮度。根据光度学的概念，亮度是可以用光度计测量的、与人视觉无关的客观数值，而明度则是颜色的亮度在人们视觉上的反映，明度是从感觉上来说明颜色性质的。

上述三个基本特性可用图 8.1 所示的空间纺锤体表示。由图 8.1 可见，其中任一特性发生变化，色彩将相应发生变化。如某一色调光谱中，白光越少，明度越低，而饱和度越高。若有白光掺入，色彩称为未饱和色，掺入黑光称为过饱和色。因此，每一色调都有不同的饱和度和明度变化。若两种色彩的三个特性相同，在视觉上会产生同样的色彩感觉。无彩色系列只能根据明度差别来辨认，而彩色系列则可从色调、饱和度和明度来辨认。

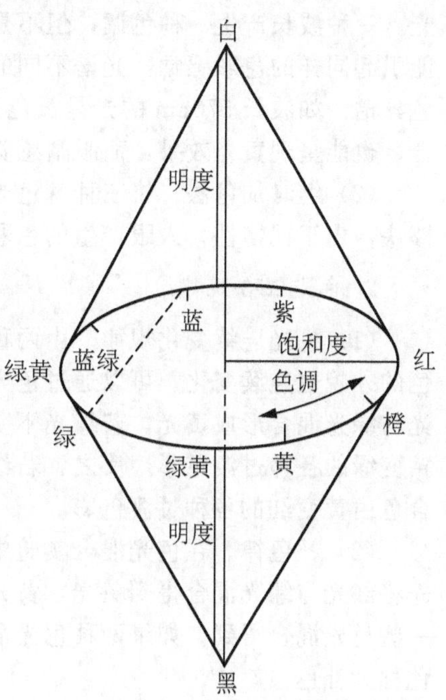

8.1.2 色彩的混合

不同波长的光谱会引起不同的色彩感觉，两种不同波长的光谱混合可以引起第三种色彩感觉，这说明不同的色彩可以通过混合而得到。实验证明，任何色彩都可以由不同比例的三种相互独立的色调混合得到。这三种相互独立的色调称为三基色或三原色。

图 8.1 色彩的基本特性

1. 色光混合

由两种或两种以上的色光相混合时，会同时或者在极短的时间内连续刺激人的视觉器官，使人产生一种新的色彩感觉。我们称这种色光混合为加色混合。这种由两种以上色光相混合呈现另一种色光的方法，称为色光加色法。

国际照明委员会（CIE）进行颜色匹配试验表明：当红、绿、蓝三原色的亮度比例为 $1.0000：4.5907：0.0601$ 时，就能匹配出中性色的等能白光，尽管这时三原色的亮度值并不相等，但 CIE 却把每一原色的亮度值作为一个单位看待，所以色光加色法中红、绿、蓝三原色光等比例混合得到白光，其表达式为（R）＋（G）＋（B）＝（W）；红光和绿光等比例混合得到黄光，即（R）＋（G）＝（Y）；红光和蓝光等比例混合得到品红光，即（R）＋（B）＝（M）；绿光和蓝光等比例混合得到青光，即（B）＋（G）＝（C）；如图8.2所示。如果不等比例混合，则会得到更加丰富的混合效果，如黄绿、蓝紫、青蓝等。

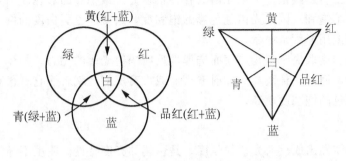

图 8.2　加色混合

（1）同时加色法。将三种基色光同时投射在一个全反射表面上，可以合成不同色调的光。一种波长产生一种色调，但不是一种色调只和一种特定的波长相联系。光谱相同的光能引起同样的色彩感觉，光谱不同的光线，在某种条件下也能引起相同的色彩感觉，即同色异谱。如波长570nm的光是黄色光，若将650nm的红光和530nm的绿光按一定比例混合，也能呈现黄光效果，而眼睛感觉不出这两者有何差别。

（2）继时加色法。将三种基色光按一定顺序轮流投射到同一表面上，只要轮换速度足够快，由于视惰性，人眼产生的色彩感觉与同时加色的效果相同。

2. 色光混合规律

（1）色光连续变化规律。由两种色光组成的混合色中，如果一种色光连续变化，混合色的外貌也连续变化。可以通过色光的不等量混合实验观察到这种混合色的连续变化。红光与绿光混合形成黄光，若绿光不变，改变红光的强度使其逐渐减弱，可以看到混合色由黄变绿的各种过渡色彩，反之，若红光不变，改变绿光的强度使其逐渐减弱，可以看到混合色由黄变红的各种过渡色彩。

（2）补色律。在色光混合实验中可以看到：三原色光等量混合，可以得到白光。如果先将红光与绿光混合得到黄光，黄光再与蓝光混合，也可以得到白光。白光还可以由另外一些色光混合得到。如果两种色光混合后得到白光，这两种色光称为互补色光，这两种颜色称为补色。

补色混合具有以下规律：每一个色光都有一个相应的补色光，某一色光与其补色光以适当比例混合，便产生白光，最基本的互补色有三对：红-青，绿-品红，蓝-黄，如图8.2所示。

（3）中间色律。中间色律的主要内容是：任何两种非补色光混合，便产生中间色。其颜色取决于两种色光的相对能量，其鲜艳程度取决于二者在色相顺序上的远近。

任何两种非补色光混合，便产生中间色最典型的实例是三原色光两两等比例混合，可以得到它们的中间色：R+G=Y；G+B=C；R+B=M。其他非补色光混合，都可以产生中间色。颜色环上的橙红光与青绿光混合，产生的中间色的位置在橙红光与青绿光的连线上，其颜色由橙红光与青绿光的能量决定，若橙红光的强度大，则中间色偏橙，反之则偏青绿色。中间色鲜艳程度由相混合的两色光在颜色环上的位置决定，此两色光距离越近，产生的中间色越靠近颜色环边线，就越接近光谱色，因此就越鲜艳；反之，产生的中间色靠近中心白光，则其鲜艳程度下降。

（4）代替律。颜色外貌相同的光，不管它们的光谱成分是否一样，在色光混合中都具有相同的效果。凡是在视觉上相同的颜色都是等效的，即相似色混合后仍相似。

如果颜色光 A＝B、C＝D，那么 A＋C＝B＋D。

色光混合的代替规律表明：只要在感觉上颜色是相似的，便可以相互代替，所得的视觉效果是同样的。设 A＋B＝C，如果没有直接色光 B，而 X＋Y＝B，那么根据代替律，可以由 A＋X＋Y＝C 来实现 C。由代替律产生的混合色光，与原来的混合色光在视觉上具有相同的效果。

色光混合的代替律是非常重要的规律。根据代替律，可以利用色光相加的方法产生或代替各种所需要的色光。色光的代替律，更加明确了同色异谱色的应用意义。

（5）亮度相加律。由几种色光混合组成的混合色的总亮度，等于组成混合色的各种色光亮度的总和。这一定律称为色光的亮度相加律。色光的亮度相加规律，体现了色光混合时的能量叠加关系，反映了色光加色法的实质。

3. 颜料混合

颜料和色光是截然不同的物质对象，但它们都具有众多的颜色。在色光中，确定了红、绿、蓝三色光为最基本的原色光。在众多的色料中，是否也存在几种最基本的原色料，它们不能由其他色料混合而成，却能调制出其他各种色料？通过色料混合实验，人们发现：采用与色光三原色相同的红、绿、蓝三种色料混合，其混色色域范围不如色光混合那样宽广。红、绿、蓝任意两种色料等量混合，均能吸收绝大部分的辐射光而呈现具有某种色彩倾向的深色或黑色。从能量观点来看，色料混合，光能量减少，混合后的颜色必然暗于混合前的颜色。因此，明度低的色料调配不出明亮的颜色，只有明度高的色料作为原色才能混合出数目较多的颜色，得到较大的色域。

从色料混合实验中，人们发现，能透过（或反射）光谱较宽波长范围的色料青、品红、黄三色，能匹配出更多的色彩。在此实验基础上，人们进一步明确认识到：由青、品红、黄三色料以不同比例相混合，得到的色域最大，而这三颜料本身，却不能用其余两种原色料混合而成。因此，我们称青、品红、黄三色为颜料的三基色。在色料混合时，从复色光中减去一种或几种单色光，呈现另一种颜色的方法称为减色法，如图 8.3 所示，黄色＝白色－蓝色；品红＝白色－绿色；青色＝白色－红色。

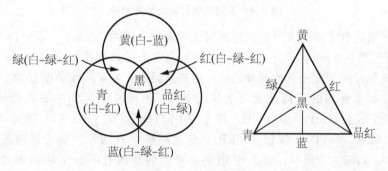

图 8.3 相减混合

8.2　颜色表示法

为了直观方便地表示和定量区别各种不同的色彩，1915 年孟塞尔（A. H. Munsell）创立了一个三维空间的彩色立体模型，称为孟塞尔彩色系统。孟塞尔所创建的颜色系统是用颜色立体模型表示颜色的方法，是一个三维类似于球体的空间模型，把物体各种表面色的三种基本属性色调、明度、饱和度全部表示出来。以颜色的视觉特性来制定颜色分类和标定系统，以按目视色彩感觉等间隔的方式，把各种表面色的特征表示出来。目前国际上已广泛采用孟塞尔颜色系统（见图 8.4）作为分类和标定表面色的方法。孟塞尔立体模型中的每一个部位代表一个特定的色彩，并给予一定的标号。各标号的色彩都用一种着色物体（如纸片）制成颜色卡片，并按标号顺序排列，汇编成色彩图册。

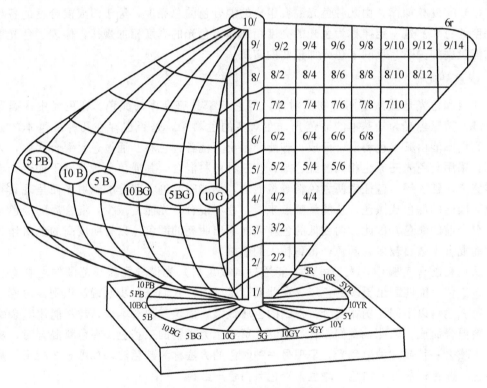

图 8.4　孟氏表色体系立体模型图

模型中央轴代表无彩色系列中性色的明度等级，用符号 V 表示。理想的白色在顶部，$V=10$；理想的黑色在底部，$V=0$。它们之间按视觉上的等距指标分成 10 等分表示明度，每一明度等级都对应于日光下色彩样品的一定亮度因素。实际应用的明度为 1～9。

色调围绕着垂直轴的不同平面各方向分成 10 种，包括 5 种主要色调红（5R）、黄（5Y）、绿（5G）、蓝（5B）、紫（5P），和 5 种中间色调黄红（10YR）、绿黄（10GY）、蓝绿（10BG）、紫蓝（10PB）、红紫（10RP）。色调用符号 H 表示。每个色调还可划分为 10 个等级 1～10，如图 8.5 所示。在上述 10 种主要色的基础上再细分为 40 种颜色，全图册包括 40 种色相样品。

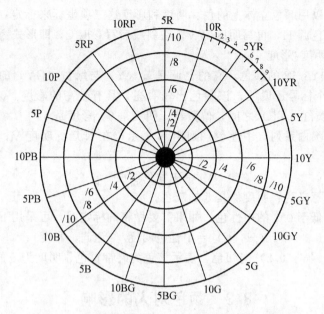

图 8.5 孟氏彩色图册中一定明度的色调与彩度

在孟塞尔系统中，颜色样品离开中央轴的水平距离，代表饱和度的变化，称为孟塞尔彩度。彩度也分成许多视觉上相等的等级。彩度在模型中，以离开中央轴的距离代表，用符号 C 表示。各种色彩的最大彩度并不相同，如图 8.6 所示。该图为色彩立体模型的某一垂直截面，代表某一色调的明度与彩度的变化情况。距离中央轴远的点彩度增加，个别色彩的彩度可达到 20。

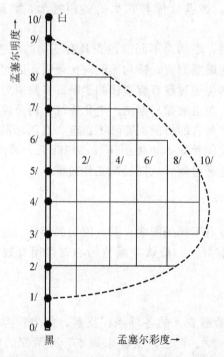

图 8.6 孟塞尔彩色图册中的一个色调面上的明度和彩度

任何颜色都可以用颜色立体上的色、明度和彩度这三项坐标来标定，并给一标号。标定的方法是先写出色调 H，再写明度值 V，在斜线后写彩度 C，即形式为

HV/C＝色相明度/彩度

例如标号为 10Y8/12 的颜色，它的色调是黄（Y）与绿黄（GY）的中间色，明度是 8，彩度是 12。这个标号还说明，该颜色比较明亮，具有较高的彩度。3YR6/5 标号表示色调在红（R）与黄红（YR）之间，偏黄红，明度是 6，彩度是 5。

对于非彩色的黑白系列（中性色）则用 N 表示，在 N 后标明度 V，斜线后面不写彩度，即形式为

NV/＝中性色明度/

如标号 N5/ 的意义为：明度值是 5 的灰色。

另外对于彩度低于 0.3 的中性色，如果需要做精确标定时，可采用下式：

NV/（H，C）＝中性色明度/（色调，彩度）

如标号为 N8/（Y，0.2）的颜色，表示该色为略带黄色、明度为 8 的浅灰色。

8.3　颜色对人的影响

8.3.1　颜色对生理的影响

每种颜色都具有特殊的心理作用，虽然个体之间的感觉存在着差异，但某些感觉特征却是一致的。颜色的生理作用主要表现在对视觉工作能力和视觉疲劳的影响。单就引起眼睛疲劳而言，蓝、紫色最甚，红、橙色次之，黄绿、绿篮、绿、淡青等色引起视力疲劳最小。使用亮度过强的颜色，瞳孔收缩与扩大的差距过大，眼睛易疲劳，而且使精神不舒适。

颜色的生理作用还表明，眼睛对不同颜色光具有不同的敏感性。如对黄色光较敏感，故常用榴黄色作警戒色。对眼睛而言，黄与黑的对比最强，因此黑底黄字最易辨认。

颜色对人的生理机能和生理过程有着直接的影响。实验研究表明，色彩通过人的视觉器官和神经系统调节体液，对血液循环系统、消化系统、内分泌系统等都有不同程度的影响。例如，红色调会使各种器官的机能兴奋和不稳定，血压增高，脉搏加快；蓝色调则会抑制各种器官的兴奋，使机能稳定，迫使血压、心率降低。因此，合理地设计色彩环境，可以改善人的生理机能和生理过程，从而提高工作效率。

8.3.2　颜色的心理效应

不同的色彩对人的心理有不同的影响，并且因人的年龄、性别、经历、民族、习惯和所处的环境等情况不同而有异。一般认为颜色的心理作用有效应感、感染力、记忆和联想等。

1. 效应感

（1）冷暖感。生活经验形成人的各种条件反射，如当看到红、橙、黄色，就联想到火，有热的感觉；看到青、绿、蓝色，就联想到水，有清凉的感觉。前者称为"暖色"；后者称为"冷色"。夏天穿冷色调衣裙，冬天穿暖色调服装，可增加心理上的舒适感。

（2）兴奋与抑制感。暖色系能起积极的、兴奋的心理作用，故喜庆节日多用暖色系来装饰环境，但暖色系也可能引起不安感和神经紧张的作用。冷色系有抑制或镇静的心理作用，如青色使人在心理上产生肃穆、沉静之感，故休息场所、公共场所多用冷色系来美化环境。

（3）活泼忧郁感。明度和彩度高的色彩，明亮鲜艳，富有朝气，给人以活泼感；明度和彩度低的色彩，灰暗混浊，给人以忧郁感。

（4）轻重感。高大的重型设备，下部多用深色，上部则用浅色，这给人以安定感。人的衣装上身用明色、下身用暗色，也给人以稳重感。轻重感主要取决于明度，明度高的感觉轻，明度低的感觉重。若明度相同时，则彩度高的感觉轻，彩度低的感觉重些。

（5）远近感。在同一平面上，暖色系使人感到距离近些，冷色系使人感到距离远些。所以，室内涂上冷色调会使人感到宽敞。此外，明度高的颜色感到近些，明度低的颜色感到远些。

（6）大小感。明度高的颜色使物体显得大些，明度低的颜色则显得小些。

（7）柔软光滑感。暖色调中的颜色有柔软感，冷色调中的颜色有光滑感。

色彩的心理效应见表 8-2。

表 8-2　色彩的心理效应

色别	心理效应和联想												
	兴奋	忧郁	安慰	热情	爽快	轻松	沉重	遥远	接近	温暖	寒冷	突出	安静
红	○			○			○		○	○		○	
橙	○									○		○	
橙黄	○			○						○			
黄	○			○		○				○		○	
黄绿						○				○			○
绿			○		○				○				○
绿蓝						○		○			○		○
天蓝						○		○			○		○
浅蓝			○		○						○		
蓝					○			○			○		
紫		○			○		○						
紫红	○									○			
白					○	○						○	
浅灰						○							
深灰			○				○						
黑		○					○						

2. 色彩的感染力和表现力

色彩具有感染力和表现力。就某一原色而言，它可以变化出许多色彩，给人以不同的感受。如自然界各种各样的绿色，表现的感情也是多种多样的。柔和的绿色田野，使人感到新鲜、平静、心旷神怡和富有乡土气息；浓绿的森林，使人感到雄伟、丰饶、茂盛、欣欣向荣；春天黄绿的新芽嫩草，给人以清新、希望、春意盎然、朝气蓬勃之感；蓝绿色的海水，又给人以美的享受和高瞻远瞩之感。绿色又是和平的象征和安全的标志。

3. 色彩的记忆

人们往往对亲自见到过的各种自然物的颜色，在脑海中都有一个印象，虽然有某些扩展性和偏移的倾向，但是判断是肯定性的。如海滨的黄沙，北京西山的红叶，日常吃的米、面的颜色，每个人都可凭记忆描绘。这是人类实践的结果。

4. 色彩的联想

看见某种颜色就在大脑中同时产生与其相关的其他事物的状态或现象，称为"联想"。

（1）具体联想。如见红色联想到血液，见白色联想到棉花等。

（2）抽象联想。如见红色联想到革命，见白色联想到洁净等。联想与人的文化素质、宗教信仰、实践经验、艺术造诣等因素有关。

8.3.3 色彩的意象

当我们看到色彩时，除了会感觉其物理方面的影响，心理也会立即产生感觉，这种感觉我们一般难以用言语形容，我们称之为印象，也就是色彩意象。

1. 红的色彩意象

由于红色容易引起注意，所以在各种媒体中也被广泛利用，除了具有较佳的明视效果之外，更被用来传达有活力、积极、热诚、温暖、前进等涵义的企业形象与精神，另外红色也常用来作为警告、危险、禁止、防火等标示用色。人们在一些场合或物品上，看到红色标示时，常不必仔细看内容，便能了解警告危险之意；在工业安全用色中，红色即是警告、危险、禁止、防火的指定色。

2. 橙的色彩意象

橙色明视度高，在工业安全用色中，橙色即是警戒色，如火车头、登山服装、背包、救生衣等。由于橙色非常明亮刺眼，有时会使人有负面、低俗的意象，这种状况尤其容易发生在服饰的运用上，所以在运用橙色时，要注意选择搭配的色彩和表现方式，才能把橙色明亮活泼的特性发挥出来。

3. 黄的色彩意象

黄色明视度高，在工业安全用色中，黄色即是警告危险色，常用来警告危险或提醒注意，如交通号志上的黄灯，工程用的大型机器，学生用雨衣、雨鞋等，都使用黄色。

4. 绿的色彩意象

在商业设计中，绿色所传达的清爽、理想、希望、生长的意象，符合了服务业、卫生保健业的诉求。在工厂中为了避免操作时眼睛疲劳，许多工作的机械也采用绿色。一般的医疗机构场所，也常采用绿色来做空间色彩规划即标示医疗用品。

5. 蓝色的色彩意象

由于蓝色沉稳的特性，具有理智、准确的意象，在商业设计中，强调科技、效率的商品或企业形象，大多选用蓝色作为标准色、企业色，如电脑、汽车、影印机、摄影器材等。另外蓝色也代表忧郁，这是受了西方文化的影响，这个意象也运用在文学作品或感性诉求的商业设计中。

6. 紫色的色彩意象

由于具有强烈的女性化性格，在商业设计用色中，紫色也受到相当的限制，除了和女性有关的商品或企业形象之外，其他类的设计不常采用其为主色。

7. 褐色的色彩意象

在商业设计上，褐色通常用来表现原始材料的质感，如麻、木材、竹片、软木等，或用来传达某些饮品原料的色泽即味感，如咖啡、茶、麦类等，或强调格调古典优雅的企业或商品形象。

8. 白色的色彩意象

在商业设计中，白色具有高级、科技的意象，通常需和其他色彩搭配使用，纯白色会带给别人寒冷、严峻的感觉，所以在使用白色时，都会掺一些其他的色彩，如象牙白、米白、乳白、苹果白等。在生活用品、服饰用色上，白色是永远流行的主色，可以和任何颜色作搭配。

9. 黑色的色彩意象

在商业设计中，黑色具有高贵、稳重、科技的意象，许多科技产品的用色、如电视、跑车、摄影机、音响、仪器的色彩，大多采用黑色。在其他方面，黑色的庄严的意象，也常用在一些特殊场合的空间设计中。生活用品和服饰设计大多利用黑色来塑造高贵的形象，也是一种永远流行的主要颜色，适合和许多色彩作搭配。

10. 灰色的色彩意象

在商业设计中，灰色具有柔和、高雅的意象，而且属于中间性格，男女皆能接受，所以灰色也是永远流行的主要颜色，在许多的高科技产品尤其是和金属材料有关的产品中，几乎都采用灰色来传达高级、科技的形象。使用灰色时，大多利用不同的层次变化组合或搭配其他色彩，才不会显得过于素、沉闷而有呆板，僵硬的感觉。

8.4 色彩的应用

根据颜色的效应，合理选用配色，使工作地构成一个良好的色彩环境，称为"色彩调节"。正确的颜色调节可以得到如下效果：

（1）增加明度，提高照明设备的利用效果。

（2）提高对象物的生理、心理上的效果，含义明确，容易识别、容易管理。

（3）注意力集中，减少差错、事故和消耗，提高工作质量和工作效率。

（4）发挥颜色对人心理和生理的作用，使精神愉快，减少疲劳。

（5）改善劳动条件，使环境整洁，有美感。

8.4.1 环境配色

色和形是造型设计中两个重要因素。产品的美是综合了形、色和材料美而形成的。然而在视觉效果上，色先于形，色比形更富有吸收力。

（1）在总体色调上，凡是物体配色都应考虑主色调和辅助色，色彩的效果往往是由主色调决定的，影响因素是色的三要素和面积。

① 暖色和高彩度为主的布置，给人以刺激感；冷色和低彩度为主的布置，给人以沉静感。

② 明度值高的色为主则明亮，有活力感；明度值低的色为主则暗淡，有庄重感。

③ 用对比色配色则活泼；用相似色配色则稳健。

④ 使用的色调多感到热闹，少则感到清淡。

（2）重点部位配色，应比其他部位更易使人注意，要选用强烈的色彩。

（3）平衡配色。所谓平衡，就是匀称、均衡。

（4）渐变配色指呈阶梯形的逐渐变化的多色配合，如强、中、弱三色，按强中弱或弱中强顺序排列，就是色的渐变。如果按强弱中或中强弱排列，则又产生了节奏感。色的渐变按十色环次序排列，正排或反排均可。明度渐变按明度级从明到暗或从暗到明进行排列。彩度渐变按彩度级从高到低或从低到高进行排列。组合渐变是将色相、明度和彩度组合在一起作渐变处理。

（5）对比配色。利用色调的差异、明度的深浅、彩度的高低、面积的大小和位置的变化等，以显示对比。

（6）调和配色与对比相反。对比是扩大色彩的差异性，调和则是缩小色彩的差异性。在十色环上的相邻色调均属调和色。

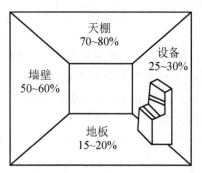

图 8.7 室内对象的反射率

（7）背景与图形的配色图形能否看清，关键在于与背景的对比度。明亮鲜艳的图形面积要小，暗淡的图形面积宜大。但图形色应比背景明亮。厂房或工作间配色，总的要求是：明亮、和谐、美观、舒适。除了富有代表意义外，还应着重考虑光线的反射率，以提高照明装置的效果。室内的主色调以白、乳白、浅黄、天蓝、浅蓝为好，其反射率可参考图 8.7 所示。表 8-3 为各种材料的反射率。

表 8-3 各种材料的反射率

材料名称		反射率/%	材料名称		反射率/%
磨光金属面及镜面	银	92	建筑材料与室内装备	白灰	60～80
	铝	60～75		淡奶油色	50～60
	铜	75		深色墙壁	10～30
	铬	65		白色木材	40～60
	钢铁	55～60		黄木材	30～50
	玻璃镜面	82～80		红砖	15
油漆面	白漆	60～80		水泥	25
	淡灰漆	35～55		白瓷砖	60
	深灰漆	10～30		草席	40
	黑漆	5		石膏	87
地表面	走道	10～20		家具	25～40
	砂地	20～30			
	雪地	95			

材料的反射率（反射系数）可按下式计算：

$$材料反射率 = \frac{暗照度}{明照度} \times 100\%$$

表 8-4 为有关场所使用色彩举例。

表 8-4 有关场所使用色彩举例

场所	天棚	墙壁上部	墙壁下部	地板
冷房间	4.2Y9/1	4.2Y8.5/4	4.2Y6.5/2	5.5YR5.5/1
一般房间	4.2Y9/1	7.5GY8/1.5	75GY6.5/15	5.5YR5.5/1
暖房间	5.0G9/1	5.0G8/0.5	5.0G6/0.5	5.5YR5.5/1
接待室	7.5YR9/1	10YR8/3	7.5GY6/2	5.5YR5.9/3
交换台	6.5R9/2	6.0R8/4	5.0G6/1	5.5YR5.5/1
食堂	7.5GY9/1.5	6.0YR8/4	5.0YR6/4	5.5YR5.5/1
厕所	N9.5/	2.5PB8/5	8.587/3	N8.5/
更衣室	5Y9/2	7.5G8/1	8BG6/2	N5/

8.4.2 机器设备配色

设备的主机、附件、动力设备、显示装置等，其配色要求如下：

（1）属于同一设备的组件，其外壳或外表的颜色应一致。

（2）色彩与设备的功能相适应。如医疗设备用白色，消防设备用红色，军用设备用草绿色，冰箱、电扇用白色或冷色调，家具多采用暖色调等。

（3）设备色与环境色要协调和谐。

（4）注意审美标准。

（5）警戒部位颜色要突出、鲜明。

（6）操纵装置的颜色应有利于识别，避免产生错误判断。

（7）显示器的颜色要醒目，易于分辨。

（8）机床颜色应与加工对象有一定的对比度，如加工对象颜色暗淡，则机床颜色应鲜明。

机械设备配色应用举例：如浅灰、浅篮、苹果绿、奶白等，其反射率为25％～40％，要比墙暗一些，但比墙裙亮一些。

8.4.3 标志用色

标志是一种形象语言，要便于识别。标志的颜色都有特定意义，国家和国际上都做了规定。颜色除了用于安全标志、技术标志外，还用来标志材料、零件、产品、包装和管线等。

生产、交通等方面使用色彩的含义如下：

红（7.5R4.5/14）：表示禁止、停止、消防和危险的意思。凡是需要禁止、停止和有危险的器件设备或环境，应涂以红色标记。①停止，如交通工具要求停车，设备要求紧急刹车；②禁止，表示不准操作、不准乱动、不准通行；③高度危险，如高压电、下水道口、剧毒物、交叉路口等；④防火，如消防车和消防用具都以红色为主色。

橙（2.5YR6.5/12）：用于危险标志，涂于转换开关的盖子、机器罩盖的内表面、齿轮的侧面等。橙色还用于航空、船舱的保安措施。

黄（2.5Y8/13）：表示注意、警告的意思。凡是警告人们注意的器件、设备或环境，应涂以黄色标记。如铁路维护工穿黄衣。

绿（5G5.5/6）：表示通行、安全和提供信息的意思。凡是可以通行或安全的情况，应涂以绿色标记。①安全，如引导人们行走安全出口的标志用色；②卫生，如救护所、保护用具箱常采用绿色；③表示设备安全运行。

蓝（2.5PB5J5/6）：表示指令或必须遵守的规定，为警惕色。如开关盒外表涂色，修理中的机器、升降设备、炉子、地窖、活门、梯子等的标志色。

紫红（2.5RP4.5/12）：表示带放射性危险的颜色。

白（N9.5/）：标志中的文字、图形、符号和背景色以及安全通道、交通上的标线用白色，为表示通道、整洁、准备运行的标志色。白色还用来标志文字、符号、箭头以及作为红、绿、蓝的辅助色。

黑：（N1.5/）：禁止、警告和公共信息标志中的文字、图形、符号等用黑色。用于标志文字、符号、箭头以及作为白、橙的辅助色。

红色与白色相间隔的条纹：红色与白色相间隔的条纹比单独使用红色更为醒目，表示禁止通行、禁止跨越的意思。用于公路、交通等方面所用的防护栏杆及隔离墩。

黄色与黑色相间隔的条纹：黄色与黑色相间隔的条纹比单独使用黄色更为醒目，表示特别注意的意思，用于起重吊钩、平板拖车排障器、低管道等方面。黄色与黑色相间隔的条纹，两色宽度相等，一般为100mm。在较小的面积上，其宽度可适当缩小，每种颜色不应少于两条，斜度一般与水平面成 45°。在设备上的黄黑条纹，其倾斜方向应以设备的中心线为轴，呈对称形。

蓝色与白色相间隔的条纹：蓝色与白色相间隔的条纹比单独使用蓝色更为醒目，表示方向指示，用于交通上的指示性导向标。

8.4.4 管理工作用色

管理工作若注意用色，便可提高工效。例如：卡片分类，用颜色加以区别可缩短时间 40%；对准刻度，若刻度带色可缩短时间 26%；报表、图形、证件、票卷、文件等，利用颜色，有利于迅速和准确的判读和识别。有的办公室设三色转盘，红色表示工作紧张、紧急，绿色表示工作处于正常状态，黄色表示在等待新的工作任务。

表 8-5 事务工作颜色标记举例。

表 8-5 事务工作颜色标志举例

项目	规定事项	标记处	色别
审批	当机立断	文件阅览夹	红
文件	整齐直观明确	办公桌文件夹	青
报告	抓住重点、一纸一事	办公桌	绿
传阅	迅速，不停留	传阅夹	蓝
会议	一小时作出结论	黑板会议室	黄
电话	三分钟解决问题	电话机	紫
收发	迅速，不积压	邮箱邮件袋等	橙

【阅读材料 8-1】 工业厂房色彩环境分析

1. 工业厂房内部色彩组成

工业厂房内部的色彩由加工产品色彩、机械设备色彩、建筑环境色彩三大部分组成，从使用功能上一般可分为焦点色、机械色、环境色三种类型。

(1) 焦点色调节。焦点色指工人在生产过程中注视的局部对象的色彩，如加工制品、机械设备及操作控制中心的色彩。加工制品的色彩与工作面背景的色彩应形成一定的对比关系，如果加工制品本身为浅色，其工作面应选择较深的颜色；反之，加工制品为深色，工作面应选择浅色，以便视觉识别。用于机械主要运行部件和操作控制中心开关、制动的色彩和消防、配电、急救、启动、关闭、易燃、易爆等标志色彩应醒目突出，并符合国家通用标准，一方面便于操作人员正常操作，另一方面也有利于在非常时期迅速、及时、准确地处理问题，排除故障，确保安全生产。

(2) 机械色调节。机械设备一般比较笨重，大都采用无刺激的中性含灰色系，其中最为常用的有无光泽、明亮而柔和的中浅灰、灰绿、灰蓝系，特别是笨重巨大的机械设备更应采用无光泽的浅色，以减轻操作工人心理上的压抑感。

(3) 环境色调节。室内环境色主要包括天棚、墙面、地面三大部分。特大型设备体积较大，占据厂房空间，也属于环境的一部分。

2. 工业厂房色彩的搭配

环境色设计总的原则为明亮、协调，深暗的色调既浪费人工照明的能源，又不利于提高工作效率。

环境色调节可根据生产的要求和方式决定，一般冷加工车间环境宜采用暖色调，热加工车间环境宜采用冷色调，通过色彩的冷暖感调节工人心理上的温度感，从而达到改善生产环境的目的。

天棚的色彩一般可选择白、乳白、淡蓝等高明度色，在视觉上给人以空间扩大的感觉，特别是天棚比较低矮的厂房，应避免使用沉重压抑的深色。墙面为生产设备背景，对室内环境影响较大，一般采用低纯度高明度的后退色，如浅灰蓝、浅灰绿、浅米色等。地面的色彩一般应比路面色稍重，但明度不宜过低而影响其反光的作用，可采用具有稳定感的中等明度的含灰色系。门窗在室内环境色彩设计中占有一定的比例，其色彩应与墙面环境相协调，同时又应适度调节对比关系，以增加色彩的情趣，避免过分单调。

工业厂区环境色彩是一个整体，除了在车间内部创造宁静、明亮、宽敞、舒适的色彩环境外，厂房外部的建筑墙面色彩、广场喷泉、雕塑、绿化、草坪、道路、灯具等环境美化设计也越来越受到重视，要求工业厂区整个建筑内外部环境的色彩既统一协调，又富于变化，使人既得到美的感受，又能提高生产热情。

小　结

本章通过对颜色与色觉、颜色表示法、颜色对人体的影响、色彩的理论及案例的介绍，可以让作业者通过事物的颜色判断其性质，科学地选择和搭配色彩，避免不良色彩环境引起视觉疲劳、紧张或错视，以不断优化生活和工作的视觉环境，实现人们安全、健康工作这一目标，并提高工作效率。

习　题

1. 填空题

(1) 色彩视觉是＿＿＿＿＿和人的视觉属性的综合反映。

(2) 发光体的色彩感觉，取决于＿＿＿＿＿的光谱波长。

(3) 不发光物体的色彩感觉，取决于＿＿＿＿＿的光谱波长。

(4) 无彩色系列只能根据＿＿＿＿＿来辨别。

(5) 彩色系列可以根据＿＿＿＿＿来辨别。

(6) 由于人从自然现象中得到启迪和联想，便对色彩产生了＿＿＿＿＿的感觉。

(7) 对于光谱不同的光，在某种条件下，能引起相同的色彩感觉，称为＿＿＿＿＿。

2. 单项选择题

(1) 将三种基色光同时投射在一个全反射的表面上，会出现以下情况（　　）。
　　A. 合成不同色调的色光　　　　B. 只产生一种色调的色光
　　C. 白光　　　　　　　　　　　D. 黑光

(2) 不同的色彩对心理会产生不同的影响，暖色调会产生如下（　　）的感觉。
　　A. 物体密度大　　　　　　　　B. 稳定性好
　　C. 空间宽敞　　　　　　　　　D. 距离缩短

(3) 人从自然现象中得到启迪和联想，因此色彩给人的感觉是不同的，如（　　）。

A. 冷色调有前凸感   B. 暖色调有体积收缩感

    C. 饱和度高的物体有轻感   D. 明度高时产生远感

(4) 选择适当的色彩，利用色彩效果，可以构成良好的色彩环境，一般要求（   ）。

    A. 工作房间尽可能色调单一，避免视觉疲劳

    B. 提高配色的饱和度加强刺激，以使注意力集中

    C. 工作房间配色时使明度悬殊，以增加层次感

    D. 配色尽可能不要单一，增加舒适愉快，减少疲劳

3. 判断改正题

(1) 色彩视觉是由物体反射的光谱波长决定的。   （   ）

(2) 若两种色彩的三个基本特性相同，一定会产生相同的色彩感觉。   （   ）

(3) 一种波长产生一种色调，即一种色调只与一种波长相联系。   （   ）

(4) 颜料三基色分别是黄、紫、青的补色。   （   ）

(5) 当色彩的波谱辐射功率相同时，视觉器官对不同颜色的主观亮度感觉也一样。

    （   ）

(6) 绿色不易引起人们的视觉疲劳，因此在工作房间内都应采用统一的绿色。（   ）

4. 简答题

(1) 简述孟塞尔表色体系是怎样表示的。

(2) 色彩调节时应考虑哪些色彩基本特性？为什么？

(3) 简述色彩对人的生理机能的影响。

(4) 色彩对人的心理会产生哪些主要影响？

(5) 良好的色彩调节对作业环境会产生哪些效果？

(6) 工作房间色彩调节的主要依据是什么？如何配色才能提高工效？

(7) 机器设备配色主要考虑哪些因素？

(8) 怎样进行工作面的配色？

第9章 气体环境

人不能离开大气，大气中所含成分，时刻都被人吸入，大气是否纯净，对人的健康影响很大。工作地的污染问题日益严重，污染的后果，轻则使人难受，重则引起职业病。

 教学目标

1. 了解工作地空气污染物来源和主要成分、污染物进入人体的途径、空气污染物含量表示法。
2. 了解《工业企业设计卫生标准》的相关规定。
3. 明确空气污染物的检测步骤及方法，熟悉空气有毒物质对人体的危害。
4. 掌握工作场所通风与空气调节。

 教学要求

知识要点	能力要求	相关知识
空气中污染物的由来及其与人体的关系	(1) 了解空气污染物来源和主要成分； (2) 了解污染物进入人体的途径； (3) 了解空气污染物含量表示法	空气污染物； 人体构造的基本知识
空气污染物的检测	(1) 了解空气采样、含份分析； (2) 熟悉测定结果报告	采气体积、采样效率、采样位置； 比色法、气相色谱法、原子吸收分光光度法、离子选择电极法、荧光法、检气管法等
空气有毒物质对人体的危害	(1) 了解影响空气中有毒物质对人体作用的因素、二氧化碳对人体机能的影响； (2) 熟悉职业中毒、化学性毒物和粉尘的危害	生产环境与劳动强度； 中毒的分类、中毒的表现；化学性毒物、粉尘毒物

知识要点	能力要求	相关知识
工作场所通风与空气调节	(1) 了解大气卫生标准； (2) 了解工作场所通风方法； (3) 熟悉全面通风换气量的计算	《工业企业设计卫生标准》（GBZ1—2010）； 化学性毒物防治的相关知识； 粉尘防治的相关知识； 二氧化碳防治的相关知识

 **导入案例**

二氧化碳中毒与窒息事故

1988 年 6 月 21 日下午 1 时 35 分左右，上海某酿酒厂四名农民工根据厂方布置清洗二车间成品仓库酒池。金某先进入池内，下到一半时，因感到气味呛人，就从梯子爬出酒池，去更衣室拿口罩。范某（男，65 岁）、叶某（男，63 岁）则戴了口罩下到酒池工作，另一名农民工沈某在池口打电筒照明。范刚用毒箕铲了一下，即昏倒在池内，叶也紧接着昏倒，沈见状呼救，此时厂方仓库保管员徐某等人闻讯赶到现场救人，徐下池后也昏倒，10 余分钟后，徐、叶和范依次被救出，急送至有关医院抢救，叶、范两人抢救无效死亡，徐经抢救后脱离危险。

根据现场调查和临床资料，确认该起事故系急性职业中毒事故，为高浓度二氧化碳急性中毒伴缺氧引起窒息。

现场调查发现，发生事故的酒池位于地面下，深 2m、宽 3m、长 6m，池底有约 4cm 厚的酒泥。现场无防护设施，照明差，在救人过程中，酒池内已通入工业用氧气。对事故现场进行有毒有害气体检测，一氧化碳、硫化氢未超过国家卫生标准，二氧化碳浓度为 72000ppm（ppm 为百万分率），超过国家卫生标准（10000ppm）6.2 倍。

当二氧化碳浓度为 100000ppm 时，可引起人的意识模糊，接触者如不移至正常空气中或给氧复苏，将因缺氧而致死亡。二氧化碳达到窒息浓度时，人不可能有所警觉，往往尚未逃走就已中毒和昏倒。在救人过程中已通过氧，且在事故发生后二十多小时，酒池内二氧化碳的浓度仍高达 72000ppm，因此，事故发生时二氧化碳浓度极有可能达到或超过 100000ppm。

酒池内存在高浓度二氧化碳，主要原因是酒池内有醋酸菌，在其作用下，酒池内残存的葡萄酒可分解为醋酸，醋酸进一步分解为二氧化碳和水。而厂领导、职能部门和具体工作人员都未意识到这一职业危害因素，对清洗酒池的操作未制订劳动安全卫生制度，在清洗酒池时，也未采取任何防护措施。厂领导不重视农民工的劳动安全卫生，认为农民工的劳动安全卫生工作不属于厂方负责，致使农民工缺乏起码的劳动安全卫生保障。农民工进厂前未进行就业前体检，平时也无任何健康监护制度，使年老体弱的农民工从事有一定危害性的工作，导致这场事故的发生。

来自：安全管理网（www.safehoo.com）

9.1 空气中的污染物

人不能离开空气环境，清洁的空气环境是人类健康、安全、舒适地工作和生活的保证。随着工业化的过程，发生了环境污染。各种生产性污染物常以固体、液体和气体等形态存在，其中进入空气环境的污染物的影响最为严重。空气污染的直接后果，轻则使人感到不舒适，人的皮肤、感官受到不良刺激，影响工作效率；重则引起疾病，危害人的健康。因此，有必要了解空气中污染物的来源、特性、危害及防治途径。

1. 空气中污染物的来源和种类

（1）钢铁厂、发电厂等各种类型的工矿企业排放出的烟气（含烟尘、硫氧化物、氮氧化物、二氧化碳以及碳黑等有害物质）所造成的污染。

（2）汽车、火车等各类交通工具排放的含一氧化碳、氮氧化物、碳氧化物、铅等尾气污染物所造成的空气污染。

（3）人的生活和自身也是污染源之一。如取暖、做饭排出的烟尘以及人体呼出的二氧化碳等。

空气中的污染物种类很多，已经产生危害或受到人们重视的污染物大约有近百种。其中属于固体尘粒的有碳粒、飘尘、飞灰、碳酸钙、氧化锌、二氧化铝等；属于硫化物的有二氧化硫、三氧化硫、硫化氢、硫酸等；属于氮化物的有一氧化氮、二氧化氮、氨等；属于氧化物的有一氧化碳、臭氧、过氧化物等；属于卤化物的有氯气、氯化氢、氟化氢等。其中对人类环境威胁较大的，主要有粉尘、二氧化硫、一氧化碳、氮氧化物、碳氢化物，以及硫化氢、氨、氯气等。在一般情况下，空气污染物中粉尘与二氧化硫约占40％，一氧化碳占30％，二氧化氮、碳氢化合物及其他废气占30％。

2. 污染物进入人体的途径

（1）经呼吸道进入。这是最主要、最危险的途径。呈气体、蒸气、雾、烟及粉尘形态的生产性毒物，均可进入呼吸道。进入呼吸道的毒物，通过肺泡直接进入大循环，其毒性作用大，发生快。

（2）经皮肤进入。通过皮肤途径进入人体有三种情况，即通过表皮屏障、通过毛囊，还有极少数通过汗腺导管。能够经皮肤进入人体的污染物有以下三类：①能溶于脂肪及类脂肪的物质；②能与皮肤的脂酸根结合的物质，如汞；③具有腐蚀性的物质，如强酸、强碱。

（3）经消化道进入。个人卫生习惯不好和发生意外时污染物可经消化道进入人体，实际事例甚少。

3. 空气污染物含量表示法

空气污染物含量最常用的表示法为质量浓度。质量浓度是指标准状态下单位体积空气中所含污染物的量，单位为 mg/m^3。含量有时也用体积百万分率（ppm）来表示。我国车间空气污染物最高允许质量浓度采用 mg/m^3 表示，计算方法如下：

$$mg/m^3 = 1ppm \times \frac{毒物的分子量}{24.45} \tag{9-1}$$

化学物质的毒性分级见表9-1。

表 9-1　化学物质毒性分级

毒性分级	人经口的可能致死量	
	体内含量/（g/kg）	以体重 60kg 计算总量/g
剧毒	<0.05	0.1
高毒	0.05～0.5	3
中等毒	0.5～5	30
低毒	5～15	250
微毒	>15	>1000

9.2　空气污染物的检测

为了将作业环境中的空气污染物控制在国家容许的浓度标准之下，就必须对空气中的有害物质进行检测，其步骤如下。

9.2.1　空气采样

采样分为两类。一类是定点采样，即选定地点采集样本，测得的结果是该点瞬间浓度或短时间内的平均浓度。定点采样包括直接采样和浓缩采样。直接采样是使用 1000mL 真空样瓶、采气管、医用 100mL 注射器、塑料袋、球胆等抽取现场空气进行测定；浓缩采样是采取一定量空气样本，使之通过吸收液或吸附剂，将有害物质吸收或阻留，使原来空气中有害物质得到富集。

另一类是个体采样，即将小型个体采样器佩带在操作者的呼吸带附近，采集该人在整个工作日内接触的累积毒物，测定结果是接触有害物质的时间加权平均浓度。利用个体采样就可以对操作者接触毒物的程度进行评价。

（1）采气体积。以最小采气体积计算，其公式为

$$V = sa/(cb)$$
（9-2）

式中：V——最小采气量，L；

$\quad\quad s$——测定方法的检测下限，μg；

$\quad\quad a$——样品总体积，mL；

$\quad\quad c$——车间空气中有害物的最高允许浓度，$\mu g/L$；

$\quad\quad b$——分机时所采取样品的体积，mL

采集的气体体积应换算成标准状况下的气体体积，公式如下：

$$V_0 = V_t \frac{T_0}{T_t} \cdot \frac{P}{P_0}$$

或

$$V_0 = V_t \frac{273}{273+t} \cdot \frac{P}{760}$$
（9-3）

式中：V_0——标准状况下气体体积，L；

V_t——在工作地采集的实际气体体积，L；

T_t——工作地温度，K；

T_0——标准状况温度，K；

P——工作地大气压，mmHg；

P_0——标准大气压，mmHg；

（2）采样效率。两个收集器串联采样，第一个收集器中有害物质含量对总有害物质含量的百分比称为采样效率，即

$$K = \frac{C_1}{C_1 + C_2} \times 100\%\qquad(9-4)$$

式中：K——采样效率；

C_1——第一收集器中有害物质含量；

C_2——第二收集器中有害物质含量。

K 值应大于 90%。为提高采样效率，应注意选择合适的收集器、吸收液、吸附剂、抽气速度和抽样方法。

（3）采样位置。收集器应放置于操作者经常活动的地带，使所采集的样本符合操作者每天吸入有害物质的实际情况。

如若对净化设备的性能进行评价，应在设备上开孔采集管道内的气体进行测定。对管道的采样，应采取等速采样。如采集烟道的样本，要使气体进入采样嘴的速度与烟道内的气流速度相等。

9.2.2 含份分析

对空气中的有毒物质进行定性、定量分析，常用的方法有比色法、气相色谱法、原子吸收分光光度法、离子选择电极法、荧光法、检气管法等。

比色法是利用被测物质与显色剂生成有色化合物，根据有色化合物颜色的深浅来确定被测物质的浓度。比色法可分析绝大多数无机毒物和有机毒物。

气相色谱法是效率最高的一种分析方法，在几分钟之内就可将多种纪元分离。其所用设备为气相色谱仪及其辅助设备，分离效率高，已被广泛利用。

9.2.3 测定结果报告

测定的数据是否全部有效，要进行鉴别取舍，异常数据应剔除。

（1）准确度。指测定值与真值的符合程度，用以说明测定数据的可靠性，一般用绝对误差来量度，即

$$E = X - \mu\qquad(9-5)$$

式中：E——测定的绝对误差值；

X——测定值；

μ——真值。

若用相对误差表示，则相对误差（S'）为

$$S' = \frac{X - \mu}{\mu} \times 100\% \qquad (9-6)$$

（2）精度。指测定数据的重现性，用测定值与一系列测定数据的平均值之差即偏差来表示，即

$$d_i = x_i - \overline{X} \qquad (9-7)$$

式中：x_i——测定值；

$\overline{X}$——平均值；

d_i——个别数据的偏差值。

精度也可用相对偏差来表示，即

$$相对偏差 = \frac{x_i - \overline{X}}{\overline{X}} \times 100\% \qquad (9-8)$$

对于一系列测定数据的精度可用下列各值表示：

平均偏差

$$\overline{d} = \frac{1}{n} \sum_{i=1}^{n} |x_i - \overline{X}| \qquad (9-9)$$

标准偏差

$$\sigma = \sqrt{\frac{\sum\limits_{i=1}^{n} (x_i - \mu)^2}{n}} \qquad (9-10)$$

或

$$s = \sqrt{\frac{\sum\limits_{i=1}^{n} (x_i - \overline{X})^2}{n-1}} \qquad (9-11)$$

测定次数大于 30 次时用式（9-10），小于 30 次时用式（9-11）。

变异系数

$$CV(\%) = \frac{s}{\overline{X}} \times 100\% \qquad (9-12)$$

变异系数代表单次测定标准偏差 s 对测定平均值 $\overline{X}$ 的相对值。

9.3　空气有毒物质对人体的危害

凡是少量进入机体后，能与机体组织发生化学或生物化学作用，破坏正常生理功能，引起机体暂时或永久的病理改变的物质，称为毒物。污染的空气中存在着许多有毒物质，空气污染越严重，中毒越深，危害越严重。空气污染可以造成呼吸系统疾病、视觉器官疾病、生理机能障碍，严重时会导致心血管系统病变以致死亡。据美国调查认为，呼吸器官和胃肠系统的癌变、动脉硬化和心肌梗塞死亡率的分布与工厂和汽车的密度成正比。本节仅讨论化学性毒物、粉尘和二氧化碳等空气污染物对人体的危害。

【阅读材料 9-1】　一起严重的硫化氢中毒事故

1999 年 1 月东莞市一造纸厂发生一起因工人严重违反操作规程和缺乏救助常识而导致 10 人中毒、

其中 4 人死亡的重大伤害事故。

按照惯例，工人于早上 7 点停机，并经过往浆渣池中灌水、排水的工序后，8 点左右有 2 名工人下池清扫浆池，当即晕倒在池中。在场工人在没有通知厂领导的情况下，擅自下池救人，先后有 6 人因救人而相继晕倒在池中，另有 2 人在救人过程中突感不适被人救出。至此，已有 10 人中毒。厂领导赶到后，立即组织抢救，经往池中灌氧、用风扇往池中送风后，方将中毒者全部用绳子拉出池来。由于本次中毒发生快、中毒深、病情严重，10 例病人在送往医院后，已有 6 例心跳和呼吸停止，虽经多方努力抢救，至当日下午 4 时 20 分，仍有 4 人死亡。

1. 中毒现场有害气体的测试及中毒化学物质的鉴定

浆池外型似一倒扣的半球状体，顶部有一 $40cm \times 60cm$ 大小的洞口，工人利用竹梯从洞口进出清洗浆池。走近洞口，就闻到一股较浓的臭味，事故发生后，在洞口处用快速检测管对洞口内 10cm 处的气体进行检测发现：硫化氢（H_2S）质量浓度达 $55mg/m^{-3}$（国家卫生标准为 $10mg/m^{-3}$），一氧化碳、氯气和氯化氢未检出，可以推断，在实行向池中通风、送氧之前，其浓度一定更高。根据中毒病人的发病及临床特征，将本次中毒诊断为急性重度硫化氢中毒。

2. 浆池硫化氢产生的原因

造纸的过程中，使用大量的含硫化学物质，通常情况下，由硫化氢引起的职业危害多发生在蒸煮、制浆和洗涤漂白过程中。如果含硫的废渣、废水长时间存放在浆池中，再加上含硫有机物的腐败，就会释放出大量的硫化氢气体，由于密度较大而沉积于浆池的底部。

9.3.1 空气中有毒物质对人体作用的因素

毒物对机体所致有害作用的程度与特点，取决于一系列因素和条件。

（1）毒物的化学结构：在碳氢化合物中，毒物的化学结构决定它在体内可能参与和干扰各生化过程，按参与的程度和速度而决定其作用的性质与毒性的大小。随着碳原子数量增加，其毒性也增大。但一般认为当碳原子数超过一定限度（如 7~9 个碳原子）时，醇类的毒性反而迅速下降。在碳氢化合物中，有的成分虽然相同，但由于化学结构式的不同因而毒性的大小也不一样。直链的毒性比支链的大；长链的比某些短链的毒性小；成环的比不成环的毒性大。

（2）毒物的理化特性：化学物质的理化特性对其进入人体的机会及体内过程有重要影响。分散度高的毒物，其化学活性大。氧化锌烟可引起铸造热，而氧化锌粉尘则不会。化学物质的挥发性常与沸点平行；挥发性大的毒物在空气中的浓度高，中毒的危险性大。有些化学物质绝对毒性大，但挥发性小，故在生产中吸入中毒的危险性不大。但亦应注意有无加温等促进挥发的因素在起作用。某些化学物质的溶解度与其毒性有密切关系，与毒物作用特点也有关。砒霜与雌黄相比，前者的溶解度大，毒性也剧烈得多。

（3）毒物的剂量、浓度、作用时间：化学物质的毒性更高，但进入体内的剂量不足，也不会引起中毒。空气中毒物浓度高，接触时间长，则进入体内的剂量大。从事接触毒物作业中，发生中毒的机率、人体受损害的程度，与进入体内的毒物量或空气中毒物浓度及作用时间有直接联系。降低空气中毒物浓度、减少进入体内的毒物量是预防职业中毒的重要环节。

（4）毒物的联合作用：生产环境中常有数种毒物同时存在而作用于人体。在多种毒物共存的情况下，有少数毒物起减毒作用，但大多数毒物共同存在时，会产生毒物的联合作用，即一种毒物能增强另一种毒物的毒性。这种协同作用，可能表现为毒性相加作用，也可能表现为毒性相乘作用。

（5）生产环境与劳动强度：高温条件下，可促进毒物挥发，人也增加了吸收毒物的速度。湿度可以促进氯化氢、氟化氢毒性增大。高气压可使毒物溶解于体液的量增多。体力劳动强度大，毒物就吸收得多，耗氧量大，使机体对导致缺氧的毒物更为敏感。

（6）个体感受性：接触同一毒物，不同的个体所出现的反应可迥然不同。引起这种差异的个体因素很多，如年龄、性别、生理变化过程、健康状态、营养等都可产生影响。

总之，空气中有毒物质对人体的影响是多方面的。了解这些致毒的因素，可使我们采取有效的控制措施，防止职业中毒。

9.3.2 职业中毒

1. 中毒的分类

（1）急性中毒：毒物在短时间内大量进入人体后突然发生的病变。

（2）慢性中毒：毒物长期低浓度进入人体，逐渐引起的病变。

（3）亚急性中毒：介于急性中毒和慢性中毒之间，在较短时间有较大量毒物进入人体而引起的病变。

2. 中毒的表现

（1）神经系统。慢性中毒早期常见神经衰弱综合征和精神症状，出现全身无力，记忆力减退、睡眠障碍、情绪激动、狂躁、忧郁等。

（2）呼吸系统。一次大量吸入某些气体可突然引起窒息。长期吸入刺激性气体，能引起慢性呼吸道炎症，出现鼻炎、咽炎、喉炎、气管炎等炎症。

（3）血液系统。许多毒物都可对血液系统造成损害，表现为贫血、出血、血小板减少等，重者可导致再生障碍性贫血。

（4）消化系统。经消化系统进入人体的毒物可直接刺激、腐蚀胃粘膜，产生绞痛、恶心、呕吐、食欲不振等症状。

（5）肾脏。许多毒物都是经肾脏排出，使肾脏受到不同程度的损害，出现蛋白尿、血尿、浮肿等症状。

（6）皮肤。皮肤接触毒物后，可发生搔痒、刺痛、潮红、斑丘疹等各种皮炎。

9.3.3 化学性毒物的危害

1. 二氧化硫

二氧化硫（SO_2）是一种无色、有味的刺激性气体，主要产生于煤炭和石油制品等燃料的燃烧，有色金属冶炼厂、硫酸厂、钢铁厂、焦化厂的排放气体。煤含硫约为 5～

50kg/t,石油含硫约为 5～30kg/t。当 SO_2 的浓度达 1ppm 时,人就感到难受,不能长时间工作。SO_2 慢性中毒会出现食欲不振、鼻炎、喉炎、气管炎等;轻度中毒出现眼睛与咽喉部的刺激;中度中毒会出现声音嘶哑、胸部压迫感及痛感、吞咽困难、呕吐、眼结膜炎、支气管炎等;重度中毒会造成呼吸困难、知觉障碍、气管炎、肺水肿甚至死亡。

SO_2 很少单独存在于大气中,往往和飘尘结合在一起进入人的肺部,加剧了粉尘的毒害作用。SO_2 在大气中遇到水将变成硫酸烟雾,其毒性比 SO_2 大 10 倍。

我国《工业企业设计卫生标准》(TJ 36－1979)规定 SO_2 最高容许质量浓度为 $15mg/m^3$。

2. 一氧化碳

一氧化碳(CO)为无色、无味、无臭、无刺激性的气体,密度为 0.967g/L,几乎不溶于水,易溶于氨水。其易燃易爆,在空气中爆炸极限含量为 12.5%～74%。不易为活性炭吸附。

含碳物质的不完全燃烧过程均可产生一氧化碳,主要涉及:

(1) 冶金工业中的炼焦、炼钢、炼铁。

(2) 机械制造工业中的铸造、锻造车间。

(3) 耐火材料、玻璃、陶瓷、建筑材料等工业使用的窑炉、煤气发生炉等。化学工业中用一氧化碳做原料制造光气、甲醇、甲醛、甲酸、丙酮、合成氨。

一氧化碳(CO)经呼吸道进入血液循环,主要与血红蛋白(Hb)结合,形成碳氧血红蛋白(HbCO),使之失去携氧功能。CO 与血红蛋白的亲和力比氧与血红蛋白的亲和力大 240 倍,而 HbCO 的解离速度比氧合血红蛋白(HbO_2)的解离速度慢 3600 倍,故 Hb 不仅本身无携带氧的功能,而且还影响 HbO_2 的解离,阻碍氧的释放。由于组织受到双重缺氧作用,导致低氧血症,引起组织缺氧。

我国《工业企业设计卫生标准》(GBZ1－2010)规定 CO 最高容许质量浓度为 $30mg/m^3$。

3. 硫化氢

硫化氢(H_2S)为无色气体,具有腐败臭鸡蛋味,蒸气密度为 1.19g/L,易积聚在低洼处。可燃,易溶于水、乙醇、汽油、煤油和原油。呈酸性反应,能与大部分金属反应形成黑色硫酸盐。

硫化氢一般为工业生产过程中产生的废气,很少直接应用。

(1) 在制造硫化染料、二氧化硫、皮革、人造丝、橡胶、鞣革、制毡、造纸等作业时均可有硫化氢产生。

(2) 有机物腐败时也能产生硫化氢,如在疏通阴沟、下水道、沟渠,开挖和整治沼泽地以及清除垃圾、污物、粪便等作业时均可接触到硫化氢。

H_2S 为剧毒气体,主要经呼吸道进入人体。

(1) 体内的 H_2S 如未及时被氧化解毒,能与氧化型细胞色素氧化酶中的二硫键或三价铁结合,使之失去传递电子的能力,造成组织细胞内窒息,尤以神经系统为敏感。

(2) H_2S 还能使脑和肝中的三磷酸腺苷酶活性降低,结果造成细胞缺氧窒息,并明显影响脑细胞功能。

（3）高浓度 H_2S 可作用于颈动脉窦及主动脉的化学感受器，引起反射性呼吸抑制，且可直接作用于延髓的呼吸及血管运动中枢，使呼吸麻痹，造成"电击样"的死亡。

4. 氮氧化物

其包括 N_2O、NO、NO_2、NO_3、N_2O_4、N_2O_5 等多种氮的氧化物。构成空气污染的主要是 NO 和 NO_2。它们主要来源于各种矿物燃料的燃烧过程以及生产和使用硝酸的工厂，如氮肥厂、化学纤维中间体厂中硝酸盐的氧化反应、硝化反应等排放出的氧化氮气体。浓度大的氧化氮气体呈棕黄色。NO_2 中毒引起肺气肿，慢性中毒引起慢性支气管炎。人在 NO_2 体积分数 16.9ppm 环境下，工作 10min 便出现呼吸困难。NO_2 和 SO_2 两种污染物共存时，由于相互作用的效应，危害更大。

由汽车和工厂烟囱排出的氮氧化物和碳氢化物在阳光紫外线照射下，生成毒性很大的光化学氧化剂，其主要成分为臭氧（占 90% 左右）、醛类、过氧乙酰基硝酸酯、烷基硝酸盐、酮等。与 SO_2 形成的硫酸雾相结合可成为危害更大的光化学烟雾，它能使人的眼睛、鼻子、喉咙、气管和肺部的粘膜受到刺激，出现眼睛红肿、流泪、喉痛、胸痛和呼吸困难等症状。

5. 金属毒物

指混入空气中的铅、汞、铬、锌、锰、钛、砷、钒、钡等，它们都可能引起人体中毒。一般它们不以单质单独存在，比如四乙基铅用于汽油抗爆剂，所以汽车排放的废气中含有铅，因此，在生产和使用过程中会吸入或接触它而中毒。铅中毒在人体内有蓄积性。铅中毒妨碍红血球的生长和成熟，引起贫血、牙齿变黑、神经麻痹等慢性中毒症状。急性中毒表现为全身关节疼痛（骨痛病）、骨骼变形、血磷降低、蛋白尿、糖尿等。一般认为金属毒物与心脏病、动脉硬化、高血压、贫血、中枢神经疾病、肾炎、肺气肿、癌症等均有密切关系。

9.3.4 粉尘的危害

生产性粉尘由于种类和理化性质的不同，对机体的损害也不同。按其作用部位和病理性质，可将其危害归纳为尘肺、局部作用、全身中毒、变态反应和其他现象五部分。

1. 尘肺

尘肺（pneumoconiosis）是指在工农业生产过程中，长期吸入粉尘而发生的以肺组织纤维化为主的全身性疾病。按其病因不同又分为五类：

（1）矽肺（silicosis）是指在生产过程中长期吸入含有游离二氧化硅粉尘而引起的以肺纤维化为主的疾病。

（2）硅酸盐肺（silicatosis）是指长期吸入含有结合状态的二氧化硅的粉尘所引起的尘肺，如石棉肺、滑石肺、云母肺等。

（3）炭尘肺（carbon pneumoconiosis）是指长期吸入煤、石墨、碳黑、活性炭等粉尘引起的尘肺。

（4）混合性尘肺（mixed dust pneumoconiosis）是指长期吸入含有游离二氧化硅和其

他物质的混合性粉尘（如煤、铁）所致的尘肺。

（5）其他尘肺：如长期吸入铝及其氧化物引起的铝尘肺，或长期吸入电焊烟尘所引起的电焊工尘肺等。

上述各类尘肺中，以矽肺、石棉肺、煤矽肺较常见，危害性则以矽肺最为严重。

2. 局部作用

吸入的粉尘颗粒作用于呼吸道粘膜，早期引起后者功能亢进、充血、毛细血管扩张、分泌增加，从而阻留更多粉尘，久之则酿成肥大性病变，粘膜上皮细胞营养不足，最终造成萎缩性改变；粉尘产生的刺激作用，可引起上呼吸道炎症；附着于皮肤的粉尘颗粒可堵塞皮脂腺，易产生感染而引起毛囊炎、脓皮病等；作用于眼角膜的硬度较大的粉尘颗粒，可引起角膜外伤及角膜炎等。

3. 全身中毒作用

吸入含有铅、锰、砷等毒物的粉尘，可被吸收而引起全身中毒。

4. 变态反应

某些粉尘，如棉花和大麻的粉尘可能是变应原，可引起支气管哮喘、上呼吸道炎症和间质性肺炎等。

5. 其他现象

某些粉尘具有致癌作用，如接触放射性粉尘可致肺癌，石棉尘可引起间皮瘤，沥青粉尘沉着于皮肤，可引起光感性皮炎等。

9.3.5 二氧化碳对人体机能的影响

1. 氧气

人也是空气污染源之一，人要吸入氧气，呼出二氧化碳。正常的空气和人呼气中的氧及二氧化碳等组成见表 9-2。

表 9-2 空气及呼气的化学组成 单位:%

化学成分	N_2	O_2	CO_2
空气	79.04	20.93	0.03
呼气	79.60	16.02	4.38

空气中的氧含量在 15% 以下时，会出现嗜睡、动作迟钝、呼吸急促、脉搏加快等严重缺氧症状；含氧量降到 10% 以下时，将发生休克甚至死亡。可见，氧含量 15% 是人可以工作的临界值。空气中含氧多少受工作环境影响。在煤矿井下，木质支护材料的腐烂、金属支护材料的锈蚀、煤和其他物质的氧化在通风条件一定的条件下，都可能造成缺氧。因此在矿井通风网络设计时，必须考虑造成缺氧的各种因素。

2. 二氧化碳

CO_2 是最常见的一种有害气体，来源于燃料燃烧、制石灰、发酵、酿造、制糖、制碱、制干冰等工业，以及煤井隧道工程和人的呼气。人呼出的 CO_2 也会造成工作环境空气污染。CO_2 含量增加到 $5\%\sim6\%$ 时，呼吸感到困难，增加到 10% 时，即使不活动的人也只能忍耐几分钟（见表 $9-3$）。

表 $9-3$　空气中 CO_2 含量对人体的影响

CO_2 含量		对人体的影响	CO_2 含量		对人体的影响
%	mg/L		%	mg/L	
3	54	1h 后呼吸深度增加	8	144	呼吸困难
4	72	发生局部症状、耳鸣、恶心、头痛等	10	180	意识丧失
6	108	呼吸频率增加	20	360	生命中枢麻痹

工作场所换气不好，CO_2 含量增加，空气不新鲜，会影响人的工作效率，据纽约的换气委员会实验，相关结果见表 $9-4$。

一般新鲜空气中 CO_2 含量为 0.03%。在人工作的场所 CO_2 污染应控制在 0.1% 以下。表 $9-5$ 列出了 CO_2 含量对疲劳的影响。

表 $9-4$　换气对体力作业的影响

温度/℃	20	20	24	24
空气状况	新鲜	停滞	新鲜	停滞
作业效率/%	100	91.1	85.2	76.2

表 $9-5$　CO_2 含量对疲劳的影响

CO_2 含量/%	<0.07	0.07~0.1	0.1~0.2	0.2~0.4	0.4~0.7
精力状况评定	良好	一般	不好	很不好	非常不好

9.4　工作场所通风与空气调节

9.4.1　通风和空气调节

无论是工业生产中为了保证作业者的健康，提高工作效率和质量，还是在公共场所及人们生活的房间里，为了满足人们正常活动和舒适的需要，都要求维持一定的空气环境。通风和空气调节就是创造这种空气环境的一种手段。通风是把局部地点或整个房间内污染的空气（必要时经过净化处理）排出室外，把新鲜（或经过处理）的空气送入室内，从而保持室内空气的新鲜及洁净程度。而空气调节则是要求更高的一种通风，它不仅要保证送进室内空气的洁净度，还要保持一定的温度、湿度和速度。通风的目的主要是消除生产过程中产生的粉尘、有害气体、高温和辐射热的危害；而空气调节的目的则主要是创造有一定的温度、湿度和舒适度的洁净的空气环境，并考虑消声问题，以满足生产和生活的需要。

9.4.2 工作场所通风方法

(1) 按空气流动的动力不同，可分为自然通风和机械通风。

① 自然通风：是依靠室内外空气温差所造成的热压，或者室外风力作用所形成的压差，使室内外的空气进行交换，从而改善室内的空气环境。其优点是不需要专设动力装置，对于需要大量换气的车间是一种经济有效的通风方法。不足之处是，自然进入的室外空气无法预先进行处理；同样，从室内排出的空气如含有有害物质时，也无法进行净化处理。另外，自然通风的换气量要受室外气象条件的影响，通风效果不稳定。

② 机械通风：是借助于通风设备所产生的动力而使空气流动的方法。由于风机的风量和风压可根据需要选择，因此这种通风方法能保证通风量，并可控制气流方向和速度。也可对进风和排风进行处理，如对进气进行加热或冷却，对排气进行净化处理等。显然，机械通风比自然通风系统复杂，需要较大的投资和运行管理费用。

(2) 按通风系统作用范围，可分为全面通风和局部通风。

① 全面通风：是对整个房间进行通风换气。其目的是稀释房间内有害物质浓度，消除余热、余湿，使之达到卫生标准和满足生产作业要求。全面通风可以利用机械通风来实现，也可用自然通风来实现。

② 局部通风：可分为局部排风和局部送风两种。局部排风是在有害物质产生的地方将其就地排走；局部送风则是将经过处理的、合乎要求的空气送到局部工作地点，造成良好的空气环境。局部通风与全面通风比较，对控制有害物质扩散效果较好，而且经济。

9.4.3 全面通风换气量的计算

确定全面通风换气量的依据是单位时间进入房间空气中的有害气体、粉尘、热量及水气等数量。

1. 消除有害气体的全面通风换气量

假设房间内每小时散发的有害物数量为 X（mg/h），而且假定是稳定而均匀地扩散到整个房间，利用全面通风，每小时由室内排出污染空气的有害物浓度为 C_2（mg/m³），送入室内的空气中含该有害物浓度为 C_1（mg/m³），则根据在通风过程中排出有害物的数量应当和产生有害物的数量达到平衡的原则，房间内所需全面通风换气量 L 可按下式计算：

$$L = \frac{X}{C_2 - C_1} \tag{9-13}$$

式中：由室内排出污染空气的有害物浓度 C_2，是房间内应该维持的不超过国家卫生标准规定的有害物最高允许浓度。

2. 散发余热的全面通风换气量

当房间内产生余热时，所需全面通风换气量 L 可用下式计算：

$$L = \frac{Q}{c\gamma_j(t_p - t_j)} \tag{9-14}$$

式中：Q——室内余热量，kJ/h；

t_p——排出空气的温度，℃；

t_j——进入空气的温度,℃;

c——空气的比热容,J/(kg·℃);

γ_j——进气状态下的空气密度,kg/m³。

3. 散发余湿的全面通风换气量

当室内产生余湿时,所需全面通风换气量 L 可按下式计算:

$$L = \frac{W}{\gamma_j(d_p - d_j)} \qquad (9-15)$$

式中:w——散湿量,g/h;

d_p——排出空气的含湿量;

d_j——进入空气的含湿量。

应当指出,全面通风换气量的计算结果应按具体情况予以确定。当房间内同时散发有害气体、余热及余湿时,应分别计算所需的空气量,然后取其中的一个最大值作为整个房间的全面通风换气量。当房间内同时散发几种溶剂的蒸气(苯及其同系物、醇类、醋酸酯等)或带有刺激性气体(二氧化硫、氯化氢、氟化氢及其盐类)在空气中,消除有害气体的全面通风换气量应按对各种有害蒸气和气体分别稀释到最高允许浓度所需要的空气量之和计算。

当散入室内的有害物无法具体计算时,全面通风换气量可根据类似房间的实测资料或经验的换气次数确定。

换气次数 n(次/h)是通风量 L 与通风房间的体积 V 之比值。已知换气次数 n 和房间体积 V,则通风量为

$$L = nV \qquad (9-16)$$

【阅读材料9-2】 丹阳市江苏丹化集团化工助剂厂"11.17"重大伤亡事故

丹阳市江苏丹化集团化工助剂厂"11.17"发生三死二伤重大伤亡事故后,镇江市和丹阳市政府的领导极其重视,与有关部门的负责人迅速赶到现场处理事故,并及时向省有关部门作了汇报。省劳动厅、总工会、化工厅的领导接到报告后立即赶到事故现场,对该事故的调查处理提出意见和要求。据此镇江市与丹阳市有关部门的人员成立了事故调查组对"11.17"重大伤亡事故进行了调查,调查报告如下:

1. 基本情况

(1)企业名称:江苏丹化集团公司化工助剂厂。

(2)业别:化工。

(3)企业性质:镇办企业,因产品结构调整,该厂1992年与江苏丹化集国公司脱钩,但未更改营业执照,现无任何隶属关系。

(4)事故发生时间和地址:1999年11月17日13时45分,丹阳市珥陵镇江苏丹化集团公司化工助剂厂硝酸铅车间新增设正在施工中的转化池内。

(5)事故类别:中毒。

(6)事故的伤亡情况:这起事故共造成3人死亡2人重伤。死者庄荣锁,男,27岁,丹阳市云林镇人;陆仁山,男,31岁,丹阳市云林镇人;庄武中,男,37岁,丹阳市云林镇人。伤者褚振宽,男,41岁,内蒙古突泉县人;沈江辉,男,22岁,丹阳市珥陵镇人。

(7)事故的经济损失:赔偿死者各种费用27.566万元;事故抢救、招待、后事处理等费用8万元;

直接经济损失达 36 万余元。

（8）事故性质：对照有关规定，事故调查组认为这是一起责任事故。

2. 事故原因分析

（1）直接原因：该厂硝酸铅车间生产中的反应釜产生大量二氧化碳，沉积到新安装转化池内，由于一名安装人员不慎跌落到池底，其他人员相继下池抢救中毒，这是造成此次急性二氧化碳中毒事故的直接原因。事故发生后，江苏省、镇江市和丹阳市三级的化工部门、卫生防疫部门和医院的技术专家多次抽取物质进行化验分析，一致认为造成事故的直接原因是化学气体中毒窒息。丹阳市人民医院医疗报告的结论为氨气中毒和慢性铅中毒。化工专家倾向于氨气中毒、一氧化碳或二氧化碳中毒。鉴于以上情况，2000 年 1 月 7 日，镇江市化工局、镇江市卫生防疫站、丹阳市人民医院、丹阳市卫生防疫站、丹阳市公安局、江苏丹化集团公司等单位的专家，对事故直接原因进行了分析，专家认为硫化氢、氨气、氮氧化物中毒的可能性小，一致认为死因主要是急性二氧化碳中毒。

（2）间接原因：该企业对硝酸铅产品生产过程中，可能产生的有毒有害气体不了解、不清楚，只是依靠聘请的技术人员，在生产过程中没有采取必要的防护措施，是这起事故发生的间接原因之一；该项目未通过劳动安全卫生"三同时"审查，产品没有领取《化学危险物品生产许可证》，安全管理不力是这起事故发生的间接原因之二。

来自：安全管理网（www.safehoo.com）

小　　结

本章主要研究工作地气体环境的影响，内容包括工作地空气污染物来源和主要成分，污染物进入人体的途径，空气污染物含量表示法。《工业企业设计卫生标准》（TJ36—79）的相关规定。空气污染物的检测步骤及方法，空气有毒物质对人体的危害。大气卫生标准与防污染途径并能对工作地气体环境的要求，综合制定出安全对策或措施。

习　　题

1. 填空题

（1）空气中的污染物按其存在状态可分为_____两大类。

（2）气态有害物质依其常温下的状态又可分为_____。

（3）我国《工业企业设计卫生标准》规定，车间空气中的有害物质最高允许质量浓度采用_____表示法。

（4）_____浓度表示法对各种状态的有害物质（气态或气溶胶）均适用。

（5）我国空气质量标准以_____时的体积为依据。

（6）_____浓度表示法只适用于气态和蒸气状态的有害物质。

（7）通风方法按照空气流动的动力不同，可分为_____和_____两大类。

（8）通风方法按通风系统作用范围，可分为_____。

（9）局部通风可分为_____和_____两种。

2. 简答题

（1）空气污染的主要污染源有哪些？

（2）何谓生产性粉尘？

（3）生产性粉尘按其性质可分为哪几类？

（4）简述生产性粉尘的主要来源。

（5）粉尘的理化特性主要有哪些？

（6）简述粉尘的分散度与粉尘对人体危害的关系。

（7）简述粉尘的溶解度对人体危害的关系。

（8）简述粉尘的荷电性对人体危害的影响。

（9）工业生产中，常见的金属毒物有哪些？

（10）铅中毒的主要症状是什么？

第10章 振动环境

作业环境直接影响人机系统的效率和操作者的身心健康与安全，是人因工程学的重要研究方面。作业环境涉及的内容比较多，在声音环境一章中我们介绍了由于物体振动而产生的声音的特性，研究了有害的声音即噪声的来源、影响与控制。机械运动时，都或多或少地含有振动，人处于飞机、火车、轮船、汽车之中，就处于振动状态。振动是物体运动的一种方式，物体沿直线或弧线经某一中心（即平衡位置）作往返运动，称为振动。振动与噪声有着密切的关系，当振动的频率在20～20000Hz的声频范围内时，振动源又是噪声源。振动广泛存在于生产和生活之中，与人体健康有着密切的关系。本章主要讨论振动环境条件对人的工作效率和健康的影响以及对这些环境条件的改善。

 教学目标

1. 了解生产性振动的概念及产生的原因。
2. 理解生产性振动的测量方法。
3. 熟悉振动对人体与工作的影响机理、人体振动标准和环境振动标准。
4. 熟悉并掌握生产性振动的防治措施、振动工具的卫生学评价内容

 教学要求

知识要点	能力要求	相关知识
生产性振动的来源	(1) 了解生产性振动产生的主要原因； (2) 熟悉振动的种类	机械设备； 余弦函数、正弦函数
振动的物理量	(1) 掌握位移量或振幅、频率或角频率、速度、加速度的相互关系； (2) 了解振动传感器的原理	总强度、频谱
振动对人体与工作的影响机理	(1) 熟悉人体的振动特性； (2) 熟悉振动对人体的作用因素	—
生产性振动的防治	(1) 掌握生产性振动的防治措施； (2) 掌握振动工具的卫生学评价内容	频谱图

导入案例

杨利伟忆航天飞行惊险瞬间

中国首飞航天员杨利伟搭乘神舟五号航天飞船绕地球 14 圈，创造了中国航天事业的历史。他在《天地九重》一书中回忆了太空飞行中的惊险瞬间。

我以为自己要牺牲了。

2003 年 10 月 15 日上午 9 时整，火箭尾部发出巨大的轰鸣声，几百吨高能燃料开始燃烧，八台发动机同时喷出炽热的火焰，高温高速的气体，几秒钟就把发射台下的上千吨水化为蒸气。火箭和飞船总重达到 487 吨，当推力让这个庞然大物升起时，大漠颤抖、天空轰鸣。

开始时飞船非常平稳，缓慢地、徐徐升起，甚至比电梯还平稳。我心想：这很平常啊，也没多大劲啊！后来我知道，飞船的起飞是一个逐渐加速的过程，各种负荷是逐步加大的。但就在火箭上升到三四十公里的高度时，火箭和飞船开始急剧抖动，产生了共振。这让我感到非常痛苦。共振是以曲线形式变化的，痛苦的感觉越来越强烈，五脏六腑似乎都要碎了，我几乎难以承受，心里就觉得自己快不行了。当时，我的脑子非常清醒，以为飞船起飞时就是这样的。其实，起飞阶段发生的共振并非正常现象。

共振持续 26 秒后慢慢减轻。当从那种难受的状态解脱出来之后，我感觉到从没有过的轻松和舒服，如同一次重生。但在痛苦的极点，就在刚才短短一刹那，我真的以为自己要牺牲了。

飞行回来后我详细描述了这个难受的过程。我们的工作人员研究认为，飞船的共振主要来自火箭的振动。之后改进了技术工艺，解决了这个问题。在神舟六号飞行时，得到了很好的改善；在"神七"飞行中再没有出现过这种情况。

10.1　生产性振动的来源与测量

10.1.1　生产性振动的来源

我们人类生活在一个充满振动的世界上，地震和海啸是来自自然界的振动，人类的生命和生存离不开振动，说话需要声带的振动，消化需要胃肠的蠕动，呼吸需要肺叶的扇动，血液的输送需要心脏的搏动等。现代生产需要机电设备，人们生活也需要消费机电产品，生产与生活都伴随着振动，天上有飞机、飞船，地上有火车、汽车、拖拉机，地下有地铁，海洋里有轮船、潜艇，工厂里有运转的设备，还有家里开着的空调……它们都在不停地振动着。我们把在工厂、施工现场、公路和铁路等场所中，由机器转动、撞击或车船行驶等产生的振动称为生产性振动。

1. 生产性振动产生的主要原因

（1）不平衡物体的转动；

（2）旋转体的扭转和弯曲；

（3）活塞运动；

（4）物体的冲击；

（5）物体的摩擦；

（6）空气冲击波。

2. 生产性振动主要来源

(1) 风动工具：铆钉机、凿岩机、风铲、风锤、风钻、砂型捣鼓机等。

(2) 电动工具：电锯、电钻、电锤、砂轮等。

(3) 运输工具：内燃机车、汽车、船舶、飞机等。

(4) 农业机械：拖拉机、切割机、脱粒机等。

(5) 其他设备：锻压机、空气压缩机、冲床、振动剪、振动筛、振动铣、纺织机、鼓风机、风机、空调等。

不同企业的生产性振动源不同，应具体研究。

3. 振动的种类

可以从不同角度对振动加以分类：

(1) 按主要来源区分为自然振动和人为振动。自然振动主要由地震、火山爆发等自然现象引起；自然振动带来的灾害难以避免，只能加强预报减少损失。人为振动主要是指生产性振动，主要来源是工厂、施工现场、公路和铁路等场所。在工业生产中，振动源主要是锻压、铸造、切削、风动、破碎、球磨以及动力等机械，矿山的爆破、凿岩机打孔、空气压缩和高压鼓风等。施工现场的振动源主要是各类打桩机、振动机、碾压设备以及爆破作业等。

(2) 根据振动作用于人体的部位和传导方式不同，可分为局部振动和全身振动。局部振动主要是使用手控式振动工具，当手部直接接触冲击性、转动性或冲击-转动性工具时，振动波就由手、手腕、肘关节和肩关节传导至全身；例如铆工、钻工、凿岩工、捣固工、研磨工、抛光工、电锯工所接触的振动，就属于这一类。全身振动是指工作地点或座椅的振动，人处于振动体上，足部或臀部直接接触振动物体，对全身都起作用；如混凝土搅拌台、振动台、试车台以及各种交通运输工具所产生的振动。

10.1.2 生产性振动的测量

1. 振动的物理量

振动的基本物理量有以下四个。

(1) 位移量（x）或振幅（A）：在研究机械结构的强度和变形时较重要，也被经常用来指示旋转机件的不平衡。振动的振幅可看作是对人体作用强度的指标。

(2) 频率（f）或角频率（ω）：是寻找振源、分析振源的主要依据，是评价振动对人体健康影响的基本参量之一。人体对不同频率有不同的敏感性。振动周期 $T=1/f$。

(3) 速度（v）：决定噪声的大小与人体对机械振动的敏感程度。

(4) 加速度（a）：与作用力及负载成比例，在研究机械疲劳、冲击等方面被采用。其对人体也是一个有影响的冲击量，现在也普遍用于评价振动对人体的影响。

位移 x、速度 v 和加速度 a 三个量之间的关系见表 10-1。作为特殊例子，表中也给出了三个振动量之间对于正弦波的关系。而表 10-2 为各振动物理量的峰值换算式。

表 10－1　位移、速度、加速度关系表

已知量	变换关系		
	位移 x	速度 v	加速度 a
位移 x $x = A\sin(\omega t)$	—	$v = \mathrm{d}x/\mathrm{d}t$ $v = \omega A\cos(\omega t)$	$a = \mathrm{d}^2 x/\mathrm{d}t^2$ $a = -\omega^2 A\sin(\omega t)$
速度 v $v = v_0\sin(\omega t)$	$x = \int v\,\mathrm{d}t$ $x = (1/\omega)v_0\cos(\omega t)$	—	$a = \mathrm{d}v/\mathrm{d}t$ $a = -\omega v_0\cos(\omega t)$
加速度 a $a = a_0\sin(\omega t)$	$x = \iint a\,\mathrm{d}t^2$ $x = a_0(1/\omega^2)\sin(\omega t)$	$v = \int a\,\mathrm{d}t$ $v = a_0(1/\omega)\cos(\omega t)$	—

表 10－2　振幅、频率、速度、加速度的峰值换算式

给定量	频率 f /Hz	振幅 A /mm	速度 v_0 /（mm/s）	加速度 a_0 /（mm/s²）
f，A	—	—	$2\pi f A$	$4\pi^2 f^2 A$
f，v_0	—	$v_0/(2\pi f)$	—	$2\pi f v_0$
f，a_0	—	$a_0/(4\pi^2 f^2)$	$a_0/(2\pi f)$	—
A，v_0	$v_0/(2\pi A)$	—	—	v_0^2/A
A，a_0	$1/2\pi\sqrt{a_0}/A$	—	$\sqrt{a_0}/A$	—
V_0，a_0	$a_0/2\pi v_0$	v_0^2/a_0	—	—

注：（1）表中 A、v_0、a_0 皆为峰值；

（2）在实际应用中，常采用有效值，有效值＝（$1/\sqrt{2}$）×峰值＝0.707 峰值；

（3）当加速度采用重力加速度 g 为单位时，应按 $g = 9.81\mathrm{m/s}^2 = 9810\mathrm{mm/s}^2$ 进行计算。

2. 振动的测量

振动测量就是利用测振仪测量和记录各项振动物理量，包括总强度、频谱和不同振动频率下的速度、加速度。选择测量参数决定于研究对象。

振动测量有机械测量、电测、光测等方法，对应有机械式测振仪、电压式测振仪、光电测振仪多种。机械式测振仪是通过其机械系统直接记录振动的波形和位移量，简便易行，但不能分析振动的频谱，精确性也差，目前基本淘汰。

在现代振动测量中，除某些特定情况采用光学测量外，一般采用电测的方法。将振动运动转变为电学（或其他物理量）信号的装置称为振动传感器。

根据被测振动量是位移、速度还是加速度，可以将振动传感器分为位移传感器、速度传感器和加速度传感器。由于位移和速度分别可由速度和加速度积分求得，因而速度传感器还可以用于测量位移，加速度传感器也可用来测量速度和位移。

通用振动计（简称振动计）是用于测量振动加速度、速度、位移的仪器，可以测量机械振动和冲击振动的有效值、峰值等，频率范围从零点几赫兹到几千赫兹。通用振动计由

加速度传感器、电荷放大器、积分器、高低通滤波器、检波电路及指示器、校准信号振荡器、电源等组成。振动计工作原理框图如图 10.1 所示。

图 10.1　振动计工作原理框图

加速度计检取的振动信号经电荷放大器，将电荷信号转变为电压信号，送到积分器经两次积分后，分别产生相应的速度和位移信号。来自积分器的信号送到高低通滤波器，滤波器的上下限截止频率由开关选定。然后信号放大后送到检波器，将交流信号变换为直流信号。检波器可以是峰值或有效值检波，在一般情况下，测加速度时选峰值检波，测速度时选有效值（RMS）检波，测位移时选峰-峰值检波。检波后信号被送到表头或数字显示器，直接读出被测振动的加速度、速度或位移值。

各种类型的机器，由于多种不平衡力的作用，或大或小总会产生振动。当振动作用于易辐射噪声的物体上，如机壳或金属板上时，将激发这些结构产生振动，并发出强烈的噪声。对于这种振动的测量，不仅应在机器设备辐射噪声的机身表面选测点，也应在振源的位置（如电动机或风机的底座上）选择测点，以便寻找为降低噪声而相应采取的隔振、减振措施。对于这种激发噪声的振动，应测量其声频范围内振动的有效值，以及 31.5Hz ～8kHz 九个倍频带的振动值，如有必要可进行更详细的振动频率分析。振动值可以用加速度、速度和位移中的任一个表示，机械振动常用位移量值表示，而与辐射噪声直接相关的振动尤其是大面积振动，用振动速度表示。大部分机器振动都以 10～1000Hz 频率范围内的速度有效值（振动烈度）来进行评价，表 10-3 为机器设备振动烈度评定表。

表 10-3　机器设备振动烈度评定表

振动烈度 / (mm/s)	分贝值 /dB	机器设备分类				
		Ⅰ	Ⅱ	Ⅲ	Ⅴ	Ⅵ
0.28～0.45	93	A				
0.45～0.71	97	A	A			
0.71～1.12	101			A	A	
1.12～1.80	105	B				A
1.80～2.80	109		B			
2.80～4.50	113	C		B		
4.50～7.10	117		C		B	
7.10～11.2	121			C		
11.2～18.0	125				C	B
18.0～28.0	129	D				C
28.0～45.0	133		D	D		
45.0～71.0	137				D	D
71.0～112.0	141					

表中以公比 1:1.6 或以 4dB 为级差, 逐次算出每一振动烈度的数量级, 分贝的基准值取 10^{-6} mm/s。A、B、C、D 为振动质量级, A 表示良好工作状态, B 表示正常工作状态, C 表示容忍工作状态, D 表示不允许工作状态。机器设备分类的 I 类表示小型机器, II 类表示中型机器, III 类表示大型机器, IV 类表示透平机器, V 类表示特大型机器。

以电机振动测量为例, 对于轴中心高 (立式电机为电机直径的一半, 下同) 为 45～630mm, 转速为 600～3600r/min 的单台电机, 在稳态运行时振动速度 (有效值) 的测定按国家标准 GB 2807—1981《电机振动测定方法》进行。但该标准不适用于已安装在使用地点的电机、水轮发电机和微型驱动 (直流、同步) 电机、微型控制电机。测量仪器的频率响应范围应为 10～1000Hz (或 1000Hz 以上)。在此频率范围内的相对灵敏度以 80Hz 的相对灵敏度为基准, 其他频率的相对灵敏度应在基准灵敏度的 +10%～-20% 的范围以内。测量误差应小于 +10%。

对轴中心高为 400mm 及以下的电机, 应采用弹性安装。此时, 弹性悬吊系统的拉伸量或弹性支撑系统的压缩量 (δ) 应符合下式的要求:

$$15\left(\frac{1000}{n}\right)^{2} < \delta \leqslant KZ \tag{10-1}$$

式中: δ——电机安装后弹性系统的实际变形量, mm;

    n——电机的转速, r/min;

    K——弹性材料线性系数, 对乳胶海绵 $K=0.4$;

    Z——弹性系统被压缩前的自由高度, mm。

为保证弹性垫受压均匀, 被试电机应先置于有足够刚性的过渡板 (如硬塑板、层压板) 上, 然后再置于弹性垫上。电机底脚平面与水平面的轴向倾斜角应不大于 50′。弹性支撑系统的总质量应不超过电机质量的 1/10。当刚性过渡板会产生附加振动时, 允许将电机直接置于弹性垫上。

对轴中心高超过 400mm 的电机, 应采用刚性安装, 此时安装平台、基础和地基三者应刚性联结, 如基础有隔振措施或与地基无刚性联结, 则基础和安装平台的总质量应大于被试电机质量的 10 倍, 安装平台和基础应不产生附加振动或与电机共振。在安装平台上测得的振动速度有效值应小于被测电机最大振动速度有效值的 10%。

电机应在空载电动机状态下进行测定, 此时转速 (对交流电机频率应为额定值) 和电压 (对具有串激特性的电机除外) 应保持额定值。当用静止整流电源供电时, 电源应符合有关标准的规定。对多速电机或调速电机, 应在振动为最大的额定转速下进行测定。

对采用键联结的电机, 测量时轴伸上应带半键, 但必须采取有效的安全措施, 并应保证尽可能不破坏原有的平衡。对于双轴伸的电机, 非主传动端应根据实际使用情况, 决定是否带半键进行测定。

测点数一般为 7 点, 在电机两端按轴向、垂直径向和水平径向各一点, 机壳中央顶部一点配置, 如图 10.2 所示。对带座式轴承的大型电机, 中央顶部一点可用中央水平径向的一点代替。对微型驱动异步电机, 可取消中央顶部一点 (即图 10.2 中的第 4 点)。对有外风扇的电机, 可取消风扇端的轴向测点。而对斜槽转子的电机, 应在非风扇端的轴向测点上同时测量正、反两个旋转方向的轴向振动 (单向旋转的电机除外)。

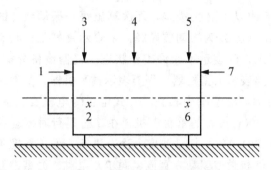

图 10.2　电机振动测点配置

测量时，测量仪器的传感器与测点的接触必须良好，并应保证具有可靠的联结。传感器及其安装附件的总质量应小于电机质量的 1/50。电机的振动值以各测点所测得的最大数值为准。

3. 机器的振动监测

许多年以来，机器故障检测都是使用振动计测量振动速度的有效值读数（振动烈度），与以前的读数作比较或与既定标准作比较来进行的，普遍认为，当出现的振动级比正常振动级高 2～3 倍（6～10dB）时，机器应当进行维修。该方法有可能识别不平衡、较大的不同心和严重的轴弯曲，因为这些信号的能量较高，而能量低的信号被隐没在较强的振动信号中。早期的滚珠轴承故障或齿轮箱故障都不可能用这种方法检测，至少在它们产生的振动信号高于被测频带中最高成分振级以前检测不出来，因此，宽带振动监测不能检测出发展中的故障。假如进行频谱比较，只要频谱中一个频带增加 3～6dB 以上，就能检测出变化，从而很早就发出警告。即使使用倍频程滤波器，其结果证明也远远优于总振级的测量。但为了能区别齿轮箱和一般轴承中的早期故障，必须有较高的分辨率，而 1/3 倍频程（≈23%）在有些情况下是很有用的。使用恒百分比带宽频谱检测故障，运用快速数据处理，可简易而确实地检测出早期故障。但这样给出的警告太早了，以致在故障被检测出来以后还允许工作几个月，才有必要送去修理。

一种更加先进的方法是使用 FFT（快速傅里叶变换），使用 FFT 的故障诊断具有各种事先和事后处理，使它成为今天用于故障诊断的许多最有用的仪器之一。丹麦 B&K 公司 2515 型振动分析仪就是这样一种仪器，它是便携式、电池供电、全天候的分析仪，能当场回答操作者"机器运行得正常吗？"，其他的如 2148、3550 和 3560 等型号分析仪亦可以作机器故障诊断使用。国内北京自动化研究所、南京汽轮电机厂等亦研制生产机器振动监测和故障诊断仪器，扬州无线电二厂生产的 AMD8900 在线监测系统用于对汽轮机、发电机、电动机、压缩机、鼓风机、泵以及其他旋转机械的运行状态进行监测，包括有轴振动监测器、轴向位置监测器、机壳振动监测器和温度监测器，可用于长期在线监测。

4. 振动测量中应考虑的问题

（1）综合考虑测量链中所有部件的频率响应范围（电路，传感器，AC 耦合，数采系统中的抗混滤波等）。

（2）对碰撞和冲击测量，需要加速度计具有宽的分析频宽和高的响应频率。

（3）时域量和频域量呈反比关系。

（4）机械量应和电量响应。

（5）不能用电子滤波修正机械量的过载，时刻避免使传感器受潮和进行非线性操作。

（6）测量噪声直接取决于分析带宽。

（7）证实导线长度不影响测试。

（8）选择合理的传感器安装方式。

（9）确定传感器的敏感轴与测量方向一致。

（10）使用电压型传感器解决雨天和潮湿环境下的测试。

（11）避免电缆的拖动。

（12）确保与地绝缘，避免地回路干扰，最好选择具有与地绝缘特性的传感器。

（13）对低阻抗传感器时常检查偏置电压。

10.2　生产性振动的危害

尽管生产、生活与振动是这样的息息相关，但振动一旦超出了某种界限也会危害到人体健康，污染环境，造成人类生命和财产的损失。我国已经把振动危害或振动污染作为全国环境污染中重要污染之一加以统计监测，如表 10 - 4 所列。

表 10 - 4　近年来全国环境污染与破坏事故统计资料

类别	单位	2001 年	2002 年	2003 年
水污染		1096	1097	1042
大气污染		576	597	654
海洋污染		6	0	4
固体废物污染	次	39	109	56
噪声与振动危害		80	97	50
其他		45	20	37
总计		1842	1921	1843
事故直接经济损失	万元	12272.4	4640.9	3374.9

资料来源：国家环境保护总局，历年《全国环境统计公报》。

10.2.1　生产性振动的危害种类

地震、海啸、火山爆发等自然现象引起振动所带来的灾害难以避免，只能加强预报减少损失，人们不希望有这类振动。生产性振动是人为的振动，它也包含有利的方面，例如在人体健康方面，振动具有按摩肌肉组织、促进血液循环、消除肌肉与关节疲劳等的作用。

人们已经发明了各种振动治疗方法和仪器，在医院里，对末梢血管病患者采用了一种共振效应疗法，大大改善了供血状况，使病人的血管末端免于坏死。在生产方面，车间有振动加工设备，建筑上有振动棒，实验室里有测量工件或产品振动性能的振动仪。但振动具有的危害也不少，如振动可导致房屋及构筑物产生裂缝，造成建筑物损坏。振动可导致某些精密仪器不能正常工作。振动可使机器和交通工具等设备的部件损耗增大，可导致某些地下管线尤其是年久失修的上下水管线、煤气管线的损坏。研究证实，振动对树木也会造成危害，美国一些高速公路两旁的树木突然枯死，除了空气污染因素外，就是因为公路上无数辆汽车对地面引起的频繁振动，破坏了树木根系与土壤的结合，造成了树木的死亡。振动本身可以形成噪声源，以噪声的形式影响和污染环境。

生产性振动还能直接作用于人体，一旦超出了某种界限也会危害到人体健康，损伤人的机体，引起各种病症，如头晕目眩、反应迟钝、疲劳虚弱、机体失调等，医学上把由于振动造成的疾病统称为"振动病"。

生产性振动对人体的危害分为以下两类：

（1）局部振动危害：长时间操作振动手工具如钻孔机、破碎机、链锯等，会发生局部振动危害，对手部甚至臂部之骨骼、神经及血管造成伤害，发生手臂触觉、痛觉及温热感觉迟钝，手部皮肤温度下降，手指发白、麻痹、手臂无力、肌肉疼痛和萎缩、骨质疏松甚至关节变形等症状。医学上称为"白指病"或"白手病"。在我国《职业病目录》中将手臂振动病列为物理因素所致职业病之一（其他有中暑、减压病、高原病、航空病等）。

职业打字员、职业钢琴师、机动车驾驶员易患此症。低温会加重振动引起的症状，因此高山寒冷地区操作链锯之林场工人更易患此症。

（2）全身振动危害：指由于工作地点或座椅的振动，人处于振动体上，足部或臂部直接接触振动物体，对全身起伤害作用。如混凝土搅拌台、振动台、试车台以及各种交通运输工具所产生的振动。全身振动多为大幅度的低频振动，如行驶中的船舶、飞机及电梯升降时，可引起头晕、恶心、呕吐、呼吸急促、出冷汗、下肢酸痛等症状。

局部振动和全身振动两者相比，局部振动的危害较大。

10.2.2 振动对人体与工作的影响机理

1. 振动的生理影响

短期暴露于振动只会引起很小的生理影响，如轻微程度的超通风量所引进的振动早期会出现心率加快现象。振动提高了肌肉的紧张度，这是因为受振动者下意识地绷紧肌肉以减小振动。

受强烈的、长期的整体振动的工人，可能患脊椎和周围神经系统疾病。消化系统、体表血管、女性生殖系统和前庭系统也可能受影响，振动强度越大或暴露时间越长，则对健康的危害越大。采用较软的坐垫后，司机发生的身体疼痛及其程度都有显著下降。符合各个身体部位的固有频率的整体振动会产生与之频率大致相同部位的病理影响。例如，振动频率主要在 $4\sim10\,\mathrm{Hz}$ 时，胸部和腹部出现疼痛；在 $8\sim12\,\mathrm{Hz}$ 时，发生背痛；在 $10\sim20\,\mathrm{Hz}$ 时，可引起头痛、眼睛疲劳以及肠和膀胱发炎。

2. 振动对绩效的影响

振动主要影响视觉和机动性能。

1）视觉绩效

10～25Hz 的振动会减小视觉绩效。影响绩效的关键因素是振幅，绩效的减小可能是因为视网膜上图像的移动引起的。当物体做相对于观察者的振动频率低于 3Hz 时，人们能协调头和眼睛的运动，以稳定视网膜上的图像。当观察物和观察者都以低于 3Hz 的频率振动时，协调的效果最好。在更高的频率下，不管是哪个振动都对绩效有较大的影响。观察者受振动时，当视觉角小于 $10'$，特别是小于 $6'$ 时，观察者是很难看清物体的。

2）运动绩效

振动对运动绩效的影响与追踪任务的难度、显示器类型及操纵器类型有关。使用边侧型操纵器和扶手，比使用传统的安装在中间的驾驶盘可减小振动引起的错误。在垂直方向上的正弦振动的不利影响发生在 4～20Hz 内。加速度超过 0.20g 时，它比无加速条件下振动中的控制状态多出现 40％的错误。垂直振动比水平或前后振动更令人难受。持续振动似乎并不影响手工控制任务的绩效，但振动结束后对追踪绩效的影响可能会再持续 30s。

3）其他过程的绩效

3.5～6Hz 的振动能对乏味的守夜任务产生警觉效果。这个频率内，绷紧躯干肌肉能减轻肩膀振动的幅度，而绷紧肌肉能保持警觉。在 3.5～6Hz 外，人放松躯干肌肉就能减轻肩膀的振动，但却使人容易入睡。

4）全身振动的主观反应

把振动的频率和加速度与舒服的主观评价联系起来，可得到频率和加速度的等舒服曲线，但各研究结果相差很大，这是由于采用不同的研究方法、被试者、振动环境和描述舒服的词语等差别引起的。使用正弦振动和随机振动得出的等值曲线形状相似，人们对 1/3 倍频的随机振动比正弦振动更敏感，因此，随机振动对绩效的干扰虽小，但比正弦振动更令人感到不舒服。

【阅读材料 10－1】 振动对人的危害或影响

振动传至人体主要有四种形式：

（1）振动同时传递到整个人体表面或其他部分外表面。

（2）振动通过支撑表面传递到整个人体上，如通过站着的人的脚、坐着的人的臀部或斜躺着的人的支撑面。这种情况通常称为全身振动。

（3）振动作用于人体的个别部位，如头或四肢。这种加在人体的个别部位，并且只传递到人体某个局部的振动（一般区别于全身振动），称为局部振动。

（4）还有一种情况，虽然振动没有直接作用于人体，但人却能通过视觉、听觉等感受到振动，也会对人造成影响。这种虽不直接作用于人，但却能影响到人的振动称为间接振动。

振动对操作工人的危害和影响主要表现在以下两个方面：

（1）在振动环境工作的工人，由于振动使他们的视觉受到干扰、手的动作受妨碍和精力难以集中等原因，往往会造成操作速度下降、生产效率降低、工人感到疲劳，并且可能出现质量事故甚至安全事故。

（2）如果振动强度足够大，或者工人长期在相当强度下的振动环境里工作，则可能对工人在神经系统、消化系统、心血管系统、内分泌系统、呼吸系统等方面造成危害或影响。

振动对居民造成的影响，主要为干扰居民的睡眠、休息、读书和看电视等日常活动。值得注意的是，若居民长期生活在振动干扰的环境里，由于长期心情烦恼不堪，久而久之也会造成身体健康的危害。

10.2.3　人体响应振动计和环境振级计

测量振动对人体影响的仪器称为人体响应振动计。人体响应振动计是根据振动对人体影响的特点来设计的。振动对人体的影响不仅与振动的幅度大小有关，而且与振动作用于人体的部位、方向、频率和作用时间有关。在人体振动测量中，总是测量振动加速度的有效值，而且常常是测量计权振级。根据不同频率的振动对人体影响不同的关系，将被测的不同频率的振动加速度值乘以相应的频率计权因数，就得到计权振动加速度。用 dB 为单位表示时得到计权加速度级，简称计权振级或振级，用符号 VL 表示，即

$$VL = 20\lg \frac{a_w}{a_0} \, (dB) \tag{10-2}$$

式中：a_w——计权加速度有效值，单位为 m/s²；

　　　a_0——参考加速度，$a_0 = 10^{-6}$ m/s²。

国际标准 ISO 2631 及 ISO 5349，分别对全身垂向振动、全身水平振动、晕动病、建筑物内振动和手臂振动规定了不同的频率计权因数。对于单频振动或离散和窄带振动，可以对照每个频率（或频带中心频率）所对应的频率计权因数进行计权（被测加速度值乘以计权因数），而得到计权加速度。但人体振动往往不是离散和窄带振动，也不是单频振动，而是由许多频率成分组成的具有一定带宽的振动，可能还是随机振动。这时可以采用对振动信号进行频谱分析（一般用 1/3 倍频程滤波器）然后计算出计权加速度的方法。计算公式如下：

$$a_w = \sqrt{\sum_{i=1}^{n}(a_i k_i)^2} \tag{10-3}$$

式中：a_i——1/3 倍频程频谱中第 i 频段实测的加速度有效值，单位为 m/s²；

　　　k_i——1/3 倍频程频谱中第 i 频段相应的频率计权因数。

显而易见，以上方法在实际测量中是比较麻烦的，甚至有时是很难测量的。为此国际标准化委员会根据 ISO 2631 和 ISO 5349 标准，制定了用于人体振动测量的仪器标准，即 ISO 8041：1990《人体对振动的响应——测量仪器》。根据该标准，在检波器和指示器之间加入频率计权网络（滤波器），对不同频率振动成分同时进行频率计权滤波，由指示仪表直接指示被测计权加速度或计权加速度级，这样使计权加速度级的测量就像 A 声级测量一样大大地简化了。在 ISO 8041：1990 标准中规定了用于人体振动测量的五种不同频率计权特性的频率范围，见表 10-5。

表 10-5　振动频率计权特性的频率范围

振动特性	频率范围/Hz	国际标准
全身，严重不舒适，z；称为 W. B. S. D. z	0.1~0.63	ISO 2631-3：1985《人承受全身振动暴露的评价——第三部分：在频率范围 0.1~0.63 Hz 全身 z 轴出垂向振动暴露的评价》
全身，x-y：称为 W. B. x-y	1~80	ISO 2631-1：1985《人承受全身振动暴露的评价——第一部分：一般要求》

续表

振动特性	频率范围/Hz	国际标准
全身，z：称为 W. B. z	1～80	同上
全身，组合：称为 W. B. Combined	1～80	ISO 2631－1：1985《人承受全身振动暴露的评价——第二部分：建筑物内连续与冲击振动》
手臂：称为 H－A	8～1000	ISO 5349：1986《机械振动——人体暴露在手传动的测量和评价指南》

表中 x、y、z 表示振动方向。

人体响应振动计至少应具备表 10-5 所列的一种或几种频率计权特性，它测量计权振动加速度有效值（或计权振级），也可以包括峰值特性。时间计权通常为 1s 指数平均和不小于 60s 时间的线性积分平均值，也可以包含 0.125s 及 8s 指数平均特性。按照准确度将人体响应振动计分为两种类型：1 型仪器，在规定的基准条件下测量准确度为 +0.7dB，主要用于振动环境能够严格规定或控制的场合，在一般条件下通常达不到以上准确度；2 型仪器，在基准条件下测量准确度为 +1.0dB，适合于一般应用。

人体响应振动计主要用于劳动卫生、职业病防治等部门用于研究分析振动对人体的危害。另一种用于测量和评价环境振动的仪器称为环境振级计（如 AWA6256B 型环境振动分析仪）。根据国家标准 GB/T 10071—1988《城市区域环境振动测量方法》规定，环境振级计性能必须符合 ISO 8041 标准有关要求。由于环境振动振级和频率都较低，因此选用高灵敏低频压电加速度计，它内部通常带有前置放大器，起阻抗变换和划一增益输出作用，而且可以接较长电缆线。由于环境振动只要测量全身垂向振级 VL_z，因此它只需单轴向拾振器，并直接垂向安放于地面。如果将它水平放置亦可测量水平方向振级 VL_{x-y}。同样，环境振动测量仪器只需具有全身垂直计权特性 W. B. z；有些仪器也具有 W. B. x－y 计权特性，以测量 VL_{x-y}，及具有平直频率响应以测量非计权加速度。环境振动测量仪器已普遍实现智能化，它们内置有单片计算机对测量数据进行采集、计算、处理，可直接测量并显示瞬时振级 VL_p、等效连续振级 VL_{eq}、统计振级 VL_N（$N=5$、10、50、90、95）及均方偏差 SD 等。还可以进行 24h 测量，每遇整点测量一次，每次测量时间可设定。测量结果既可以通过微型打印机打印出来，也可以储存在机内供日后打印或送微机进一步处理、打印、存盘。

环境振动测量方法（GB/T 10071—1988）如下：

（1）测量的量：铅垂向 z 振级（VL_z）。

（2）测量仪器：环境振级计或环境振动分析仪，性能符合 ISO 8041 标准，时间常数 1s。

（3）测点位置：置于各类区建筑物室外 0.5m 以内振动敏感处，必要时可置于建筑物室内地面中央。

（4）拾振器安装：拾振器平稳地安放在平坦、坚实的地面上，避免置于如地毯、草地、砂地或雪地等松软的地面上。拾振器的灵敏度主轴方向应与测量方向一致。

（5）读数方法和评价量：

① 稳态振动：每个测点测量 1 次，取 5s 内的平均示数作为评价量。

② 冲击振动：取每次冲击过程中的最大示数为评价量。对于重复出现的冲击振动，以 10 次读数的算术平均值为评价量。

③ 无规振动：以 VL_{Z10} 值（含义见后）作为评价量。

④ 铁路振动：读取每次列车通过过程中的最大示数，每个测点连续测量 20 次列车，以 20 次读数值的算术平均值为评价量。

10.2.4 人体振动标准和环境振动标准

对于由于使用手持工具而引起的手传振动，在 GB/T 14790—1993《人体手传振动的测量和评价方法》（该标准等效采用 ISO5439：1986《机械振动——人体接触手传振动的测量与评价指南》）中规定，以 4h 等能量计权加速度作为评价量。如果一个工作日内振动总接触时间不是 4h，则 4h 等能量计权加速度应以计权加速度的平方在全天总接触时间上的积分来确定。该标准没有规定安全接振限度。在 GB/T 10434—《作业场所局部振动卫生标准》中，则规定（ahw）eq（4h 等能量计权加速度）不能超过 $5m/s^2$。对于全身振动，在 GB/T 13441—1992《人体全身振动环境的测量规范》（参照采用 ISO 2631−1：1985《人体全身振动暴露的评价——第一部分：一般要求》）中，规定以频率范围 1～80Hz 的全身垂直计权加速度和全身水平计权加速度作为评价量，同时在相应标准如 ISO 2631−1：1985 中规定了舒适性降低界限，疲劳—工效降低界限和暴露极限。相应国家标准有 GB/T 13442—1992《人体全身振动暴露的舒适性降低界限和评价准则》，关于疲劳—工效降低界限和暴露极限的国家标准正在制定中。

我国制定的城市区域环境振动标准采用铅垂向 z 振级作为环境振动的评价量，它相应于表 10−5 中"全身，z：称为 W.B.z"计权振级。采用铅垂向 z 振级这一点与日本采用的评价量是一致的（但日本采用的振级的参考加速度为 $10^{-5}m/s^2$）。这是因为如前所述，环境振动的影响和干扰主要由地面铅垂向振动所引起，另外，环境振动的频率成分一般在 8Hz 以上，这样铅垂向 z 振级要比水平 x—y 方向振级高 9dB 左右。采用铅垂向 z 振级既可以反映振动环境，又使得测量方法简单易行。

实际遇到的环境振动往往不是一个连续的稳定振动，而是起伏的或不连续的振动，对于这种振动，可以根据等能量原理用等效连续振级 VL_{eq} 来表示。

由于环境振动如交通振动往往呈现不规则且大幅度变动的情况，因此往往需要用统计的方法，用不同的振级出现的概率或累积概率来表示。通常测量或计算累计百分 z 振级 VL_{ZN}，它定义为在规定的测量时间 T 内，有 $N\%$ 时间的 z 振级超过某一 VL_z 值，这个 VL_z 值就称为累计百分振级 VL_{ZN}，单位为 dB。常用的有 VL_{Z10}、VL_{Z50} 和 VL_{Z90}，分别表示有 10% 时间的 z 振级超过 VL_{Z10}，有 50% 时间的 z 振级超过 VL_{Z50}，有 90% 时间的 z 振级超过 VL_{Z90}。

我国城市区域环境振动标准 GB 10070−1988 是根据居民的反应、我国环境振动现状及今后标准执行的可行性，给出了城市区域室内振动标准值。标准中规定的城市各类区域铅垂向 z 振级标准值见表 10 - 6。

表 10 - 6　城市区域环境振动标准值　　　　　　　单位：dB

适用地带范围	昼间	夜间
特殊住宅区	65	65
居民、文教区	70	67
混合区、商业中心区	75	72
工业集中区	75	72
交通干线道路两侧	75	72
铁路干线两侧	80	80

表中所列标准值适用于连续发生的稳态振级、冲击振动和无规振动。对于每日发生几次的冲击振动，其最大值昼间不允许超过标准值 10dB，夜间不超过 3dB。"特殊住宅区"是指特别需要安宁的住宅区。"居民、文教区"是指纯居民区和文教、机关区。考虑到以上区域对环境质量要求较高及今后达标的可行性，规定居民、文教区中居住室内铅垂向 z 振级标准值昼间为 70dB，夜间为 67dB，特殊住宅区昼间和夜间都为 65dB。当 z 振级低于 70dB 时，振动基本上已不成为干扰居民日常生活的因素。"混合区"是指一般商业区与居民混合区，工业、商业、少量交通与居民混合区。根据在混合区中进行调查的结果，并参考国外有关标准，混合区中居住室内昼间铅垂向 z 振级标准值定为 75dB。为保证夜间居民的睡眠及休息，夜间标准定为比昼间低 3dB，即为 72dB。"商业中心区"是指商业集中的繁华地区，商业中心区振源较少，主要是服务性行业中的工业设备及交通，振动影响不大，因而标准值与混合区相同。"工业集中区"是指在一个城市或区域内规划明确确定的工业区。工业集中区虽然振源较多，但由于厂区范围大，振源距居民较远，其影响一般是有限的，所以它的标准值定为与混合区相同。"交通干线道路两侧"是指车流量每小时 100 辆以上的道路两侧。根据对我国几个城市现场测量数据表明，交通振动对居民的影响和干扰不很严重，重型车（如大卡车等）经过时，在道路两侧测得铅垂向 z 振级为 70～80dB；小轿车、小面包车行驶时为 60～70dB；其他车辆为 65～75dB。考虑多种因素后，交通干线道路两侧居民室内铅垂向 z 振级标准值定为与混合区相同。"铁路干线两侧"是指距每日车流量不少于 20 列的铁道外轨 80m 外两侧的住宅区。由于铁路运行情况白天和夜间差不多，故昼间与夜间振级标准都定为 80dB。

在噪声监测中，有时也会遇到环境振动，如邻近机器、铁道及交通干线两旁的房屋内。环境振动会产生扰民，影响人们的工作、学习或休息。为此国家环保总局制定了 GB 10070—1988《城市区域环境振动标准》和 GB 10071—1988《城市区域环境振动测量方法》。环境振动的主要评价量为全身垂向计权振级 VL_z，单位 dB，以 $10^{-6} m/s^2$ 为基准。

10.3 生产性振动的防治

10.3.1 防振措施

1. 减少物体的振动

在设计产品时，应考虑减振问题，如往复机构设计中，若能使离心惯性力及往复惯性力和力矩尽量做到静平衡和动平衡，则机器的振动必然大大减少。在安装或更换锤式破碎机的锤头时，应注意锤的质量平衡；在更换选粉机大小风叶和更换风机的叶轮时，均要考虑动力的平衡问题。

2. 隔振、阻尼和吸振等技术措施

1）隔振

隔振是指在机器和地基之间合理地安装减振装置，以减少和阻止振动传入地基的一种技术措施，把振动能量限制在振源上，减少和阻止振动的传播和扩散。通常采用的隔振措施是装置隔振器、隔振元件和填充各种隔振材料。弹簧、橡皮、软木、毛毡、矿棉和玻璃纤维等是很好的隔振材料。隔振器一般用弹簧、软木、橡皮和毛毡等制成。

2）阻尼

阻尼是通过粘滞效应或摩擦作用把振动能量转换成热能而耗散的措施。阻尼能抑制振动物体产生共振和降低振动物体在共振频区的振幅。具体措施是在振动构件上铺设阻尼材料和阻尼结构。如减振合金材料，具有很大的内阻力和足够大的刚性，可用于制造低噪声的机械产品。

3）吸振

在振动源上安装动力吸振器，也是有效降低振动的措施。如安装电子吸振器，利用电子设备产生一个与原来振动振幅相等、相位相反的振动来抵消原来振动，以达到降低振动的目的。

3. 控制振动传播途径

在振动传播途径上采取改变振源位置、加大与振源的距离或设置隔离沟等措施以降低和隔离振动传播。隔离沟深度应大于振动波长的1/3。

4. 个人防护

为了保护在强烈振动的环境下的人免受振动危害，可以采用个人防振保护措施，如穿防振鞋、带防振手套等，可防止全身振动和局部振动。每隔2小时，用40~60℃热水浸泡手部，使手部血管处于舒适状态。注意体育锻炼，提高机体的抵抗力。

5. 限制工人接触振动的时间

由于振动的负荷剂量为：振动量×时间，因此，限制接触振动时间，可降低危害。有人建议，操作者接触振动时间每周以不超过40小时为宜。

6. 按要求进行就业前和定期体检

处理职业禁忌症，早期发现受振动危害的个体，及时治疗和处理。

7. 改善作业环境

寒冷季节要加强车间环境的防寒保暖，户外作业也要配备一定的防寒保暖设备。工作地温度应保持在 16℃ 以上。控制作业环境中同时存在的噪声、毒物、高气湿，对防止振动的危害也有一定作用。

8. 严格执行振动卫生标准

综上所述，只有振源、振动传播途径和受振对象三个因素同时存在时，振动才能造成危害。因此必须从这三个环节进行振动治理，结合技术、经济和使用等因素分别采取合理防治措施。

10.3.2 振动工具的卫生学评价

（1）对振动工具的评价，首先了解它的种类、功率、频率、转速、重量，并进行试验和测定。

（2）了解振动工具对操作者健康的影响。

（3）根据实测结果绘制振动频谱图，与有关卫生标准进行对比，综合分析，做出评价。

（4）设法改进工具，降低振动。

表 10-7 所列为一些工具的振动参数。

表 10-7 一些工具的振动参数

工具名称	频率/Hz	加速度/（m/s²）	振幅/m
5Km 铆钉机	20	500	1.5×10^{-5}
YT-25 凿岩机	20	310	3.8×10^{-4}
风 铲	20	140	1.9×10^{-4}
砂 轮	63	110	5.5×10^{-5}
油 锯	125	110	1.1×10^{-5}
风铣机	200	88	0.8×10^{-5}
风 钻	125	6.2	7.5×10^{-5}
石油钻机刹把	80	4.4	2.4×10^{-5}

注：表中数据为振动三轴中数值最大轴的振动。

操作时，由于作业方式、被加工零件固定情况、静态紧张程度、人体部位和振动方向等不同，人体所受振动影响也不同。因此，在评价振动时，应对振动源进行相互垂直的三轴测量，并考虑各种因素的影响。振动测试方位参见图 10.3 所示。

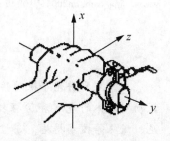

图 10.3 振动测试方位

【阅读材料 10-2】 交通振动列入七大环境公害之一

对于居住在地铁附近、铁路沿线或是公交车站旁的人家来说，也许便利的交通给他们带来了出行的方便。然而，与此同时，他们也因此感受到了无休止的振动和不绝于耳的噪声。北京西直门附近 100 米处的一幢居民楼内，每当火车经过时居民们总可以感受到强烈的振动，家里的家具、门窗玻璃也都会发出振动的声音，长时间的振动甚至使家具发生了错位。

在近日召开的"海峡两岸土木工程学术研讨会"上，原北方交通大学土木建筑工程学院院长夏禾明确指出，在我国交通振动已经成为新的环境公害之一，并且其影响范围正在逐步扩大。

目前，由交通引起的振动越来越受到广泛的关注。交通振动所引起的振动公害已被列为世界七大环境公害之一。

夏禾教授告诉记者，交通振动是指因交通车辆引起的结构振动通过周围地层（地下或地面）向外传播，进一步诱发附近地下结构及邻近建筑物（包括室内家具等）的二次振动和噪声。交通振动会对建筑物特别是古旧建筑物的结构安全以及其中的居民和工作人员的工作、日常生活产生很大的影响。

"在我国，由于交通的不合理规划而引起的振动越来越成为值得关注的问题。"夏教授说。他解释道，这是因为，过去城市建筑群相对稀疏，交通车辆引起的振动对周围环境的影响未能引起人们的注意。而现在，随着城市建设的迅猛发展，高架道路、轻轨、地下铁道使得我们整个城市形成了一个立体的交通网，从空中、地面到地下逐步深入到城市中的居民点、商业中心和工业区。同时，伴随着交通密度的不断增加、交通负荷的逐渐加重，振动和噪声所造成的影响也就日益显著。"这在我国的一些大型城市中尤为突出。比如在北京、上海、广州等大城市，市内很多的立体交通道路已达五至七层，而这些高架通道距离附近的建筑物只有几米的距离，甚至紧挨建筑物或从建筑物中穿过。"夏教授说。

无规律的振动、无休止的噪声其实还只是交通给我们造成影响的一部分。交通所带来的各种危害已经越来越明显地影响着我们的生活和健康。

交通所引起的环境振动，会干扰人们的正常生活，对人们的身心健康带来严重的危害。

振动对人体健康的影响包括生理上的和心理上的，其影响范围涉及人的心脏和血液循环系统、呼吸系统、消化系统、神经系统以及听觉、视觉、人体平衡等许多方面。

夏教授告诉记者，当振动比较强烈时，会造成骨骼、肌肉、关节及韧带的严重损伤；当振动频率和人体内脏器官的固有频率接近时，还会由于引起共振而造成内脏器官的损伤，出现呼吸加快、血压改变、心率加快、心肌收缩输出的血量减少等状况；会使消化系统中出现胃肠蠕动增加、胃下垂、胃液分泌和消化能力下降、肝脏的解毒功能代谢发生障碍等症状；还会使神经系统出现交感神经兴奋、腱反射减退或消失、手指颤动或失眠等异常。

司机是长期在振动环境中工作的人，据日本对 370 名拖拉机司机的调查，发现他们之中，骨关节、胸部和腰椎发生病变的比例分别为 71％、52％和 8％，腰椎和胸部同时发现病变的高达 40％，而且接触振动时间越长，发生病变的比例越高，从业 10 年以上的人病变比例竟高达 80％。http://www.sina.com.cn2004 年 09 月 23 日 11：17 北京科技报

小　结

本章主要讲述了振动的定义、振动的种类、振动的基本物理量、振动的测量、生产性振动对人体的危害和防振措施。其中，防振措施有：①减少物体的振动；②用隔振、阻尼、吸振等技术措施；③控制振动传播途径；④个人防护；⑤限制工人接触振动的时间；⑥按要求进行就业前和定期体检；⑦改善作业环境；⑧严格执行振动卫生标准。

习　　题

1. 振动测量中应注意哪些问题？
2. 生产性振动有哪些危害？怎样才能尽量减少这些危害？
3. 振动对人体的生理和心理有何影响？

第11章 人体测量与作业姿势

为了使各种与人体尺度有关的设计对象能符合人的生理特点，让人在使用时处于舒适的状态和适宜的环境之中，就必须在设计中充分考虑人体的各种尺度，因而也就要求设计者能了解一些人体测量学方面的基本知识，并能熟悉有关设计所必需的人体测量基本数据的性质和使用条件。

对生产企业来讲，首要的问题就是要提高生产率和降低成本。生产设备是生产企业中最重要的部分，生产设备设计的合适与否直接影响效率和工人的身体健康，直接影响工人的出勤率及工伤。因此在设备和工作台的设计中，必须利用人体测量的统计数据，使设备和工作台适合使用者，其最基本的要求是设备和工作台的物理尺寸要和人体相匹配。同时要想提高作业效率及能持久地操作，操作者应能采用舒适、自然的作业姿势，工作人员采用不正常的姿势，是导致身体疲劳的主要原因。

本章将着重介绍人体形态测量和作业姿态等有关内容。

 教学目标

1. 了解人体测量的基本概念和人体测量的主要仪器。
2. 掌握人体测量的数据处理方法。
3. 熟悉基本姿势的种类和决定体位的因素。
4. 熟悉并掌握作业椅与工作台设计内容。

 教学要求

知识要点	能力要求	相关知识
测量基准面	(1) 了解人体测量的相关概念； (2) 熟悉人体测量的主要仪器及测量方法	—
人体测量的数据处理	(1) 掌握人体测量的数据处理方法； (2) 熟悉人体测量的数据处理内容	标准差

续表

知识要点	能力要求	相关知识
姿势的种类	熟悉各种姿势的适用条件	心血管系统
作业椅与工作台设计	(1) 熟悉并掌握作业椅设计内容; (2) 熟悉并掌握工作台设计内容	精密装配

导入案例

基于人因工程的电脑椅分析与设计

近几年来,随着计算机的推广,"电脑族"也在不断壮大,越来越多的工作人员需要在计算机前完成工作。而很多年轻人的习惯是坐在计算机前不挪窝地连续作战,当然,也包括现在的很多大学生喜欢在计算机前一坐好几小时上网学习甚至打游戏。时间一长,就会出现眼睛模糊、腰酸背疼、头颈酸痛等现象,所以有了所谓的"电脑族"的"职业病"。因此,电脑椅设计除了大方美观之外,更重要的是必须运用人因工程的原理,设计出合适的电脑椅,才能真正满足人的生理与心理的需求,让人们坐在其上可以获得更好的舒适感,达到最佳的工作状态。但是,目前我国的电脑椅设计大多数还停留在比较传统的结构上,对于人因工程学的考虑还不够,电脑椅的设计不能完全满足人的需要。长期下去会对人体产生严重的损害,降低工作效率。所以基于人因工程的电脑椅的分析与设计就显得尤其重要了。

目前在中国,还有很多工作单位为计算机工作人员提供的并不是专门的电脑椅,很多工作人员的电脑椅是用传统的靠背椅子来代替的,最常见的靠背椅子如图 11.1 所示;还有一些工作人员的电脑椅虽然材料、外形都不错,甚至价位也不低,但是不可调、不可旋转等,如图 11.2 所示;还有一些办公室、家庭电脑椅虽然高度可调也可旋转,但是其设计不符合人体坐姿生理特性的要求,如图 11.3 所示。

图 11.1 传统靠背椅子　　　　图 11.2 不可调椅子　　　　图 11.3 不合生理特性的椅子

电脑椅设计不足的另一个方面是,由于一些刻板、方程式般的办公空间已经无法满足人们的需要,因此,色彩多样、造型别致、使用方便等重视个性发展、关注人性化的办公椅当然也包括电脑椅的设计越来越多了,但有些设计仅有造型或仅有功能,却欠缺人因工程学的要求。这样的话,也就无法让身体从腰酸背疼中解救出来。总之,很多设计不是没有很好的高度调节装置,就是没有符合要求的腰靠背靠,或者是椅垫过软,椅轮不灵活。电脑椅设计不当,再加上人体坐姿不正确,将引起人体过早疲劳,长期下去,还有可能引起累积损伤。

上面分析了现在很多电脑椅存在的不足。那么,怎么才能设计出良好的电脑椅呢?首先要从电脑椅设计的原理出发。电脑椅设计不仅要在制造工艺和生产方面可行，符合安全要求，更重要的是要在设计的思想中体现人因工程和解剖学规律，使人坐着舒服，能提高工作效率，这才是最终目的。

图11.4所示的电脑椅相比较之下都是不错的。这些改善后的电脑椅设计，都体现着人因工程学的思想。

图11.4 不错的电脑椅

影响电脑椅设计的因素很多，但是，总的来说，设计电脑椅必须考虑人因工程的原理，设计出既美观又能够满足"电脑族"需求的电脑椅，有效减少"电脑族"职业病的发生，增加他们的舒适性，从而提高工作的效率，满意地完成工作。

11.1 人体测量的基本知识

11.1.1 概述

为使各种与人体尺寸有关的设计能符合人的生理特点，让人在使用时处于舒适的状态和适宜的环境之中，就必须在设计中充分考虑人体的各种尺度。因此，设计者必须了解有关人体测量学方面的知识，并能熟悉有关设计所必须考虑的人体测量基本数据、性质和使用条件。人体测量是指对人类身体各方面特征数据的度量，特别是人体的尺寸、形状和耐力及这些数据在设计中的应用。它通过测量人体各部位的尺寸，来确定个体和群体在人体尺寸上的共性及特性，以及个体之间和群体之间在人体尺寸上的差别，从而研究人的形态特征，为工业设计和工程设计提供依据。

例如在各种机动车辆的设计中，转向盘、控制手柄及脚踏装置位置都必须安排在人的肢体活动所能达到的范围内，操作的用力也应该处在人的肢体用力的适宜范围之内。人因工程学范畴内的人体测量数据可分为人体构造尺寸和人体功能尺寸。构造尺寸指静态尺寸；功能尺寸指动态尺寸，包括人在工作姿势下或在某种操作活动状态下测量的尺寸。

　　在设备和工作台的设计中，必须利用人体测量的统计数据，使设备和工作台适合使用者。其最基本的要求是设备和工作台的物理尺寸要和人体相匹配。对生产企业来讲，首要的问题就是要提高生产率和降低成本。生产设备是生产企业中最重要的部分，生产设备设计的合适与否直接影响效率和工人的身体健康，影响工人的出勤率及工伤状况。所以企业设计中使用合理的生产工具是非常重要的。

11.1.2　人体测量的基本术语

　　国家标准 GB 3975—1983 规定了工效学使用的成年人和青少年的人体测量术语。该标准规定，只有在被测者姿势、测量基准面、测量方向、测点等符合下列要求的前提下，测量数据才是有效的。

　　1. 被测者姿势

　　(1) 立姿。指被测者挺胸直立，头部以眼耳平面定位，眼睛平视前方，肩部放松，上肢自然下垂，手伸直，手掌朝向体侧，手指轻贴大腿侧面，自然伸直膝部，左、右足后跟并拢，前端分开，使两足大致呈 45°夹角，体重均匀分布于两足。

　　(2) 坐姿。指被测者挺胸坐在座位上，头部以眼耳平面定位，眼睛平视前方，左、右大腿大致平行，膝弯屈大致成直角，足平放在地面上，手轻放在大腿上。

　　2. 测量基准面

　　人体测量基准面的定位是由三个互为垂直的轴（铅垂轴、纵轴和横轴）来决定的。人体测量中设定的轴线和基准面如图 11.5 所示。

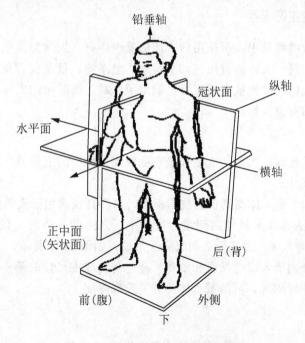

图 11.5　人体测量基准面和基准轴

（1）矢状面。通过铅垂轴和纵轴的平面及与其平行的所有平面都称为矢状面。

（2）正中矢状面。在矢状面中，把通过人体正中线的矢状面称为正中矢状面。正中矢状面将人体分成左、右对称的两部分。

（3）冠状面。通过铅垂轴和横轴的平面及与其平行的所有平面都称为冠状面。冠状面将人体分成前、后两部分。

（4）水平面。与矢状面及冠状面同时垂直的所有平面都称为水平面。水平面将人体分成上、下两部分。

（5）眼耳平面。通过左、右耳屏点及右眼眶下点的水平面称为眼耳平面或法兰克福平面。

3．测量方向

（1）在人体上、下方向上，将上方称为头侧端，下方称为足侧端。

（2）在人体左、右方向上，将靠近正中矢状面的方向称为内侧，将远离正中矢状面的方向称为外侧。

（3）在四肢上，将靠近四肢附着部位的称为近位，将远离四肢附着部位的称为远位。

（4）对于上肢，将挠骨侧称为挠侧，将尺骨侧称为尺侧。

（5）对于下肢，将胫骨侧称为胫例，将腓骨侧称为腓侧。

4．支承面和衣着

立姿时站立的地面或平台以及坐姿时的椅平面应是水平的、稳固的、不可压缩的。

要求被测量者穿着尽量少的内衣（如只穿内裤和汗背心）测量，在后者情况下，在测量胸围时，男性应撩起汗背心，女性应松开胸罩后进行测量。

11.1.3 人体测量的主要仪器

在人体尺寸参数的测量中，所采用的人体测量仪器有：人体测高仪、人体测量用直脚规、人体测量用弯脚规、人体测量用三脚平行规、坐高椅、量足仪、角度计、软卷尺及医用磅秤等。我国对人体尺寸测量专用仪器已制定了标准，而通用的人体测量仪器可采用一般的人体生理测量的有关仪器。

1．人体测高仪

其主要用来测量身高、坐高、立姿和坐姿的眼高及伸手向上所及的高度等立姿和坐姿的人体各部位高度尺寸。

GB 5704.1—1985 是人体测高仪的技术标准，该测高仪适用于读数值为 1mm、测量范围为 0～1996mm 的人体高度尺寸的测量。标准中所规定的人体测高仪由直尺 1、固定尺座 2、活动尺座 3、弯尺 4、主尺杆 5 和底座 6 组成，如图 11.6 所示。

若将两支弯尺分别插入固定尺座和活动尺座，与构成主尺杆的第一、二节金属管配合使用时，即构成圆杆弯脚规，可测量人体各种宽度和厚度。

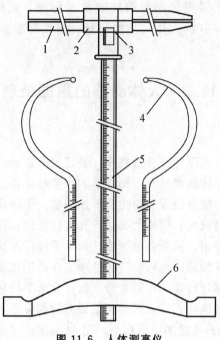

图 11.6　人体测高仪

2. 人体测量用直脚规

其用来测量两点间的直线距离，特别适宜测量距离较短的不规则部位的宽度或直径，如测量耳、脸、手、足等部位的尺寸。

GB 5704.2—1985 是人体测量用直脚规的技术标准，此种直脚规适用于读数值为 1mm 和 0.1mm，测量范围为 0～200mm 和 0～250mm 的人体尺寸的测量。直脚规根据有无游标读数分 I 型和 II 型两种类型，而无游标读数的 I 型直脚规又根据测量范围的不同，分为 IA 和 IB 两种型式。其基本结构如图 11.7 所示。

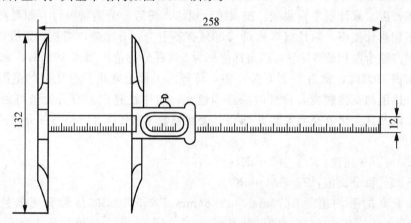

图 11.7　人体测量用直角规

3. 人体测量用弯脚规

其用于不能直接以直尺测量的两点间距离的测量，如测量肩宽、胸厚等部位的尺寸。

GB 5704.3—1985 是人体测量用弯脚规的技术标准，此种弯脚规适用于读数值为 1mm、测量范围为 0~300mm 的人体尺寸的测量。按其脚部形状的不同，分为椭圆体形（I 型）和尖端型（E 型）。

11.2 人体测量的数据处理

1. 数据处理

人体尺寸虽然并不完全遵循正态分布规律，但近似于正态分布。根据统计学原理，选取足够大的样本估计人的人体测量尺寸，则样本的均数符合正态分布，样本本身的数据也符合正态分布。因此，进行数据处理时应注意下述问题：①样本的大小，取决于数据估计所要求的精度；②样本的随机性，要使数据估计具有代表性，样本的选取必须随机；③根据数据要求精度进行数据分组，统计各组频数，如果采用计算机汇总，而且不需要考虑频率分布、直方图、分布假设检验，也可不进行这项工作；④依测得数据大小，统计累计频数；⑤将累计频数换算成累计频率，计算百分位数；⑥求平均值和标准差；⑦根据样本的平均数、标准差估计总体的区间；⑧求两种测量数据的相关系数和关系式。

（1）平均值。指测量值分布最集中区水平，用 $\overline{M}$ 表示。此值可反映测量值的本质与特征，可衡量一定条件下的测量水平，但不能作为设计的依据，否则只能满足 50% 的人使用。

（2）标准差。表明一系列变数距平均值的分布状态或离散程度，用 σ 表示。标准差常用于确定某一范围的界限。在正态分布数据中有如下关系：

$\overline{M} \pm \sigma$：范围界限为 68.27%；

$\overline{M} \pm 2\sigma$：范围界限为 95.55%；

$\overline{M} \pm 3\sigma$：范围界限为 99.73%。

（3）百分比值。以人体测量尺寸从小到大作横坐标，将各值出现的频数作纵坐标，可做出相对频数正态分布曲线。将该曲线对应的变量从无限小进行积分，该曲线便转化为正态分布概率密度（累计概率）曲线。按照统计规律，任何一个测量项目（如身高）都有一个概率分布和累计概率。累计概率从 0~100% 有若干个百分比值，当从 0 到横坐标某一值的曲线面积占整个面积的 5% 时，该坐标值称为 5% 百分比值；当占 10% 时，称为 10% 百分比值；当占 50% 时，称为 50% 百分比值，等等。工程上常用百分比值的范围表示设计范围，百分比值的范围越宽，设计时的范围越大，通用性越广。百分比值可由平均值 $\overline{M}$ 和标准差 σ 以及百分比值变换系数 K 求得。变换系数见表 11-1，相关百分比值下的尺寸计算公式如下：

1%~50% 百分比值：$P_v = \overline{M} - \sigma K$ ；

50%~99% 百分比值：$P_v = \overline{M} + \sigma K$ 。

例如，身高的平均值是 1670mm，$\sigma = 64$mm，求 5% 和 95% 百分比值的尺寸。查表 11-1 可得 5% 时 $K = 1.645$，95% 时 $K = 1.645$，则 5% 百分比值的尺寸为

$$P_v = 1670 - 64 \times 1.645 \approx 1564.7 \,(\text{mm})$$

95% 百分比值的尺寸为

$$P_v = 1670 + 64 \times 1.645 \approx 1775.3 \,(\text{mm})$$

（4）百分位数。在工效学设计中，为了保证设计尺寸符合 0～95％的大多数人，经常使用 5％、10％、50％、90％、95％五个百分比值，称为第 5、10、50、90、95 百分位数。第 5 百分位数是指有 5％的人小于 5％百分比值的尺寸；第 10 百分位数是指有 10％的人小于 10％百分比值的尺寸，以下类推。

表 11-1　百分比值变换系数

百分比值/%	K	百分比值/%	K
0.5	2.576	70	0.524
1.0	2.326	75	0.674
2.5	1.960	80	0.842
5	1.645	85	1.036
10	1.282	90	1.282
15	1.038	95	1.645
20	0.863	97.5	1.960
25	0.674	99	2.326
30	0.524	99.5	2.576
50	0.000		

2. 使用方法

（1）百分位数的选择。根据不同的设计，选取不同百分位数的尺寸。如汽车驾驶室座面至顶高的尺寸，要选择第 95％百分位数所对应的尺寸再加上必要的调整量；若设计制动脚踏板距前沿的距离，应选第 5％百分位数对应的尺寸加上调整量。

（2）年龄、性别的影响。随年龄、性别不同，人体尺寸也不同，设计时应考虑使用对象。日本大岛正光认为，可以通过男性形体尺寸推算女性的形体尺寸，见表 11-2。

表 11-2　根据男子测量值求女子测量值的换算系数（大岛正光）

序号	部位	系数	序号	部位	系数
1	身长	95％	11	胸围	90％
2	上肢长	93％	12	腰围	89％
3	下肢长	94％	13	臀围	102％
4	两臂展开宽	93％	14	上臂围	96％
5	足长	94％	15	前臂围	92％
6	躯干长	96％	16	大腿围	102％
7	头长	92％	17	腿肚围	98％
8	形态面高	92％	18	手宽	94％
9	头周	98％	19	足宽	93％
10	颈围	90％			

（3）年代的影响。进行一次人体测量要耗费大量人力、物力和时间，制定一次标准必须使用若干年，但人体尺寸却随年代而变化。因此，在使用数据时必须考虑测量年代，进

行必要的修正。表 11 - 3 为按 GB 10000—1988 数据整理出的我国成人人体尺寸数据。

表 11 - 3　中国成人人体尺寸数据（按 GB 10000—1988 数据整理）　　　　单位：mm

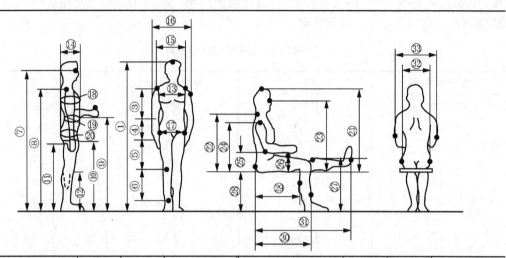

代号和项目	性别	尺寸	均方根差	代号和项目	性别	尺寸	均方根差
① 身高	男	1678	57.9	⑱ 胸围	男	867	45.1
	女	1570	51.9		女	825	46.4
② 体重/kg	男	59	6.44	⑲ 腰围	男	735	49.4
	女	50	5.58		女	772	64.4
③ 上臂长	男	313	14.6	⑳ 臀围	男	875	40.8
	女	284	13.7		女	900	45.1
④ 前臂长	男	237	13.3	㉑ 坐高	男	908	30.9
	女	217	12.0		女	855	28.3
⑤ 大腿长	男	465	22.3	㉒ 坐姿颈椎点高	男	657	24.9
	女	438	21.9		女	617	23.2
⑥ 小腿长	男	369	19.3	㉓ 坐姿眼高	男	798	29.6
	女	344	18.9		女	739	26.2
⑦ 眼高	男	1586	56.7	㉔ 坐姿肩高	男	598	25.3
	女	1454	50.2		女	556	22.3
⑧ 肩高	男	1367	52.8	㉕ 坐姿肘高	男	263	21.0
	女	1271	45.1		女	251	21.5
⑨ 肘高	男	1024	42.5	㉖ 坐姿大腿厚	男	130	11.6
	女	960	37.3		女	130	11.6
⑩ 手功能高	男	741	36.5	㉗ 坐姿膝高	男	493	22.3
	女	704	31.8		女	458	20.6

续表

代号和项目	性别	尺寸	均方根差	代号和项目	性别	尺寸	均方根差
⑪ 会阴高	男	790	38.2	㉘ 小腿加足高	男	413	17.6
	女	732	36.1		女	382	21.9
⑫ 胫骨点高	男	444	21.5	㉙ 坐深	男	457	21.5
	女	410	20.2		女	433	19.3
⑬ 胸宽	男	280	16.3	㉚ 臀膝距	男	554	23.6
	女	260	17.6		女	529	20.6
⑭ 胸厚	男	212	19.7	㉛ 坐姿下肢长	男	992	42.9
	女	199	17.2		女	912	36.9
⑮ 肩宽	男	375	19.3	㉜ 坐姿臀宽	男	321	15.9
	女	351	20.2		女	344	21.0
⑯ 最大肩宽	男	431	20.6	㉝ 坐姿两肘间宽	男	422	29.6
	女	397	21.5		女	404	33.5
⑰ 臀宽	男	306	14.2				
	女	317	18.0				

（4）地区性和民族性的差异。不同的国家、不同的地区、不同的民族人体尺寸差异较大，见表 11-4 和表 11-5。因此，在出口和进口设备时，必须考虑到不同国家的人体尺寸的差别，不能照搬其他国家数据。从表 11-5 中，可以看出我国不同地区人体尺寸的差异，有时这个差异可用中间值（第 50 百分位）的方法忽略不计，但也要注意不同地区人口的组成及其特征值的分布范围。

表 11-4　部分国家人体身高平均值 *　　　　　　　　　　　　单位：cm

序号	国别	性别	身高 H	标准差 σ
1	中 国	男 女	170.3（城市青年 1986 年资料） 158（北方）	6.1 5.2
2	美 国	男 女 男	175.5（市民） 161.8（市民） 177.8（城市青年 1986 年资料）	7.2 6.2 7.2
3	苏 联	男	177.5（1986 年资料）	7.0
4	日 本	男 男 女	169.3（城市青年 1986 年资料） 165.1（市民） 154.4（市民）	5.3 5.2 5.0
5	英 国	男	178.0	6.1

续表

序号	国别	性别	身高 H	标准差 σ
6	法 国	男	169.0	6.1
		女	159.0	4.5
7	意大利	男	168.0	6.6
		女	156.0	7.1
8	非洲地区	男	168.0	7.7
		女	157.0	4.5
9	西班牙	男	169.0	6.1
10	加拿大	男	177.0	6.0
11	西 德	男	175.0	6.0
12	比利时	男	173.0	5.6

* 本表除注明年代者外，其他为 1970 年代数据。

表 11-5 我国各地区人体各部平均尺寸 *　　　　　　　　　单位：cm

部　　位	较高人体地区（冀、鲁、辽）		中等人体地区（长江三角洲）		较低人体地区（四　　川）	
	男	女	男	女	男	女
身　　高	169.0	158.0	167.0	156.0	163.0	153.0
肩　　宽	42.0	28.7	41.5	39.7	41.4	38.6
肩峰至头顶高	29.3	28.5	29.1	28.2	28.5	26.9
眼　　高	157.3	147.4	154.7	144.3	151.2	142.0
正坐时眼高	120.3	114.0	118.1	111.0	114.4	107.8
胸廓前后径	20.0	20.0	20.1	20.3	20.5	22.0
肱　　长	30.8	29.1	31.0	29.3	30.7	28.9
前 臂 长	23.8	22.0	23.8	22.0	24.5	22.0
手　　长	19.6	18.4	19.2	17.8	19.0	17.8
肩 峰 高	139.7	129.5	139.7	127.8	134.5	126.1
上肢展开长	86.7	79.5	84.3	78.7	84.8	79.1
上 身 高	60.0	56.1	58.6	54.6	56.5	52.4
胯　　宽	30.7	30.7	30.9	31.9	31.1	32.0
肚 脐 高	99.2	94.8	98.3	92.5	98.0	92.0
手指至地面高	63.3	61.2	61.6	59.0	60.6	57.5
上 腿 长	41.5	39.5	40.9	37.9	40.3	37.8
下 腿 长	39.7	37.3	39.2	36.9	39.1	36.5
脚　　高	68.0	63.0	68.0	67.0	67.0	65.0
坐　　高	89.3	84.6	87.7	82.5	85.0	79.3
椅　　高	41.4	39.0	40.7	38.2	40.2	38.2
大腿水平长	45.0	43.5	44.5	42.5	44.3	42.2
肘 下 高	24.3	24.0	23.9	23.0	20.0	21.6

* 1962 年建筑科学院资料。

（5）利用身高推算其他形体参数。大量研究表示，其他形体参数与身高存在一定比例关系，在数据不全时，可以推算尚缺的数据。图 11.8 所示为我国中等身材人体各部尺寸与身高（H）的比例。设备和用具的尺寸也可根据身高进行推算，如图 11.9 所示。

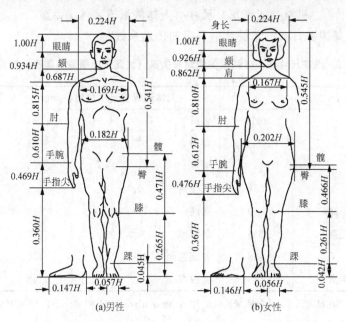

图 11.8　我国中等身材人体各部尺寸与身高（H）的比例

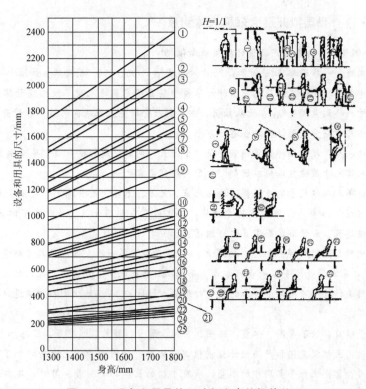

图 11.9　设备和用具的尺寸与身高的推算关系

（6）利用人体尺寸推算设计尺寸。进行机械设计时，为了使用方便，对需要经常使用的设计尺寸，根据百分位数给出的数值，进行修正和标准化后得出的计算比例系数，称为传递系数。以汽车设计为例，美国和日本汽车都采用传递系数确定设计尺寸，公式如下：

$$机器（或汽车）尺寸＝人体测量值×传递系数$$

表 11-6 为美国和日本汽车设计中采用的传递系数。

表 11-6　汽车尺寸和人体测量值的对应关系（大岛正光根据外国资料计算而得）

汽车尺寸/mm		人体测量值（平均值）/mm		传递系数/%
座位—顶篷	1016	坐高	914	112.0
靠背高度	458～513	肩高	592	83.9
座位宽度	458	坐宽	366	125.2
座位高度	356	臀腘高	429	83.0
踏板—驾驶盘间距离	610	腰高	549	111.1
靠背—驾驶盘间距离	356	腹部厚	257	138.4
座位深度	458	臀腘窝距	470	97.5
座位—驾驶盘间距离	178	大腿高	145	123.0

注：汽车尺寸取自美国推荐尺寸，人体测量值取自 R. A. MacFarland 和 H. W. Stoudt："人体尺寸和客车设计"，美国汽车工程师学会特刊 142-A，1961 年。

【阅读材料 11-1】　我国拟开展大规模人体测量

新增约 80 个测量项目为各种产品设计提供最新依据

来源：四川在线——华西都市报 时间：2009 年 9 月 3 日 09：07：30 编辑：唐洁

记者昨天从中国标准化研究院获悉，该院北京昌平实验研究基地人类工效学实验室刚刚完成了"中国成年人人体尺寸抽样测量调查"。在此基础上，中国标准化研究院正在向科技部申请开展全国第二次大规模的成年人人体尺寸测量，预计样本会有 2 万个。

此次中国成年人人体尺寸抽样测量调查，是"十一五"国家重大科技专项"关键技术标准推进工程"子任务"中国人人体尺寸关键技术标准研制"的重要研究内容之一。

据悉，此次成年人人体尺寸测量抽样，共在北京、天津、上海、西安等 4 个大城市采集了 3000 份最新的中国成年人（18～65 岁）三维人体尺寸数据，样本涉及东北华北区、长江中下游区、长江中游区、中西部区、两广福建区、云贵川区全国 6 大自然区。

据中国标准化研究院张欣博士介绍，我国于 1986 年开展了第一次全国人体尺寸测量调查，当时的测量项目仅为 74 项，采取的是纯手工测量的方式。而此次抽样则采用了先进的三维人体扫描技术，数据多达 150 多项。运用这种技术可将每个样本的整个外形全方位地按 1:1 的比例扫描输进计算机，并建立三维人体尺寸数据库。

此次抽样测量项目，除了身高、体重、腰围、头围、臂长、腿长、肩宽等，还增加了约 80 个新的测量项目，将为评估国民体型变化和产品设计提供依据。比如：脚的测量，此次新增加了脚背高、足后跟围和足趾高等项目。其他比如手部尺寸的测量，所有手指的长度都要测量。另外，现在还增加了腹厚的测量，为椅子和沙发的设计提供数据。

11.3 作业椅与工作台

作业椅与工作台的设计，决定于人体尺度。合理的作业椅和工作台，应该满足：①坐着舒适；②操作方便；③结构稳固；④有利于减轻生理疲劳。

11.3.1 作业椅

1. 座椅设计的一般原则

（1）座椅的尺寸应与使用者的人体尺寸相适应。因此在设计座椅前，首先要明确设计的座椅供谁使用。要把使用者群体的人体尺寸测量数据作为确定座椅设计参数的重要依据。

（2）座椅设计应尽可能使就座者保持自然的或接近自然的姿势，并且要使就座人必要时可以在座位上不时变换自己的坐姿。

（3）座椅设计应符合人体生物力学原理。座椅的结构与形态要有利于人体重力的合理分布，有利于减轻背部与脊柱的疲劳和变形。

（4）座椅要尽可能设计得使就座人活动方便，操作省力舒适。

（5）座椅要设计得牢固、稳定，防止就座人倾翻、滑倒。

2. 座椅主要部分的设计要求

1）椅面高度

椅面高度一般指椅面至地面的高度。如果座位上放置软衬垫，应以人就座时坐垫面至地面的距离作为座位高度。确定椅面高度时可用腘窝高作参照。一般是把椅面高度设计得比腘窝高略低一点，这样就可避免就座人的大腿紧压在椅面前缘上，椅面前缘以低于腘窝高 5cm 左右比较适宜。或者以座椅使用者群体腘窝高的第 5 百分位数的测量值作参照，使椅面高度稍低于这一测量值。这样可以避免发生腿短的人坐着时足碰不着地面的现象。根据我国人体尺寸的测量数据，成年人使用的座椅面离地高度不宜超过 40cm。

对于不同用途的座椅，高度不可一样要求。例如工作椅的高度要使坐者的双足能平放在地面上，而专为休息设计的座椅则应设计成使就座人的腿能向前伸，使大、小腿的肌肉和关节可以放松。因此休息椅的高度应比工作椅设计得低一些。工作椅最好在高度上设计成可以调节，以便就座人可以根据自己身材高度和个人偏爱调节座椅面高度。

2）深度与宽度

座椅的深度要设计成使就座人的腰背自然地倚靠在靠背上时椅面前缘不会抵到小腿。设计座椅深度一般取臀膝距测量的第 5 百分位数测量值为依据。这样，可使短腿者就座时也能倚着靠背而不致使膝部压在椅缘上。当然，座位也不能过浅。座位过浅，就会使长腿人就坐时，大腿过于伸出椅面，减小了坐姿变换余地，并且前臂也不便利用座椅扶手进行休息。按照我国成人的人体尺寸测量数据，座位深度取 35～40cm 为宜。为了使座位深度能适合各种身材的人使用，最好把座椅靠背设计成前后可以调节的。

座位宽度要按大身材人的体宽尺寸设计。一般以女性成人臀部测量的第 95 百分位数测量值作为设计座位宽度的依据。我国成人使用的座椅面宽度不宜小于 40cm。对左右连接排列成行的座位，要适当增大宽度，这时应参照坐姿两肘间宽的第95百分位数测量值进行设计。不宜小于50cm。

3）座位面倾角

不同用途的座椅，座面倾角应有不同的要求。供休息用的座椅，椅面无疑需要有较大的后倾角，一般后倾20°左右。音乐厅、讲演厅、会议室等场合使用的座椅，椅面可设计成5°～15°后倾角。办公座椅的椅面倾角，一般以后倾3°左右为宜。座椅有一定的后倾角，有两个好处：一是可使就座人腰背比较自然地靠在座椅靠背上；二是可以防止就座人向后倾靠时臀部向前滑动。

人作业时，上身一般取前倾姿势，因而有人主张办公椅面应该设计成向前倾斜。坐在有一定前倾角的座椅上做桌面作业时，有使脊柱自然挺直、放松的优点，但这种座椅不能充分利用靠背分担体重负荷，并且由于上体前倾，会加重小腿和足部的负荷。另外，使用前倾式座椅，当手离开桌面支撑或向后靠向靠背时，臀部容易向前滑动。若能把椅面设计成前、后倾角可以调节的式样，就能兼有前倾式与后倾式的优点。

4）靠背

靠背是座椅区别于坐凳的重要标志。设置靠背的目的是为了使人坐着工作或休息时，把身体的一部分重力压在靠背上，以减轻脊柱尤其是腰椎部的负荷，同时能使脊柱保持自然的弯姿，产生轻松省力的感受。靠背能否具有上述功能，主要取决于它的形状、倾角和高低尺寸三个因素的设计。座位低、中、高和全靠背时的坐姿关系如图11.10所示。

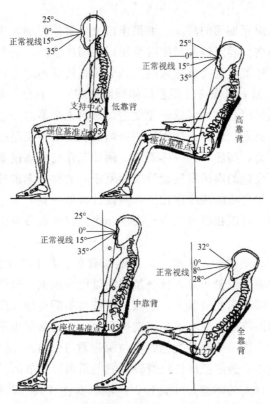

图11.10　座位低、中、高和全靠背时的坐姿关系

5）扶手

扶手主要用来放置手臂。人在入座和起立时，有了扶手支撑，不仅省力，而且不易滑跌。供年老体弱者使用的座椅，扶手更为必要。扶手的另一作用是使就座人不做手工操作时，可把手臂放在扶手上休息。因此，休息椅及会议室、客厅等处使用的座椅一般都要设置扶手。在大礼堂、电影院等需将座位连接成行的场合，扶手除了上述作用外，还起着分隔座位、防止与相邻坐者相互碰触的作用。当然，就座人需要做左右或上下操作活动的座椅不宜装置扶手。扶手高度以取就座人手臂下垂时的肘部高度或略低于肘部高度为宜。扶手宽度不应小于 10cm。

6）坐垫和靠垫

很多座位和座椅都装置坐垫与靠垫。设置坐垫的主要目的是使就座人的体重压力能较均匀地分布在座位面上。坐骨隆起部分范围很小，人取坐姿时，这部分及其外包的皮肉首先抵触到座位面。若座位面是平的硬质材料做的，身体的大部分重量就压在这个部分，久坐后自然容易使这个部位引起麻木、酸痛的感受。若座位面上放置一个设计得当的坐垫，就可使体重压力比较均匀地分布在臀部较大的范围。

11.3.2　工作台

现代化的机器、设备通常将相关的显示、控制等器件集中布置在工作台上，以便让操作者能够方便、快速而准确地操作和监视。

工作台是人、机交互的界面，其设计是否符合人的生理、心理特点，将直接影响人机系统的效率。

由于使用场合的不同，工作台可大可小，大到轮船的驾驶室，小到一台笔记本式计算机，都是一个工作台，但不论如何复杂，其设计都应遵循人因工程的有关原则。

一个设计优良的工作台，应保证控制器和显示器布置在人体最适应的工作面上。在设计工作台之前，有必要先了解工作面的设计。

1. 工作面的设计

1）平工作面

水平工作面适合立姿或坐姿的手工作业，因此应设在人体上肢的操作范围内。同作业空间的尺寸一样，水平工作面的尺寸也分为作业的最大区域和正常区域，分别表示在作业时上肢在水平面上移动形成的最大范围和最舒适范围。当上肢完全伸直时，分别形成的以左右肩峰点为圆心，以上肢为半径的两圆（在人体正前方有重合的虚线部分）内区域即为水平面的最大尺寸范围。此时，肩部、上臂、肘关节和前臂处于最紧张状态，操作吃力，而且极易疲劳，因此在此范围外缘部分应尽量少布置或不布置控制器。图中细线表示理论上水平作业面的正常区域，但在实际操作中，由前臂的带动，肘部也随之做圆弧运动，这样在人体侧面实际正常工作区域要略大些，而人体前方理论上的正常区域更大些。

2）竖直工作面

竖直工作面的尺寸是工作台台面高度设计的重要依据。一般作业将工作面的高度定在人体肘部以下 5～10cm，这时上臂自然下垂，前臂略微弯曲，肘关节、肩关节承力较小。但对于特定的作业，作业面的高度也会有所不同。如施力较大的作业为了省力，通常作业面较低，而精细作业时为保证视距需要，将作业面设计得更高些。

应注意的是，不论是水平工作面还是竖直工作面的设计，由于各个国家、地区人体身材的高度不同，四肢的长度也不同，同时个人的喜好、习惯也有差异，这就导致作业面的设计应在参照相关理论数据的基础上，因地制宜，灵活运用。在设计中，如能将工作面做成可调节的，就可以适合不同的作业者。

2. 工作台的设计

根据作业姿势的不同，常用的工作台有以下几种。

1）坐姿工作台

当作业中需要长期监视、操作且工作台面固定时，坐姿工作台是最好的选择。根据工作台面上控制器、显示器的配置不同，立姿工作台又可分为低台式坐姿工作台和高台式坐姿工作台，如图 11.11 和图 11.12 所示。

相对而言，低台式坐姿工作台的显示器、控制器器件较少，台面高度较低，一般低于坐姿作业者的水平视线，其台面允许有较大斜度，与垂直面的角度可达 20°。

顾名思义，高台式坐姿工作台的面板布置较高，这样就扩大了面板的布置范围（视平线以上 45°），可放置更多的显示器和控制器。在配置这些显示器、控制器时，无论从人的视觉范围还是操作范围考虑，其次序都应是最佳区→易达区→可达区。

无论是低台式工作台还是高台式工作台，都应留有足够的容足、容膝空间。

2）立姿工作台

由于人在立姿状态下的操作范围和视觉范围都大于坐姿，因此无论从宽度尺寸还是高度尺寸上来讲，立姿工作台都大于坐姿工作台。

随着对作业环境的深入研究，人们对工作台的设计又有了新的设想。目前，在先进的机器、设备中均采用可随作业者位置变化而活动的工作台。由于作业者在操作的同时往往还要监视机器、设备的运转情况，在现实中，经常需要多个点、多个角度才能看到全面的运转情况，因此，这种可活动的工作台是非常必要的。通常是从设备的顶端伸出一个可调节的吊臂，支撑一个集显示器、控制器于一身的工作台。

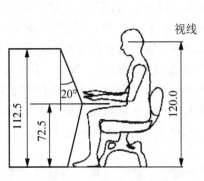

图 11.11 低台式坐姿工作台

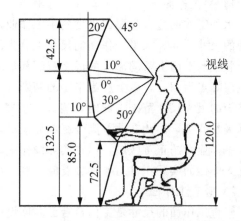

图 11.12 高台式坐姿工作台

为了节省操作空间，有的机器还将工作台面上的控制器（如键盘）与显示面板分开，并将键盘做成可折叠式或拉伸式，当使用时拉开，不用时折叠放下或推回，以节省操作空间，方便操作者来回巡视。

3）坐-立姿工作台

坐-立姿工作台是为适应坐-立姿作业而设计的，如图11.13所示。它不仅可满足作业的要求，同时还可调节作业姿势，减轻作业疲劳。

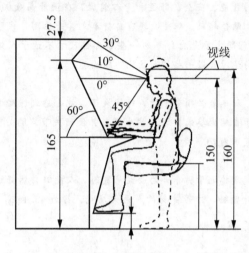

图11.13 坐-立姿工作台

11.3.3 其他用具设计

1. 踏脚板

座椅、工作台、踏脚板组成一个系统，应统一考虑，互补不足，组成最佳系统。坐姿尺寸应与座椅尺寸相协调，立姿尺寸应与控制显示器相协调。脚踏板的基础部分以木质为佳，表面可加防滑、导热性小的柔软物质。

2. 餐桌

长方桌，每人须占610mm宽度；四人共餐用长方形桌，面积为736×1370mm²。圆桌，每人有457mm宽度；四人用餐圆桌直径可为810mm；六人用餐圆桌直径为880mm，每增加一人，直径增加150mm。

3. 床

应使95%的人适用，由于人种、年龄和生活方式不同，通常采用系列规格，如床长为1.83m、1.9m、1.98m，床宽为0.68m、0.76m、0.9m、1.07m、1.22m、1.37m等。

4. 楼梯

楼梯坡度一般为20°~50°，最佳区为30°~35°，梯级高度一般为127~203mm，最佳为165~178mm，梯级深度为241~279mm。为了上下同时走两人，梯面宽应为1280~1300mm。扶手高度应与肘高相接近，可取813mm；扶手直径以手掌能抓住为宜，可取50~70mm。

【阅读材料11-2】 自行车人性化改良设计

中国是世界闻名的"自行车王国"。自行车是广大工薪阶层最常使用的交通工具。骑车外出，不但可以锻炼身体，而且经济方便。但是在方便的同时，有些自行车"骑士"常常感到会阴部胀痛，腹部坠胀，长时间骑车后还会感到腰酸背疼等，这与自行车的设计不够人性化有一定关系。随着技术的进一步发展，日趋完善化的设计更强调人的效能、安全、舒适和身心健康，在设计高效机的同时充分考虑人的因素，反映人的需要，把人、机密切结合起来。但是，现有自行车尤其是休闲、代步用普通自行车在这方面发展得不尽如"人意"，存在的问题主要是自行车的一些零部件尺寸不适于人体。所以在保证高效用的同时，有必要从人机工程学的角度对其做一些"人性化"的改善。

1. 车把的高度

自行车的车把如果偏低，骑车者必须弯下腰，时间久了，就会感到腰酸背疼、胳膊疲劳。车把的高度应保证骑车者在骑车时处于自然坐姿或接近自然坐姿，并使颈关节、胸关节、腰关节、髋关节、肩关节和肘关节处于舒适的调节范围内。

2. 车把的宽度

经实践测量，当车把的宽度接近于骑车者的最大肩宽时，人能够自然舒适地握住车把，并能保持长时间不易疲劳。据有关的统计数据，中等身材的人最大肩宽，男为43.1cm，女为39.7cm。因此，车把的宽度可定为39.7~43.1cm。

3. 把手的形状

现在自行车的把手很多都是橄榄形的，其实这并不符合人机工程学原理，因为当手握把手时，手的屈肌和伸肌共同完成握把。

从手掌的解剖特征看，掌心部分的肌肉最少，指骨间肌和手指部分是神经末梢满布的部位；指球肌和大、小鱼际是肌肉丰富的部位，是手部的天然减振器。橄榄形的把手将会使掌心受压受振，引起难以治愈的痉挛，也会引起疲劳和操纵失误。把手的设计应使操作者掌心处略有空隙，以减少压力和摩擦力的作用。

4. 车闸

闸的设计精度较高，而人手的抓握直径在13cm左右，所以，车闸直径可定为13cm左右，长度约等于把手长度。车闸与把手形成一个角度，此角度的设计因素是抓握空间，当抓握空间宽度在4.5~8.0cm时抓力最大，据此，可计算出车闸与把手的交角为40°。至于把手与车闸的表面设计，应保证能准确抓握，不产生滑动，所以它们的表面不能太光滑，要有一定的粗糙度。

小　　结

人体测量的定义、国标GB 3975—83规定、被测者姿势、人体测量基准面的定位、测量方向、人体测量对支承面和衣着的要求和作业椅与工作台的设计。其中，合理的作业荷和工作台，应该是：①坐着舒适；②操作方便；③结构稳固；④有利于减轻生理疲劳。

习　　题

1. 填空题

(1) 人体基本姿势可分为：_____、_____。

（2）通过铅垂轴和纵轴的平面及与其平行的所有平面都称为＿＿＿＿＿。

（3）在矢状面中，把通过人体正中线的矢状面称为正中＿＿＿＿＿。

（4）通过铅垂轴和横轴的平面及与其平行的所有平面都称为＿＿＿＿＿。

（5）与矢状面及冠状面同时垂直的所有平面都称为＿＿＿＿＿。

（6）通过左、右耳屏点及右眼眶下点的水平面称为＿＿＿＿＿或＿＿＿＿＿。

（7）对与健康安全关系密切或用于减轻作业疲劳的设计应按可调性准则设计，即在使用对象群体的＿＿＿＿＿可调。

2. 简答题

（1）人体测量都有哪几个基准面？

（2）我国成年人身体尺寸分成西北、东南、华中、华南、西南、东北等六个区域，这对产品设计有何影响？

（3）为什么说人体测量参数是一切设计的基础？

（4）如何选择百分位和适用度？

（5）为什么要进行功能修正量和心理修正量的确定？

3. 计算题

（1）某地区人体测量的身高平均值 $\overline{M} = 1650 \mathrm{mm}$，标准差 $\sigma = 57.1 \mathrm{mm}$，求该地区第 95、90 及第 80 的百分位数。

（2）已知某地区人的足长平均值 $\overline{M} = 264.0 \mathrm{mm}$，标准差 $\sigma = 45.6 \mathrm{mm}$，求适用该地区 90% 的人穿的鞋子长度值。

第12章 作业空间设计

作业空间包括作业者在操作时所需的空间及在作业中所需的机器、设备、工具和操作对象所占的空间范围。作业空间的设计，是指按照作业者的操作范围、视觉范围以及作业姿势等一系列生理、心理因素，对作业对象、机器、设备、工具进行合理的布置、安排，并找出最适合本作业的人体最佳作业姿势、作业范围，以便为作业者创造一个最佳的作业条件。一个设计优良的作业空间，不仅可使作业者感到舒适、安全，操作简便，而且有助于提高人机系统的作业效率。

本章主要分析作业空间设计的一般要求、影响作业空间设计的主要因素，在此基础上研究各种作业姿势和不同性质工作场所的作业空间设计，以及作业空间的辅助用具、工位器具的设计。

 教学目标

1. 了解作业空间设计的一般要求。
2. 了解作业空间设计中的人体因素。
3. 掌握各种作业姿势和不同性质工作场所的作业空间设计。
4. 熟悉作业空间的辅助用具、工位器具的设计。

 教学要求

知识要点	能力要求	相关知识
作业空间设计的一般要求	（1）了解近身作业空间设计应考虑的因素； （2）熟悉作业场所布置原则； （3）掌握总体作业空间设计的依据	工装
作业空间设计中的人体因素	（1）了解人体测量数据的运用； （2）熟悉并掌握人体视野及所及范围、肢体动作力量、工作体位、人的行为特征对作业空间设计的影响	中心视力； 瞬间视力； 有效视力

续表

知识要点	能力要求	相关知识
作业姿势对作业空间设计的影响	(1) 掌握坐姿作业空间设计； (2) 掌握立姿作业空间设计； (3) 掌握坐立交替作业空间设计	—
工作场所性质对作业空间设计的影响	(1) 熟悉主要工作岗位的空间尺寸； (2) 熟悉辅助性工作场地的空间尺寸	设备间距
工位器具设计	(1) 熟悉工位器具的选用； (2) 熟悉工位器具设计要求； (3) 熟悉工位器具的使用和布置要求	工位器具； 定置管理

导入案例

作业岗位设计中人机工程学案例分析

1. 检验作业岗位设计原则

在工业生产中，涉及控制产品质量水平的作业称为检验。检验的方法有直观目视扫描、人工测量和自动测量。对于多品种、小批量产品的检验，一般采用目视扫描检验。产品通常在传送带上移动或自动送至检验作业岗位，而工艺过程的控制是在有时间限制的压力下检验产品。显然，检验作业的效能与产品质量控制水平密切相关。为了给检验人员创造一个方便、舒适的作业岗位，以保证检验效能，对检验作业岗位提出如下设计原则：

(1) 使检验人员尽可能采用向下的观视角，而不采用向前和向上的观视角。

(2) 让被检产品朝向检查人员方向移动而不是离开检查人员方向移动，如图 12.1 所示。如果产品从右向左或从左向右横过检查人员的视野，不会出现很大检验差别。对每分钟移动18m 的产品至少应有 30cm 观视范围，并排除观视范围内的所有障碍物。

(3) 工作面高度应由人体肘部高度确定。统计研究指出，人的肘部高度约为人体身高的 63%，而工作面的高度在肘下25～76mm 是合适的。

(4) 坐姿作业比立姿作业要好，因为心脏负担的静压力有所降低，而且坐姿时肌肉可承受部分体重负担。如选择坐姿作业，必须提供舒适的且可调节的座椅。

图 12.1　检验移动产品时的观察方向

(5) 选用可调座椅时，可能会造成检验者脚不着地的情况，此时必须使用脚踏板支持下肢的重量。

(6) 无论坐姿或立姿作业，都应给检查人员用辅助活动来中断检查周期的机会，以便调节视力和体力，减轻作业疲劳。通常一次连续监测时间不超过 30min。

2. 坐姿检验作业岗位设计

1) 瓶子包装检验作业岗位的原设计

在检验瓶子和包装瓶子的工作中，检验可站在或坐在工作台旁。瓶子沿着运输带从右边送入，从左边送出，以每分钟 6 个的速度经过检验员。要求检验员从中取出产品进行检验，剔除不合格产品，将

其余的放入包装箱中。在图12.2所示的原设计方案中，工作台高（A）85cm、宽30cm、台面厚5cm，在其下方留有80cm立腿空隙，腿部前伸方向空隙为35cm。椅子可调至距地面高63cm。一般检验者能向前取到瓶子的距离是51cm。工作台与输送带的间距（B）为15cm，输送带固定于输送机上，离地高100cm，输送带嵌于一个高（C）为5cm的护轨中，以保证瓶子排列整齐成行，并不致从输送带中掉出。对原设计方案进行调查分析，对于坐姿和立姿两用的工作岗位，多数检验员喜欢采取坐姿，因坐姿比立姿工作舒适得多。当然，有时还得站起来拿取瓶子或搬移装满合格品的箱子。但对这样的检验岗位，有许多检验员抱怨肩臂酸痛。从人体劳动生物力学分析可知，手臂和肩膀出现酸痛，是由于肌肉组织产生静负载。此种静负载主要和检验员需过度抬臂并臂伸在18cm以上，从输送带上取出每个瓶子有关。

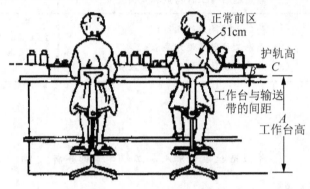

图12.2　坐姿检验作业岗位

2）瓶子包装检验作业岗位的改进设计

通过对原设计方案的参数和存在问题的分析，改进检验及包装瓶子的作业岗位设计以减轻全日工作人员的肩臂酸痛成为改进设计的主要目的。为此按照坐姿和立姿工作岗位的设计原则，来寻求改进设计的思路。首先发现在原方案中没有脚踏板，对坐姿而言，作业岗位台面高度在85cm显得太高，而对于坐、立姿而言工作岗位嫌太低；同时检验员在作业岗位上容腿及伸腿的空隙受到限制。为减轻检验员在工作过程中肩臂肌肉的静负荷，可采取两种基本方法之一，即升高检验员或降低输送带。

因为输送带不能降低，就只有把检验员工作面升高，然而工作面又不能简单地采用提高座椅高度的方法来实现。显然，改进设计比新设计要受更多的限制。由于原设计方案的限制，只能采取较为特殊的改进方案，要点如下：

（1）设置一木制平台，置于输送机的任一侧，以将工作面升高到100cm处。由于检验作业岗位也可能要处理一些应急事件，故设置的木制平台不宜过小，并须备有低的护轨，以防人们不小心从边缘滑下。这一改进措施可解决检验员过度抬臂而产生静负荷。

（2）在椅子或工作凳前设置一脚踏板，以减轻腿部悬空的不适，从而减轻全身疲劳。

（3）如检验员工作台有足够的空间，可将在检验员正前方的工作台部位剖成半圆开口，使检验员更接近输送带，以减少手臂向前伸展所引起的肩臂负荷。此外，这一开口的另一优点是当检验员将座椅推向工作台时，其身后的通道空间加大，有利于进行相关的辅助工作。

通过对原设计方案的改进，解决了原方案存在的关键问题，使检验员在工作时感到舒适并不易疲劳。最后需要说明的是，以上介绍的范例，目的在于说明人机工程学分析的一般思路和方法。由于工业设计的对象千变万化，不同的设计对象，所涉及的人机工程学因素差异很大。

12.1　作业空间设计概述

研究作业空间的设计方法，首先要明确两个"距离"：一是"安全距离"，就是为了防止碰到某物（通常较危险的东西）而设置的障碍物距离作业者的尺寸范围，比如在公园里，为确保人们不会把手伸进动物笼子而设置的栅栏与动物笼子之间的距离；二是"最小距离"，也就是确定作业者在作业时所必需的最小范围。

为设计方便，根据作业空间的大小以各自的特点，将其分为以下几种情况分别讨论。

1. 近身作业空间

近身作业空间是指作业者在某一位置时，考虑身体的静态和动态尺寸，在坐姿或立姿状态下，为完成作业所需的空间范围。如人在坐姿打字时，四肢（主要指上肢）所及的空间范围就是近身作业空间。

近身作业空间作为作业空间设计的最基本内容，主要依据作业者在操作时四肢所及范围的静态尺寸和动态尺寸来确定。根据人体的作业姿势不同，近身作业空间又可分为坐姿近身作业空间和立姿近身作业空间。

2. 个体作业场所

个体作业场所是指作业者周围与作业有关的、包含设备因素在内的作业区域，简称作业场所。如电脑桌、计算机、电脑椅就构成一个完整的个体作业场所。同近身作业空间相比，作业场所更复杂些，除了作业者的作业范围，还要包括相关设备所需的场地。当仅有一台机器设备时，就可以把它当作个体作业场所来设计，而不必考虑多台设备布置时总体与局部的关系。

3. 总体作业空间

多个相互联系的个体作业场所布置在一起就构成了总体作业空间。总体作业空间不是直接的作业场所，它更多地强调多个个体作业场所之间尤其是多个作业者之间的相互关系。总体作业空间的设计除了要考虑设备、用具所占的空间以及作业者的操作空间以外，还应给作业者留有足够的心理空间。小到办公室、车间，大到厂房、城市，都是总体作业空间的设计范畴。

人体的尺寸数据是作业空间设计的主要依据，当然针对不同的情况（如不同年龄段、不同民族等），还应不同对待。对于一般的作业空间给出以下的设计原则：

（1）在设计中有必要测定一些重要的人体部位尺寸，以此作为作业空间的设计依据（如坐高就是设计汽车时确定座位与车顶距离尺寸的重要依据）。

（2）根据作业空间的使用情况和人群特点，选择合适的数据取样范围，从而确定作业空间的尺寸范围。

（3）尽可能建立一个全尺寸的实体模型，这将有助于真实场景的设计。

（4）保证作业的安全，尽量减少疲劳。

（5）根据各控制器、显示器装置的重要程度与使用频率，将其依次布置在作业者作业范围的最佳区、易达区和可达区。

【阅读材料 12-1】 "现代雅科仕"荣获 2010 年度中国十大受关注进口车型

获奖理由：现代汽车在华冲击高端轿车市场的战略级车型。

车型介绍：雅科仕是韩国现代旗下的最高端车型。它有 3.8L 和 4.6L 两种发动机排量，竞争对手锁定宝马 7 系、雷克萨斯 LS 系列、奔驰 S 等顶级豪华轿车，是现代汽车提升品牌含金量的重要车型。雅科仕是一款专为后座买家生产的高档车，乘坐舒适感极佳。它的一大特点是内部空间宽裕，且在配置方面兼顾前后座乘客的需求。举例来说，它拥有三区独立恒温空调，令驾驶座、副驾驶座、后排乘客可以单独控制自己区域的温度与风量。为了保证行驶安全，当驾驶者排入挡位后，前排座椅会自动退后，腾出更大的空间方便乘员进出。入座后，座位则会自动回复到正常的乘坐姿态位置。雅科仕后座中央手枕上集成了众多功能按键，除调整副驾驶座的前后位置外，还可调整后座前后位置、座椅加热功能及控制AV系统。后座座椅下方也安排了脚部出风口。以上种种，都显示雅科仕力图为驾乘人员提供高级享受的理念。

摘自《中国汽车报》

12.2　作业空间设计中的人体因素

在进行作业空间设计时，要根据生产特点和使用对象的不同，恰当地选择和应用人体因素的研究资料，以使人正确地认知信息，方便地把持、操纵机器和工具，可靠地进行作业，从而降低劳动负荷，提高工作质量。本节将重点介绍与作业空间设计密切相关的人体因素。

12.2.1　人体测量数据的运用

在作业空间设计时，人体测量的静态数据及动态尺寸都有用处。对于大多数设计而言，因为要考虑身体各部位的关联与影响，而必须基于动态尺寸进行设计。在利用人体测量学数据时，还必须注意，数据应反映设计对象的群体特征。下面的人体测量数据运用步骤可供设计时参考：

（1）确定对于设计至为重要的人体尺度，如座椅高度设计时选用坐姿臀高尺寸。

（2）确定设计对象的使用者群体，以决定必须考虑的尺度范围。

（3）确定数据运用原则。运用人体测量学数据时，可按照三种原则进行设计：一是个体设计准则，即按群体某些特征的最大值或最小值进行设计，如安全门设计；二是可调设计准则，对于重要的设计尺寸给出范围，使作业者群体的大多数能舒适地操作或使用，运用的数据为第5百分位数至第95百分位数左右，如高度可调的工作椅设计；三是平均设计原则，某些设计要素按群体特征的平均值进行考虑比较合适。

（4）数据运用原则确定后，如有必要，还应选择合适的设计定位群体的百分位（如按第5百分位数或按第95百分位数设计）。

（5）查找与定位群体特征相符合的人体测量数据表，选择有关的数据，如有必要，对数据作适当的修正。

（6）设计作业空间时，考虑人的着装容限和动态作业性质。

12.2.2　人体视野及所及范围

在从事生产劳动时，作业者的眼睛与被观察的物体（如显示器、工具、材料等）的相对位置将决定作业者观看的幅度、精确度、速度。因此，被观察对象的位置、眼睛的高度和视野所及范围，是作业空间设计中协调人机关系必须考虑的重要问题。

1. 视野

视野指头部和眼球固定不动时，人体所能看到的空间范围。其大小用角度表示。正常人的视野大致相同。两眼综合视野水平方向约为 180°，垂直方向约为 120°（其中视平线上方 55°，下方 65°）。

2. 主要视力范围

正常人的视力范围比视野小些。因为视力范围是要求能迅速、清晰地看清目标细节的范围，所以只是视野的一部分。

根据对物体视觉的清晰度，一般把视野分成三个主要视力范围区：

（1）中心视力范围（直视区），视角 1.5°～3°，其特点是对该区内物体的视觉最为清晰。

（2）瞬间视力范围，视角 18°，其特点是通过眼球的转动，在有限的时间内就能获得该区内物体的清晰形象。

（3）有效视力范围，视角 30°，其特点是利用头部和眼球的转动，在该区内注视物体时，必须集中注意力方有足够的清晰视觉。

有时，对被观察物体并不要求获得十分细致的视觉清晰程度，所以注意力不必集中，视力也不紧张。对这种工作情况，在水平面上，当头部和眼球都保持不动时，监视范围约为 38°；若眼球可以转动，监视范围扩大到 120°；若头部也可转动，监视范围可达 220°。

此外，视力范围与被观察的目标距离有关。目标在 560mm 处最为适宜，低于 380mm 时会发生目眩，超过 760mm 时，细节看不清楚。当观察目标需要转动头部时，左右均不宜超过 45°，上下也均不宜超过 30°。所以，应避免在转移中进行观察。

3. 眼高

立姿眼高是从地面至眼睛的距离，在一般工业人口中，眼高的范围约为 147～175cm。坐姿眼高是从座位面至眼睛的距离，其范围约为 66～79cm 。两组数值均为正常衣着和身体姿势状态。这些尺寸是目视工作必须适应的眼高范围。

4. 眼镜

约占工业人口 40%～50% 的人戴有各种类型的校正眼镜，在这部分人中又有一半以上戴远视、近视或多焦距眼镜。戴远、近视眼镜者不易注视在其身体前方 61～91cm 处的目标或表盘，也不易观察到在其身体前小于 18cm 的近物，以及在水平视线上方或靠近地面处的目标。工作场所设计时应认识到作业者的这些限制，并应尽量考虑这方面的问题。

12.2.3　肢体动作力量

在设计设备时，必须考虑人体用力限度，从而避免操作困难。人能够发挥出力的大小，决定于人体的姿势、着力部位以及力的作用方向。图 12.3 所示为立姿臂弯曲时在不同位置上所能发挥出的力大小与自身体重的比值。从图中可以看到当前臂在水平线偏上一些位置时，能发挥出最大的力。

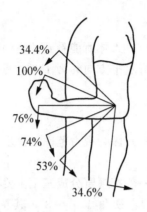

图 12.3　立姿臂弯曲时发挥出的力大小与体重的比值

1. 手的操纵力

坐姿时手的操纵力的一般规律为：右手力量大于左手；手臂处于侧面下方时，推拉力都较弱，但其向上和向下的力较大；拉力略大于推力；向下的力略大于向上的力；向内的力大于向外的力。图 12.4 所示为坐姿工作时不同角度的臂力测定。表 12－1 列出了坐姿不同角度上测得的臂力数据。这些数据一般健康的男子都能达到。因此，根据这些数据设计的操纵装置，适合绝大多数男子的操纵力。图 12.5 所示为立姿操纵时，手臂在不同方位角度上的拉力和推力。由图中看到，手臂的最大拉力产生在肩的下方 180°的方位上，手臂的最大推力则产生在肩的上方 0°方向上。所以，以推拉形式操纵的控制装置，安装在这两个部位时将得到最大的操纵力。

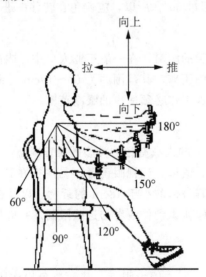

图 12.4　坐姿臂力测定的方向和角度

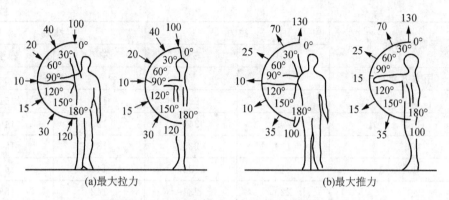

(a)最大拉力　　　　　　　　　　　(b)最大推力

图 12.5　立姿操纵力相对于体重的百分数

2. 脚的操纵力

在作业中，用脚操作的情况也是很多的。最常见的是汽车离合器的踏板和制动踏板。脚产生的力的大小与下肢的位置、姿势和方向有关。下肢伸直时脚产生的力大于下肢弯曲时脚产生的力；坐姿有靠背支持时，脚可产生最大的力；立姿时，脚的用力比坐姿时大。一般坐姿时，右脚最大蹬力平均可达 2568N，左脚 2362N。据测定膝部伸展角度在 130°～150°或 160°～180°时，脚蹬力最大。一般右脚的操纵力大于左脚的操纵力，男性脚力大于女性脚力。脚力控制器的操纵力最大不应超过 264N，否则易疲劳。对于需要快速操纵的踏板，用力应减少到 20N。右脚使用力的大小、速度和准确性都优于左脚。操作频繁的作业应考虑双脚交替作业。

表 12 - 1　坐姿时手臂操纵力的参考数据　　　　　　　　　　　　　单位：N

手臂的角度	拉力		推力	
	左手	右手	左手	右手
（用力方向）	向前		向后	
180°	516	534	560	614
150°	498	542	493	547
120°	418	462	440	458
90°	356	391	369	382
60°	270	280	356	409
（用力方向）	向上		向下	
180°	182	191	155	182
150°	231	249	182	209
120°	240	267	226	258
90°	231	249	218	235
60°	195	218	204	226

续表

手臂的角度	拉力		推力	
	左手	右手	左手	右手
（用力方向）	向内侧		向外侧	
180°	191	222	133	151
150°	209	240	129	146
120°	199	235	133	151
90°	213	222	146	164
60°	220	231	142	186

12.2.4 工作体位

进行作业时体位正确，可以减少静态疲劳，有利于提高工作效率和工作质量。因此，在作业空间设计时，应保证在正常作业时，作业者具有舒适、方便和安全的姿势。

1. 决定工作体位和姿势的因素

操作者在作业过程中，通常采用坐姿、立姿、坐立交替结合姿势，也有一些作业采用跪姿和卧姿等。良好的作业姿势应使作业者在操纵和观察时处于轻松状态。在确定作业姿势时，主要考虑以下因素：作业空间的大小和照明条件；作业负荷的大小和用力方向；作业场所各种仪器、机具和加工件的摆放位置；工作台高度及有无容膝空间；操作时的起坐频率等因素。

应尽量避免的工作体位和姿势有：静止不动的立位；长时间或反复弯腰；身体左右扭曲或半座位；经常由一侧下肢承担体重；长时间双手或单手前伸等。

2. 立姿作业

（1）立姿作业的条件。立姿通常指人站立时上体前屈角小于30°时所保持的姿势。对于以下作业应采用立姿操作：需经常改变体位的作业；工作地的控制装置布置分散，需要手、足活动幅度较大的作业；在没有容膝空间的机台旁作业；用力较大的作业；单调作业。

（2）立姿作业的特点。立姿作业的优点如下：可动性大，手脚有较大活动空间；需经常改变体位的作业，立位比频繁起坐消耗能量少；手动力增大，需使用大力量时，立位更好；减少作业空间，在没有座位余地的场所以及显示器、控制器配置在墙壁上的情况，立姿更好。

立姿作业的缺点在于：不易进行精确而细致的作业；不易转换操作；立姿时肌肉要做出更大的功来支持体重，故易引起疲劳；长期站立易引起下肢静脉曲张等。

3. 坐姿作业

（1）坐姿作业条件。坐姿是指身躯伸直或稍向前倾10°～15°，大腿平放，小腿一般垂直地面或稍向前倾斜着地，身体处于舒适状态的体位。

对劳动效果分析研究表明，人体最合理的作业姿势就是坐姿作业。对于以下作业应采用坐姿作业：持续时间较长的作业；精细而准确的作业；需要手、足并用的作业。

（2）坐姿作业特点：减少疲劳，作业持续时间较长；人的准确性、稳定性好；手、脚并用，脚蹬范围广，能正确操作。

12.2.5 人的行为特征

前面讨论的是人进行正常作业所必须的物理空间。实际上，人对作业空间的要求还受社会和心理因素的影响。一般地说，人的心理空间要求大于操作空间要求。当心理空间要求受到限制时，会产生不愉快的消极反应或回避反应。因此，在作业空间设计时，必须考虑人的心理空间要求。

1. 个人心理空间

个人心理空间是指围绕一个人并按其心理尺寸所要求的空间。空间的大小，可从人与人交往时彼此保持的物理距离来衡量。在作业空间布置时，要满足人与人之间保持一定社会距离的需要，通常 120～210cm 是一起工作的接近间距，但并不能保证相互不受干扰。只有达到 210～360cm，才能排除干扰。

个人空间还具有方向性。当干扰者接近作业者时，若无视线的影响，作业者的个人心理空间后面宽于前面；若存在正面视线交错时，则前面宽于后面。实验表明，受人直视或从背后接近被试者所造成的不安感，大于可视而非直视条件下的接近。

因此，有必要通过工作场所的布局设计，使工作岗位具有足够的、相对独立的个人空间，并预先对外来参观人员的通行区域作出恰当的规划。

2. 人的捷径反应和躲避行为

日常生活中，人往往会有捷径反应，如伸手取物往往直接伸向物品，穿越空地走斜线等。反映在作业中，为了贪方便、图省事，往往抱着侥幸心理，冒险采取捷径行为。如厂房内，若车间的安全通道与厂房主干道或出口不是直线相连或非常不便于进出时，作业者往往会直接从有限高度的设备或货物堆上翻越而过，极易引起事故。

当发生危险时，人类有一些共同的躲避行为。如发生火灾时，采取离灾难最近的出口方向、顺着墙按左转方向、沿着进来的路线或走惯的路线进行躲避行为。当人体面临正前方飞来的危险时，为了不被击中，约一半以上的人向左右方向躲避，人的躲避行为还带有从众性。

显然这些因素在作业空间总体布局、通道、机器与堆放物品的排列布置等部分设计时，都是需要考虑的。

12.3 作业姿势与作业空间设计

12.3.1 坐姿作业空间设计

坐姿作业空间设计主要包括工作面、作业范围、座椅及人体活动余隙等的尺寸设计。

1. 工作面

坐姿工作面高度主要由人体参数和作业性质等因素决定。从人体结构和生物力学角度来看，人在操作时，最好能使上臂自然下垂，前臂接近水平或稍微下倾地放在工作面上。采取这种手臂姿势工作，耗能最小，最舒适省力。所以，一般把工作面高度设计成略低于肘部（坐面高度加坐姿肘高）50～100mm。从作业性质来说，从事精细的或需较大视力的工作，如精密装配作业、书写作业等的工作面应设计得高一点，一般高于肘部50～150mm。因为从事这类作业时，往往要使操作对象放在较近的视距范围内。提高工作面高度，操作时可把双臂放在工作面上。在从事需要较大用力的重工作时，则应把工作面高度设计得低一些，可低于肘部，因为降低工作面有利于使用手臂力量。

对于坐姿作业，可使工作面高度恒定，根据操作者肘高和作业特点，通过调节座椅高度，使肘部与工作面之间保持适当的高度差，并通过调节搁脚板高度，使操作者的大腿处于近似水平的舒适位置。表12-2给出了男、女坐姿作业时恒定的工作面高度和相应的座椅（坐平面）高度、脚踏板高度的调节范围。

表 12-2　坐姿作业面高度　　　　　　　　单位：mm

名称	男性	女性	男女共用	男性		女性	
				粗活	精密工作	粗活	精密工作
固定工作面高度	850	800	850	779	850	725	800
座椅高度调节范围	500～650	450～600	500～650	500～575			
搁脚板高度调节范围	0～250	0～250	0～300	0～175			

工作面宽度视作业功能要求而定。若单供肘靠之用，最小宽度为100mm，最佳宽度为200mm；仅当写字面用，最小宽度为305mm，最佳宽度为405mm；作办公桌用，最佳宽度为910mm；作实验台用，视需要而定。为保证大腿容隙，工作面板厚度一般不超过50mm。

2. 作业范围

当操作者以立姿或坐姿进行作业时，手和脚在水平面和垂直面内所能触及的最大轨迹范围，称为"作业范围"。作业范围可分为水平作业范围、垂直作业范围和立体作业范围。静态和动态的人体测量尺寸是设计作业范围的重要依据。

坐姿作业时，操作者上肢运动范围被限制在工作台面以上的空间范围内。操作者的上肢最大可及范围是一个立体空间。

（1）水平作业范围。水平作业范围是指人坐在工作台前，在水平面上移动手臂所形成的轨迹，如图12.6所示。这是美国的巴恩斯（R. M. Barnes）于1949年根据测得的数值定出的平面作业范围。

正常作业范围是将上臂自然下垂，以肘关节为中心，前臂和手能自由达到的区域（图12.6中点划线）。在正常作业范围内，作业者能舒适愉快地工作。正常作业范围的大小与操作者性别、民族、手的活动特征及方向、工作台高度有关。1956年，美国的斯夸尔斯（P.C.Squires）通过实验提出：正常作业范围近似于扁长外摆线的特殊曲线（图中细实线）。因为人在正常工作范围内工作时，肘绕着身体的周围转动，使它难于在一定的位置上停止，人手左右两端难以操作，故将这部分去掉。

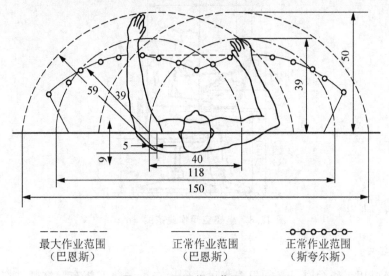

最大作业范围 --------
（巴恩斯）

正常作业范围 --------
（巴恩斯）

正常作业范围 -○-○-○-○-○-
（斯夸尔斯）

图 12.6 平面作业范围（cm）

　　最大作业范围是指手臂向外伸直，以肩关节为中心，臂和手伸直、手半握在台面上运动所形成的轨迹（图 12.6 中虚线）。在这个范围内操作时，静力负荷较大，长时间在这种状态下操作，很快会产生疲劳。

　　由于手臂的可及范围是个半球体，所以随工作台相对于人体座位高度的增加，最大平面作业范围和正常平面作业范围均相应改变。

　　根据手臂的活动范围，可以确定坐姿作业空间的平面尺寸。按照能使 95％的人满意的原则，应将常使用的控制器、工具、加工件放在正常作业范围之内；将不常用的控制器、工具放在最大作业范围之内、正常作业范围之外；将特殊的易引起危害的装置，布置在最大范围之外。

　　（2）垂直作业范围。从垂直平面上看，人体上肢最舒适作业区是一个梯形区。图 12.7 中在远高点、远低点、近高点、近低点四点构成的区域内，即为垂直方向最适作业范围。设计时应根据人体测量尺寸及图中所示范围决定作业空间。

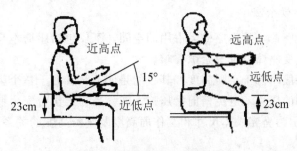

图 12.7 最舒适手动范围

　　（3）坐姿空间作业范围。将水平和垂直作业范围结合在三维的空间坐标中，可以得到坐姿空间作业范围，如图 12.8 所示。舒适的空间作业范围一般介于肩与肘之间的空间范围内。此时，手臂活动路线最短、最舒适，在此范围内可迅速准确操作。

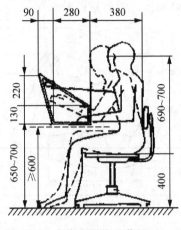

图 12.8　坐姿空间作业范围（mm）

3. 容膝空间

在设计坐姿用工作台时，必须根据脚可达到区在工作台下部布置容膝、容脚空间，以保证作业者在作业过程中，腿脚都能有方便的姿势。表 12-3 给出了坐姿作业最小和最佳的容膝空间尺寸。

表 12-3　坐姿作业容膝空间尺寸　　　　　　　　　　　　　　　单位：mm

尺度部位	尺寸	
	最小	最佳
容膝孔宽度	510	1000
容膝孔高度	640	680
容膝孔深度	460	660
大腿空隙	200	240
容腿孔深度	660	1000

4. 椅面高度及活动余隙

坐姿作业离不开座椅，工作座椅需占用的空间，不仅包括座椅本身的几何尺寸，还包括了人体活动需要改变座椅位置等余隙要求。

（1）椅面高度一般略低于小腿高度，其目的是使下肢着力于整个脚掌，并有利于两脚前后移动，减少臀部的压力，避免椅前沿压迫大腿。当与工作台配合使用时，要考虑工作台高度。图 12.9 所示为坐姿人体尺寸和工作面高度及座椅高度的关系。提高坐面高度时，要配置搁脚板。

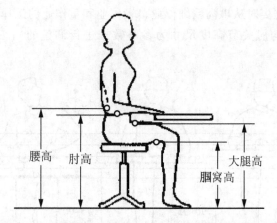

图 12.9　坐姿人体尺寸和工作面高度及座椅高度的关系

（2）座椅放置的深度距离（工作台边缘至固定壁面的距离），至少应在 810mm 以上，以便容易向后移动椅子，方便作业者的起立与坐下等活动。

（3）座椅的扶手至侧面固定面的距离最小为 610mm，以利于作业者自由伸展胳膊等。

5．脚作业空间

与手相比，脚操作力大，但精确度差，且活动范围较小，一般脚操作限于踏板类装置。正常的脚作业空间位于身体前侧、座高以下区域，其舒适作业空间取决于身体尺寸与动作的性质。图 12.10 所示为脚作业空间，深影区为脚的灵敏作业空间，而其余区域需大腿、小腿有较大动作，故不适于布置常用的操作装置。

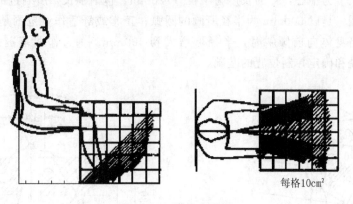

每格10cm²

图 12.10　脚作业空间

12.3.2　立姿作业空间设计

立姿作业空间设计主要包括工作面、作业范围和工作活动余隙等的设计。

1．工作面

立姿工作面高度不仅与身高有关，还与作业时施力的大小、视力要求和操作范围等很多因素有关。实际设计中，既可设计成适合不同身高的作业者需要的高度可调的工作台，也可以按立姿肘高尺寸的第 95 百分位数设计，然后通过调整脚垫的高度来调整作业者的肘高。

图 12.11 给出了立姿时从事高精细作业、轻作业和重作业的工作面高度设计的一般尺寸（图中尺寸是以平均肘关节高度尺寸为参考数据进行调整的）。工作面的宽度视需要而定。

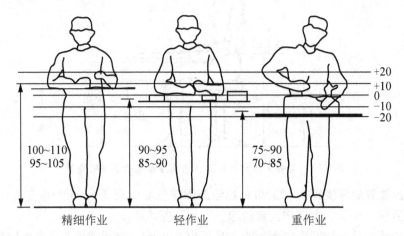

图 12.11　立姿作业的工作台高度推荐值（cm）

0 参照线是地面至肘的高度线，其平均值为男性 105cm，女性 85cm

2. 作业范围

立姿作业的水平面作业范围与坐姿时相同，垂直面作业范围的设计如图 12.12 所示。垂直作业范围也分为正常作业范围和最大作业范围，并分为正面和侧面两个方向。最大可及范围是以肩关节为中心，臂的长度为半径（720mm，包括手长）所划过的圆弧；最大可抓取的作业范围，是以 600mm 为半径所画的圆弧；正常或舒适作业范围是半径为 300mm左右的圆弧，当身体向前倾斜时，半径可增大到 400mm。垂直作业范围是设计控制台、配电板、驾驶盘和确定控制位置的基础。

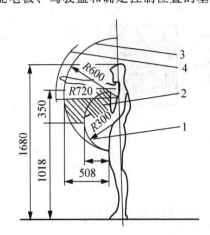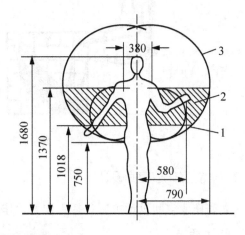

图 12.12　手的垂直作业范围（mm）

1—最舒适的作业范围；2—正常作业范围；3—最大可抓取范围；4—最大可及范围

立姿作业的立体空间是立姿作业水平面作业范围与垂直面作业范围在三维空间的结合。图 12.13 所示为立体作业范围，其空间形状呈贝壳状。立体作业范围分为正常与最大作业范围。舒适的作业范围介于肩及肘之间的空间范围内，此时手臂活动路线最短。

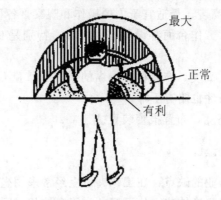

图 12.13　立体作业范围

3. 工作活动余隙

立姿作业时，人的活动性比较大。为了保证作业者操作自由、动作舒展，必须使站立位置有一定的活动余隙。有条件时，可以适当大些，场地较小时，应按人体有关参量的第 95 百分位数加上着冬季防寒服时的修正值进行设计，一般应满足以下要求：

（1）站立用空间（作业者身前工作台边缘至身后墙壁之间的距离）不得小于 760mm，最好能达到 910mm 以上。

（2）身体通过的宽度（身体左右两侧间距）不得小于 510mm，最好能保证在 810mm 以上。

（3）身体通过的深度（在局部位置侧身通过的前后间距）不得小于 330mm，最好能满足 380mm。

（4）行走空间宽度（供双脚行走的凹进或凸出的平整地面宽度）不得小于 305mm，一般须在 380mm 以上。

（5）容膝、容脚空间。立姿作业虽不需要，但也宜提供容膝、容脚空间，可以使作业者站在工作台前能够曲膝和向前伸脚，一方面站着舒适，另一方面使身体可靠近工作台，扩大上肢在工作台上的可及深度。容膝空间最好有 200mm 以上，容脚空间最好在 150mm×150mm 以上。

（6）过头顶余隙（地面板至顶板的距离）。操作者头顶余隙过小，心理上就产生压迫感，影响作业的耐久性和准确性。过头顶余隙最小应大于 2030mm，最好在 2100mm 以上，在此高度下不应有任何构件通过。

4. 临时座位

立姿作业时比较容易疲劳。条件允许时应提供临时座位供作业者工间休息。临时座位不应该影响立姿作业者自由走动和操作。一般采用摇动旋转式和回跳式临时座位。

5. 立姿作业空间垂直方向布局设计

立姿作业空间在垂直方向可划分为五段，每段布局设计的内容不同。

（1）在 0～500mm 高度适宜于脚控制。在此区间只能设计脚踏板、脚踏钮等。

（2）在 500～700mm 高度，手、脚操作不方便，不宜在此区域设计控制器。

（3）在 700～1600mm 高度，最适宜于人的操作和观察，各种重要的常用的手控制器、常用的脚控制器、显示器、工作台面都设置在此区域，特别是 900～1400mm 高度是人最舒适的作业范围。

（4）在 1600～1800mm 高度，布置极少操纵的手控制器和不太重要的显示器。因为此区域手操纵不方便，视力条件也略有下降。

（5）在 1800mm 以上高度，布置报警装置。

12.3.3 坐立交替作业空间设计

为了克服坐姿、立姿作业的缺点，在工作岗位上经常采用坐立交替作业方式。这种作业方式能使作业者在工作中变换体位，从而避免由于身体长时间处于一种体位而引起的肌肉疲劳。

坐-立姿作业空间的设计特点是：工作台高度既适宜于立姿作业又适合于坐姿作业，这时工作台高度应按立姿作业设计；为了使工作台高度适合于坐姿操作，需要提高座椅高度，该高度恰好使作业者半坐在椅面上，一条腿刚好落地为宜；由于坐立交替作业空间的特殊性，座椅应设计得高度可调，并可移动，椅面设计略小些；为了防止坐姿操作时两腿悬空而压迫静脉血管，一般在座椅前设置搁脚板。图 12.14 所示为坐立交替工位的设计参数。

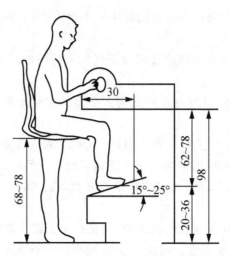

图 12.14　坐立交替工位的设计参数（cm）

12.3.4 其他作业姿势的作业空间设计

采用蹲坐、屈膝、跪、爬、卧等姿势进行操作时，需占用的最小空间尺寸见图 12.15 和表 12-4。

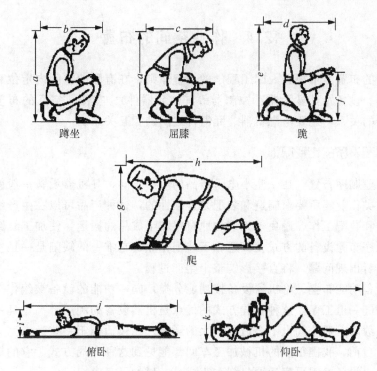

图 12.15 其他姿势的作业空间尺度标记

表 12-4 其他姿势的最小作业空间　　　　　　　　　　单位：cm

作业姿势	尺度标记	尺寸		
		最小值	选取值	着防寒服时
蹲坐作业	高度 a	120	—	130
	宽度 b	70	92	100
屈膝作业	高度 a	120	—	130
	宽度 c	90	102	110
跪姿作业	宽度 d	110	120	130
	高度 e	145	—	150
	手距地面高度 f	—	70	—
爬着作业	高度 g	80	90	95
	长度 h	150	—	160
俯卧作业（腹朝下）	高度 I	45	50	60
	长度 j	245	—	—
俯卧作业（背朝下）	高度 k	50	60	65
	长度 l	190	195	200

注：各尺度标记符号的意义见图 12.15。

12.4　作业空间的布置

作业空间的布置是指根据人因工程学的布置原则，在有限的空间内定位和安排作业对象（包括机器、设备及其显示器、控制器等其他元器件）。在作业空间的布置中，不仅要考虑人与机器的关系，还要考虑机器、元器件之间的相互关系。

12.4.1　机器和设备的布置原则

（1）按作业顺序布置。在一些小电子产品的生产车间，其机器设备一般就是按作业顺序布置的。这类作业场所要求制造和装配是连续性的，这种产品可以在生产线上以最短的时间完成加工和装配工作，避免了无谓的原材料和半成品的搬运，使加工线路达到最经济的要求。按顺序布置设备的方式尤其适合于装配作业，它唯一的缺陷是一旦生产线上的某一设备或作业者出现问题，将直接影响整个生产过程。

（2）按设备功能布置。将机器设备按功能分类，同一功能的设备被编作一组，共同完成某一产品的同一道工序，这种布置方式的优点是机器设备的利用率高，且一旦某一设备或作业者出现故障，对全局也不会造成太大的影响。比较适合于一些尚未完全定型的试制产品的加工。目前，我国很多的机械加工车间都能见到这种布局方式。它的缺点是：从一组设备到另一组设备间需要搬运原材料和半成品，增加了工序。

（3）混合布置。将以上两种方式结合在一起来布置设备，既吸收了两种方式的优点，又避免了各自的缺点。在实际作业中，工厂根据不同产品的加工特点以及在加工同一产品过程中的不同工艺要求，采用混合方式布置设备是比较合适的。如零件的加工阶段在采用按作业顺序布置的设备上完成，而在装配阶段则在采用按功能布置的设备上完成。

12.4.2　控制面板的布置原则

为使操作者能更舒适、高效地完成作业，并将疲劳程度减至最低，作业域内显示器、控制器的配置应遵循以下原则：

（1）按重要程度布置。操作者在作业过程中需要打交道的显示器、控制器不止一个，应按照各器件对完成作业起作用的重要程度来布置，即最重要的器件布置在人的最佳操作和视觉范围内，如急停开关应放在人的正前方。

（2）按作业顺序布置。在完成某一作业的过程中所使用的控制器是有一定顺序的，为了方便、快捷地操作，在配置这些器件时也应按照这一使用顺序布置。一般对有操作顺序的控制器，应按竖直方向由上而下、水平方向自左向右的顺序排列。

（3）按使用频率的高低布置。在作业过程中，有些显示器、控制器的使用频率高于其他器件，对于这些经常用到的器件，应放到人的最佳操作范围内。一般对于使用频繁的显示器，在垂直面上应布置在作业者水平视线以下 30°的范围内，在水平面上应布置在人的正中矢状面 30°的范围内，如图 12.16 所示；对于很少使用的显示器，布置在 120°的范围内即可。

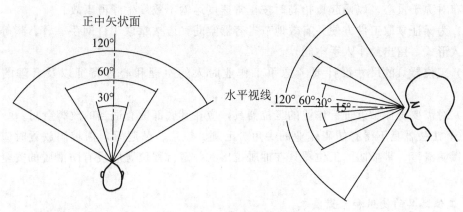

图 12.16　人的视角范围

（4）按功能对应性原则排列。当控制面板中的显示器、控制器较多时，要成组排列，功能相关的器件应放在一起或在位置上相互对应。如当面板上仪表很多时，显示仪表的排列要跟功能对应的控制旋钮在位置上相互呼应。

（5）控制器的间距。为防止误操作，各控制器之间要留有足够的距离。

12.5　工位器具设计

1. 工位器具的选用

工位器具按其用途可分为专用和通用两种：专用的工位器具一般适于单件小批生产；通用的工位器具一般适于成批生产。

工位器具按结构形式可分为箱式、托板式、盘式、筐式、吊挂式、架式和柜式等。选用方法如下：①原材料毛坯等不需隔离放置的工件可选用箱式和架式；②大型零部件等可选用托板式；③小工件、标准件等可选用盘式；④需要酸洗、清洗、电镀或热处理的工件可选用筐式；⑤细长的轴类工件可选用吊挂式、架式；⑥贵重及精密件如工具、量具可选用柜式。

2. 工位器具设计要求

（1）首先应考虑工件存放条件、使用的工序和存放数量，需防护部位及使用过程中残屑和残液的收集处理等，并要求利用周转运输和现场定置管理。

（2）应使工件摆放条理有序，并保证工件处于自身最小变形状态，需防止磕碰划伤的部位应采用加垫等保护措施。

（3）应便于统计工件数量。

（4）要减少物料搬运及拿取工件的次数，一次移动工件数量要多，但同时应对人体负荷、操作频度和作业现场条件加以综合考虑。

（5）依靠人力搬运的工位器具应有适当的把手和手持部位。

（6）质量大于 25kg 或不便用人力搬运的工位器具应有供起重的吊耳、吊钩等辅助装置，需用叉车起重的应在工位器具底部留有适当的插入空间，起吊装置应有足够的强度并使其分布对称于重心，以便起重抬高时按正常速度运输不致发生倾覆事故。

（7）为保证拿取工件方便并有效地节省容器空间，应按拿取工件时手、臂、指等身体部位伸入形式，留出最小入手空间。

（8）工位器具的尺寸设计要考虑手工作业时人的生理和心理特征以及合理的作业范围。

（9）对需要身体贴近进行作业的工位器具，应在其底部留有适当的放脚空间。

（10）工位器具不得有妨碍作业的尖角、毛刺、锐边、凸起等，需堆码放置时应有定位装置以防滑落。带抽屉的工位器具在抽屉拉出的一定行程位置应设有防滑脱的安全保险装置。

3. 工位器具的使用和布置要求

（1）工位器具放置的场所、方向和位置一般应相对固定，方便拿取，避免因寻找而产生走路、弯腰等多余动作。

（2）工位器具放置的高度应与设备等工作面高度相协调，必要时应设有自动调节升降高度的装置，以保持适当的工作面高度。

（3）工位器具堆码高度应考虑人的生理特性、现场条件、稳定性和安全。

（4）带抽屉的工位器具应根据拉出的状态，在其两侧或正面留出手指、手掌和身体的活动距离。

（5）为便于使用和管理，工位器具应按技术特征用文字、符号或颜色进行编码或标示，以利于识别。

编码或标示应清晰鲜明，位置要醒目，同类工位器具标示应一致。

【阅读材料 12-2】 社区环境设施的个性化分析

1. 社区环境设施概述

所谓环境设施，是指公共或街道社区中为人们活动提供条件或一定质量保障的各种公用服务设施系统，以及相应的识别系统。它是社会统一规划的具有多项功能的综合服务系统，免费或低价享用的社会公共财产。本文所要讨论的是城市社区中的环境设施，关注的是社区中人、物与环境的关系，稳定的物质环境是非常重要的。因此，这里的城市社区可以简单理解为具有一定规模、一定的基础设施、相对稳定的城市居民住宅小区。

从环境设施的定义不难看出，作为公共的环境产品的环境设施被视为一个具有多项功能的综合服务系统。因此，城市社区环境设施也应该是这样一个完整的系统。在这个系统中，可以划分硬件和软件两个方面的内容。硬件设施是人们在日常生活中经常使用的一些基础设施，软件设施主要是指为了使硬件设施能够协调工作、为社区居民更好服务而与之配套的管理系统，可以说这些都是人们看不到的环境设施和服务。

2. 城市社区环境设施识别

城市社区环境设施一般应该包括安全性、舒适性、文化性等，这些特征可以说是城市社区环境设施设计的主体，是必须首先考虑和遵守的。在这些一般性要求的基础之上，可以考虑个性这个可变因素，它是基于不同人群的年龄、职业、喜好、修养、文化等要素而产生的，而且总是处于不断发展、变化的动态过程中。地理与文化的不同、民族与历史的不同、使用者的不同，都能成为创造多样的、个性的环境景观设施的源泉。

这种小区环境设施的一般性与个性是相对而言的。如 1980 年代初期，在欧式建筑风格和家具风格的影响下，欧式风格的环境设施在国内成为一种个性的时尚；而随着经济的发展，当越来越多的城市社区把建筑和环境设施做成具"个性"的欧式风格时，这种"个性"却无意中成了一种一般性。

　　从人的角度考虑，我们就是要设计一种个性化的小区环境设施，这样才能更好地考虑到人的因素，体现人在环境中的价值。

　　3. 影响城市社区环境设施个性化设计的因素

　　从"人-机-环境"的系统观入手，影响环境设施个性化设计的因素主要包括三个方面：环境因素、人的因素以及设施本身的因素，具体来说，是指自然环境、人文环境、地域文化等诸多因素。然而，就城市社区环境设施的个性化设计而言，并不是以上所有因素都会起到作用，根据它们所起作用的大小，可以分为主要因素和次要因素。这里的主要因素包括那些能充分体现城市特征和城市个性的自然和人文因素。

　　作为产品形态很重要一部分的色彩，具有一定的功能与表征。不同国家和地区对色彩的爱忌是不同的。因此，环境设施的色彩设计，不能脱离客观现实，不能脱离地域和环境的要求，要研究色彩的适应性，充分尊重不同地区人们对色彩的爱恶特征，要投其所好，避其所忌，这样才能使设施和环境融为一体，才能体现出个性并受到人们的喜爱。

小　结

　　本章主要讲述了作业空间的定义、作业空间设计中的人体因素、坐姿、立姿作业的缺点的克服、坐立姿作业空间的设计特点、作业空间的布置、工位器具分类和工位器具设计要求。

习　题

　　1. 填空题

　　（1）近身作业空间设计应考虑的因素为 _____、_____、_____、_____、_____。

　　（2）作业场所布置原则为 _____、_____、_____、_____。

　　（3）一般把视野分成三个主要视力范围区：_____、_____、_____。

　　（4）影响坐姿作业空间的因素有 _____、_____、_____、_____、_____。

　　（5）影响立姿作业空间的因素有 _____、_____、_____、_____。

　　（6）作业范围是作业者以立姿或坐姿进行作业时，手和脚在水平面和垂直面内所触及的最大轨迹范围。它分为 _____、_____、_____。

　　2. 简答题

　　（1）什么是作业空间和近身作业空间？

　　（2）作业空间设计的含义。

　　（3）作业空间设计的一般要求。

（4）作业场所的布置原则。

（5）总体作业空间设计的依据。

（6）辅助作业场所设计的原则。

（7）视觉运动规律有哪些？

（8）坐姿作业的特点有哪些？

（9）坐姿作业空间设计内容有哪些？

（10）立姿作业空间设计内容有哪些？

（11）辅助工作场所设计的原则有哪些？

（12）工位器具的使用和布置的原则有哪些？

（13）座椅设计的原则有哪些？

第13章 显示装置与操纵装置设计

人类使用的工具或操作用具的设计可分为两个方面，一个是人操作机械时的问题，另一个是人接收信息时的问题。前者主要是以人操作方便来考虑操作器具的配置，为此，机械的设置要考虑人的身体条件和合理安排空间；后者是指显示仪表的配置要以便于人观察和判断为原则。操作器具和显示仪器仪表是相互联系的，不能割裂开来设计。机器系统的设计是根据人的特性，设计出最符合人操作的机器、设备、工具，最醒目的显示装置和最方便使用的控制装置，使机具适应人的特性，保证人使用时得心应手。

 教学目标

1. 了解视觉显示装置、操纵装置的工效因素，荧光屏显示设计的有关内容，手动、脚动控制器的种类。
2. 熟悉视觉显示装置的种类与功用，听觉传示设计要求，操纵装置的类型及特征分析。
3. 掌握信号显示设计的原则，图形符号设计方法，手动、脚动控制器的设计原则和具体要求。

 教学要求

知识要点	能力要求	相关知识
视觉显示装置设计	(1) 了解显示装置的功效因素； (2) 熟悉视觉显示装置的种类与功用； (3) 掌握信号显示设计的原则、图形符号设计方法	信号显示设计； 荧光屏显示设计； 图形符号显示设计
听觉传示设计	(1) 熟悉常见的听觉传示装置； (2) 熟悉听觉传示装置的设计原则	蜂鸣器、铃、角笛和汽笛、报警器
操纵装置设计	(1) 了解操纵装置的工效因素； (2) 熟悉操纵装置的类型及特征分析； (3) 掌握手动、脚动控制器的设计原则和具体要求	手动控制器的设计； 脚动控制器的设计

导入案例

风云 2 的显示屏设计

近年来，汽车市场异常火爆，"风云 2"于 2009 年 10 月底正式上市，该车型设计简洁新颖，干净整洁，没有任何突兀的感觉，在接下来的数个月内，月均销售四千辆，对于自主品牌的小型车实属不易。风云 2 中控台的造型也采用了和车头一样的仿生学设计，据说是模仿了鲸鱼尾鳍造型。其中央显示器如图 13.1 所示。

"风云 2"左右两侧有着单独显示屏幕的设计，如图 13.2 所示。左边驾驶员一侧的屏幕可以显示基本的行车信息，包括瞬时油耗、安全带提示以及车门提示等；而右侧可以显示空调温度与时间。但对于驾驶员来说，可能观察右边的空调和温度信息就很不方便，在阳光照射下从侧面更是很难看清显示屏。

图 13.1　风云 2 的中央显示器

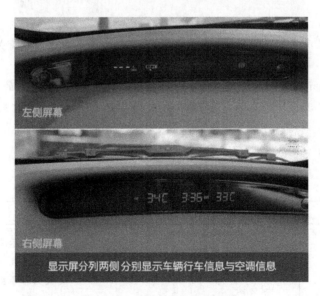

图 13.2　风云 2 的左右显示屏

关于乘坐方面的配置还是不错的，如驾驶员座椅可以手动六向调节，通常高于这个价位的车型上都没有高低调节。风云 2 为注重性价比的小型家用车消费者提供了一个不错的新选择，如果未来再能推出自动挡车型的话，相信能够起到锦上添花的作用。

13.1　视觉显示装置设计

13.1.1　概述

在人机系统中，人对有关信息的感知可以是直接的，也可以是间接的。随着信息量的增加以及要求准确、及时、充分获得信息，间接感知系统的信息越来越多，这就要通过信息显示装置及其系统来实现。人对信息感知如何，直接关系到信息加工处理和操作控制行为。因此，显示装置的设计和选择要适合人的生理、心理特性，实现人机的协调，使系统安全、高效。人因工程学所要解决的不是机器、设备本身的技术设计问题，而是从适宜于人的使用角度，为人机界面装置的设计和选择提供参数和要求。

按照人接受信息的感觉通道不同，信息传递方式可以分为视觉显示、触觉感知、听觉传示和动觉感知，其中视觉显示装置应用最为广泛。

13.1.2　视觉显示装置的种类

1. 按照显示形式分类

视觉显示装置分为数字显示和模拟显示两类。

数字显示装置是直接用数码来指示的，认读过程简单、直观，只要对单一数字或符号辨认识别就可以了，如机械（转轮或翻版）式、数码管式、液晶式和屏幕式等。

模拟显示装置是用刻度和指针来指示的，其认读过程首先要确定指针与刻度盘的相对位置，然后读出指针所指的刻度值，指针式指示器或指针式仪表就属此类装置。手表表盘即是典型的模拟显示，它以秒针运转一周模拟一分钟的时间，用分针转一周模拟一小时，时针转一周模拟半天。常见的还有汽车上的油量表、氧气瓶的压力表等。依刻度盘的形状，指针指示器可分为圆形、弧形和直线形，见表 13-1。

表 13-1　刻度盘的分类

类别	圆形指示器			弧形指示器	
刻度盘	圆形	半圆形	偏心圆形	水平弧形	竖直弧形
简图					

类别	直线指示器			说明
刻度盘	水平直线	竖直直线	开窗式	开窗式的刻度盘也可以是其他形状
简图				

2. 按照显示功能分类

各种显示装置所显示的是规定的标志、数字和颜色等符号。对这些符号人们可以给以各种各样的约定，做出合乎逻辑的解释。按照显示功能，显示装置大致可以分为以下五种：

（1）读数用仪表。用具体数值指示机器的有关参数和状态，如汽车上的时速表、飞机上的高度表等。凡要求提供准确的测量值、计量值和变化值时，应选用读数用仪表。这类仪表宜采用开窗式和圆形式数字仪表。

（2）检查用仪表。用以指示系统状态参数偏离正常值的情况。一般无需读出其确切数值。这类仪表采用指针运动、刻度盘不动的显示装置为好。

（3）警戒用仪表。用以指示机器是处于正常区、警戒区还是危险区。在显示器上可用不同颜色或不同图形符号将警戒区、危险区与正常区明显区别开来。如用绿、黄、红三种不同的颜色分别表示正常区、警戒区、危险区。为避免照明条件对分辨颜色的影响，分区标志可采用图形符号。

（4）追踪用仪表。追踪操纵是动态控制系统中最常见的操纵方式之一，它根据显示器所提供的信息进行追踪操纵，以便使机器按照所要求的动态过程工作。因此，这类显示器必须指示实际状态与需要达到的状态之间的差距及其变化趋势，宜选择直线形仪表或指针运动的圆形仪表。若条件可能，选用荧光屏显示更为理想。

（5）调节用仪表。只用以指示操纵器调节的值，而不指示机器系统运行的动态过程。一般采用指针运动式或刻度盘运动式，但最好采用由操纵者直接控制指针或刻度盘运动的结构形式。

13.1.3 显示装置的选择

显示装置能反映生产过程和设备运行的信息，是人们了解、监督和控制生产过程的必要手段。对于显示装置的要求，是使操纵者能够快速辨别、准确认读、不易失误、不易疲劳。

选择显示装置应遵循以下原则：

（1）显示装置所显示的精确程度应符合预定要求。如果精确度超过需要，反而使阅读困难和误差增大。

（2）信息要以最简单的方式传递给操作者，并且应避免多余的信息。

（3）信息必须易于了解，避免换算。当非换算不可时，应控制在两位数以下。

（4）分划指标只能表示相当于1、2或5的数值。

（5）标记符号的大小必须适合预计的最大距离。在最大可能阅读距离时，标记符号的最小尺寸见表13-2。

表 13-2　最大阅读距离 a 时标记符号的最小尺寸

字母或符号的种类	字母或符号的尺寸	字母或符号的种类	字母或符号的尺寸
符号高度（大标尺）	$a/90$	符号间距（小标尺）	$a/600$
符号高度（中标尺）	$a/125$	符号间距（大标尺）	$a/50$
符号高度（小标尺）	$a/200$	小字母或数字的高度	$a/200$
标记符号的粗细	$a/5000$	大字母或数字的高度	$a/133$

13.1.4　刻度盘

1. 刻度盘设计

刻度盘设计的内容包括刻度盘的形状和大小。

1）刻度盘的形状设计

常见的刻度盘有五种，如图 13.3 所示。刻度盘的形状主要决定于仪表的功能和人的视觉运动规律，以数量识读仪表为例，其指示值必须能使识读者准确、迅速地认读。实验研究表明，不同形式刻度盘的误读率是不同的。

(a)圆形　　　(b)半圆形　　　(c)开窗式　　　(d)水平直线形　　　(e)竖直直线形

图 13.3　不同形式的刻度盘

开窗式刻度盘优于其他形式，因为开窗显露的刻度少、识读范围小、视线集中、识读时眼睛移动的线距离也短，所以误读率低。设计开窗式仪表时，必须使所开的窗口能同时显示两个以上刻度，否则会引起混淆。由于圆形、半圆形刻度盘给人的感官以两类刺激，比直线形刻度盘给人的单类刺激强烈，而且眼睛扫描圆形刻度盘的距离短，因此圆形、半圆形刻度盘优于直线形刻度盘。由于眼睛水平运动比垂直运动快，准确度也高，所以水平直线形优于竖直直线形刻度盘。表 13-3 列出了五种刻度盘读数准确度的比较。

表 13-3　不同形式刻度盘读数准确度的比较（取圆形仪表为 100%）

类型	最大可见刻度盘尺寸/mm	读数错误率/（%）
开窗式	423	45
圆形	540	100
半圆形	110	153
水平直线形	180	252
竖直直线形	180	325

2）刻度盘大小设计

刻度盘的大小与刻度标记数量和人的观察距离有关。以圆形刻度盘为例，当盘上标记数量多时，为了提高清晰度，需相应增大刻度盘，表 13-4 所列为实验得到的圆形刻度盘的数据。当刻度盘尺寸增大时，刻度、刻度线、指针和字符等均可增大，这样可提高清晰度。但不是越大越好，因为刻度盘尺寸过大时，眼睛扫描路线过长，反而影响读数的速度和准确度，同时也扩大了安装面积，使仪表盘不紧凑也不经济。当然也不宜过小，过小使刻度标记密集而不清晰，不利于认读，效果同样不好。

刻度盘的认读效率与观察距离及视角大小有关。因此，刻度盘的最佳尺寸应按操作者的视角大小来确定（最佳视角为 2.5°～5°）。

关于圆形刻度盘的最优直径，W.J.怀特等人做过试验。在视距为75cm的情况下，将直径分别为25mm、44mm和70mm的指示仪表安装在仪表盘上进行可读性测试，结果表明，圆形刻度盘的最优直径为44mm，见表13-5。

表13-4　观察距离、刻度数量与刻度盘直径的关系

刻度标记的数量	刻度盘的最小允许直径/mm	
	观察距离50cm时	观察距离90cm时
38	25.4	25.4
50	25.4	32.5
70	25.4	45.5
100	36.4	64.3
150	54.4	98.0
200	72.8	129.6
300	109.0	196.0

表13-5　认读速度和读错率与刻度盘直径大小的关系

圆形刻度盘直径/mm	观察时间/s	平均反应时间/s	读错率/%
25	0.82	0.76	6
44	0.72	0.72	4
70	0.75	5.73	12

设计开窗式仪表时，刻度盘是封闭的。这时要求能在观察窗口内看到相邻两个刻有数字的刻度线。

2.刻度设计

刻度盘上两最小刻度标记间的距离称为刻度。刻度设计主要包括刻度的大小、方向及刻度线类型的确定。

1）刻度大小

刻度的大小可根据人眼的最小分辨能力和刻度盘的材质来确定。刻度的最小值一般按照视角为10′左右来确定。若视距为L时，小刻度的最小间距为$L/600$，大刻度的最小间距为$L/50$。如果用人眼直接读数，刻度的最小尺寸不应小于0.6～1mm，一般在1～2.5mm间选取，必要时也可取4～8 mm。若用放大镜读数时，其大小一般取$1/f$ mm（f为放大镜的放大率）。图13.4所示为刻度大小对读数误差的影响的经验曲线。

刻度大小还受所用材料的限制，但不得小于表13-6所列数值。

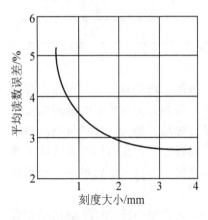

图13.4　刻度大小对读数误差的影响

表 13-6　不同材料对应的最小刻度值

材料名称	钢	铝	黄铜	锌白铜
刻度大小/mm	1.0	1.0	0.5	0.5

2）刻度线设计

刻度线一般有三级：长刻度线、中刻度线和短刻度线，其高度与视距有关，其类型如图 13.5 所示。伍德森（W. E. Woodson）给出的视距和刻度线高度的关系见表 13-7。为了避免反方向认读的差错，可采用"递增式刻度线"来形象地表示刻度值的增减。

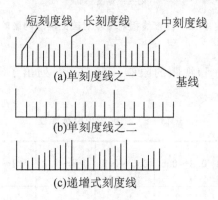

图 13.5　刻度线的类型

表 13-7　视距与刻度线高度的关系

| 观察距离/m | 刻度线高度/mm | | | 字符高度/mm |
	长刻度线	中刻度线	短刻度线	
0.5 以内	5.6	4.1	2.3	2.3
0.5～0.92	10.2	7.1	4.3	4.3
0.92～1.83	19.8	14.3	8.7	8.7
1.83～3.66	40.0	28.4	17.3	17.3
3.66～6.10	66.8	47.5	28.8	28.8

3）刻度线的宽度

刻度线宽度取决于刻度的大小，一般可取刻度大小的 5%～15%。普通刻度线宽通常取（0.1±0.02）mm；远距离观察时，取 0.6～0.8mm；带有精密装置时，可取 0.0015～0.1mm。图 13.6 所示为刻度线相对宽度与读数误差之间的关系曲线。当刻度线宽度为刻度大小的 10% 左右时，读数误差最小。

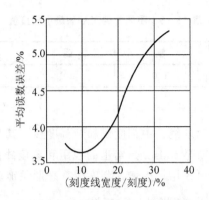

图 13.6 刻度线相对宽度对读数误差的影响

4）刻度线长度

刻度线长度受照明条件和视距的限制，表 13-8 列出了刻度线长度与刻度大小的关系。

表 13-8 刻度线长度选择表 单位：mm

刻度大小 刻度线长度	0.15～0.3	0.3～0.5	0.5～0.8	0.8～1.2	1.2～2	2～3	3～5	5～8
L_1（短）	1.0	1.2	1.5	1.8	2.0	2.5	3.0	4.0
L_2（中）	1.4	1.7	2.2	2.6	3.0	4.5	4.5	6.0
L_3（长）	1.8	2.2	2.8	3.3	4.0	6.0	6.0	8.0

5）刻度标数进级和递增方向

刻度盘的数字进级方法和递增方向，对提高判读效率、减少误读也有重要作用。数字进级方法可参考美国海军研究结果，见表 13-9。一般应采用表中"优"的进级法，在不得已的情况下才使用"可"，绝对禁止使用"差"的进级法。

表 13-9 刻度标数进级法

优					可					差			
1	2	3	4	5	2	4	6	8	10	3	6	9	12
5	10	15	20	25	20	40	60	80	100	4	8	12	16
10	20	30	40	50	200	400	600	800	1000	1.25	2.5	5	7.5
50	100	150	200	250						15	30	45	60

数字递增方向的一般原则是：顺时针方向为增加；从左向右的方向为增加；从下向上的方向为增加。

6）刻度值

数字的标注应取整数，避免采用小数或分数，避免换算。

每一刻度线最好为被测量的 1、3 或 5 个单位值，或这些单位值的 10^n 倍。

3. 文字符号

仪表刻度盘的汉字、字母和数字等统称为字符。字符的形状、大小等影响判读的效果。字符的形状应简明、醒目、易读，多用直角与尖角形，以突出各个字符的形状特征，避免相互混淆，强调字体本身特有的笔划，突出"形"的特征。汉字推荐采用宋体或黑体，不宜采用草体、小写字母和美术体字符。

字符的大小应根据视距而定。一般字符高度为观察距离的 1/200，见表 13-10，并可按下式近似计算：

$$H = \frac{L\alpha}{3600}$$

式中：H——字符高度，mm；

　　　L——观察距离，mm；

　　　α——最小视角，$(')$。

视角 α 一般要由实验决定，多为 $10' \sim 30'$。

表 13-10　字符高度与视距的关系

视距/cm	字符高度/cm	视距/cm	字符高度/cm
～50	0.25	50～90	0.50
90～180	0.90	180～360	1.80
360～600	3.00		

字符的其他尺寸可根据高度 H 相对取值，如图 13.7 所示。

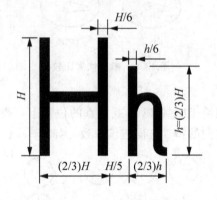

图 13.7　字符的推荐尺寸示意

4. 指针设计

模拟显示大都是靠指针指示。指针设计的人机学问题，主要从下列方面考虑。

1）形状

指针的形状要简洁、明快、不加任何装饰，具有明显的指示性形状。一般以头部尖、尾部平、中间等宽或狭长三角形为好。图 13.8 所示为常用的几种指针形状。

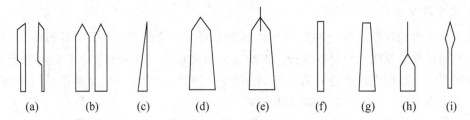

图 13.8　指针的基本形状

2）宽度

指针的长度对认读效率影响很大，坪内和夫研究发现，当指针与刻度线间距超过 6mm 时，距离越大，认读误差越大。而小于 6mm 时，距离越小，认读误差越小。并认为指针与刻度间距最好为 1～2mm，不要重叠。

指针的针尖宽度很重要。指针针尖宽度可与最短刻度线等宽，但不应大于两刻度线间的距离。指针不应接触度盘面，但要尽量贴近盘面。精度要求很高的仪表，其指针和刻度（盘面）应装配在同一平面内。图 13.9 所示为指针优劣比较。

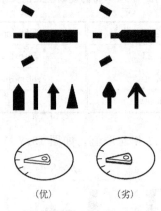

（优）　　　（劣）

图 13.9　指针优劣比较

3）零点位置

指针零点位置大都在相当于时钟 12 点或 9 点的位置上，当一组指针式仪表同时采用标准读数来校核误差时，它们的指针方向应该一致，如图 13.10 所示。

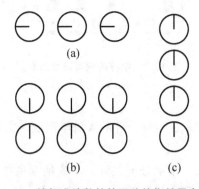

图 13.10　按标准读数校核误差的指针零点位置

5. 指针、刻度和表盘的配色

仪表指针及刻度线的颜色同表盘颜色的配色关系要符合人的色觉原理，黑白配色的清晰度较高，但并不是最高，见表 13－11。配色时要采取红绿等醒目色，以提高工作环境的美学效果。

表 13－11　配色的级次

级次		1	2	3	4	5	6	7	8	9	10
清晰程度	底色	黑	黄	黑	紫	紫	蓝	绿	白	果	黄
	被衬色	黄	黑	白	黄	白	白	白	黑	绿	蓝
模糊程度	底色	黄	白	红	红	黑	紫	灰	红	绿	黑
	被衬色	白	黄	绿	蓝	紫	黑	绿	紫	红	蓝

一般说来，指针与刻度颜色应与仪表边缘的颜色不同，后者宜用浅色，其深度应介于指针色和表盘色之间为好。

在现代生产中，要注意整体效果，即装在仪表板上所有仪表的颜色都要搭配好，使总体颜色看起来协调、淡雅、舒适和明快。

在显示仪表中常常有些特殊装置，如各种报警信号灯、图形信号显示等。对这些特殊装置，要进行重点处理，配以标准色或醒目色。如危险、安全、停顿、运行或方向性等，配以不同的颜色，就可以使操纵者很快察觉，从而进行处理。

13.1.5　信号灯设计

1. 信号灯显示特征和类型

信号灯是一种最常用的信息显示装置，广泛用于航空、航海、铁路运输、公路交通、生产线、控制装置、服务设施和公共场所等。其特点是显示面积小、视距远、引人注目、简单明了。缺点是信息负荷有限，当信号太多时，会造成混乱和干扰。

信号灯显示的作用主要有两方面：一是发出指示性信息，包括传递限制操作者行为、提醒注意和指示操作等信息；二是显示系统工作状态，包括反映某个指令、某种操作和某种运行过程的执行情况等信息。

信号灯显示装置可分为三种类型，即图形符号灯、简单指示灯和透射图示监控板。一般可优先考虑是否适合使用图形符号灯，它是采用特定标志、符号显示信息的信号灯，其标志、符号应符合国家或国际的标准规定。如不宜采用上述信号灯时，应采用显示信号的简单指示灯。在特殊情况下可采用透射图示监控板装置，用于显示系统、网络和其他组件的整体图形化信息。大多数情况下，一种信号灯只用于指示一种信息和状态。

在大多数情况下，一种信号只用来指示一种状态或情况。如运行信号灯只指示某一机件正在运行，警戒信号灯则用来指示操作者注意某种不安全的因素，故障信号灯则指示某一机器或部件出了故障等。要利用灯光信号来很好地显示信息，就应按工效学的要求来设计信号灯。

信号灯是以灯光作为信息载体,在设计上涉及光学原理和人的视觉特性,在实践上是比较复杂的,这里仅从工效学的角度出发,介绍信号灯设计所依据的主要原则。

2. 信号灯的亮度和环境

信号灯必须清晰、醒目,并保证必要的视距。信号的可察觉亮度随背景亮度而变化,即察觉效率随着与背景对比度增加而提高。一般能引起人注意的信号灯,其亮度要高于背景亮度的两倍,同时背景以灰暗无光为好。但信号灯的亮度又不能过大,以免造成眩光的影响。对于远距离观察的信号灯,如交通信号灯、航标灯等,应保证在较远视距下也能看清,而且应保证在日光亮度和恶劣气候条件下清晰可辨。因此,可选用空气散射小、射程较远的长波红光的信号灯,或选用功率消耗较少的蓝绿光。

利用闪光信号较之固定信号更能引起人们的注意。闪光频率一般可用 $0.67\sim1.67\,\mathrm{Hz}$。与背景亮度对比较差时或信息紧急时可适当提高闪光频率。由于闪光信号容易对其他信号或工作带来干扰,所以应尽量少用,只有在必须引起注意的情况下使用。闪光方式可采用明灭、明暗或似动式等。

信号灯显示往往受到视觉环境干扰的影响。如信号灯与路灯、广告灯等距离越近,越难视认。设置信号灯背面板是减少视觉干扰的一个主要措施。可通过改进背面板的颜色、大小、形状和设置方式等设计,提高对信号灯的视认效果。

对于远距离通信用的信号灯,还必须考虑信号灯在各种气象条件下的能见距离,此处的能见距离是指当物体到达某一距离时,人眼不再能分辨它的临界距离。能见距离不仅受空气透明度的影响,也受物体本身大小、亮度和颜色以及它与背景关系的影响。在一般白昼日照条件下,人眼看清一个天空背景上的黑色客体的能见距离,称为"气象能见距离",它是在气象上作为标准测量条件的能见距离,见表 13-12。其他非绝对黑体的能见距离一般要比气象能见距离近些。表 13-13 列出了夜间发光客体的能见距离,可供设计信号灯时参考。

表 13-12 能见距离与空气透明度的关系

大气状态	透明系数	能见距离/km
空气绝对纯净	0.99	200
透明度非常好	0.97	150
很透明	0.96	100
透明度良好	0.92	50
透明度中等	0.81	20
空气稍许混浊	0.66	10
空气混浊（霾）	0.36	4
空气很混浊（浓霾）	0.12	2
薄雾	0.015	1
中雾	$8\times10^{-10}\sim2\times10^{-4}$	$0.2\sim0.5$
浓雾	$10^{-34}\sim10^{-19}$	$0.05\sim0.1$
极浓雾	$<10^{-34}$	几米～几十米

表 13-13　全黑夜中灯光的能见距离　　　　　　　　　单位：km

气象能见度	小煤油灯、微微发光的窗子、街灯（3.5cd）	大煤油灯、明亮的街灯、火把、篝火（8cd）	电灯				
			50cd	100cd	200cd	500cd	1000cd
0.05	0.1	0.1	0.12	0.13	0.14	0.15	0.16
0.2	0.3	0.3	0.4	0.4	0.4	0.5	0.5
0.5	0.5	0.6	0.8	0.8	0.9	1.0	1.1
1	0.8	0.9	1.3	1.4	1.5	1.7	1.9
2	1.2	1.5	2.1	2.3	2.6	2.9	3.2
4	1.8	2.2	3.2	3.7	4.1	4.8	5.3
10	2.5	3.4	5.4	6.4	7.0	9.9	10
20	3.1	4.3	7.6	9.1	11	13	16
50	4.2	5.3	10.4	13.3	16	22	26

3. 信号灯的颜色和形状

信号灯的形状应简单、明显，与它所代表的含义应有逻辑上的联系，以便于区别。如用"→"表示方向；用"×"表示禁止；用"!"表示警觉、危险；用较快的闪光表示快速，用较慢的闪光表示慢速等。

信号灯经常使用颜色编码，来表示某种含义和提高可辨性。如红色的含义是禁止、停止、危险警报和要求立即处理的指示；黄色的含义是注意和警告；绿色的含义是安全、正常和允许运行；蓝色的含义是指令和必须遵守的规定；白色表示其他状态等。公路和铁路上的交通信号灯颜色就是按此原则选择的，见表 13-14。使用颜色过多可能造成混淆和错认，一般不应超过 10 种。下面是 10 种颜色不易混淆的优劣次序：黄、紫、橙、浅蓝、红、浅黄、绿、紫红、蓝、粉黄。信号灯的颜色编码还应考虑到人的记忆能力，编码太复杂则由于不易记忆而导致辨认效率下降。因而颜色信号的编码以八个左右为最优。

上述次序主要是根据颜色之间相互不混淆的程度决定的，并不表示它们单独呈现时的清晰度。选用时应按所需颜色数依次选用。有关安全色的含义及用途可参照国家标准 GB 2893—1982。

表 13-14　指示信号的颜色及其含义

颜色	含义	说明	举例
红	危险或告急	有危险或需立即采取行动	（1）润滑系统失压； （2）温升已超（安全）极限； （3）有触电危险
黄	注意	情况有变化，或即将发生变化	（1）温升（或压力）异常； （2）发生仅能承受的暂时过载

续表

颜色	含义	说明	举例
绿	安全	正常或允许运行	(1) 冷却通风正常； (2) 自动控制运行正常； (3) 机器准备启动
蓝	按需要指定用意	除红、黄、绿三色之外的任何指定用意	(1) 遥控指示； (2) 选择开关在准备位置
白	无特定用意	任何用意	正在"执行"

4. 闪光信号

闪光信号较之固定光信号更能引起人注意，闪光信号的作用是：①引起观察者的进一步注意；②指示操作者立即采取行动；③反映不符指令要求的信息；④用闪光的快慢指示机器或部件运动速度的快慢；⑤指示警觉或危险信号。

表示重要信息或危险信号的闪光，其强度应比其他信号强，因强光信号比弱光信号更易于引起注意，但光的强度不能大到刺眼和眩目。闪光信号的闪烁频率一般为 $0.67\sim1.67\mathrm{Hz}$，亮度对比较差时，闪光频率可稍高。较优先和较紧急的信息可使用较高的闪烁频率（$10\sim20\mathrm{Hz}$）。

不同背景的灯光信号对人的认读效果有较大影响。人们曾做过这样的测试，如果背景的灯光信号也为闪光，人将很难辨认出作为警告用的闪光信号灯。表 13-15 为不同背景下人对灯光信号的辨认效果。

表 13-15 不同背景下人对信号灯的辨认效果

信号灯	背景灯光	认读效果
闪光	稳光	最佳
稳光	稳光	好
稳光	闪光	好
闪光	闪光	差

13.1.6 标志符号设计

1. 标志符号显示特征

标志符号是直接提供信息的视觉显示之一，广泛地应用于交通、工程、生产、服务、信息通信、公共场所及家庭生活等领域。这种信息显示独具特点，利用鲜明的图形表示某种含义，促使人们迅速正确地做出判断，形式简单、方便、灵活，可以长期使用，不受文化知识和语言差异的限制。

设计或选择标志符号的最基本要求就是要使人们容易理解其含义。具体的要求包括：

必须考虑使用目的和使用条件，采用与其含义相一致的图形；可利用颜色、形状、图形、符号、文字进行编码，以提高判别速度和准确性；不得使用过分抽象或人们难以接受的图形，应采用人的知觉图形，以便于记忆，减少视认时间；尽量用图形符号代替文字说明，以使用简便，减少判读时间；尽量使用国际通用的标志符号；与显示器和控制器有关的标志符号，要合理区分和布置，符合操作者的心理和动作特征；避免环境背景产生视觉干扰。

2. 标志符号的知觉因素

设计标志符号要符合人的知觉特点，下面举例说明。

（1）形与基分明。标志符号要鲜明醒目，清晰可辨。为此标志符号设计必须形与基分明，即标志符号突出于背景中，使它与背景有较大的反差，如图 13.11（a）所示。

（2）边界明显。标志符号应有明显的边界线。实心粗线比点线或细线边界更为有效，如图 13.11（b）所示。按一般惯例，应使用不同的线条描述不同功用或状态。动态标志用实心体符号表示，运动或活动部件用轮廓线表示。

（3）封闭。封闭图形符号能加强知觉过程，如图 13.11（c）所示。

（4）简明。标志符号应设计得简单明了。表示不同事物的标志符号都应有利于理解其含义，如图 13.11（d）所示。

（5）完整。应尽可能使标志符号成为一个整体。如当实心符号与轮廓图一起使用时，把实心符号放在轮廓图里面，就能加强整体感，如图 13.11（e）所示。

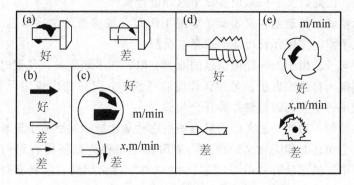

图 13.11　标志符号的有关知觉因素示例

3. 评价标志符号的方法

（1）直选评价法。首先准备多种备选标志符号，然后令受试者在其中选出最能代表某一规定事物的符号。根据受试者选中的人数和频次，对不同标志符号的适用性作出评价。

（2）主观评价法。向实际观察者呈现几种图形标志方案，要求他们根据自己喜爱程度作出评价。罗伯特森（Robertson）将此法用于道路标志选择。如对 330 名行人呈现五种"禁止通行"标志方案，判断其中含义最明显的标志，结果如图 13.12 所示。从选择的百分数可以看出，第五种标志为大多数人所接受。

（3）反应时测定法。测定观察者对几种标志符号设计方案的反应时，并以反应时长短确定取舍。使用这种方法应注意，在某些情况下，测定的反应时可能只反映了标志的清晰度，而没有反映标志与其含义的联系程度。因此用反应时评价标志时，最好与其他方法结合使用。

（4）混淆评价法。首先让被试者了解多种标志的含义，然后每次在限时内呈现一种标志，要求用口头或书面形式回答所看到标志的含义，最后将所有被试者对每种标志的反应频次汇总成混淆矩阵表。其中好的标志不混淆或很少混淆，对混淆较多的标志应加以改进。

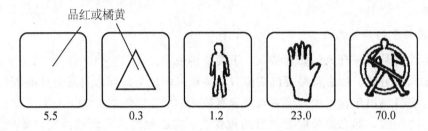

图 13.12　行人对五种标志选择的百分数

4. 标志符号的文字信息

文字在传递信息中具有重要作用。文字本身是一种特殊的标志符号，同时又可作为图形标志符号中的一种信息编码。文字作为一种指令信息，是在不能使用其他信息显示形式时应用。在实际应用中，对文字会产生误解，使信息传递失效，工作可能出错，甚至付出很大代价。其原因是使用文字时存在着意义含混、信息不全、信息冗长及包含易于产生误解的信息等问题。因此，文字信息应按以下原则进行设计：

（1）简短而明确。要避免含义模糊、容易引起歧义或多解的文字信息。信息要完整，否则会导致含义不清，文字冗长可能使信息被误解。

（2）使用短句子。由于人们处理信息的能力有限，如果句子长，认读时容易忘记句子前部分内容，或掺入自己的想法。另外认读时自行断句，又可能出现错误而曲解了原意。因此，应尽可能用一个动词的短句代替复合句。

（3）使用主动句。对同一意义的信息，使用主动句比被动句更易于理解和记忆。

（4）使用肯定句。对相同意义的信息，使用肯定句表达比使用否定句表达更容易理解。在有的句子中，虽然没有"不"、"非"、"没有"等否定词，但具有否定含义的词如"下降"、"更差"、"减少"等，也会增加理解难度。

（5）使用易懂文字。应使用人们熟悉易懂的文字组句，使人们迅速理解全部信息。

（6）按时序组句。如果信息中包括活动的若干步骤，就应按照完成工作的先后顺序组成系列指令。

13.2　听觉传示设计

在工业生产和日常生活中，都离不开声音，人机系统中也利用这一媒介来显示、传递人与机器间的信息。听觉传示装置是利用声音通过人的听觉通道向人传递信息的装置。常见的有声音传示器，如蜂鸣器、呼铃、汽笛、警报器、哨子、喇叭、音响器、节拍器、报时钟等；言语传示器，如话筒、扩音器、耳机、电话、电视、收音机、对讲机、多媒体、语音设备等。与视觉通道相比，听觉具有易引起人的注意、反应速度快和不受照明条件限制等特点。

13.2.1　常见的几种听觉传示装置

1. 蜂鸣器

其是音响装置中声压级最低、频率也较低的装置。蜂鸣器发出的声音柔和，不会使人紧张或惊恐，适用于较宁静的环境，常配合信号灯一起使用，作为指示性听觉传示装置，提请操作者注意，或指示操作者去完成某种操作，也可用作指示某种操作正在进行。汽车驾驶员在操纵汽车转弯时，驾驶室的显示仪表板上就有一个信号灯亮和蜂鸣器鸣笛，指示汽车正在转弯，直至转弯结束。蜂鸣器还可作报警器用。

2. 铃

因铃的用途不同，其声压级和频率有较大差别，如电话铃声的声压级和频率只稍大于蜂鸣器，主要是在宁静的环境下让人注意，而用作指示上下班的铃声和报警器的铃声，其声压级和频率就较高，可在有较高强度噪声的环境中使用。

3. 角笛和汽笛

角笛的声音有吼声（声压级 90～100dB、低频）和尖叫声（高声强、高频）两种。常用作高噪声环境中的报警装置。

汽笛声频率高，声强也高，较适合用作紧急事态的音响报警装置。

4. 警报器

警报器的声音强度大，可传播很远，频率由低到高，发出的声音富有调子的上升和下降，可以抵抗其他噪声的干扰，特别能引起人们的注意，并强制性地使人们接受。它主要用作危急事态的报警，如防空警报、救火警报等。听觉传示装置除用于传递警告信息外，还可以传递水平的定性信息、定量信息和简单的一维跟踪信息。听觉传示的信号不能长久保留，只能反复呈现。

表 13-16 为一般音响传达和报警装置的强度和频率参数，可供设计时选择参考。

表 13-16　一般音响传达和报警装置的强度和频率参数

使用范围	装置类型	平均声压级/dB		可听到的主频率/Hz	应用举例
		距装置2.5m 处	距装置1m 处		
用于噪声较大或高的区域场所	4 英寸铃	65～77	75～83	1000	用作工厂、学校、机关上下班的信号，以及报警的信号
	6 英寸铃	74～83	84～94	600	
	10 英寸铃	85～90	95～100	300	
	角笛	90～100	100～110	5000	主要用于报警
	汽笛	100～110	110～121	7000	

使用范围	装置类型	平均声压级/dB		可听到的主频率/Hz	应用举例
		距装置 2.5m 处	距装置 1m 处		
用于噪声较小或低的区域场所	低音蜂鸣器	50～60	70	200	用作指示性信号
	高音蜂鸣器	60～70	70～80	400～1000	可作报警用
	1英寸铃	60	70	1100	用于提请人注意的场合，如电话、门铃；也可用作小范围内的报警信号
	2英寸铃	62	72	1000	
	3英寸铃	63	73	650	
	钟	69	78	500～1000	用作报时信号

注：1 英寸＝25.3995mm。

13.2.2 听觉传示装置的设计原则

听觉信号设计必须符合人的听觉特性以及它的使用目的和条件。

（1）采用声音的强度、频率、持续时间等多维度信号能提高辨别能力。人耳对单维度声音的辨别能力有限，一般多于五种信号，就会发生混淆。但多维代码数目不应超过接受者的绝对辨别能力。

（2）听觉信号维度与代码应与人们已经熟悉的或自然的联系相一致。如高频、低频声音分别同"高速"与"低速"、"向上"与"向下"等意义相联系。应尽量避免与已熟悉的信号在意义上相矛盾。

（3）信号的强度应高于背景噪声，要选择适当的信噪比，以减少声音掩蔽效应的不利影响。

（4）尽量使用间歇或可变的信号，避免使用连续稳态信号，减少对信号的听觉适应性。

（5）使用两个或两个以上声音信号时，信号之间应有明显差别，并且各个信号在所有的时间里应代表同样的含义。

（6）显示复杂信息时，可采用两级信号。第一级是引起注意的信号，第二级是具体指示信号。

（7）不同场合使用的听觉信息应尽可能标准化。

（8）应根据重要性次序，采用相应的信号方式。重要性按由低到高基本顺序如下：通知操作、联络、检查、记录、交接班等；引起注意；要求紧急处置；发生过程故障；造成破坏；有生命危险。

13.3　操纵装置设计

13.3.1　操纵装置概述

1.操纵装置及其类型

操纵者接受机器显示的信息及外界的环境信息之后，根据自己所负担的使命对机器进行操纵和控制，通过机器的操纵装置将操纵者发出的控制信息传入机器。可见操纵装置与机器的显示有着密切的关系。机器通过显示器把自己的状态信息传递给人，再通过操纵装置接受人的控制信息。

合适的操纵装置，可以使操作者准确、迅速、安全地进行操作，并且减少紧张和疲劳。操纵装置的设计要充分考虑操作者的生理、心理、人体解剖和用力等特性。

控制器的分类方法很多，按操纵的身体部位不同，可分为手动控制器、脚动控制器和声音控制器等；按控制器的运动方式不同，可分为旋转控制器、摆动控制器、按压控制器、滑动控制器和牵拉控制器等。

2.控制器选用与设计的一般原则

人们在使用控制器时常发生的一些错误，归纳起来主要有：①辨别错误，对不同的控制器分辨不清而发生操作失误；②调节错误，把开关等活动部分移动到错误的位置，或忘记检查、未加固定，触动了处于正确位置的控制器；③逆转错误，把控制器移动到与要求相反的方向上去；④无意识引发，没加小心或不注意造成的操作；⑤难以触及，控制器位置不合理，操作时需要大幅度改变身体姿势，影响控制速度和准确性。因此，在设计与选择控制器时，不仅要考虑其本身的功能、转速、能耗、耐久性及外观等，还必须考虑与操作者有关的人的因素方面的一些基本原则。

（1）控制器要有利于操作，尽量减少或避免不必要的操作动作，以保证系统工作效率。

（2）控制器的运动方向应与预期的功能方向一致。

（3）控制器操纵部分的大小、形状及指向，必须便于把握和移动，其外形应符合人手等部位的解剖学特征。

（4）控制器的移动范围，要根据操作者的身体部位、活动范围和人体尺寸来确定。

（5）控制器的阻力、惯性和转矩要适当，应在人的体力适宜范围内，并确保安全。

（6）在控制器较多的情况下，要根据系统的运行程序、作用的顺序来配置，以保证安全、准确和迅速地进行操作。

（7）控制器的材质应符合卫生学要求，使触摸时安全和舒适。

（8）要能避免无意识的操作而引起的危险。

（9）利用编码提高对控制器的辨别效率，避免发生混同，以减少操作失误。一般采用形状、位置、大小、操作方法、颜色和标记等方式进行控制器编码。

3. 操纵装置的特征编码与识别

在具有多个控制器的系统中，为了提高操作者辨别控制器的效果，应对控制器进行编码。编码方式主要有：形状、位置、大小、操作方法、颜色和标记等。每一种编码方式都有优点和弊端，往往把它们组合起来使用，以弥补各自的不足之处。

在控制器编码方式中，颜色和标志编码方式是通过视觉来辨认；操作方法编码方式需用操作时的动觉反馈来辨认；形状、位置和大小编码方式可通过视觉、触觉或动觉来辨认。在人机系统工作中，操作者主要使用视觉从显示器中接收大量的信息。因此，在视觉高负荷条件下，对于主要视线范围以外的控制器，采用多重感觉编码，对提高控制器的可分辨性、保证系统安全和高效率具有特别重要的意义。

选择编码方式主要考虑以下条件：操作者使用控制器的任务要求；辨认控制器的速度和准确性；需要采用编码方式的控制器数目；可用的控制板空间；照明条件；影响操作者感觉辨认能力的因素等。

1）形状编码

利用操纵器外观形状变化来进行区分，以适合不同的用途，是一种容易被人的感觉和触觉辨认的良好方法。形状编码应注意两点：首先，操纵器的形状和它的功能最好有逻辑上的联系，这样便于形象记忆；其次，操纵器的形状应能在不用目视或戴着手套的情况下，单靠触觉也能分辨清楚。

图 13.13 所示为用于驾驶飞机的操纵器，它的形状与功能有直接的联系。如轮形的操纵器可用来操纵飞机的起落架，翼形操纵器则用于副翼或襟翼的操纵。这种形象化的操纵器有利于减少飞行事故。

对应副翼　对应起落架　对应熄火器

对应风门　对应转速器　对应反风门

图 13.13　用于驾驶飞机的操纵器

亨特研究了凭视觉和触觉识别的旋钮形状，从中选出 16 种最佳旋钮，如图 13.14 所示。其中（a）组可用于旋转 360°或连续旋转控制，位置不显示信息；（b）组用于 360°以内旋转控制，不能连续旋转，其位置也不显示信息；（c）组用于位置受限的旋转操作，适合定位显示信息控制。

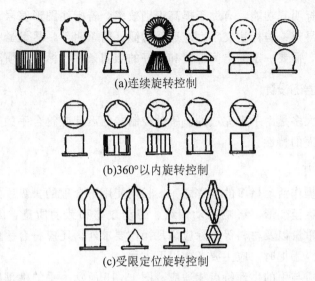

(a)连续旋转控制

(b)360°以内旋转控制

(c)受限定位旋转控制

图 13.14　旋钮的形状编组

2）大小编码

大小编码是通过控制器的尺寸大小不同来识别控制器的一种方式。这种编码可以为视觉和触觉提供信息，但人仅凭触觉识别大小的能力很低。如对圆形旋钮，若作相对辨认，大旋钮的直径应至少比小旋钮大 20％；若做绝对辨认，一般只能用 2～3 种大小不同的控制器。因此，大小编码往往与形状编码等组合使用。大小编码可用于指示控制器的相对重要性。

3）颜色编码

形体和颜色是物体的外部特征。因此，可用颜色编码来区分操纵器，人眼虽能分辨各种颜色，但用于操纵器编码的颜色，一般只有红、橙、黄、蓝、绿五种。色相多了，容易被混淆。操纵器的颜色编码，一般只能同形状和大小编码合并使用，且只能靠视觉辨认，还易受照度的影响，故使用范围有限。

4）位置编码

位置编码是通过位置安排不同来识别控制器的一种方式。控制器可按视觉定位，也可盲视定位，后者是指操作者即使不直接注视控制器也能正确操作，控制器之间需有更大的间距。控制器位置分布，可按其功能组合排列；应使控制器与显示器具有相对应的位置；同一种控制器放在相同位置上，各区之间用位置、形状、颜色、标记等加以区分；重要的控制器放在人肢体最佳活动范围内。

5）操作方法编码

操作方法编码是通过来自不同操作方法产生的运动觉差异来识别控制器的一种方式。这种编码很少单独使用，而是作为与其他编码组合使用时的一种备用方式，以证实控制器最初的选择是否正确。它不能用于时间紧迫或准确度高的控制场合。为了有效地使用这种编码，需要使每个控制器的动作方向、移动量和阻力等有明显区别。

6）标记编码

标记编码是通过标注图形符号或文字来识别控制器的一种方式。在控制器的上面或旁边，用符号或文字标明其功能，有助于提高识别效率。若标注图形符号，应采用常规通用的标志符号，简明易辨；若标注文字，应通俗易懂、简单明了，尽量避免用难懂的专业术语。使用标记编码，需要一定的空间位置和良好的照明条件，标记必须清晰可辨。

13.3.2 手动控制器的设计

控制器的操纵大多是由手来完成的。手动控制器的设计应符合手的人体测量学、生物力学和生理学等方面的特性。

1. 操纵手把设计

手是人体进行操作活动最多的器官之一。长期使用不合理的操纵手把，可使操作者产生痛觉，出现老茧甚至变形，影响劳动情绪、劳动效率和劳动质量。因此操纵手把的外形、大小、长短、重量以及材料等，除应满足操作要求外，还应符合手的结构、尺度及其触觉特征。设计操纵手把时，应主要考虑以下方面：

（1）手把形状应与手的生理特点相适应。图 13.15 所示为手的生理结构及手把形状设计。就手掌而言，掌心部位肌肉最少，指骨间肌和手指部分是神经末梢满布的区域，而指球肌、大鱼际肌、小鱼际肌是肌肉丰满的部位，是手掌上的天然减振器。设计手把形状时，应避免将手把丝毫不差地贴合于手的握持空间，更不能紧贴掌心。手把着手方向和振动方向不宜集中于掌心和指骨间肌。因为长期使掌心受压受振，可能会引起难以治愈的痉挛，至少也容易引起疲劳和操作不准确。

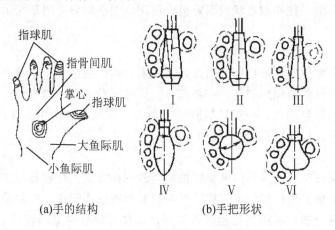

图 13.15 手的生理结构和手把形状设计

（2）手把形状应便于触觉对它进行识别。在使用多种控制器的复杂操作场合，每种手把必须有各自的特征形状，以便于操作者确认。这种情况下的手把形状必须尽量反映其功能要求，同时还要考虑操作者戴上手套也能分辨和方便操作。

（3）尺寸应符合人手尺度的需要。要设计一种合理的手把，必须考虑手幅长度、手握粗度、握持状态和触觉的舒适性。通常，手把的长度必须接近和超过手幅的长度，使手在握柄上有一个活动和选择的范围。手把的径向尺寸必须与正常的手握尺度相符或小于手握尺度。如果太粗，手握不住手把；如果太细，手部肌肉就会过度紧张而疲劳。另外，手把的结构必须能够保持手的自然握持状态，以使操作灵活自如。手把的外表面应平整光洁，以保证操作者的触觉舒适性。图 13.16 所示为各种不同手把的握持状态。

图 13.16 各种不同手把的握持状态

2.适宜的操纵力范围

操纵器所需的操纵力要适中，不仅要使其用力不超过人的最大用力限度，而且还应使其用力保持在人最合适的用力水平上，使操作者感到舒适而不易引起疲劳。由于人在操纵时须依靠操纵力的大小来控制操纵量，并由此来调节其操纵活动，因此，操纵力过小则不易控制，操纵力过大则易引起疲劳。表 13-17 列出了手动控制器允许的最大用力，表 13-18 列出了不同转动部位的平稳转动操纵的最大允许用力。

表 13-17 手的控制器的最大允许用力

操纵器	允许的最大用力/N	操纵器	允许的最大用力/N
轻型按钮	5	前后向杠杆	150
重型按钮	30	左右向杠杆	130
轻型转换开关	4.5	手轮	150
重型转换开关	20	方向盘	150

表 13-18 平稳转动操纵的最大允许用力

转动部位特征	允许的最大用力/N	转动部位特征	允许的最大用力/N
用手转动	10	用手最快转动	9～23
用手和前臂转动	23～40	准确安装时的转动	23～25
用手和全臂转动	80～100		

3.常见的手动控制器

手动控制器大致可分为扳动开关、旋钮、按键、杠杆、手柄、曲柄和转轮等。

（1）扳动开关。扳动开关只有开和关两种功能，常见的有钮子开关、棒状扳动开关、滑动开关、船形开关和推拉开关，如图 13.17 所示。其中以船形开关翻转速度最快，推拉开关和滑动开关由于行程和阻力的原因，动作时间较长。总之，扳动开关具有操作简便、动作迅速的特点。

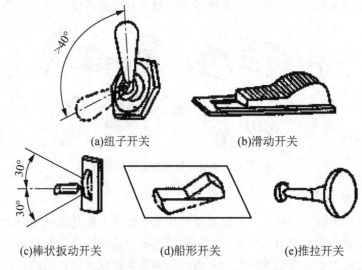

(a)纽子开关　　　　　　(b)滑动开关

(c)棒状扳动开关　　　　(d)船形开关　　　　(e)推拉开关

图 13.17　扳动开关

（2）旋钮。旋钮的形状十分繁多（图 13.17）。其中圆形旋钮为了增加功能，可以做成同心成层式（图 13.18，但必须注意解决好层与层的直径比或厚薄比，以防无意接触造成无意误操作问题。转动旋钮需要一定的扭矩，因此周边应当加刻条纹，以增加摩擦力产生必要的操作扭矩。具有适当的尺寸（图 13.19）也是方便操作和产生必要扭矩的重要条件，如图 13.19 所示。旋钮的大小是重要的识别标志之一。实验表明，大号圆形旋钮比小号圆形旋钮大 1/6 以上才便于识别；但当需要快速识别时，则必须大于 1/5。必须指出，大小的视觉效果不如形状的视觉效果显著，设计和选择时应当注意。

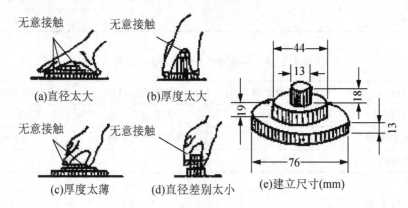

(a)直径太大　　　　　(b)厚度太大

(c)厚度太薄　　　　　(d)直径差别太小　　　(e)建立尺寸(mm)

图 13.18　同心成层式旋钮及干扰情况

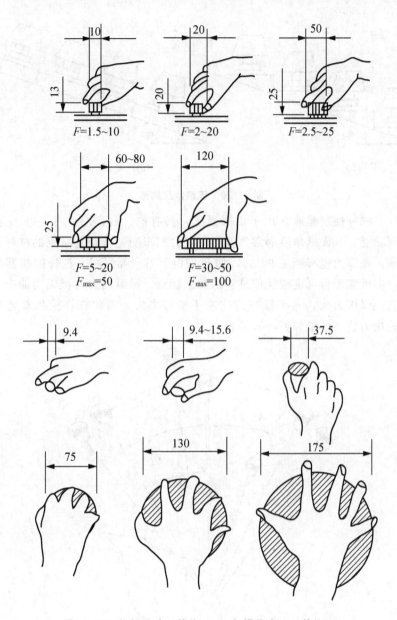

图 13.19　旋钮尺寸（单位 mm）与操作力 F（单位 N）

（3）按键。按键是用手指按压进行操作的控制器，按其形状可分为圆柱形键、方柱形键和弧面柱形键；按用途可分为代码键（数码键和符号键）、功能键和间隔键；按开关接触情况可分为接触式（如机械接触开关）和非接触式（如霍尔效应开关、光学开关等）。按键只有当作按钮时才单独或几个组合使用。通常是由形状和大小基本相同、数量较多的键布置在一起，组成键盘，并用文字、数字或符号标明其功能。一般按键直径为 8～20mm，突出键盘的高度为 5～12 mm，升降行程为 3～6 mm，键与键的间隙不小于 0.6 mm。由键组成的键盘，按功能分区（字符区布置）要符合国家或国际标准，为了便于操作，按键可以呈倾斜式、阶梯式排列，如图 13.20 所示，其中阶梯式排列为多见。

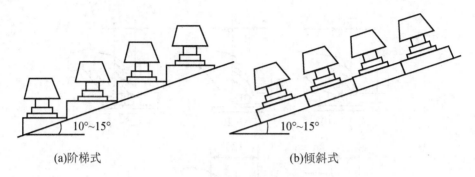

(a)阶梯式　　　　　　　　　　　　(b)倾斜式

图 13.20　键盘斜度构造

（4）杠杆。杠杆控制器通常用于机器操作，具有前、后、左、右、进、退、上、下、出、入的控制功能，其操纵角度通常为 30°～60°。汽车变速杆就是常见的杠杆控制器，如图 13.21 所示。操纵角也有超过 90°的，如开关柜上刀闸操纵杆。杠杆控制器虽然多数操纵角度有限，但可实现盲目定位操作是它的突出优点。操纵用力与操纵功能有关，前后操纵用力比左右操纵用力大，右手推拉力比左手推拉力大，因此杠杆控制器通常安置在右侧。操纵杆的用力还与体位和姿势有关。

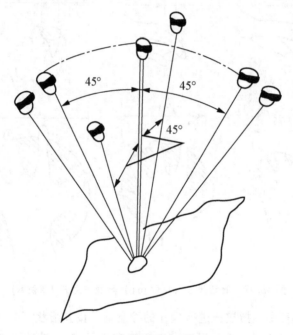

图 13.21　汽车变速杆

（5）转轮、手柄和曲柄。转轮、手柄和曲柄控制器的功能与旋钮相当，用于需要较大操作扭矩的条件下，如图 13.22 所示。转轮可以单手或双手操作，并可自由的连续旋转操作，因此，操作时没有明确的定位值。

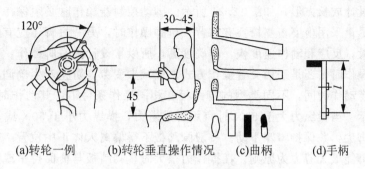

(a)转轮一例   (b)转轮垂直操作情况   (c)曲柄   (d)手柄

图 13.22 转轮、曲柄和手柄

大负荷时：150mm＜l＜400mm；小负荷时：l＜200mm

控制器的大小受操作者有效用力范围及其尺寸的限制，在设计时必须给予充分考虑。手柄和曲柄可以认为是转轮的变形设计，此时应注意它们的合理尺寸，使之手握舒服，用力有效不产生滑动。

13.3.3 脚动控制器的设计

脚动控制器主要是踏板、踏钮和脚踏开关等。脚动控制器不如手动控制器的用途广泛。对于重要的关键性的控制一般不用脚，因为人们总是认为脚比手的动作缓慢而不准确。脚控操纵器适用于动作简单、快速、需用较大操纵力的调节。当在用手操作不方便，或用手操作工作量大难以完成控制任务，或操纵力超过 50～150N 时才采用脚动控制器。脚动控制器按功能和运动机构分为直动式、往复式和回转式三种，如图 13.23 所示。

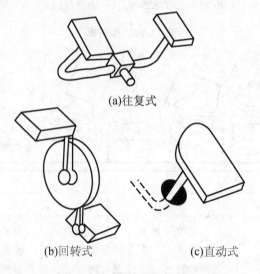

(a)往复式

(b)回转式   (c)直动式

图 13.23 脚动控制器形式

脚控操纵器一般在坐姿有靠背的条件下使用，一般多用右脚，用力大时用脚掌操作；快速控制时由脚尖操作，而脚后跟保持不动。立姿时不宜采用脚动控制器，因操作时体重压于一侧下肢，极易引起疲劳。必须采用立姿脚控操纵时，脚踏板离地宜超过 15cm，踏到底时应与地面相平。

脚踏板常设计成长方形,如图 13.24 所示。脚动控制器操作时必须保持身体平衡和容易出力,因此尽量采用坐姿。座椅要有靠背,单脚操作时,另一只脚还应有脚靠板。一般因为右脚出力大,反应和动作速度快,准确度高,所以常设计为右脚操作。但是,若能有条件两脚交替操作时,还是采用交替操作方式,以减少疲劳,防止产生单调感。设计脚动控制器必须注意动作时间,不同类型的脚踏板在相同操作条件下,其动作时间并不一样,如图 13.25 所示。当操纵力大于 50N 时宜用脚掌着力,操纵力小于 50N 或需快速连续点动操作时宜用脚尖,并保持脚跟不动。一般脚踏板不得偏离人体正中位置 75～125 mm。脚踏板的高度以脚能最大着力为原则。在操作力很大时,脚踏板与椅面持平或稍低一些,但绝对不可超过椅面高度。操作用座椅比一般座椅低,如图 13.26 所示。若立姿操作,脚踏板高度以 200 mm 左右为宜。当不操作时脚仍需停放在踏板上,则踏板至少应有 40N 的阻力,以防小腿自重造成无意蹬动的错误操作。

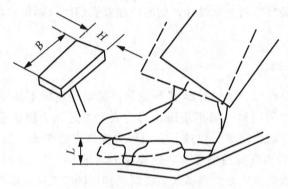

B>75mm;*H*>25mm;*L*=(60～175)mm

图 13.24 脚踏板

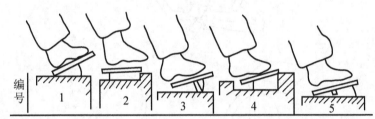

脚踏板编号	1	2	3	4	5
每分钟脚踏次数	187	178	176	140	171
效率比较	每踏一次所用时间最短	每踏一次比 1 号多用 5% 的时间	每踏一次比 1 号多用 6% 的时间	每踏一次比 1 号多用 34% 的时间	每踏一次比 1 号多用 9% 的时间

图 13.25 各种脚踏板比较

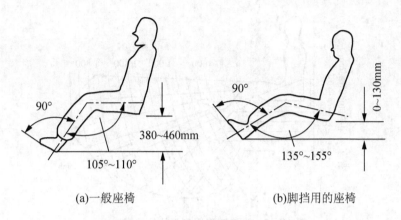

(a)一般座椅　　　　　　　(b)脚挡用的座椅

图 13.26　一般座椅与脚操纵用座椅的比较

【阅读材料 13-1】　拖拉机设计的人因分析

拖拉机作为一种农用机械，其宜人性一直不为人们所关注，以人为本的设计理念没有很好的体现。随着科技的进步、社会的发展及对劳动者健康、生命关注度的提高，应当从人因工程学的角度对拖拉机进行设计。

拖拉机作为一种农业耕作机械及运输工具，在夜间工作期间，其仪表的识别度尤为重要，这不仅关系到作业效率，更重要的是关系到操作者的人身安全。因此，显示装置应按照人的视觉特点布置，方能提高视觉认读效率和精度。布置一般仪表时，最佳视距范围为 560～750mm，最佳的观察视野如图 13.27 所示。为了不引起视觉疲劳和提高视觉工作效率，使用多个仪表时应根据其功能和重要程度，突出重点，分区布置。此外，仪表分区的背景图案最好与仪表的功能相联系。重要的仪表上应有引人注目的颜色。

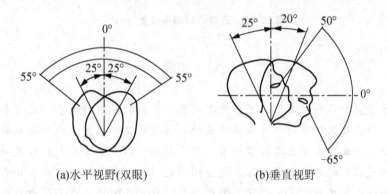

(a)水平视野(双眼)　　　　　(b)垂直视野

图 13.27　最佳的观察视野

拖拉机的操纵装置主要是手动控制器和脚动控制器。操纵器的尺寸、形状应适合人的手脚尺寸以及生理学解剖条件；操纵器的操作力、操作方向、操作速度、操作行程、操作准确度都要与人的施力和运动输出特征相适应。应让操作者在合理的体位下操作，减轻操作者疲劳和单调厌倦的感觉，并减少职业病；操纵器的操作运动、显示装置和控制对象，应有正确的协调关系，且此协调关系应该与人的自然行为倾向一致。人的操作动作贯穿于整个生产过程，操作动作的合理性如何，将直接影响操作者的舒适性和工作效率。脚动控制器设计的参考数据如图 13.28 和图 13.29 所示。

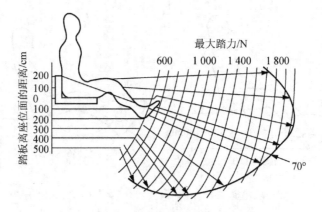

图 13.28　坐姿下不同侧视体位的脚蹬力

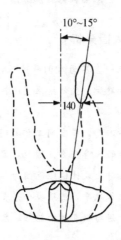

图 13.29　适宜的脚操作位置（mm）

小　结

　　视觉显示装置按显示的性质，可分为数码显示和指针显示两大类。要了解这两类显示装置的特点、功能及选择原则，并能正确选择。应理解显示装置设计的基本原则。

　　设计指针式仪表时应考虑工效学问题。要了解相应的工效学原则，以及对主要参数的要求，如指针式仪表的大小与观察距离是否比例适当，刻度盘的形状与大小是否合理，刻度盘的刻度划分、数字和文字的形状、大小以及刻度盘色彩对比是否便于监控者能迅速而准确地识读，以及根据监控者所处的位置，指针式仪表是否布置在最佳视区范围等。

　　显示装置中报警信号的设计，应了解报警信号的特点和一般要求，并能运用其理论知识分析实际问题。

　　仪表盘总体布置的工效学原则，如仪表盘总体布置和垂直布置原则，仪表盘的识读特点与最佳识读区的概念等。

　　控制器设计方面包括控制器的作用、分类和一般要求，控制器设计或选择的工效学原则，手动控制器和脚动控制器的设计特点等。

习　题

1. 填空题

（1）仪表按其认读特征可分为 _____ 、 _____ 。

（2）刻度指针式仪表按其功能可分为四种： _____ 、 _____ 、 _____ 、 _____ 。

（3）报警装置主要可分为： _____ 、 _____ 、 _____ 。

（4）在设计言语传示装置时应注意以下问题： _____ 、 _____ 、 _____ 。

（5）编码方式主要有： _____ 、 _____ 、 _____ 、 _____ 。

2. 简答题

（1）怎样选择显示装置？试举例说明。

（2）信号灯用作报警显示装置应注意哪些方面？

（3）显示装置信息传递的基本原则是什么？

（4）读数用仪表和检查用仪表有何区别？试各举一例说明。

（5）试设计下列表盘或显示装置：①测量体表温度的温度计；②摩托车油表；③家用水表；④单相电度表；⑤水深压力表；⑥计时器表盘；⑦机床转速表；⑧切削力测定表；⑨手轮进给刻度。

（6）在什么情况下，宜采用听觉传示器？为什么？

（7）控制装置的工效因素包括哪些方面？

（8）控制器的编码起什么作用？

（9）显示器、控制器的编码和运动方向与人的习惯有何关系？

第14章 安全事故分析与安全设计

保障系统安全是人因工程学追求的主要目标之一，因而事故分析和安全设计必然是人因工程学研究的重要内容。在有关作业疲劳、温度、气体、噪声、颜色、振动以及显示和操作装置设计等章节中，已经分别从安全角度分析研究了不安全的因素、其对人的危害以及预防措施等。本章将综合研究人机系统安全问题，包括事故致因理论和安全设计的措施。事故致因理论是事故分析的理论依据，事故分析可为最佳安全设计提供思路，而安全设计又可为有效控制事故提供措施。人机系统安全事故分析与安全设计的目的是使系统达到最佳安全状态，尤其是保障人的安全。人机系统安全事故分析与安全设计是人因工程研究的主要内容之一。

 教学目标

1. 了解事故的概念及其分类的基本内容。
2. 了解典型的事故致因理论，熟悉海因里希、博得、约翰逊、亚当斯的事故因果连锁模型和轨迹交叉论。
3. 了解安全设计的主要对策。

 教学要求

知识要点	能力要求	相关知识
事故的概念和种类	(1) 了解学术界对事故概念的界定； (2) 掌握事故的分类	各个学者对事故的观点； 企业职工伤亡事故及具体的分类
在人机环境和管理方面的主要安全对策	(1) 了解人员的合理选拔和调配、安全教育和训练； (2) 了解技术设备的安全及本质安全技术； (3) 了解环境因素、相关管理技能	人员的职业适应性分析； 人员进行职业适应性检查的方法； 相关机械设备设施或技术工艺方面的知识； 生产环境的了解以及生产管理方面的相关知识

 导入案例

钢件坠落刺穿安全帽造成伤亡

2009 年 2 月 16 日，福建省岭兜一工地一根钢管从高处坠落，从正在作业的一名职工的后脑勺部位穿透安全帽进入头部，造成这名职工受伤不治身亡。2009 年 3 月 15 日上午，桂林一建筑工地一钢筋坠落，将一作业人员的安全帽砸飞后，插入其右肩颈处十多厘米，造成该职工重伤。但在这起事故中，因安全帽的弧度恰好使坠落物弹开，避免了受伤职工的头部伤害。2003 年 9 月 15 日，辽宁省铁岭一工地上，一职工正在三楼捡模板，被五楼掉落的钢筋从安全帽后脑部位穿透安全帽造成脑部重伤。近年来，我国建筑工地高空棒状物体坠落刺穿安全帽造成人员伤亡的事故越来越多。这些事故中，现场管理不善当然是造成事故的原因之一，但安全帽本身存在的缺陷也不容忽视。

1. 穿刺事故的类型

从对安全帽事故的原因分析来看，可将安全帽被穿刺的情况分为两类：一类是头顶部位穿刺，多数情况是安全帽顶部被击碎，坠落物再击中头部。安全帽被击碎的原因，是材质不当或坠落物的冲击力远远超出安全帽的承受能力。另一类是后脑部位穿刺，这类事故的特征是安全帽基本无击碎现象，只是局部穿入，造成头部损伤。

2. 安全帽后脑部位穿刺致因

剔除材质不当造成安全帽不合格的因素后，通过对多起安全帽事故的分析发现，安全帽后脑部位穿透事故多于头顶部位。如何解释现实生产作业中发生的这种现象呢？

将安全帽以前后为轴从正中剖成两半就可以看到：大部分安全帽的顶部厚度大于帽子侧面厚度；顶部的曲率远大于侧面部位的曲率；安全帽的垂直间距远大于水平间距（即安全帽在佩戴时，帽箍与帽壳周围空间任何水平点间的距离）。

安全帽的防穿刺设计是基于对头顶部位的防护：足够的厚度防止尖状物体穿透帽壳，较大的曲率使坠落物接触帽壳后能够迅速侧滑开，较大的垂直间距可以使坠落物即使穿透帽壳也不容易接触到头顶。生产厂家为了达到标准中不得超重的要求，在安全帽顶部加厚的同时，对侧面进行了减薄处理，而后脑部位几乎是安全帽厚度相对最薄、最平坦的部位。安全帽生产厂家在结构上这样的设计，应该说是能够满足现行国家标准的技术要求和测试方法要求的。

通过请现场事故处理人员详细介绍事故经过和安全帽受损部位和状况，分析棒状物体从后脑部位穿透安全帽进入人头部的原因，发现了一个一直被安全帽设计者甚至是标准制定者所忽视的问题：大家都主要考虑了顶部防护，但忽视了建筑现场作业时很多人需要低头干活使后脑部位朝上——这是现场作业中工人常见的作业姿态。由于安全帽在设计上只考虑了顶部朝上时的受力状况，设计出的帽顶形状陡度可以保证作业人员直立时迫使坠落物滑开，但对在作业人员低头干活时安全帽的后部保护没有专门考虑，结果造成了安全帽后脑部出现可怕的"盲点"，使得一些工人为此付出了血的代价。

来自：安全管理网（www.safehoo.com）

14.1　事 故 理 论

14.1.1　事故的概念和种类

事故是指人在实现其目的的行动过程中，突然发生的、迫使其有目的的行动暂时或永

久中止的一种意外事件。这一定义可以从三方面理解：

（1）事故的背景说明存在某种实现目的的行动过程。

（2）突然发生意想不到的事件，说明事故是随机事件。

（3）事故的后果将迫使行动暂时或永久中止，亦即导致人员伤害、职业病、死亡，导致设备、财产损失和破坏以及环境危害等。

现实生活中，有各种各样的事故，如自然事故、政治事故、交通事故、医疗事故、质量事故等。事故不一定导致人身伤害或财产损失，但是往往有造成人身伤害或财产损失的潜在可能，受偶然性支配。以人为中心考察事故结果时，可以把事故分为伤亡事故和一般事故。表 14-1 列出了事故、危险和伤害在理论上的八种组合。

表 14-1　事故、危险和伤害的组合

组合类型		事故 Accident	危险 Danger	伤害 Injury
出现	1	No	No	No
	2	No	Yes	No
	3	Yes	No	No
	4	Yes	Yes	No
	5	Yes	Yes	Yes
不出现	6	Yes	No	Yes
	7	No	Yes	Yes
	8	No	No	Yes

人因工程研究的重点是企业职工伤亡事故，又称工伤事故，是指企业职工在生产劳动过程中发生的人身伤害和急性中毒。根据 GB6441—1986《企业职工伤亡事故分类标准》，企业职工伤亡事故按照事故原因不同划分为：物体打击、车辆伤害、机械伤害、起重伤害、触电、淹溺、灼烫、火灾、高处坠落、坍塌、冒顶片帮、透水、放炮、火药爆炸、瓦斯爆炸、锅炉爆炸、容器爆炸、其他爆炸、中毒和窒息、其他伤害共 20 类事故。

不同伤亡事故对人的伤害严重程度不同，该标准以损失工作日数作为伤害严重程度的度量，把伤害分为三类：

（1）轻伤——损失工作日小于 105 日的失能伤害。

（2）重伤——损失工作日大于等于 105 日的失能伤害。

（3）死亡——折算损失工作日 6000 日。

相应地，根据伤害严重程度把伤亡事故分为三类：

（1）轻伤事故，只有轻伤的事故。

（2）重伤事故，有重伤无死亡的事故。

（3）死亡事故，根据死亡人数多少又分为：①重大伤亡事故，指一次死亡 1～2 人的事故；②特大伤亡事故，指一次死亡 3 人以上的事故（含 3 人）。

14.1.2　事故致因理论

事故致因理论，又称事故发生及预防理论，是阐明事故为什么会发生、事故是怎样发生的以及如何防止事故发生的理论。事故致因理论是进行事故调查、分析与处理的理论依据，是人机系统安全事故分析与安全设计的基本理论。

虽然引发事故的原因非常复杂，但依据人因工程学理论，从控制事故原因的角度来分析，可将事故的基本成因总结为人的原因、物的原因和环境条件这三大因素的多元函数，而系统安全管理、事故发生机理也构成事故发生与否的关键因素。由此事故致因逻辑关系可用图 14.1 表示。

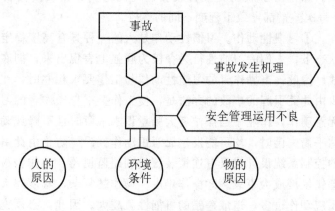

图 14.1　事故致因逻辑关系

从事故致因逻辑关系可知，事故原因有人、物、环境和管理四个方面，而事故机理则是触发因素。从寻求事故对策的角度来分析，一般又将上述四方面的原因分为直接原因、间接原因和基础原因。如果将环境条件归入物的原因，则人机系统中事故的直接原因是人的不安全行为和机的不安全状态；间接原因就是管理失误；而基础原因一般是指社会因素。事故就是社会因素、管理因素和系统中存在的事故隐患被某一偶然事件所触发而造成。图 14.2 所示为事故原因综合分析的思路。

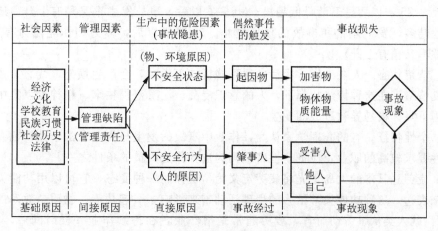

图 14.2　事故原因综合分析的思路

1. 人的不安全

从事故统计数据来看，发生事故的原因大多是人的不安全行为所致，其比例高达70%～80%。随着现代科技水平的提高，人因事故比例有进一步提高的趋势。因此，从提高人机系统安全性角度出发，必须重视对人的不安全行为的研究。人的不安全行为主要包括信息接受和信息加工过程中的失误（错误）、不安全的操作动作等。另外人的其他一些特征和状态也可能导致事故的发生，如人的年龄、经验、精神状态、个性特征和过度疲劳等。

（1）信息接受和信息加工。人在接受和加工信息过程中产生的差错包括未发现信号、迟误、判别失误、知觉不全、歪曲、错觉和记忆错误、分析推理错误、决策错误。这些差错均可能导致事故。如一份事故调查报告表明，飞机驾驶员在认读仪表显示时发生过的270次差错，几乎每次差错都导致了程度不同的事故。

（2）操作动作。①习惯性动作。习惯性动作是人的一种具有高度稳定性和自动化的行为模式。在紧急状态下，人们的习惯性行为会极为顽强地表现出来，彻底冲垮由训练而建立起来的行为模式。因此，当操作者的习惯性动作与工作要求相左时，在紧急情况下，极易造成事故。减少由此而引起的事故的办法是，使工作要求与操作者的习惯性行为模式相互协调一致。②无意动作。作业中当操作者大脑意识水平暂时性下降或动作路线不佳、动作用力不当、躯体平衡失调时，均可能发生无意识动作失误。防止由此引起的事故发生的对策是，将机器的控制系统设计成具有连锁装置或利用监视器、动作警报器进行误操作监视，以阻止人为差错发展成为事故。③操作难度。操作越复杂、难度越大，需要操作者反应的时间过长、反应动作过多，造成差错的可能性就越大。因此，必须充分利用各种编码方式，给操作者非常明确的提示。④不安全动作。这些不安全动作包括采取不安全的作业姿势或体位，危险作业或高速作业，人为地使安全装置失效，使用不安全设备，用手代替工具进行操作或违章操作，不安全地装载、堆放、组合物体，在有危险的运转或移动着的设备上进行工作，不停机检修，未经许可进行操作，并忽视安全与警告，注意力分散、嬉闹、恐吓等。

（3）年龄、经验。年龄在事故分析中，常常作为一个考虑因素。许多事故统计资料表明，20岁上下的青年工人事故发生率较高，25岁以下的青年工人事故发生率约占事故总数的60%；25岁以后呈逐渐降低趋势；50多岁以后，事故发生率又稍有上升。通常，工作中经验越多，发生差错和事故的概率越小。50多岁以后，体力和作业能力有所减弱，所以事故率又稍有上升。

（4）情绪状态。人在工作、生活中遇到挫折或不幸时，会产生愤怒、忧愁、焦虑、悲哀等不良情绪。在这种情绪状态下，人的意识混乱、注意范围狭窄、精神难以集中、自我控制能力下降，极易导致事故的发生。

（5）个性特征。有的心理学家认为，作业中事故的发生与作业者的个性特征有关。对于安全性要求较高的职业，应把个性特征列为选择作业人员的条件之一。

（6）疲劳。日本的大岛正光将疲劳定义为"身体的一种变态，它可以用功能失常或功能变态来表达。这种功能失常给人的生理活动带来影响，引起功能、物质、效率的变化和主诉等"。就人类从事劳动而言，疲劳通常是指作业者在持续作业一段时间后，其生理、心理发生变化而引起作业能力下降的一种状态，是人体机能的一种自然性的防护反应。

疲劳一般可分为生理疲劳和心理疲劳两大类。生理疲劳的主要表现形式为肌肉疲劳，通常是由高强度的或长时间的体力劳动所引起。一般表现为生理功能低下，承担作业的部位的肌肉酸痛，操作速度变慢，动作的协调性、灵活性、准确性降低，工作效率下降，人为差错增多。心理疲劳多发生在过于紧张或过于单调的脑力劳动或脑力、体力参半的技术性劳动中，表现为心理功能低下、思维迟缓、注意力不能集中、工作混乱、效率下降、人为差错增多等。

作业中导致疲劳的因素是多方面的、复杂的，改善和防止疲劳的措施也是多方面的，如作业内容、强度、性质、方式等方面的改善，作业环境条件的改善，管理体制和方法的改善，人机界面设计的改善等。但在大多数情况下，最经济有效、最方便易行的措施则是科学的安排作业和休息。

2. 物的因素

在作业中，物包括原料、燃料、动力、设备、工具、成品、半成品和废料等。物的不安全状态是构成事故的物质基础。没有物的不安全状态，一般不可能发生事故。物的不安全状态构成生产中的安全隐患和危险源，在一定条件下就会转化为事故。

生产中存在的可能导致事故的物质因素称为事故的固有危险源。固有危险源是处于不安全状态的物质因素，按其性质可分为化学、电气、机械（含土木）、辐射和其他危险源共五类，各类中包含的具体内容见表 14-2。

表 14-2 导致事故的固有危险源

危险源类别	内容
化学危险源	①爆炸危险源，指构成事故危险的易燃、易爆物质、禁水性物质以及易氧化自燃物质；②工业毒害源，指导致职业病、中毒窒息的有毒或有害物质、窒息性气体、刺激性气体、有害性粉尘、腐蚀性物质和剧毒物；③大气污染源，指造成大气污染的工业烟气及粉尘；④水质污染源，指造成水质污染的工业废弃物和药剂
电气危险源	①漏电、触电危险；②着火危险；③电击、雷击危险
机械（含土木）危险源	①物伤害危险；②速度与加速度造成伤害的危险；③冲击、振动危险；④旋转和凸轮机构动作伤人危险；⑤高处坠落危险；⑥倒塌、下沉危险；⑦切割与刺伤危险
辐射危险源	①放射源；②红外线射线源；③紫外线射线源；④无线电辐射源
其他危险源	①噪声源；②强光源；③高压气体；④高温源；⑤湿度；⑥生物危害，如毒蛇、猛兽的伤害

3. 管理的因素

管理的原因即管理上的缺陷，是事故的间接原因，是事故直接原因得以存在的条件。从逻辑关系图中可看出，管理可起到控制事故发生的主导作用。管理缺陷主要有技术缺陷（包括工业构筑物、机械设备、仪器仪表的设计、选材、安装布置、维修检点有缺陷，或工艺流程、操作方法方面存在问题）、劳动组织不合理、缺乏对现场工作的检查与指导，或检查与指导错误、没有安全操作规程或规程不健全、不认真实施事故防范措施、对安全隐患整改不力、教育培训不够、人员选择和使用不当等。

4. 环境的因素

不良的工作环境会导致人们产生不良的心理状态，从而降低人们行为的可靠性，诱发各类人为差错。不良的工作环境包括高温、严寒、噪声、振动、不良的照明环境、不融洽的人际关系等。从这个角度看，环境既可能是导致人失误的原因，也可能是引发事故的原因，因此环境因素既可能是事故的间接原因也可能是事故的直接原因。

(1) 气温。人体生理功能研究表明，在外界气温很高的情况下，人体的血液处于体表循环状态，而内脏与中枢神经则相对缺血，此时，人的大脑的觉醒水平低下，反应能力降低，注意力涣散，心境不佳，因此，易于出现人为差错，进而造成事故。

(2) 噪声、照明和振动。噪声的干扰，使作业者的注意力涣散，特别是报警信号、行车信号，在噪声干扰下不易被注意，往往造成伤害事故。据世界卫生组织估计，美国仅此引起的事故一年损失近 40 亿美元。

不良的采光照明条件，使作业者不能准确迅速接受外界信息，从而增加事故率。据美国一家保险公司估计，25％的工伤事故是由不良的照明条件引起的。英国的调查资料表明，在机械、造船、铸造、建筑、纺织等工业部门，人工照明比天然采光情况下事故发生率增加 25％，其中由于跌倒引起的事故增加 74％。

振动会引起视觉模糊，降低手的稳定，使操作者观察仪表时误读率增加，操纵机器时控制能力降低甚至失控，故易于造成事故。

(3) 人际关系。人际关系包括上下级之间和同事之间的关系。研究表明，人际关系不良的车间，尤其是上下级关系紧张的车间，不仅生产效率低，而且更易于发生事故。由国外的一项调查资料来看，经理和工人一起用餐的工厂，严重工伤事故率明显偏低。

(4) 对待安全的态度。重视安全生产的劳动群体，有利于形成成员之间互相关心、互相监督、共同遵守安全管理措施和安全操作规程的良好风气，从而对有不安全行为的成员产生群体压力。前苏联心理学家的研究表明，注重安全生产比忽视安全生产的劳动群体，在相同事故条件下，事故发生率大约低 50％～60％。

14.1.3 典型的事故分析理论

对事故致因理论的研究始于 20 世纪初期，许多专家学者根据大量事故的现象，研究事故致因理论，运用工程逻辑，提出事故致因模型，用以探讨事故成因、过程和后果之间的联系，达到深入理解构成事故发生诸原因的因果关系。可将事故致因理论的发展过程粗略划分为三个阶段。

1. 早期阶段（从 20 世纪初期到第二次世界大战时）

(1) 事故频发倾向（AccidentProneness）论，认为个别人员具有容易发生事故的稳定的、个人内在的倾向。1919 年英国的格林伍德（M. Greenwood）和伍兹（H. H. Woods）对许多工厂里的伤亡事故的发生次数按不同分布进行了统计，结果发现某些工人较其他人更容易发生事故。之后许多学者进行了统计研究，马勃（Marbe）跟踪调查了一个有 3000人的工厂，结果发现第一年里没有发生事故的工人在以后平均发生 0.30～0.60 次事故；

第一年里发生一次事故的工人在以后平均发生 0.86～1.17 次事故；第一年里发生两次事故的工人在以后平均发生 1.04～1.42 次事故。1939 年法默（Farmer）等人明确提出了事故频发倾向的概念。根据这一观点，工厂中少数人具有事故频发倾向，即天生就爱出事，是事故频发倾向者，他们的存在是工业事故发生的原因。如果企业中减少了事故频发倾向者，就可以减少工业事故。此理论在人员选择上具有参考意义，通过选择没有事故频发倾向者，解雇事故频发倾向者，预防事故的发生。这一理论的缺点是过分夸大了人的性格特点在事故中的作用，把事故致因完全归咎于人的天性是片面的。

（2）事故遭遇倾向（AccidentLiability）论，认为某些人员具有在某些生产作业条件下容易发生事故的倾向。明兹（A. Mintz）和布鲁姆（M. L. Blum）建议用事故遭遇倾向取代事故频发倾向的概念，认为事故的发生不仅与个人因素有关，而且与生产条件有关。科尔（W. A. Kerr）通过调查发现影响事故发生频度的主要因素有搬运距离短、噪声严重、临时工多、工人自觉性差等；与事故后果严重程度有关的主要因素是工人的"男子汉"作风，其次是缺乏自觉性、缺乏指导、老年职工多、不连续出勤等，证明事故发生与生产条件有密切关系。

（3）心理动力理论，认为有的人出事故是由于心理受到刺激，产生一种无意识的愿望，通过出事故去追求某种象征性的心理满足。这一理论较事故频发倾向论有所进步，不再认为事故是某些人固有的天性，可以对工人进行心理分析，教育他改变破坏性的愿望，去选择一种较好的满足愿望的方式，而不是去追求错误的心理满足。

（4）社会环境理论，认为来自社会和环境的压力会分散工人的注意力，从而导致事故的发生。不良的社会条件和环境状况包括：死亡、疾病、失业、离婚、污染、阴暗、高温、寒冷等。该理论认为一个良好的工作环境能增进安全。

（5）海因里希（W. H. Heinrich）工业安全理论。海因里希是 20 世纪初期美国著名的工业安全专家，于 1931 年出版《工业事故预防》一书。海因里希理论的主要内容如下：

① 提出事故因果连锁论，又称海因里希多米诺骨牌理论。该理论把工业伤害事故的发生、发展过程描述为具有一定因果关系的事件的连锁发生的过程。海因里希最初提出的事故因果连锁过程包括遗传及社会环境、人的缺点、人的不安全行为或物的不安全状态、事故、伤害共五个因素，人们用多米诺骨牌来形象地描述它们之间的关系，如图 14.3 所示。

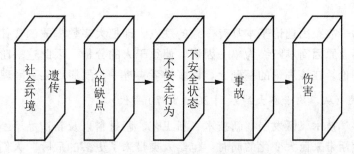

图 14.3　海因里希事故因果连锁模型

根据该理论，职工伤亡往往是处于一系列因果连锁之末端的事故的结果，而事故起因于人的不安全行为和物的不安全状态。该理论确立了正确分析事故致因的"事故链"这一重要概念，指明了分析事故应该从事故现象逐步分析，深入到各层次的原因。为了防止事故，只要抽取五块骨牌中的一块，事故链就被中断。

② 人的不安全行为是大多数工业事故产生的原因，海因里希通过对 750000 起工业伤害事故调查发现，以人的不安全行为为主要原因的事故占 88%，以物的不安全状态为主要原因的事故占 10%，可以预防的事故占 98%，只有 2% 的事故超出人的能力所能达到的范围而无法预防。因此，安全工作的重点是采取措施预防人的不安全行为的产生，减少人的失误。

③ 由于不安全行为而受到伤害的人，几乎重复了 300 次以上没有伤害的同样事故，在每次事故发生之前已经反复出现了无数次不安全行为和不安全状态。海因里希调查发现，在同一个人发生的 330 起同种事故中，300 起事故没有造成伤害，29 起引起轻微伤害，1 起造成了严重伤害。即严重伤害、轻微伤害和没有伤害的事故件数之比为 1∶29∶300，称为海因里希 1∶29∶300 法则。1972 年日本安全专家青岛贤司调查发现重型机械及材料工业中重伤和轻伤事故数比例为 1∶8，而轻工业中为 1∶32。不同时期、不同行业中事故比例有所变化。研究表明交通车辆、采矿事故中导致严重伤害的可能性较高。因此，应该尽早采取措施避免伤亡事故，在发生了轻微伤害，甚至无伤害事故时，甚至仅出现了不安全行为和不安全状态时，就应该分析原因，采取恰当的对策，而不是在发生了严重伤害之后才追究其原因。

④ 海因里希把造成人的不安全行为和物的不安全状态的主要原因归结为四个方面：不正确的态度、缺乏知识或操作不熟练、身体状况不佳、工作环境不良。针对这四个方面的原因，海因里希提出了四种对策：工程技术方面的改进、说服教育、人事调整、惩戒。这四种安全对策后来被归纳为众所周知的 3E 原则，即：①Engineering——工程技术，运用工程技术手段消除不安全因素，实现生产工艺、机械设备等生产条件的安全；②Education——教育，利用各种形式的教育和训练，使职工树立"安全第一"的思想，掌握安全生产所必需的知识和技能；③Enforcement——强制，借助于规章制度、法规和必要的行政乃至法律的手段约束人们的行为。

另外，海因里希的工业安全理论还阐述了安全工作与企业其他生产管理机能之间的关系、安全工作的基本责任以及安全与生产之间的关系等工业安全中最基本的问题。该理论曾被称为"工业安全公理"（Axioms of Industrial Safety），得到世界上许多国家广大安全工作者的赞同。

早期阶段的事故致因理论基本具有一致的观点，即把大多数事故的责任都归结于工人的不注意，把事故原因简单归结为单一因素，偏重于人的分析。因此这一阶段的有关理论也称为单因素理论。在该理论的基础上，许多学者再进一步发展事故致因理论。

2. 中期阶段（从二次世界大战后到 20 世纪 70 年代）

二战后，科学技术飞跃发展，新技术、新工艺、新材料以及新产品不断出现，在给工业生产和人们生活带来巨大变化的同时，也给人类带来了更多的危险。人们的安全观念有了新的变化。越来越多的人认为，不能把事故的责任说成是工人不注意，应该注重机械的、物质的危险性质在事故致因中的地位。于是，在安全工作中比较强调实现生产条件、机械设备的安全。同时人们也逐渐认识到管理因素作为背后原因在事故致因中的重要作用，认为人的不安全行为和物的不安全状态是工业事故的直接原因，必须加以追究，但是它们只不过是其背后的深层原因的征兆，这个深层原因就是管理缺陷。这一阶段的事故致因理论称为多因素理论，主要理论如下：

（1）能量意外释放论，又称能量转移论。1961 年吉布森（Gibson）提出了"生物体受伤害的原因只能是某种能量的转移"的观点，1966 年美国运输部国家安全局局长哈登引申了吉布森的观点，认为伤害是由于施加了超过局部或全身性损伤阈限的能量引起的，或者由于影响了局部的或全身性能量交换引起的，并提出了"根据有关能量对伤亡事故加以分类的方法"，以及生活区远离污染源等观点。输送到生产现场的能量，依生产的目的和手段不同，可以相互转变为各种形式，按照能量的形式，分为势能、动能、热能、化学能、电能、辐射能、声能、生物能。预防伤亡事故的关键是探索出生产现场能量体系中潜在的危险，通过控制能量或控制能量载体以及利用各种屏障防止能量转移等来预防伤害事故。

（2）"用流行病学方法分析事故"的理论，这种理论认为事故致因和流行病的发病原因类似，可以比照分析流行病的方法分析事故。

导致流行病的因素包括三个方面：①病者的情况，如年龄、性别、身体状况等；②环境的情况，如温度、湿度、季节、生活区域的卫生情况等；③致病的媒介，即病毒和细菌。当这三方面因素适当组合时，人就会致病。同样，对于事故，一要考虑当事人的因素，二要考虑环境的因素，三要考虑引起事故的媒介，在这里应把能量理解为导致事故的能量，即构成伤害的来源。能量和病毒、细菌一样都是事故和疾病现象的瞬时原因。

3. 当代阶段（从 20 世纪 70 年代至今）

20 世纪 70 年代后，战略武器研制、宇宙开发及核电站建设等大规模复杂系统相继问世，其安全性问题受到了人们的关注。人们在开发研制、使用和维护这些复杂巨系统的过程中，逐渐萌发了系统安全的基本思想。在欧美等国出现了系统安全理论，形成了安全系统工程学科，该学科是运用系统论的观点和方法，结合工程学原理及有关专业知识来研究生产安全管理和安全工程的新学科，是系统工程学的一个分支。其研究内容主要有：危险的识别、分析与事故预测；消除、控制导致事故的危险；分析构成安全系统各单元间的关系和相互影响，协调各单元之间的关系，取得系统安全的最佳设计，使系统在规定的性能、时间和成本范围内达到最佳的安全程度等。目的是使生产条件安全化，使事故减少到可接受的水平。

系统安全理论在许多方面发展了事故致因理论。系统安全认为，系统中存在的危险源是事故发生的原因。不同的危险源可能有不同的危险性。危险性是指某种危险源导致事故、造成人员伤害、财物损坏或环境污染的可能性。由于不能彻底地消除所有的危险源，也就不存在绝对的安全。所谓的安全，只不过是没有超过允许限度的危险。因此，系统安全的目标不是事故为零，而是最佳的安全程度。

系统安全理论认为可能意外释放的能量是事故发生的根本原因，而对能量控制的失效是事故发生的直接原因。这涉及能量控制措施的可靠性问题。在系统安全研究中，不可靠被认为是不安全的原因；可靠性工程是系统安全工程的基础之一。

研究可靠性时，涉及物的因素时，使用故障（fault）这一术语；涉及人的因素时，使用人失误（human error）这一术语。一般地，一起事故的发生是许多人失误和物的故障相互复杂关联、共同作用的结果，即许多事故致因因素复杂作用的结果。因此，在预防事故时必须在弄清事故致因相互关系的基础上采取恰当的措施，而不是相互孤立地控制各个因素。

系统安全理论注重整个系统寿命期间的事故预防，尤其强调在新系统的开发、设计阶段采取措施消除、控制危险源。对于正在运行的系统，如工业生产系统，管理方面的疏忽和失误是事故的主要原因。约翰逊（W. G. Johnson）等人很早就注意了这个问题，创立了系统安全管理的理论和方法体系 MORT（Management Oversightand Risk Tree，管理疏忽与危险树），它把能量意外释放论、变化的观点、人失误理论等引入其中，又包括了工业事故预防中的许多行之有效的管理方法，如事故判定技术、标准化作业、职业安全分析等。它的基本思想和方法对现代工业安全管理产生了深刻的影响。

图 14.4 所示为约翰逊建立的事故因果连锁模型。

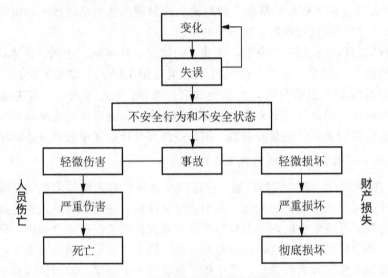

图 14.4 约翰逊事故因果连锁模型

该模型把变化作为事故的基本原因。由于人们不能适应变化而发生失误，进而导致不安全行为和不安全状态。约翰逊认为事故的发生往往是多重原因造成的，包含着一系列的变化—失误连锁，即由于变化引起失误，该失误又引起别的失误或者变化，以此类推。生产中有各种变化，有企业内部变化，也有企业外部变化；有实际的变化，也有潜在的或者可能的变化；有时间上、技术上、人员上、劳动组织上、操作规程上的变化。这些变化会引起各种失误，有企业领导者的失误、计划人员的失误、监督者的失误及操作者的失误等。

博得（FrankBird）、亚当斯（EdwardAdams）等人在海因里希事故因果连锁的基础上，各自提出了反映现代安全观点的事故因果连锁理论，如图 14.5、图 14.6 所示。

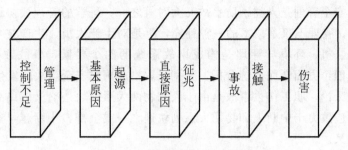

图 14.5　博得事故因果连锁模型

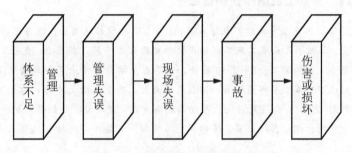

图 14.6　亚当斯事故因果连锁模型

在当前事故致因分析中，世界各国普遍采用如图 14.7 所示的事故因果连锁模型，又称轨迹交叉论。

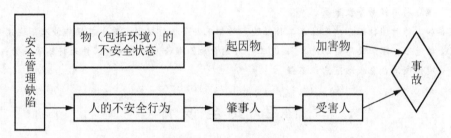

图 14.7　轨迹交叉论

轨迹交叉论综合了各种事故致因理论的积极方面，认为伤害事故是许多互相关联的事件顺序发展的结果，这些事件分为人和物两个发展系列，形成人的因果系列轨迹和物（包括环境）的因果系列轨迹，两个轨迹在一定情况下发生了交叉，能量逆流于人体时，伤害事故就会发生。物（包括环境）的不安全状态和人的不安全行为是事故的表面的直接原因，两者并非完全独立，往往是互为因果关系，人的不安全行为会造成物的不安全状态（如人为了方便拆去了设备的保护装置），而物的不安全状态也会导致人的不安全行为（如警示信号失灵造成人进入危险区域）。其中人的原因又占主导地位，因为进一步追究，物的原因大多是人的原因造成的。

在直接原因背后还有深层的间接原因即安全管理缺陷或失误，虽然安全管理缺陷是事故的间接原因，但它却是背景原因，而且是事故发生的本质原因。由于安全管理缺陷而导致物的不安全状态和人的不安全行为。在事故致因分析时，不能只停留在分析表面的直接原因，更重要的是分析深层的本质原因——安全管理缺陷。随着安全管理科学的发展，人们逐步认识到，安全管理是人类预防事故三大对策之一，科学的管理要协调安全系统中的人-机-环境因素，管理不仅是技术的一种补充，更是对生产人员、生产技术和生产过程的控制与协调。人、机、环境与管理是构成事故系统的四个要素，事故致因分析要从人、机、环境与管理四个方面全面系统分析，分别采取措施预防安全事故的发生。

根据轨迹交叉论，职工伤亡事故是由于人和物两大系列轨迹交叉的结果，因此防止职工伤亡事故措施应致力于中断人和物两大系列轨迹之一或全部，中断越早越好，或采取措施使两者不能交叉。

【阅读材料 14-1】 擅自上机操作伤害自己

2000 年 11 月 28 日，河南省某化肥厂机修车间，1 号 Z35 摇臂钻床因全厂设备检修，加工备件较多，工作量大，人员又少，工段长派女青工宋某到钻床协助主操作工干活，在长 3m 直径 75mm 壁厚 3.5mm 的不锈钢管上钻直径 50mm 的圆孔。28 日 10 时许，宋某在主操作师傅上厕所的情况下，独自开床，并由手动进刀改用自动进刀，钢管是半圆弧形，切削角矩大，产生反向上冲力，由于工具夹（虎钳）紧固钢管不牢，当孔钻到 2/3 时，钢管迅速向上移动而脱离虎钳，造成钻头和钢管一起作 360 度高速转动，钢管先将现场一长靠背椅打翻，再打击宋某臀部并使其跌倒，宋某头部被撞伤破裂出血，缝合 5 针，骨盆严重损伤。

造成事故的主要原因是宋某违反了原化学工业部安全生产《禁令》第八项"不是自己分管的设备、工具不擅自动用"的规定。因为直接从事生产劳动的职工，都要使用设备和工具作为劳动的手段，设备、工具在使用过程中本身和环境条件都可能发生变化，不分管或不在自己分管时间内，可能对设备性能变化不清楚，擅自动用极易导致事故。

宋某参加工作时间较短，缺乏钻床工作经验，对钻床安全操作规程不熟，其操作涉及下述违规问题：①"应用手动进刀，不该改用自动进刀"；②工件与钢管紧固螺栓方位不对，工件未将钢管夹紧；③宋某工作中安全观念淡薄，自我防范意识不强。

14.2 安全设计

人机系统安全设计的主要内容是以事故分析为依据，以预防事故发生为目标，从人、机、环境与管理四个方面综合制定人机系统的安全对策或措施。

14.2.1 在人方面的主要对策

生产活动中的人主要是指操作者本人，预防事故首先要消除操作者的不安全行为。当然也不能忽视工厂里的其他人，包括作业伙伴或上级与下级之间同心协力的关系和互助对预防事故的作用。

根据事故致因理论，砍断人的系列连锁无疑是非常重要的，应该给以充分的重视。首先，要对人员的结构和素质情况进行分析，找出容易发生事故的人员层次和个人以及最常见的不安全行为。然后，在对人的身体、生理、心理进行检查测试的基础上合理选配人员；从研究行为科学出发，加强对人的教育、训练和管理，提高生理、心理素质，增强安全意识，提高安全操作技能，从而在最大限度上减少、消除不安全行为。

应该看到，人有自由意志，容易受环境的干扰和影响，生理、心理状态不稳定，其安全可靠性是比较差的。往往会由于一些偶然的因素而产生事先难以预料和防止的错误行动。人的不安全行为的概率是不可能为零的。

针对人的因素的事故防止对策主要如下。

1. 人员的合理选拔和调配

对人员的合理选拔和调配要从两个方面进行：一是职业适应性分析，即确定作业对人员的职业适应性要求，主要用于人员的合理选拔；二是对作业人员进行职业适应性检查，主要用于人员的合理调配。所谓职业适应性是指人为胜任某项职业所必需的知识文化基础、生理特性和心理特性。

现以冲压工种为例，主要从安全角度进行职业适应性的心理学分析，得出职业适应性的心理特性分析表（简称职业心理表），见表 14－3。

表 14-3 职业心理表

序号	心理特性	要求程度						序号	心理特性	要求程度					
		0	1	2	3	4	5			0	1	2	3	4	5
1	视觉						√	18	动作协调能力						√
2	听觉				√			19	反应速度					√	
3	动觉				√			20	动作准确性						√
4	触摸觉					√		21	耐久力					√	
5	平衡觉	√						22	语言能力	√					
6	空间感觉			√				23	计划能力			√			
7	节奏感				√			24	乐群性					√	
8	注意的稳定性					√		25	聪慧性						
9	注意的广度				√			26	稳定性						√
10	注意的分配				√			27	持强性			√			
11	注意的转移				√			28	兴奋性	√					
12	观察力		√					29	有恒性						√
13	想象力	√						30	敢为性					√	
14	记忆力			√				31	忧虑性	√					
15	分析力				√			32	独立性					√	
16	综合力			√				33	自律性					√	
17	判断力					√		34	紧张性	√					

表中对各项心里特性的要求程度从低到高划分为 0、1、2、3、4、5，0 表示对该项心理特性不作要求，5 表示对该项心理特性要求非常好。

分析结果是一个好的冲压工应该有良好的视觉和触摸感觉；能长时间地集中注意力于工作；动作协调性和反应能力要良好；能与人合作相处；情绪稳定，谦虚顺从，严肃冷静；不畏惧工作中出现的危险，但又不冒险粗心；安详、沉着、有信心；有一定的独立见解；能严于律己，顾全大局；有耐心，能始终保持内心的平衡。其他方面的心理特性则为一般要求或不做要求。

2. 安全教育和训练

安全教育和训练是防止职工产生不安全行为的重要途径，首先在于它能够提高企业领导和广大职工搞好安全工作的责任感和自觉性。其次，安全技术知识的普及和提高能使广大职工掌握伤亡事故发生的规律，提高安全技术操作水平和掌握检测技术、控制技术的科学知识，学会防止事故的技术本领，搞好安全生产，保护好自身和他人的安全健康。

安全教育包括安全知识教育、安全技能教育和安全态度教育。通过安全知识教育，使操作者了解生产过程中潜在的危险因素及防范措施等。安全教育不仅要"应知"，而且要"应会"，即具有一定的熟练技能，只有通过安全技能教育和训练，经过反复地实际操作，不断摸索而熟能生巧，才能逐渐掌握安全技能。最重要的安全教育内容是安全态度教育，思想态度支配人的行为，通过安全态度教育使广大职工认识安全的重要性，树立安全第一的思想，提高安全的责任感和自觉性。对上层管理人员进行安全态度教育尤为重要。思想政治教育、方针政策教育、劳动纪律教育、法制教育等都属于安全态度教育的范畴。

企业开展安全教育的主要方式有三级教育（入厂教育、车间教育和岗位教育）、对特种作业人员的专门教育、经常性教育和学校教育等。具体的办法通常有报告会、交流会、讲座、短训班、班前会、安全日、安全周、安全月、安全竞赛评比、安全奖励惩罚以及各种宣传手段等。

3. 制定作业标准和异常情况时的处理标准

根据对人的不安全行为产生原因的调查，下列三种原因占有相当大的比例：

（1）不知道正确的操作方法；

（2）虽然知道正确的操作方法，却为了快点干完而省略了一些必要的步骤；

（3）按自己的习惯操作。

因此制定作业标准和异常情况时的处理标准，按标准规范人的行为，对防止人的不安全行为、预防事故非常重要。

4. 制定和贯彻实施安全生产规章制度

加强企业安全生产法制建设，确保依法生产、依法经营、依法管理、依法监督，是企业安全管理的基本策略，国家安全生产有关规定中也要求企业必须制定和贯彻实施安全生产规章制度，从制度上限制人们的行为，规定人们应该做什么、不应该做什么、可以做什么、禁止做什么以及如何做等。企业安全生产规章制度包括安全生产责任制、安全教育制度、安全检查制度以及伤亡事故的调查处理制度等。

14.2.2 在机械设备方面的主要对策

要完全防止人的不安全行为是无法做到的，因此必须下大力气做好物的系列的工作。与克服人的不安全行为相比，消除物的不安全状态对于防止事故和职业危害具有更加积极的意义。

为了消除物的不安全状态，应该把落脚点放在提高技术装备（机械装备、仪器装备、建筑设施等）的安全化水平上。技术装备安全水平的提高也有助于安全管理的改善和人的不安全行为的防止。可以说，在一定程度上，技术装备的安全水平就决定了工伤事故和职业病的概率水平。这一点也可以从发达国家在工业和技术高度发展后伤亡事故频率才大幅度下降这一事实得到印证。

为了提高技术设备的安全，必须大力推行本质安全技术。

所谓本质安全就是指机械设备、设施或技术工艺具有包含在内部的能够从根本上防止发生事故的功能。具体地说，它包含三方面的内容：

（1）失误安全功能（fool proof）。指操作者即使操作失误也不会发生事故和伤害，或者说机械设备、设施或工艺技术具有自动防止人的不安全行为的功能。

（2）故障安全功能（fail safe）。指机械设备发生故障或损坏时还能维持正常工作或自动转变为安全状态。

（3）上述安全功能应该潜藏于设备、设施或工艺技术内部，即在其规划设计阶段就被纳入，而不应在事后再行补偿。

针对机械的防止事故的主要措施有：

（1）使用自动化设备，遥控操作设备。设计设备时，要贯彻"单纯最好"（simple is best）原则。

（2）使用安全装置，常用的安全装置有联锁装置、双手操纵装置、自动停机装置、机器抑制装置、有限运动装置等。对于紧急操作设防，应采用"一触即发"的结构方式（one touch shut down），如应急制动开关、熔断器、限压阀等。电器设备要绝缘、接地。

（3）使用防护装置，常用的设备防护装置有机壳、罩、屏、门、盖、封闭式装置等，个体防护器具如防护衣、头盔、保护镜、安全靴、口罩或面具、手套等。对于大量危险物的处理，尤其应设有防止伤人的保护装置。

（4）为了易于识别而能有效地防止误操作，对于紧急操纵部件涂装荧光或醒目色彩。

（5）设计警示装置，如警示灯、警示标志。有危险的地方采用红色的标志。要引起人们注意的地方，可采用动的标志。

14.2.3　在环境方面的主要对策

人物轨迹交叉是在一定环境条件下进行的，因此除了人和机械外，还应致力于作业环境的合理设计，满足不同作业对环境的要求。主要的环境对策有遮光、隔音、减振、通风换气、照明等。

此外，还应开拓人机系统工程的研究，进行系统安全分析，解决好人、物、环境的合理匹配问题，使机器、设备、设施的设计，环境的布置，作业条件、作业方法的安排等符合人的身体、生理、心理条件的要求，确保系统能够安全进行。

14.2.4　在管理方面的对策

人、物、环境的因素是造成事故的直接原因，管理是事故的间接原因，但却是本质的原因。对人和物的控制，对环境的改善，归根结底都有赖于管理；关于人和物的事故防止措施，归根结底都是管理方面的措施。必须极大地关注管理的变化，大力推进安全管理的科学化、现代化。

应该对企业安全管理的状况进行全面系统的调查分析，找出管理上存在的薄弱环节，在此基础上确定从管理上预防事故的措施。

管理因素所包含的内容十分广泛，下列 12 个问题所反映的仅仅是企业安全管理问题的一部分：

（1）管理监督人员的职责履行得怎样？

（2）作业方法有无改进的地方？

（3）作业程序是否正确？

（4）人员的选配和安排是否正确？

（5）对人员的教育培训是否充分？

（6）作业中的检查、监督、指导是否良好？

（7）是否努力使设备安全化？

（8）是否努力改善和保护环境？

（9）安全卫生检查情况如何？

（10）异常时的应急措施的实施情况如何？

（11）对过去发生的事故的防止对策是否认真遵守？

（12）是否努力提高职工的安全意识？

关于从管理上预防事故的对策主要有以下方面：

（1）建立科学的安全生产组织体系，从组织上确保系统安全。

（2）制定完善的安全生产规章制度体系，从制度上确保系统安全。

（3）编制安全技术措施计划，有计划、有步骤地解决企业中的一些重大安全技术问题。

（4）健全各项作业安全操作规程，实现作业标准化。

（5）制定各种事故防范措施和应急预案。

（6）加强安全宣传教育，使广大职工提高思想认识，普及安全科学知识，掌握安全技术。

（7）不断提高工厂生产现代化水平，实现生产自动化、管理信息化。

（8）加强安全管理系统的建设，包括安全机构、安全人员、安全手段的建设，确保安全投入。

（9）坚持经常性的安全监督检查，及时发现和处理事故隐患。

【阅读材料 14-2】 南京华晶化工有限公司 3.4 重大伤亡事故

1995 年 3 月 4 日下午 2：20，溧水县南京华晶化工有限公司化工分厂磺酸车间发生 1 号离心机在运行过程中解体，造成三人死亡的重大伤亡事故。

1. 事故经过

化工分厂磺酸车间于 1992 年 10 月竣工投产，产品为对甲苯磺酸。工艺上布设离心工段，共四台离心机，离心机的作用为磺酸脱酸（硫酸）用。

1 号离心机是从原溧水县城郊麻纺厂（现已关闭）购回，该离心机属 SS 型三足离心机，是用于麻纺产品脱胶用，在本厂使用时间较短，购回时经认定为九成新，当时，配套电动机为普通电动机，转速为960r/min，后经厂方改造为初速为零最高速为960r/min的调速电动机。该离心机于1994年8月更换了一只转鼓（现使用的转鼓由原观出铜矿转让），现已使用两年并历次修理，该离心机其他部件都不同程度地进行过修理或更换部件。

1995年3月3日上午8时，1号离心机调速电动机控制器内保险丝烧断，经电工曹小荣（经培训取证）检查发现主要是调速电动机上测速器受潮、渗水引起短路所致。后经拆出由电工曹小荣在电炉烘干一天。3月4日上午于先宏（车间副主任）指派电工史绍方（经培训取证）去安装测试，史用万用表12×1K挡测量绝缘程度，指针不动，认为可安装，装好后空试电动机时发现调速电动机不转，控制器失灵，随即便换上一只新控制器，经快慢反复调试正常后交给班长徐连伙试机，额定转速50～100r/min，于上午10时左右开始投料生产，由操作工陈百根、徐金根一组投料四次，出成品约400kg左右，未发生异常现象。在第五次投料完毕后，即下午2：20左右，离心机突然解体，外套和机座、机脚向西南方向飞出，离心机内衬向东北方向飞出，将当班正在操作的陈百根、徐金根二人均砸伤，并把距离离心机4m的吸收工徐孝全同时砸伤。事故发生后，车间人员立即向厂部汇报，全厂全力救护伤者并及时送往县人民医院抢救。徐孝全于当日下午4：00抢救无效死亡，徐金根经县人民医院紧急包扎后在送往南京的途中死亡。陈百根于3月5日上午6：00在南京第一人民医院全力抢救无效死亡。

死亡人员情况如下：

陈百根，女，43岁，离心操作工，文盲，从业8个月，接受过一定的安全教育；死亡。徐金根，男，21岁，离心操作工，职高毕业，从业9个月；死亡。徐孝全，男，23岁，吸收工，职高毕业，从业2年半；死亡。这起事故造成的经济损失达10.415万元。

2. 事故原因

根据对事故的调查分析和专家组的"技术鉴定报告"，认为这起事故是由于设备老化、腐蚀严重且设备的完好性尤其安全性（安全系数几乎没有）不能承受离心机工作时突然增大的离心力，因而最终解体造成3人死亡的重大事故。

事故原因分析如下：

1）事故的直接原因

（1）1号离心机完好程度差，无法保证系统的安全运行。

①转鼓与鼓底连结的不锈钢铆钉仅剩总数的1/6，其他代用的螺栓材质差、数量少（仅剩9只）、直径小（为M10螺栓），在腐蚀条件下工作，强度也下降，所有紧固能力最多只能达到原设备设计要求的1/3左右。

②转鼓上应有三道腰箍，而实际上没有，这使得转鼓的抗离心力强度严重下降。转鼓贺周接头的焊接缝遇一定的离心力时发生崩绽，断开。

③支承转鼓的三只摆杆（三足）内的缓冲弹簧因腐蚀严重，不能起调节重心加强稳定的作用，使得离心力在局部增大。

（2）因调速电动机及电气线路等原因，离心机经常处于较高的转速并有突然增速的条件。

①控制电动机的调速器所示的转速与实际不符，电动机实际转速高于调速器所指示转速20%左右，并带动离心机增速20%以上。离心机的增速使得离心机的离心力得到增加。

②插座短路或断路打火，使调速电动机转速突然增速，使得离心机的离心力突然增大。

由以上两方面的原因，导致在下午上班后的离心机运行过程中，线路发生短路或断路打火，控制器失控，电动机增速带动离心机的转速增大，离心力成倍增加（速度是影响离心力最突出的因素）。转鼓由于紧固螺栓断裂以及没有腰箍开始绽缝（焊缝处），转鼓外缘从圆形向凸轮和漏斗状变化，由于高速旋转的转鼓和物料既产生很大的离心力，同时也产生一个向上方的分力，以致于造成转鼓与鼓底的分离，并击坏了离心机外罩及罩上方的限量周圆罩，因而朝向一侧飞去并击断了一侧的支承脚飞离了工作平台，飞出的部分虽是向一侧呈曲线状飞离，同时本身还进行着自转，因而增大了作用力和破坏力，导致三人被当场砸伤。

2) 事故的间接原因

(1) 公司设备管理职能部门软弱无力，缺乏专门的技术人员及必要的管理手段，公司对新增设备及配件没有严格的入厂检验制度与技术审批制度，对离心机的技术性能和危险性认识不足，也没有充分考虑到磺酸车间离心机的维修、改造能力。公司对离心机等设备的选型、维修、改造、保养、使用等环节没有科学的规定，公司、分厂、车间在设备管理体系方面职责不明。

(2) 岗位操作规程不健全，操作工没有严格的岗位操作规程可循。

(3) 安全教育不力，职工的安全知识较差，职工来自农村，文化低、素质差，没有接受过正规的培训和技术教育。公司虽然知道企业职工技术素质较低，但未经较大努力开展培训等工作。

3. 事故的责任分析和处理意见

(1) 磺酸车间副主任于先宏分管车间的设备管理工作，对离心机的安全性能及设备状况未做充分了解，同意几乎没有安全系数的设备进行生产，对安全工作存在严重侥幸心理，对这起事故的发生负有直接责任，建议给予撤职处分。

(2) 磺酸车间主任刘传新负责车间的全面工作，为车间安全生产的第一责任人，对安全工作管理不严，车间岗位操作规程不健全，安全工作不到位。对离心机更换转让的旧转鼓及螺栓等重要配件未严格把关。建议给予行政记大过处分。

(3) 公司副经理兼化工分厂厂长陈敬才负责化工分厂的全面工作，是化工分厂安全生产第一责任人，对所属的磺酸车间安全工作管理不严，对决策更换严重不符合要求的离心机转鼓等重要配件负有不可推卸的责任，建议给予行政记大过处分。

(4) 公司分管设备工作的副书记朱法成分管全公司的设备工作，对公司设备管理混乱，对有危险性的重要设备离心机未作检查督促并提出意见，负有管理责任，建议给予行政记过处分。

(5) 南京华晶化工有限公司经理许秋生负责公司的全面工作，公司制定的安全规章制度在实际工作中没有得到有效贯彻落实，安全工作存在制度不完善、管理不严格、执行不落实等问题，且公司设备管理混乱，对该事故应负领导责任，建议公司经理许秋生作出书面检查，在公司大会上检讨，并给予行政记大过处分。

(6) 晶桥乡工业公司（晶桥乡政府安全生产管理职能部门）分管安全生产工作的副书记武林，对华晶化工有限公司的安全生产工作检查督促不力，建议给予行政警告处分。

(7) 晶桥乡乡长冯传生，是晶桥乡安全生产的第一责任人，对华晶化工有限公司发生重大伤亡事故负有领导责任，建议给予行政警告处分。

来自：安全管理网（www.safehoo.com）

小 结

本章将综合研究人机系统安全问题，内容包括事故致因理论、事故调查处理与统计分析、安全措施。事故致因理论是事故分析的理论依据，事故分析可为最佳安全设计提供思路，而安全设计又可为有效控制事故提供措施。人机系统安全事故分析与安全设计的目的是使系统达到最佳安全状态，尤其是保障人的安全。

习 题

1. 说明 GB6441—1986《企业职工伤亡事故分类标准》对事故原因的划分、伤害的分类及伤亡事故的分类。

2. 简述事故致因理论三个阶段的主要成果。

3. 国家标准 GB6442—1986《企业职工伤亡事故调查分析规则》规定的死亡、重伤事故，应该按怎样的要求进行调查。

4. 事故分析的步骤是怎样的？

5. 反映伤亡事故频率的指标有哪些？各代表什么含义？

6. 针对人的因素的事故防止对策主要有哪些措施？

7. 简述本质安全的定义及其所包含的内容。

8. 针对机械的防止事故的主要措施有哪些？

9. 从管理上预防事故的对策主要有哪几个方面？

10. 综合阅读材料 14 - 2，说明安全生产的重要性。

11. 对阅读材料 14 - 2 的责任分析和处理意见，你有何建议？

第15章 人机系统设计

工业设计的设计观是"以人为本",为人服务是工业设计的目的所在。人因工程研究的对象是"系统中的人"。因此,工业设计和人因工程的共同点是研究人,研究人的生活和工作方式,以便改善人的生存条件和提高工作效益。随着高技术的应用和高科技产品的发展,人们认识到高情感(hightouch)产品的重要性。产品不仅要求高质量、高精度、高科技含量,更要求高情感特性。高情感特性包括符合人的生理需要和心理需要,具有很高的宜人性、舒适性、安全性,符合工效学的要求;使用方便、操作性好、不易疲劳,产品设计安全,为用户着想,考虑到每一个细微的环节,尽可能地达到操作者的要求,贴近人的感觉,甚至人只要轻轻地触摸到它,它就会自然地为人工作。

 教学目标

1. 了解人机系统设计的程序,连接、连接分析的概念及目的,不同形式及方式的连接。

2. 熟悉系统设计的基本思想与程序,理解功能分配的一般原则、人员开发的内容和目的、人机界面和系统评价的作用。

3. 掌握连接符号的表示方法,并能加以应用;了解人机可靠性含义。

 教学要求

知识要点	能力要求	相关知识
系统设计的基本思想与程序	(1) 了解系统目标与功能分析的关系、功能分配的概念; (2) 理解功能分配的一般原则、人员开发的内容和目的; (3) 了解人机界面和系统评价的作用	人机系统设计的概念; 人机系统设计的程序、内容、步骤、基本思想

续表

知识要点	能力要求	相关知识
连接分析法	(1) 了解连接、连接分析的概念及目的; (2) 掌握连接符号的表示方法,并能加以应用; (3) 熟悉连接分析法的步骤及优化原则,能对简单的人机系统进行分析、评价与优化	连接分析法
人机系统评价	(1) 熟悉校核表法的主要分析内容,空间指数法、视觉环境综合评价指数法及会话指数法的基本含义; (2) 在掌握人机可靠性的基础上,能运用它们进行系统评价	人机系统的设计方法; 失效树分析法

 导入案例

电脑椅设计中的人因工程学

近几年来,随着计算机的推广,"电脑族"也在不断壮大,越来越多的工作人员需要在计算机前完成工作,人们在选购计算机时都比较注重计算机的配置性能好坏,但很少有人考虑计算机的安放问题。有的人将计算机买回去之后,随便放在写字台上或其他地方。很多年轻人的习惯是坐在计算机前不挪窝地连续作战,当然,也包括现在的很多大学生喜欢在计算机前一坐好几小时上网学习甚至打游戏。由于键盘和鼠标有一定的高度,手腕必须弯曲一定角度,这时腕部为便于工作处于强迫体位。长期处于强迫姿势,必然会导致肌肉骨骼系统的疾病,时间一长,就会出现眼睛模糊、腰酸背疼、头颈酸痛等现象。所以就有了所谓"电脑族"的"职业病",这与目前市场上的许多电脑椅的设计不符合工效学原理有关。

因此,电脑椅设计除了大方美观之外,更重要的是必须运用人因工程的原理,设计出满足人的各种需要的电脑椅,才能真正满足人的生理与心理的需求,让人们坐在其上可以获得更好的需求,达到最佳的工作状态。

但是,目前我国的电脑椅设计大多数还停留在比较传统的结构上,对于人因工程学的考虑还不够,电脑椅的设计不能完全满足人的需要。长期下去会对人体产生严重损害,降低工作效率。所以基于人因工程的电脑椅的分析与设计就显得尤其重要了。

15.1 人机系统设计的概述

15.1.1 人机系统设计的概念

人因工程学的最大特点是把人、机、环境看作是一个系统的三要素,在深入研究三要素各自性能和特征的基础上,强调从全系统的总体性能出发,运用系统论、控制论和优化论三大基础理论,使系统三要素形成最佳组合的优化系统。

系统即由相互作用和相互依赖的若干组成部分结合成的具有特定功能的有机整体。人

机系统是由人、机械、显示器、控制器、作业环境等子系统构成，各子系统相互作用达到系统的目标。系统分析是运用系统的方法，对系统和子系统的可行设计方案进行定性和定量的分析与评价，以便提高对系统的认识，选择优化方案的技术。系统评价就是根据系统的目标、类型和性质，用有效的标准测定出系统的状态，采用一定的评价准则进行比较并作出判断的活动，从而为人机系统的改进和升级提供科学的依据。

　　人机系统作为一个完整的概念，表达了人机系统设计的对象和范围，其基本结构如图15.1所示。人机系统将人放到人-机-环境这样一个系统中来研究。从而建立解决劳动主体和劳动工具之间的矛盾的理论和方法。人机系统的概念对设计者把握设计活动的内容和目标、认识设计活动的实质意义都是十分重要的。人机系统的概念既不单指人，也不单指"机"，它是关于两者内在联系的概念。

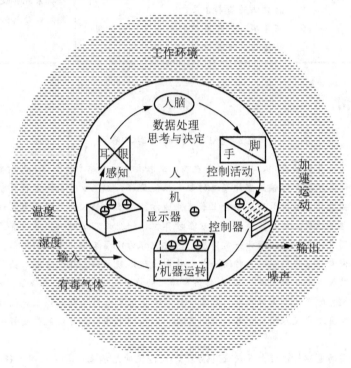

图 15.1　人机系统示意图

15.1.2　人机系统的分类

　　人机系统从不同的角度看有不同的类型。

1. 按反馈控制形式分类

按有、无反馈控制环节，人机系统可分为闭环人机系统和开环人机系统两大类。

1）闭环人机系统

其主要特征是系统的输出对控制作用有直接的影响，即系统过去的行动结果反馈回去控制未来的行动，如图15.2所示。

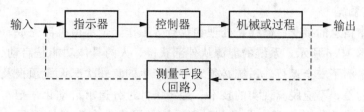

图 15.2　闭环人机系统

2）开环人机系统

开环人机系统主要特征是系统的输出对控制作用没有影响，虽然它也能提供系统输出的信息，但此信息不用于进一步影响输入，如图 15.3 所示。

图 15.3　开环人机系统

2. 按自动化程度分类

1）手工操作系统

在这种系统中，自始至终是人在起作用，能源是体力，控制凭技能，机械与工具只增强人的力量和提供工作条件，但它不具备动力，如图 15.4 所示。如钳工锉削、刮研、木工作业、手工造型等均属于这种系统，它由人直接将输入改变为输出。

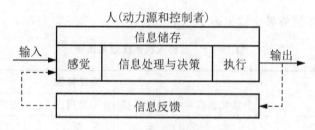

图 15.4　手工操作系统

2）半自动化系统

在这种系统中，人是生产过程的控制者，操纵具有动力的设备，如图 15.5 所示。这种系统中人和机器相互作用，共同来感知生产过程的信息，然后由人使用控制装置来开动或停止机器，并进行各种调整，人有时也需要给系统提供少量动力。反馈信息经过人的处理输入机器，以改变其运行状态。凡是操纵具有动力的设备均属于这种系统，如操纵各种机床加工零件，驾驶汽车、火车等。

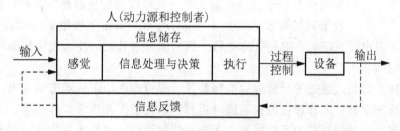

图 15.5　半自动化系统

3）自动化系统

这类系统中信息的接受、储存、处理和执行等工作，全部由机器完成，人只起管理和监督作用，如图 15.6 所示。系统的能源从外部获得，人的具体功能是启动、制动、编程、维修和调试等。为了安全运行，系统必须对可能产生的意外状况设置预报及应急处理的功能。值得注意的是，不应脱离现实的技术、经济条件过分追求自动化，把本来一些适合于人操作的功能也自动化了，其结果将会引起系统的可靠性和安全性下降，人与机器不相协调。

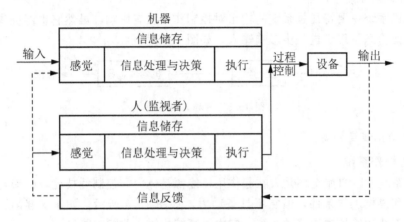

图 15.6　自动化系统

以上三种人机系统效果比较见表 15-1。

表 15-1　三种人机系统效果比较

系统种类	系统特性				
	自动化程度	操作可靠性	费用	创造力	维护能力
手工操作系统	低	低	低	高	好
半自动、自动化系统	高	高	高	低	差

3. 按人机结合方式分类

按人机结合方式，可分为人机串联、人机并联、人机串并联混合三种方式。

1）人机串联

人机串联方式是人通过机器的作用产生输出，因此导致人和机器的特性互相干扰，虽然人的长处可以通过机器得以发挥，但人的弱点也会同时被放大，如图 15.7 所示。如钳工锉削、人驾驶拖拉机等。

图 15.7　串联方式

因此，采用人机串联系统时，必须首先进行人机功能合理分配，使人成为控制的主体。

2）人机并联

人机并联方式是人通过显示装置和控制装置，间接地作用于机器产生输出，如图 15.8 所示。当系统正常时，人管理和监视系统的运行，系统对人几乎无操作要求；当系统出现异常时，系统由自动控制变为手动控制，人与机器的结合也变为串联方式，要求人迅速而准确地进行判断和操作。如监控化工流程、监控自动化设备等。

　　3）人机串并联

　　人机串并联又称混合方式，是最常见的结合方式。这种方式往往同时兼有串、并联两种方式的基本特性，如图 15.9 所示。如一个人同时监管多台有前后顺序且自动化水平较高的机床、一个人监管流水线上多个工位等。

图 15.8　并联方式　　　　　　　　图 15.9　混合方式

15.1.3　人机关系及其演变

　　人机关系是指人-机-环境系统中人与机器这两个主要要素之间的相互关系。

　　人机关系可以追溯到人类长期劳动过程中人和劳动手段的相互关系。人类一代代地不断改进生产工具，提高了工作效率，发展了生产力。从 18 世纪中叶至 19 世纪末的工业革命，使人类进入了机器时代，过去必须由人来承担的一些作业逐步为机器所替代。长期适应自然条件的人，随着机械化的到来，形成了复杂的人机关系，产生了很多不相适应的问题。到 20 世纪 50 年代之前，特别是在两次世界大战期间，出现了很多复杂武器系统和生产装备。机器要求人接受和处理大量信息，并迅速反应完成精确操作。从此迫使人类重视研究、克服人与机器之间各种不相适应的问题。初期研究的重点是采用选拔、训练等方法提高人适应机器的能力。但很快就认识到，人适应机器的能力有一定的限度，根本的办法是在机器设计中充分考虑人的因素，以解决机器适应人的问题。当今随着技术的进步和自动化技术的发展，人在生产过程中的作用发生了很大的变化，制订程序、控制和监督，正在变为人在生产中的主要功能。由于劳动条件和劳动内容的改变，必然对人机关系产生多方面影响，人机关系的形式也在不断发生变化。

　　人机关系变化的趋向有以下方面：随着机器的功能和技术装备水平的提高，使人对机器运行状况的了解和操纵变得越来越复杂；技术进步大大减轻了作业者的体力消耗，但在脑力和心理上的负担加重了；生产过程中信息在时间和空间上密集化，对作业者劳动过程产生很大影响；要求作业者的工作反应速度和准确性越来越高；人参与自然物质的加工过程并不是减少了，而是被远离加工客体，用监视和管理的工作方式所替代。

　　由于行业和工种的多样性和复杂性，以及在一定发展阶段中技术、经济条件的制约，各种形式的人机关系将长期并存。现在几乎所有的工作都至少使用了某种机器或工具，可以认为任何生产或服务过程都离不开由人与机器（或工具）构成的人机系统。在人机系统中，人永远处于主体地位。人的作用只有随着机器的进步而转移，绝不会减少，更不会消失。机械化和自动化，使人从繁重的劳动中解脱出来，去从事其他更重要的工作，如可以有更多的精力去从事脑力性质的劳动。计算机的发展，使人能够去做过去无法进行的创造性工作。从自动化技术发展的现状来看，至少在目前阶段，人与机器的适当配合，可以使系统降低成本，减少事故，提高效率。不应盲目地追求使用机器及计算机代替人的全部功能。如以绕月飞行的航天系统为例，全自动化的成功率为 22%，人参与飞行的成功率为 70%，人承担维修任务的飞行成功率为 93% 以上。具有高智能的人与先进的机器相结合的人机系统最有发展前途。

15.1.4　人机界面

人与机器之间存在一个相互作用的作用"面"，所有的人机信息交流都发生在这个作用面上，通常称其为人机界面。显示器将机器工作的信息传递给人，实现机-人信息传递。人通过控制器将自己的决策信息传递给机器，实现人-机信息传递。因此，人机界面的设计主要是指显示、控制以及它们之间的关系的设计，要使人机界面符合人机信息交流的规律和特性。

由于机器的物理要素具有行为意义上的刺激性质（如显示的变化、控制的位移），所以必然存在最有利于人的反应的刺激形式。这是一条设计哲理。因此，人机界面的设计依据始终是系统中的人。

15.1.5　现代人机系统的特点

研究人机系统的发展变化特点，认识人在人机系统中的地位和作用，是为了使人机系统设计符合人的生理和心理特点，提高系统的可靠性和有效性。纵观人机系统发展的历史，现代人机系统有如下特点：

（1）科学技术的进步渐渐以机器取代了人的体力，不仅延长了人的体力，也使体力消耗降低了，但是人的智力劳动和精神负担加重了。

（2）机器系统越来越复杂，操作者了解机器规律和掌握操作技术的难度也相应增加。

（3）现代生产过程，使作业者直接参与和观察加工对象、控制加工过程的机会减少了，取而代之的是在人与被控对象之间"插入"了一套信息传递装置。信息通常以编码方式提供，要求作业者译码，同时也以编码方式对机器系统进行控制，改变了作业者的活动方式。因此，必须研究译码和作业者的训练问题。

（4）由于机械化和自动化的发展，使管理对象、监控对象及其参数的数量增加，信息传递在时间上和空间上渐趋密集化，致使作业者对系统状态的分析复杂化，因此需要确定人的功能限度问题。

"机"的发展，不是使人的作用变小了，而是越来越大。任何现代化自动化系统，没有人去掌握是不行的。一种新机器的比现，可以使人从机器所替代的劳动中解脱出来，去从事其他更重要的工作，但是对"机"的控制、修理和转变，当前还离不开人。例如，某种无人驾驶飞机进行了 800 次飞行，失事次数达 155 次，而同类的有人驾驶飞机，最初 800 次飞行失事次数只有 3 次，可见有人参与的系统一般比全自动化系统可靠而又经济。

15.2　人机系统设计的过程

15.2.1　人机系统设计的基本思想

人机系统的设计思想在不断改变。原始的设计思想是首先确定机器，然后根据机器的操作要求选拔人员、训练操作者。随着机器运行速度的提高，也要求操作者的反应速度必须提高，而人的能力与机器对操作者的要求相差越来越大，因此产生了人机界面设计问题。这种设计思想着重研究显示器怎样设计才能使操作者在尽可能短的时间内正确判读，也着重研究控制器的位置、形状、阻力在什么情况下最适于操作。此设计思想的局限性是没有进行合理的功能分配，往往让机器或人承担所不擅长的工作，这样，无论界面设计得多么好，系统也不能发挥其最优功能而达到高效率。当今系统设计的思想集前述思想之大成，将系统的性能、可靠性、费用、时间和适应性作为设计所追求的目标，从功能分析入手，合理地将系统的各项功能分配给机器和人，从而达到系统的最佳匹配。

　　系统设计的思想和过程可总结为如图 15.10 所示的模型。这种方法特别适用于不能从以前的设计中汲取经验的全新设计。系统设计不是单一专业领域工作者所能胜任的，它应该由工程师、人类学家、心理学家、人因工程学家共同协作完成。

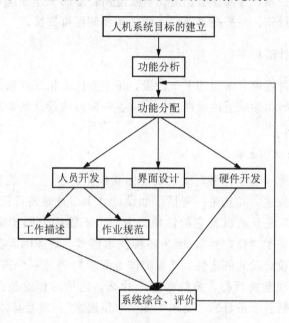

图 15.10　人机系统设计过程

　　人机系统设计的总目标是：根据人的特性，设计出最符合人操作的机器、最适合手动的工具、最方便使用的控制器、最醒目的显示器、最舒适的座椅、最舒适的工作姿势和操作程序、最有效最经济的作业方法和预定标准时间、最舒适的工作环境等，使整个人机系统保持安全可靠、效益最佳。

15.2.2　人机系统设计的内容

　　人机系统设计的内容包括以下方面：

1. 确定人机系统的功能及其在人机之间的合理分配

　　在市场调查和预测的基础上，确定产品的设计目标，明确人机系统的功能，以便在人与机器之间合理地进行功能分配。

2. 人机界面设计

人机界面设计主要是指显示器、控制器、操作者以及它们之间的几何位置关系的设计，包括显示器的选型、设计和布置，控制器的选型、设计和布置，人机界面的设计、评价和优化匹配，机器的危区分析和安全防护设计，作业空间的设计等。

3. 人机系统的可靠性设计

可靠性的数量指标为可靠度。人机系统的可靠度是由机器的可靠度与人的操作可靠度两部分构成的。

4. 作业环境的设计和控制

根据人机系统的具体特点，分析其作业环境因素对操作者和机器的影响，对环境条件进行合理设计和适当控制，为操作者创造比较安全而舒适的工作环境，以减轻疲劳，提高工效，避免或减少误操作，并提高机器的工作效率和使用可靠性。

15.2.3 人机系统设计的程序

人机系统的设计过程可分解为若干个阶段，每个阶段由相互联系的一系列设计活动组成，各阶段之间具有时间形式上的顺序性，只有上一阶段的设计活动完成以后，才能进行下一阶段的设计活动。

1. 定义系统目标和作业要求

人机系统设计的第一个步骤是定义系统目标和作业要求。"系统目标"一般要用比较抽象、概括的文字来叙述，并且是一句话，如设计"飞往月球的可回收宇航器"。定义时应该着重说明"目标"是什么以及它的性质、内容，不能把怎样实现目标也包括在定义里，否则就使目标失去了"稳定性"，因为各种技术因素、财务因素都可能涉及系统目标的修定，也可能影响设计者的创造性。"系统作业要求"是另一个需要定义的重要概念，它进一步说明为了实现系统目标，系统必须干什么，这里的作业是指整个人机系统的作业。系统作业要求包括若干条目的"要求"和"限制因素"，前者具体地说明系统的目标，后者则说明实现目标时所必须受到的条件限制，如"宇航器可载三名宇航员和一吨重的仪器设备"。系统作业要求的定义要采用用户需求调查、访谈、问卷、作业研究等技术，才能做到定义可靠。

从内容上讲，系统作业要求的定义应包括三方面：①系统做什么？②做的标准是什么？③如何进行测量？

从工效学的角度，系统定义阶段就要开始考虑人的因素。应从以下几个方面进行调研：①系统未来的使用者；②目前同类系统的使用和操作；③使用者的作业需求；④确保系统目标体现使用者的需求。

对未来系统使用者的特性，包括心理的、生理的、组织（社会性）的各个方面进行数据收集，要了解"谁"是使用者。同类系统的操作比较，可采用访谈法调研，并初步掌握其作业流程。作业需求是指与作业相关的心理要求，如作业满意度、作业的标准和时间限制等。由于人是具有较大个性特征差异的，因此应十分注意数据统计的可靠性，选取正确的调查样本。

一些设计研究证明，设计者甚至是有经验的设计者，也会先预想一个设计，然后再凑合一个系统目标和作业要求。这种"异程序"设计存在两个主要问题：第一，它是用目标来适应设计。系统定义阶段，各种设计方案必须在定义系统目标和作业要求后提出。第二，它限制了其他也许是更好的设计方案的产生。优秀设计的产生必定是多方案比较的结果，这也是一条设计原则。

2. 系统定义

系统定义阶段是"实质性"设计工作的开始。系统目标和作业要求的定义已经为系统定义提供了概念基础。在转入系统定义阶段前，设计者要与决策层人员一起作出一些重要的决策，其中最主要的决策工作是选择"设计方案"。这种设计方案的选择将是从更大范围和更高层次上，决定未来系统作为更大系统的一个子系统如何发挥作用。选择哪个方案的决策，必须由更高一级的决策层和设计者作出。

系统定义是对系统的输入、输出和其功能的定义。这里"功能"是用文字描述的一组工作，系统必须完成自己的功能任务，才能实现系统的目标。系统的功能定义是与输入和输出的定义同时进行的，图 15.11 表示了它们的关系。

图 15.11 功能与输入、输出的关系

在系统定义阶段，应避免"功能分配"，只定义功能是什么，不定义怎样实现功能，特别不能将功能马上"分配"给人或者机器。

系统定义阶段必须进行的另一个重要工作是收集和整理有关使用者的资料，其意义是进一步定义"使用者"。主要包括两方面内容：

（1）使用者的群体特征（如人数、职业类型等）；

（2）使用者的个体特征（如感觉、认知、反应能力等）。

3. 初步设计

进入初步设计阶段，系统设计进展加快，往往会作出一些无法预见的改变和修改。系统的各个硬件、各个专业的设计活动都全面展开，这时应始终注意工效学的要求与各个硬件及设计决策的协调一致性。系统总体设计（TSD 法）的中心思想就是要制定人机系统设计与整个系统设计相协调的一种设计方法，保证系统设计的全过程都有工效学专业设计人员的参与，都考虑到人的因素。

人机系统的初步设计是指围绕系统设计所进行的功能分配、作业要求研究以及作业分析。

1）功能分配与分析方法

功能分配系指把已定义的系统功能，按照一定的分配原则"分配"给人、硬件或软件。设计者根据已经掌握的资料和人机特性制定分配原则。有的系统的功能分配是直接的、自然的，但也有些系统的功能分配需要更详尽的研究和更系统的分配方法。对于可能由人实现的系统功能，必须研究：第一，人是否有"能力"实现该功能，这是基于对期望的"使用人"的人力资源而判断的;第二,预测人是否乐意长时间从事这一功能。这是因为人也许具备完成某项作业的技能和知识,但缺乏做好作业的作业动机,也不能保证系统功能的正常。

2)作业要求

每一项分配给人的功能都对人的作业提出作业品质的要求,如精度、速度、技能、培训时间、满意度。设计者必须确定作业要求,并作为以后人机界面设计、作业辅助设计的参考依据。

3)作业分析

作业分析是按照作业对人的能力、技能、知识、态度的要求,对分配给人的功能作进一步的分解和研究。作业分析包括两方面内容:第一是子功能的分解与再分解,因为一项功能可能分解为若干层次的子功能群;第二是每一层次的子功能的输入和输出的确定,即引起人的功能活动的刺激输入和人的功能活动的输出反应,是刺激—反应(S—R)过程的确定。作业分析的功能分解过程直至可以定义出"作业单元"的水平为止。能够为特定使用者最易懂、易做的那个功能分解水平,就是作业单元水平。因此,作业分析的概念就是指将分配给人的系统功能分解为使用者或操作者能够理解、学习和完成的作业单元。每一个作业单元的定义形式是它的输入和输出,是一个有始有终的行为过程。

一组作业单元又可再组合为一个作业序。一个作业序是分配给一类特定使用者的一组相互关联的作业单元。通常一个给定作业序可以由一个以上的使用者或操作者完成。

作业分析除了对系统正常条件下的功能过程进行分析和研究以外,还应特别研究非正常条件下的人的功能,如偶发事件的处理过程。美国三里岛核电站设计中,缺乏对事故的处理过程中人的因素的充分分析和研究,延误了人的正确判断时间,后来引发了重大事故,是一个典型的事例。

4.人机界面设计

完成初步设计,确定了系统的总性能和人的作业,就开始转入人机界面设计。人机界面设计主要是指显示、控制以及它们之间的关系的设计,应使人机界面的设计符合人机信息交流的规律和特性。显示是指有目的的信息传递。视觉和听觉是人接受信息传递的主要感觉通道。显示设计必须首先考虑:

(1)传递信息的内容和方式;

(2)传递信息的目的或功能;

(3)显示装置的类型;

(4)传递信息的对象。

控制器是指操作人员用来改变系统状态的装置。控制器的设计必须首先考虑:

(1)控制的功能;

(2)控制操作的作业标准;

(3)控制过程的人机信息交换;

(4)人员的作业负荷。

作业空间也是人机界面设计的内容。作业空间的设计主要参考人体尺寸的数据。系统设计时,选取人体尺寸必须保证样本与总体的一致性,根据使用者这个总体选择相应的人体尺寸。同时，要注意动态作业空间、有效作业空间与一般人体尺寸的静态计算范围的差异。

人机界面设计分三个步骤：

（1）尺寸、参数计算，绘制平面图；

（2）功能模型测试，确定实际空间关系的适宜性；

（3）实际尺寸模型验证。

人机界面设计是人机系统总体设计（TSD）各阶段中较为"硬化"的设计活动，直接对产品的硬件进行设计，因此更要求与其他专业设计相互配合。经验证明，许多人会以这样或那样的理由来拒绝工效学的要求，设计者应"据理力争"，以国家已经颁布的工效学标准为依据，倡导为用户设计的原则。

5. 作业辅助设计

为了获得高效能的作业，必须设计各种作业辅助技术和手段。作业辅助设计的内容主要包括两个方面：

（1）制定选择操作人员的标准；

（2）确定培训、使用说明，确定作业辅助手段。

作业辅助是一个较大的概念，所有用于保证人的作业效能的技术和手段，除系统"本体"的硬件以外，都属作业辅助的范围。从时间形式上看，作业辅助有长时长效的，如培训、选员标准；也有现场即时的，如检测表、作业记录等。作业辅助设计的要求要明确、适量，即对作业的指导明确，但必须是符合使用者需要的，不能过多或太少。例如现代的操作说明书设计，就可分为解释说明书和现场提示操作说明书，前者详尽，后者则具体简明。操作手册、说明书都必须进行实际验证，不能认为设计师看得懂就可行，应该让使用者阅读后，进行实际操作验证，以证实作业辅助的效果。

银行计算器设计的作业要求，是以不选择和培训操作人员为条件。因此，主要的作业辅助手段是操作手册和说明书。可以随机采样地选择若干使用者，来验证所编操作手册和说明书的指导效果。

6. 系统检验和发展

系统设计最后通过生产制造转变为一个实体。其中每一个生产环节、每一个部件（硬件、软件）都要经过检验，然后整个系统再作检验。因此，设计和检验、制造和检验都是不可分割的过程。系统检验是要验证系统是否达到系统定义和设计的各种目标。人机系统的验证应在系统开发的各个时期进行，如人机界面的设计、作业辅助的设计等都可进行局部的验证。银行专用计算器的显示部分、键盘布局可用模型或部件进行验证。计算器形成样品后，还要进行用户使用和可接受性验证，然后才可投入市场。

人机系统的验证是以人的作业效能为主要验证标准的，人机系统必须保证人的作业符合作业要求的各个项目。

15.2.4　人机系统设计的步骤

为了更清楚、更直观地理解人机系统设计的过程，把人机系统设计的步骤列表，见表 15-2。首先设定一系统，然后分析研究该系统的目标和功能，必要的和制约的条件，进行系统的分析和规划。这里主要是指系统的功能分析、人的时间和动作分析、工序分析、职务分析等，其中包括提供人进行作业的必要条件和必需的信息，分析人的判断和操纵动作。

在系统设计阶段，功能分配要充分考虑和研究人的因素。当考虑信息处理的可靠性时，既要提高机器设备的可靠性，又要提高控制机器设备的人的可靠性，保证整体人机系统的可靠性得到提高。

其次是对机器设备进行人因工程设计，必须保证人使用时得心应手。它包括人机界面设计，还要为提高人机系统的安全性及可靠性采取具体对策，必要时还要制定对操作人员的选择和训练计划。

最后一个阶段是对人机系统的试验和评价，试验该系统是否具有完成既定目标的功能，并进行安全性、可靠性等分析和评价。

综上所述，人机系统的设计步骤可归纳如下：

(1) 确定系统的目的和条件；
(2) 进行人和机器的功能分配；
(3) 进行人和机器的相互配合；
(4) 对系统或机器进行设计；
(5) 对系统进行分析评价。

表 15-2　人机系统设计的步骤

各个阶段	各阶段的主要内容	人机系统设计中应注意的事项	人因工程专家的设计事例
明确系统的重要事项	确定目标	主要人员的要求和制约条件	对主要人员的特性、训练等有关问题的调查和预测
	确定使命	系统使用上的制约条件和环境上的制约条件；组成系统中的人员数量和质量	对安全性和舒适性等有关条件的检验
	明确适用条件	能够确保主要人员的数量和质量，能够得到的训练设备	预测对精神、动机的影响
系统分析和系统规划	详细划分系统的主要事项	详细划分系统的主要事项	设想系统的性能
	分析系统的功能	对各项设想进行比较	实施系统的轮廓及其分布图
	系统构思的发展（对可能的构思进行分析评价）；选择最佳设想和必要设计条件	系统的功能分配；与设计、人员有关的必要条件；功能分析；主要人员的配备与训练方案的制定；人机系统的实验评价设想；与其他专家组进行权衡	对人机功能分配和系统功能的各种方案进行比较研究；对各种性能的作业分析；调查决定必要的信息显示与控制的种类；根据功能分配预测所需人员的数量和质量以及训练计划和设备；提出试验评价方法；设想与其他子系统的关系和设备所采取的对策

续表

各个阶段	各阶段的主要内容	人机系统设计中应注意的事项	人因工程专家的设计事例
系统设计	预 备 设 计（大纲的设计）	设计时应考虑与人有关的因素	准备适用的人因工程数据
	设计细则	设计细则与人的作业的关系	提出人因工程设计标准；开展关于信息与控制的必要研究以及实现方法的选择与开发
	具体设计	在系统的最终构成阶段，协调人机系统操作和保养的详细分析研究（提高可靠性和维修性）；设计适应性高的机器；考虑人所处空间的安排	参与系统设计最终方案的确定；最后决定人机之间的功能分配；使人在作业过程中，信息、联络、行动能够迅速、准确地进行；对安全性的考虑；防止热情下降的措施；显示装置、控制装置的选择和设计；控制面板的配置；提高维修性对策；空间设计、人员和机器的配置；决定照明、温度、噪声等环境条件和保护措施
	人员的培训计划	人员的指导训练和配备计划；与其他专家小组的折衷方案	决定使用说明书的内容和样式；决定系统的运行和保养所需的人员数量和质量，训练计划和器材的开展
系统的试验和评价	规划阶段的评价；模型制作阶段原型到最终模型的缺陷诊断；修改的建议	人因工程学试验评价；根据试验数据的分析修改设计	设计图样阶段的评价；模型或操纵训练用模拟装置的人机关系评价；确定评价标准（试验法、数据种类、分析法等）；对安全性、舒适性、工作热情的影响评价；机械设计的变动、使用程序的变动、人的作业内容的变动、人员素质的提高、训练方法的改善、对系统规划的反馈
生产	生产	以上面几项为准	以上面几项为准
使用	使用、保养	以上面几项为准	以上面几项为准

15.3　人机系统设计的方法

设计方法包括自成体系的设计思想和与之相应的设计技术，是设计研究的主要内容之一。好的设计方法和策略，使设计行为科学化、系统化，获得高效的设计管理。

前面介绍了人机系统总体设计的分阶段设计程序，并概要说明了各个阶段的主要设计方法。本节将就其中几种重要的设计方法作进一步讨论。

功能是关于系统的工作的描述，在设计中它既是设计思维的要素，又是必须物化的要素。如果系统的所有功能都正常完成，就能实现系统的目标。这句话对设计是成立的，对系统也是成立的。功能同时又是一个抽象的概念，但是对系统而言，它是一种具体要求，实现方式是多种多样的。如提供动力的功能，曾经完全依靠人自身的肌力，后来人学会训练动物作为动力源，现代人又制造机器来提供动力。因此，功能也是人类理解世界的方式之一。

1. 功能化的设计思维

按"功能"进行设计思维的主要特征是，将系统的工作与其工作机制分开。这样做有两个好处：第一，为各专业设计者提供通用的设计语言。以"供能"这一功能为例，"提供能量"是大家都能理解的功能，然而，化工专家可能设想化学反应供能，电力专家可能设想电力供能，机械专家可能设想利用风力来供能。第二，为各专业联合设计提供方法论基础。著名工效学专家司雷顿（Singleton）认为目前多数设计本质上是按物理原理进行的，其他学科仅是作为补充，是解决问题的临时办法。但功能化的设计思想要求各专业设计者，在系统功能定义和分析阶段就联合设计，按功能进行设计思维。功能化的设计思维要求以最抽象（从系统定义角度讲）的方式描述设计问题，为创造性的发挥创造了更多的机会，这也是设计方法论的一个原理。

2. 功能分析

功能分析包括描述、确定和分解系统功能的过程。功能的描述和确定是根据系统目标进行的；功能分解的原则是保证功能分配有确切的功能含义，因此功能分解的程度取决于功能分配的要求。从方法论上讲，分解也包含设计师的主观判断和经验。

3. 功能分配

把分解了的系统功能逐一分配给人或机器是功能分配的主要任务。首先我们可以通过表 15－3 所列，了解人与机械（机器）的特征比较，可以看出人与机械各有长短，人机系统进行功能分配时，要充分考虑其特征，扬长弃短，使整个系统的功能达到最佳的状态。为此，要明确人和机械的基本限界。

表 15－3　人与机械的特征比较

序号	项目	机械	人
1	检测	物理量的检测范围广且正确；人检测不出的电磁波等也能检测	（感觉器官）具有认识能力以及与此直接连接的高度检测能力；具有味觉、嗅觉、触觉等
2	操作	在速度、精力、力、功率的大小，操作范围的大小，持久性等方面远比人优胜；操纵液体、气体、粉状物比人强，但是操纵柔软物体则不如人	（运动器官）特别是人手有非常多的自由度，能进行各自由度微妙协调的操纵，能从视觉、听觉、位移感、重量感等接受高精度的信息，可以灵巧地控制操作器官
3	信息处理机能	按预先的程序高度正确地处理数据的能力比人强，记忆准确，不会忘记，取出速度快	（思维判断）具有高度的综合、归纳联想、发明创造等思维能力，能把经验记忆起来

续表

序号	项目	机械	人
4	耐久性安全性持续性	依靠于成本； 需要适当的必要的维护； 能胜任连续的单调的重复的作业	要求必要的适当的休息、保健和娱乐，长时间维持一定的紧张状态是困难的，难以胜任刺激少、无兴趣、单调的作业
5	可靠性	在进行机械设计时要考虑可靠性与成本有关，对预先安排的作业可靠性好，但对意外事件则无能为力； 特性保持不变	在作业中，可靠性与意欲、责任感、身心健康状态、意识水平等心理的、生理的条件有关； 人与人的可靠性差别较大； 个人由于经验多少而影响可靠性并能影响别人； 若时间允许、精神有准备，能处理紧急事件； 人有本能的反应（反抗、策划、心情变化等）
6	联系	与人的联系仅局限于几种方法	与别人联系很容易； 人际关系的管理很重要
7	效率	具有复杂的机能，质量重而功率大； 能设计出符合某种目的的机械，没有浪费； 若作业单纯则速度快； 新的机械从设计、制造到运用要有一定时间； 能在各种恶劣的环境下工作	从事较轻重量的工作； 要吃饭； 把人体当作一个组合件，有多种功能； 人体还能作功能之外的事情； 需要教育和训练； 对安全应有妥善的处置
8	适应能力	专用机械的用途是不能改变的； 为了合理化等对机械进行改造革新是容易的	由于教育、训练，能够适应各种情况，但改造革新是困难的
9	成本	有购置费、运用与维修费，机械万一失效不能使用，则失去机械的价值	除工资外，对家庭成员要考虑其福利待遇； 万一不幸，有生命危险
10	其他	—	人具有愿望，应该生活于社会中，不然的话有孤独感，会影响工作能力； 个人体力差别较大； 人应互相尊重、有人道主义

人和机械的基本限界按表 15－3 所列可归纳为：

（1）人的基本限界。人有四个基本限界：①准确度的限界；②体力的限界；③动作速度的限界；④知觉能力的限界。

（2）机械的限界。机械也有四个基本限界：①机械性能维持能力的限界；②机械正常动作的限界；③机械判断能力的限界；④成本费用的限界。

人和机器各有其局限性，所以人机间应当彼此协调，互相补充。如笨重、重复的工作，高温剧毒等条件下对人有危害的操作以及快速有规律的运算等都适合于由机器（或机器人）来承担。而人则适合于安排指令和程序，对机器进行监督管理、维修运用、设计调试、革新创造、故障处理等。

人和机器的相互配合，也是很重要的。机器在完全自动化运转中，时时需要人的监视，在异常情况下，人能代替机器的工作，进行判断，发出指令，使机器恢复到正常的工作状态。有时需要机器起监督人的功能，以防止人产生失误时导致整个系统的失灵，如有些铁道机车上，设置了司机失职按钮，起到安全装置的作用。

人机工程设计应综合考虑人和机（广义的）的相互配合，改变传统的只考虑机的设计思想，要在机器、设备、装置的设计中同时考虑人、机两方面的因素，要着眼于人，落实在机。要把人看作是有知觉有技术的控制机、能量转换机和信息处理机。在机器设计中凡要求人进行操作时，其操作速度的要求应低于人的反应速度；凡要求操纵者在感官指导的同歇操作，也必须留出足够的间歇时间，等等。这样才算有最佳效果的设计思想，才能获得人机设计（包括广义的机器设计、作业设计、岗位设计、时间和动作设计等）的综合最佳效果。

其次，分配必然要求合理，而合理是一个"价值"判断的命题。长期的设计实践，产生了一系列关于功能分配的下述一般原则：

（1）比较分配原则。比较分配是指关于人与机的特性比较，并据此进行"客观、逻辑"的功能分配。适合人做的就分配给人，适合机做的就分配给机器。1950 年代著名的费兹表（Fitts List）就是典型的比较方法。如在处理信息方面，机的特性是按预定程序可高度准确地处理数据，记忆可靠而且易提取，不会"遗忘"信息；人的特性是有高度的综合、归纳、联想、创造的思维能力，能记忆，模式识别力强。因此，设计信息处理系统时，就可根据人机各自处理信息的特性进行功能分配。

（2）剩余分配原则。剩余分配是指把尽可能多的功能分配给机器，尤其是计算机，剩余的功能分配给人。这种分配原则实质上认为人必然有能力而且会愿意做分配给他的任何工作，不论这是一个什么样的工作。

（3）经济分配原则。经济分配原则以经济效益为根本依据，一项功能分配给人还是机，完全视经济与否而定。具体讲就是判断和估计这样一个问题：是挑选、培训、支付人来做这份工作经济合算，还是设计、生产、维护机器来做这份工作更经济？这里的经济概念是指设计、制造、使用的总费用，特别强调使用的效率。例如压缩设计周期，可以节省设计费用，但由于设计时间仓促而造成的设计错误或不合理设计，也许引起更大的经济损失。

（4）宜人分配原则。宜人分配是适应现代人观念的一种分配方法。现代人要求一项工作要更多地体现个人的价值和能力，不能只认为一项工作人可以做就行，它必须具有某种"挑战性"，能发展人的技能，完成工作本身也要证明一个人的价值。因此，功能分配要有意识地多发挥人的技能，同时注意补偿人的能力限度。

（5）弹性分配原则。弹性分配是现代科学技术尤其计算机发展的结果。它的基本思想是由人（使用者、操作者）自己选择参与系统行为的程度，也就是说系统有多种相互配合的人机接口，操作者可以根据自己的价值观、需求和兴趣分配功能，这种分配方法一般只用于计算机控制的系统。如现代民航客机，飞行员可在自动飞行或手控飞行上作多种选择，其系统的控制功能就是弹性分配的。

功能分配一般是指在人机之间进行分配，但有些功能必须通过"人机对话"才能完成，尤其是计算机控制的系统。因此从功能分配的意义上讲，功能也可同时分配给人和机器，即分配给人机接口。

4. 功能流程图

将系统的各个功能，按其输入和输出联系起来，用框图表示，就获得描述系统的功能流程图。功能流程图的作用是：描述系统、描述系统功能、描述各个功能之间的关系。

15.4　人机系统分析评价方法

15.4.1　系统分析评价概述

人机系统是由人、机械、显示器、控制器、作业环境等子系统构成的，各子系统相互作用达到系统的目标。系统分析是运用系统的方法，对系统和子系统的可行设计方案进行定性和定量的分析与评价，以便提高对系统的认识，选择方案优化的技术。按照系统分析的过程，系统分析评价可以理解为：根据系统的目标、类型和性质，用有效的标准测定出系统的状态，采用一定的评价准则进行比较并作出判断的活动。人机系统分析与评价可用于以下方面：

（1）系统功能分析。通过功能分析，研究系统要达到目标应具备哪些功能。功能分析包括功能描述、功能确定和功能分解。功能描述和功能确定根据系统目标进行，功能分解的原则是保证功能分配有确切的含义。

（2）作业分析。作业分析是指对已分配给人的功能进行分析，其目的是使作业与作业者之间建立协调一致的关系。从设计角度看，作业分析可以使设计者更加深入地了解人机系统，特别是了解人机相互作用和人的作业，为人机系统设计提供有效的依据。

（3）确定制约因素。从人、机、环境各个方面分析影响系统功能、可靠性和安全性等的限制因素，并对系统的安全性和可靠性等进行评价。

工效学中有关的系统分析评价的方法很多。定性分析方法有人的失误分析法、操作顺序图法、时间线图法、连接分析法、功能流程图法等；定量分析方法有功能分析法、人机可靠性分析法、环境指数分析法、人机系统信息传递法、人机安全性分析方法等。还有些评价方法是定量与定性相结合的方法，如人的因素评价方法（主观评价法、生理和心理指数评价法等）。

15.4.2 连接分析法

1. 连接及其表示方法

连接是指人机系统中，人与机器、机器与机器、人与人之间的相互作用关系。因此相应的连接形式有：人-机连接、机-机连接和人-人连接。人-机连接是指作业者通过感觉器官接受机械发出的信息或作业者对机械实施控制操作而产生的作用关系；机-机连接是指机械装置之间所存在的依次控制关系；人-人连接是指作业者之间通过信息联络，协调系统正常运行而产生的作用关系。

连接分析是指综合运用感知类型（视、听、触觉等）、使用频率、作用负荷和适应性，分析评价信息传递的方法。连接分析涉及人机系统中各子系统的相对位置、排列方法和交往次数，因此，按连接的性质，人机系统的连接方式主要有两种：

（1）对应连接。对应连接是指作业者通过感觉器官接受他人或机器装置发出的信息或作业者根据获得的信息进行操纵而形成的作用关系。例如，操作人员观察显示器后，进行相应的操作；厂内运输驾驶员听到调度人员的指挥信号后，驾驶员进行的操作。这些都是由显示器传给眼睛或由声信号传给耳朵后进行的。这种以视觉、听觉或触觉来接受指示形成的对应连接，称为显示指示型对应连接；操作人员得到信息后，以各种反应动作操纵各种控制装置而形成的连接，称为反应动作对应型连接。

（2）逐次连接。人在进行某一作业过程中，往往不是一次动作便能达到目的，而需要多次逐个的连续动作。这种由逐次动作达到一个目的而形成的连接，称为逐次连接。如内燃机车司机启动列车的操作过程为：确认信号（信号机的灯光显示与车长的发车指令）→司机与副司机呼唤应答（人与人连接）→手操纵机车制动器缓解→鸣笛→缓解机车制动器→置换向控制手柄于前进位→提主控手柄→打开撒砂开关→提主控手柄→关撒砂开关→置主控手柄于运转的合适位置。这一复杂操作过程为一典型的逐次连接。

连接由连接关系图表示。连接分析通过连接关系进行。人机系统中的各种要求均可用符号表示，其中圆圈表示作业者，方框表示控制装置、显示装置。方框与圆圈的对应关系根据连接形式用不同的线条进行连接。实线表示操作连接，点划线表示视觉观察连接，虚线表示听觉信息传递连接。

2. 连接分析的目的

根据视看频率、重要程度，运用连接分析可合理配置显示器与操作者的相对位置，以求达到视距适当、视线通畅，便于观察；根据作业者对控制器的操作频率、重要程度，通过连接分析可将控制器布置在适当的区域内，以便于操作，提高操作准确性。连接分析还可以帮助设计者合理配置机器之间的位置，降低物流指数。可见，连接分析的目的是合理配置各子系统的相对位置及其信息传递方式，减少信息传递环节，使信息传递简洁、通畅，提高系统的可靠性和工作效率。因此，连接分析是一种简单实用、优化系统设计的系统分析方法。

3. 连接分析的步骤及优化原则

（1）绘制连接关系图。根据人机系统列出系统的主要要素，并用相应的符号绘制连接关系图。如图 15.12 所示系统设计中，作业者"3"、"1"、"4"分别对显示器和控制装置"C"、"A"、"D"进行监视和控制，作业者"2"对显示器"C"、"A"、"B"的显示内容进行监视，并对作业者"3"、"1"、"4"发布指示。其连接关系如图 15.13 所示。

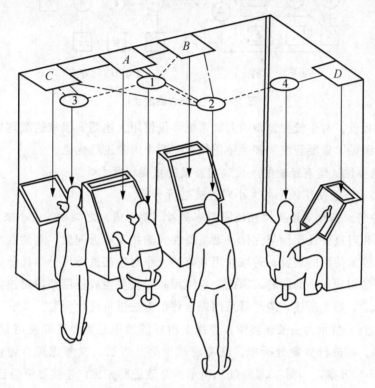

图 15.12   利用控制台的系统设计

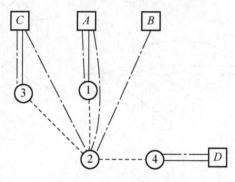

图 15.13   连接关系图

（2）调整连接关系。为了使连接不交叉或减少交叉环节，通过调整人机关系及其相对位置来实现。图 15.14（a）所示为初步配置方案；图 15.14（b）所示为修改后方案，交叉点消失。显然（b）方案比（a）方案合理。这种作图分析常经过多次，直至取得简单、合理的配置为止。

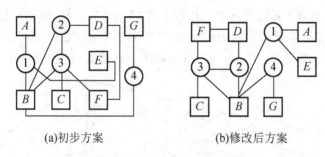

(a)初步方案   (b)修改后方案

图 15.14　连接方案的优化

（3）综合评价。对于较为复杂的人机系统，仅使用上述图解很难达到理想的效果。必须同时引入系统的"重要程度"和"使用频率"两个因素进行优化。

① 相对重要性。请有经验的人员确定连接的重要程度。

② 使用频率。按使用频率的大小对连接进行分析。

③ 综合评价。按相对重要性和使用频率两者（相对值）之乘积的大小来进行评价。

若单纯以相对重要性评价与优化，则重要性大的相互靠近配置，重要性小的相对远离配置，会忽视经常使用的装置；若按使用频率的大小对连接进行评价与优化，又会忽视紧急操作时连接使用频率小的问题。因此，单纯用相对重要性或使用频率对连接进行评价与优化都并不合适。综上所述，应尽量采用综合评价方法进行优化为宜。

图 15.15（a）所示为是某连接图，连线上所标的数值是重要性和使用频率的乘积值，即综合评价值。在进行方案分析中，既考虑减少交叉点数，又考虑综合评价值，将（a）方案调整为（b）方案，如图 15.15（b）所示。与改进前相比，连接更流畅且易使用。

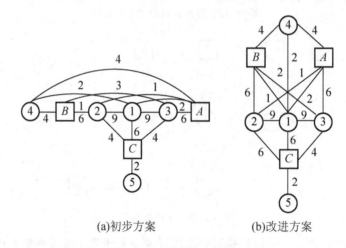

(a)初步方案   (b)改进方案

图 15.15　采用综合评价值的连接分析

（4）运用感觉特性配置系统的连接。从显示器获得信息或操纵控制器时，人与显示器或人与控制器之间形成视觉连接、听觉连接或触觉连接（控制、操纵连接）。视觉连接或触觉连接应配置在人的前面，这由人感觉特性所决定，而听觉信号即使不来自人的前面也能被感知。因此，连接分析除运用上述减少交叉、综合评价值原则外，还应考虑应用感觉特性配置系统的连接方式。图 15.16 所示为 3 人操作 5 台机器的连接，小圆圈中的数值表示连接综合评价值。图 15.16（a）为改进前的配置；图 15.16（b）为改进后的配置，视觉、触觉连接配置在人的前方，听觉连接配置在人的两侧。

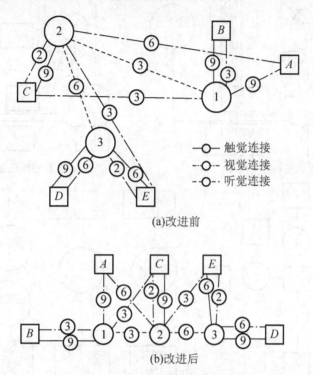

(a)改进前

(b)改进后

图 15.16　运用感觉特性配置系统连接

4. 连接分析法的应用

（1）对应分析。图 15.17（a）所示为某雷达室的初始平面图。为了减少交叉和行走距离，运用连接分析法优化雷达室内的人机间的连接。利用连接图将图（a）简化为图（b）。雷达室内的机器以字母表示，作业人员用数字 1～4 表示。由图（b）可见 2 号联络员要从室内左侧穿过室内走到 F 处，又要到 $G-L$ 处，而 1 号通信员要从室内右侧横穿室内走到左侧，这样布置使作业人员行走距离过远，延迟了作业时间，且整个雷达工作室显得狭小拥挤。图（c）所示为改进方案的连接图，改进方案的人机间连接关系与旧方案完全相同，但平面布置不同。把原平面布置中位于最右侧 G 处的 VF 雷达与 F 处的 PD 面板并列，它们都由 2 号联络员操作；C 处的无线电面板设置在室内右侧下方，由 1 号通信员操作；把 H 与 M 移到最左侧，由检定员或候补检定员操作。这种改进布置方案克服了原方案的不足。改进方案的平面布置见图（d）。

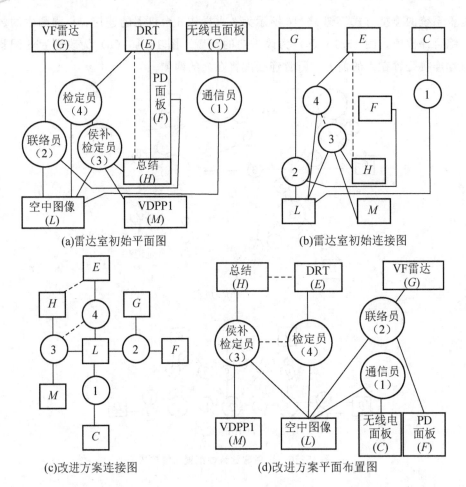

(a)雷达室初始平面图   (b)雷达室初始连接图

(c)改进方案连接图   (d)改进方案平面布置图

图 15.17　雷达室平面布置设计

（2）逐次连接分析。连接分析可用于控制盘的布置。在实际控制过程中，某项作业的完成需对一系列控制器操纵才能完成。这些操纵动作往往按照一定的逻辑顺序进行，如果各控制器安排不当，各动作执行路线交叉太多，会影响控制的效率和准确性。现运用逐次连接分析优化控制盘布置，使各控制器的位置得到合理安排，减少动作线路的交叉及控制动作所经过的距离。

图 15.18 所示为是机载雷达的控制盘示意图，标有数字的线是控制动作的正常连贯顺序。其中图（a）是初始设计示意图，显见，操作动作既不规则又曲折。当操作连续进行时，通过对各个"连接"的分析，按每个操作的先后顺序，画出手从控制器到控制器的连续动作，得出控制器的最佳排列方案，使手的动作更趋于顺序化和协调化，如图（b）所示。

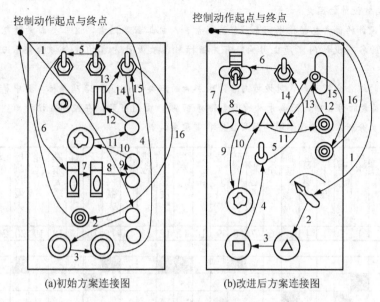

图 15.18　机载雷达的控制盘示意图

【阅读材料 15-1】　控制室设计中人机工程学案例分析

1. 控制室设计的人机工程学要求

某控制室的形成，是将一个发电厂或变电站的全部控制、观测与操纵仪器集中于一个室内。要求把操纵台和控制室作为功能上相互有关的部件来看待，其中控制室室内结构造型为一个单元，操纵台和仪表板构成一个单元。应把两者看作技术上和工程上不可缺少的单元来设计。

控制室、仪表板和操纵台设计的优劣，首先影响的是在室内工作的人，以及控制室所具有的功能。控制室设计的人机工程学要求是，使操作者在其岗位上能较轻松地观察其视觉范围内的一切目标，并能无差错地读清一切信号。照明必须有足够的光度，尽量避免眩光，反光要以不影响读清仪器上所示符号为原则。噪声电平应处于最低点，设备应保持无尘。操作台上的各种操作装置，都设计成相协调的组合。选择操纵台形式，要保证读清仪器上所显示的读数，并保证开关具有良好的性能和便于维修，允许操作者变换作业姿势。

2. 控制室影响因素综合分析

1）控制室设计要素

控制室设计要素主要包括控制室空间、仪表板和操纵台三大部分，每一部分的主要设计内容见表 15-4。

表 15-4　控制室设计内容

设计单元	控制室	仪表板	操纵台
设计内容	a. 大小 b. 平面设计 c. 高度 d. 照明 e. 色彩 f. 材料	a. 大小 b. 编排 c. 高度 d. 切口 e. 底边	a. 大小 b. 编排 c. 断面 d. 电话机台

2）影响控制室设计的因素

影响控制室设计的因素包括技术因素、经济因素和人机工程学因素，这三类因素所包含的指标，分别对表 15-4 中的各项设计内容产生影响，有关指标对各项设计内容的综合影响关系分析如图 15.19 所示。

由图 15.19 的综合分析可知，对设计内容产生影响的三类因素共有 23 项指标，其中属于技术因素为 7 项，属于经济因素的为 3 项，而属于人的因素的有 17 项。由图可见，在控制室设计中，人机工程学因素影响最大，认真分析人机工程学影响因素显得非常重要。

指标	声学	照明	可操作性	生产噪声	刺目	视角	色彩心理学	研究	支架尺寸	无差错	功率	易读程度	供应尺寸	材料	测量仪器大小	无视差	有效距离	基本要求	能见度	控制仪器大小	运输	明显程度	方法	指标统计
序号	1	2	3	4	5	6	7	8	9	10	11	12	13	14	15	16	17	18	19	20	21	22	23	
控制室																								
a.大小								■			■				■									
b.平面设计																								
c.高度					■							■												
d.照明		■										■							■					
e.色彩							■												■					
f.材料				■										■										
仪表板																								
a.大小								■	■	■	■	■			■									
b.编排									■															
c.高度						■														■				
d.切口								■												■				
e.底边							■																	
操纵台																								
a.大小															■									
b.编排			■														■							
c.断面							■										■							
d.电话机台	■																					■		
因素等级部分																								
Ⅰ技术因素								■	■		■		■		■		■							7
Ⅱ经济因素														■				■		■				3
Ⅲ人为因素	■	■	■	■	■	■	■			■		■				■			■	■	■	■	■	17

图 15.19　控制室影响因素综合分析

3. 控制室总体方案设计

根据控制室设计影响因素综合分析和各分部设计要点研究，先后对控制室总体设计考虑了两种方案。并对两种方案进行分析、比较和选择。

1）方案一

总体布置方案一如图 15.20 所示。由图可见，将仪表板成弯曲形地安装在室内，与天花板和墙紧密接合。天花板是倾斜的，照明是安装在天花板与墙之间的。操纵台用钢板结构制作，其主体部分（插入格层）直接与形成一定角度的书写台相连接，并安装有可以眺望户外的大型窗户。

对方案一进行分析，发现该方案存在着几处不符合人机工程学要求的设计：如抬高操纵台两侧的书写台，按人机工程学要求是不适合的；手头放电话机的地方也不够。以 1：1 比例的样品来测试的装在天花板和墙之间的照明是不太理想的，因为最大亮度在天花板和墙之间的弯曲处。天花板和墙之间的结构太复杂。

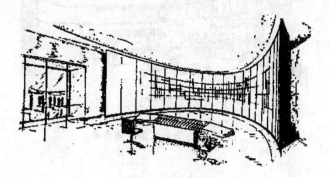

图 15.20　总体布置方案一

2）方案二

　　在分析方案一的基础上，进而提出了方案二。与方案一相比，在控制室主要部件设计方面作了改进。由于仪表板是构成控制室的重要部件，将是控制室的视觉中心。出于控制室造型的审美原因，将仪表板与墙面平整地衔接。由于声学的原因，墙上装设有清晰的木质条纹，并镶上适当的隔音材料，天花板可起声学覆板作用。照明灯安装在建筑物设置好的照明通道里。为了满足操作舒适性、高效性要求，对操纵台也作了改进设计。

　　图 15.21 所示为是方案二中操纵台结构。由图可见，将操纵台的主要部分设计得比书写台面要高出一点，两侧安放电话机台，一切开关器件和信号元件全都一目了然，并易读易懂。方案二的整体效果如图 15.22 所示，整个室内的印象在功能和造型上都符合人机工程学方面对现代控制室的要求。因此，该方案被确定为控制室总体方案。

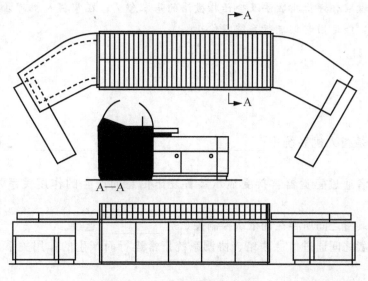

图 15.21　操纵台结构示意图

图 15.22　方案二的整体效果

小　结

系统设计的基本思想是明确设计目标，增强使用和操作的有效性。系统设计追求的目标，主要是系统的性能、可靠性、费用、时间和适应性。使用和操作的有效性，主要是使用、控制和维修方便，能做到迅速、准确、安全和舒适。

应着重了解系统目标与功能分析的关系、功能分配的概念，理解功能分配的一般原则、人员开发的内容和目的、人机界面和系统评价的作用。

应了解人机系统分析与评价的基本含义、主要作用，并能予以正确的表述。

要了解连接的概念，懂得连接分析的概念及目的，表述不同形式及方式的连接，区别不同的连接，掌握连接符号的表示方法，并能加以应用；理解并能概述连接分析法的步骤及优化原则，能对简单的人机系统进行分析、评价与优化。

对人机系统评价，在理解的基础上要求能概述校核表法的主要分析内容，说明空间指数法、视觉环境综合评价指数法及会话指数法的基本含义；在掌握人机可靠性及海洛德评价法的基础上，能运用它们进行系统评价。

习　题

1. 填空题

（1）连接是指人机系统中＿＿＿＿、＿＿＿＿、＿＿＿＿之间的相互作用关系。

（2）作业者通过感觉器官接受显示装置发出信息而产生的作用关系是＿＿＿＿连接。

（3）机械装置之间所存在的依次控制关系是＿＿＿＿连接。

（4）作业者之间通过信息联络、协调系统正常运行而产生的作用关系是＿＿＿＿连接。

（5）人机系统的连接方式有＿＿＿＿和＿＿＿＿。

（6）人机系统的可靠度由 _____ 的可靠度与 _____ 可靠度两部分组成。

（7）在人机系统中除主操作者外，还配备了其他辅助人员，使系统增加了 _____。

2. 简答题

（1）人机系统总体设计包括哪些内容？

（2）在产品设计中人机系统设计有何重要性？

（3）试举例说明人机系统设计要求。

（4）何谓人机可靠度？若设备的可靠度为 95％，人的操纵可靠度由 60％提高到 90％，则可靠度数值有什么变化？

（5）操作顺序图分析法的特点是什么？

（6）操作失误的原因何在？如何进行有效的预防？

（7）设计错误对工效有何影响？

参 考 文 献

[1] 王恒毅. 工效学 [M]. 北京：机械工业出版社，1994.

[2] 丁玉兰. 人机工程学 [M]. 北京：北京理工大学出版社，2003.

[3] 陈毅然. 人机工程学 [M]. 北京：航空工业出版社：北京，1990.

[4] 蔡启明，余臻，庄长远. 人因工程 [M]. 北京：科学技术出版社，2005.

[5] 曹琦. 人机工程 [M]. 成都：四川科学技术出版社，1991.

[6] 袁修干，庄达民. 人机工程 [M]. 北京：北京航空航天大学出版社，2002.

[7] 郭青山，汪元辉. 人机工程设计 [M]. 天津：天津大学出版社，1995.

[8] 朱序璋. 人机工程学 [M]. 西安：西安电子科技大学出版社，1999.

[9] 孙林岩. 人因工程 [M]. 北京：中国科学技术出版社，2001.

[10] 郭伏，杨学涵. 人因工程学 [M]. 沈阳：东北大学出版社，2001.

[11] 张宏林. 人因工程学 [M]. 北京：高等教育出版社，2005.

[12] 陈宝智，王金波. 安全管理 [M]. 天津：天津大学出版社，1999.

[13] 何杏清，朱勇国. 工效学 [M]. 北京：中国劳动出版社，1995.

[14] 孔庆华. 人因工程基础与案例 [M]. 北京：化学工业出版社，2008.

[15] MARK S SANDERS. Human factors in engineering and design（工程和设计中的人因学）[M]. 北京：清华大学出版社，2002.

[16] 张绍栋，熊文波. 噪声和振动测量技术 [R]. 杭州：杭州爱华仪器有限公司，2003.